Teubner Skripten zur Mathematischen Stochastik

Schneider/Weil
Stochastische Geometrie

Teubner Skripten zur Mathematischen Stochastik

Herausgegeben von

Prof. Dr. rer. nat. Ursula Gather, Universität Dortmund
Prof. Dr. rer. nat. Jürgen Lehn, Technische Universität Darmstadt
Prof. Dr. rer. nat. Norbert Schmitz, Universität Münster
Prof. Dr. phil. nat. Wolfgang Weil, Universität Karlsruhe

Die Texte dieser Reihe wenden sich an fortgeschrittene Studenten, junge Wissenschaftler und Dozenten der Mathematischen Stochastik. Sie dienen einerseits der Orientierung über neue Teilgebiete und ermöglichen die rasche Einarbeitung in neuartige Methoden und Denkweisen; insbesondere werden Überblicke über Gebiete gegeben, für die umfassende Lehrbücher noch ausstehen. Andererseits werden auch klassische Themen unter speziellen Gesichtspunkten behandelt. Ihr Charakter als Skripten, die nicht auf Vollständigkeit bedacht sein müssen, erlaubt es, bei der Stoffauswahl und Darstellung die Lebendigkeit und Originalität von Vorlesungen und Seminaren beizubehalten und so weitergehende Studien anzuregen und zu erleichtern.

Stochastische Geometrie

Von Prof. Dr. phil. nat. Rolf Schneider, Universität Freiburg
und Prof. Dr. phil. nat. Wolfgang Weil, Universität Karlsruhe

B.G.Teubner Stuttgart · Leipzig 2000

Prof. Dr. phil. nat. Rolf Schneider

Geboren 1940 in Hagen/Westf. Von 1960 bis 1964 Studium der Mathematik und Physik, 1964 Diplom und 1967 Promotion an der Johann-Wolfgang-Goethe-Universität Frankfurt am Main. 1969 Habilitation an der Ruhr-Universität Bochum. 1970 Wiss. Rat und Professor an der Universität Frankfurt und o. Professor an der Technischen Universität Berlin, seit 1974 Professor an der Albert-Ludwigs-Universität Freiburg i. Br.

Prof. Dr. phil. nat. Wolfgang Weil

Geboren 1945 in Kitzingen. Von 1964 bis 1968 Studium der Mathematik und Physik, 1968 Diplom und 1971 Promotion an der Universität Frankfurt am Main. Wiss. Assistent an der Technischen Universität Berlin und an der Universität Freiburg, 1976 Habilitation in Freiburg. Von 1978 bis 1980 Akad. Rat in Freiburg, seit 1980 Professor an der Universität Karlsruhe. 1985 und 1990 Gastprofessor an der University of Oklahoma, Norman, USA.

Die Deutsche Bibliothek – CIP-Einheitsaufnahme

Ein Titelsatz für diese Publikation ist bei
Der Deutschen Bibliothek erhältlich

ISBN-13 : 978-3-519-02740-9   e-ISBN-13 : 978-3-322-80106-7
DOI : 10.1007/978-3-322-80106-7

© 2000 B.G.Teubner Stuttgart · Leipzig

Druck und Binden: Hubert & Co. GmbH & Co. KG, Göttingen
Einband: Peter Pfitz, Stuttgart

Vorwort

In der Stochastischen Geometrie werden mathematische Modelle zur Beschreibung zufälliger geometrischer Strukturen entwickelt und untersucht. Das vorliegende Buch soll eine Einführung geben in die mathematischen Grundlagen eines wichtigen Teilgebiets der Stochastischen Geometrie. Dieses Gebiet ist durch Anwendungen in Naturwissenschaften und Technik motiviert, wo reale geometrische Daten durch einfache, aber flexible Strukturen beschrieben werden sollen. Diese Modelle sind die zufälligen abgeschlossenen Mengen und die Punktprozesse von Mengen. Dabei beschränken wir uns in den konkreteren Betrachtungen auf Modelle im euklidischen Raum, die Invarianzeigenschaften haben, wie Stationarität (Translationsinvarianz) oder sogar Bewegungsinvarianz, und deren zugrundeliegende Punktmengen von einfacher geometrischer Art sind (lokalendliche Vereinigungen von konvexen Körpern). In wichtigen Anwendungsbereichen der Stochastischen Geometrie, etwa der Stereologie, lassen sich die zu untersuchenden Strukturen meist hinreichend gut durch solche Mengen approximieren. Die von uns getroffene (und sicher von unseren Interessen und Ansichten beeinflußte) Stoffauswahl erlaubt den Aufbau der Theorie aus einfachen Grundelementen, den konvexen Körpern und ihren Vereinigungen, und mit elementaren Kenntnissen aus Maß- und Wahrscheinlichkeitstheorie. Andererseits gestatten es die Beschränkungen, eine Reihe von Funktionaldichten als Kenngrößen zu erklären und integralgeometrische Ergebnisse anzuwenden und zu übertragen. In diesem Sinne kann der vorliegende Band also als Fortsetzung unserer in derselben Reihe erschienenen *Integralgeometrie* (Schneider & Weil [1992]) angesehen werden. Die dort betrachteten einfachen integralgeometrischen Modelle zufällig bewegter Mengen (fester Anzahl und fester Form) können jetzt durch wesentlich flexiblere und leistungsfähigere Modelle ersetzt werden, die auch zufällige Anzahlen, Formen und Positionen geometrischer Objekte zulassen.

Das Buch ist aus Vorlesungen entstanden, die wir beide mehrfach in Freiburg bzw. Karlsruhe gehalten haben. Obwohl wir den Stoff der Vorlesung um zusätzliche Abschnitte erweitert haben, die das Bild der Theorie abrunden sollen, mußten viele Aspekte der Stochastischen Geometrie unberücksichtigt bleiben. Dies gilt insbesondere für statistische Fragestellungen, für die es (etwa bei gewöhnlichen Punktprozessen im Raum) schon eine eigene ausgebaute Theorie gibt, die *Räumliche Statistik*. Auch die für statistische Untersuchungen wichtigen höheren Momentenmaße werden nur gestreift. Weitere Bereiche, die nicht behandelt werden, betreffen Grenzwertsätze und neuere

Entwicklungen bei Booleschen Modellen. Die Hinweise, die sich in den Bemerkungen am Ende jedes Kapitels finden, mögen hier weiterhelfen.

Da wir in knappem Rahmen eine mathematische Einführung in die Grundlagen eines Ausschnitts aus der Stochastischen Geometrie geben wollten, ist dies nicht der Ort, umfassend Anwendungen zu beschreiben. Andererseits bedeutet es, daß wir uns bemüht haben, in den Beweisen ausführlicher und expliziter zu sein, als es in der unmittelbarer den Anwendungen verpflichteten Literatur die Regel ist.

Da auf die in der *Integralgeometrie* beschriebenen Methoden und Ergebnisse mehrfach zurückgegriffen wird, sind die wichtigsten der benötigten Begriffe und Fakten noch einmal (ohne Beweise) im Anhang zusammengestellt. Dort finden sich auch einzelne Resultate über konvexe Körper, die wir gelegentlich benutzen müssen. Größere Vorkenntnisse aus der Konvexgeometrie oder der Integralgeometrie sind daher nicht erforderlich. Dagegen sollte aber ein solides Grundwissen aus den Bereichen Maß- und Wahrscheinlichkeitstheorie vorhanden sein.

Unser besonderer Dank gebührt Herrn Dr. Daniel Hug für eine gründliche Durchsicht des gesamten Manuskripts, aus der sich zahlreiche Verbesserungsvorschläge und wertvolle Hinweise ergeben haben. In verschiedenen Stadien der Entstehung des Buches haben auch die Herren Dr. Markus Kiderlen und Dr. Ralph Neininger uns mit nützlichen Bemerkungen geholfen. Im Anhang 7.3 finden sich einige Bilder von Simulationen der wichtigsten Modelle ebener zufälliger Strukturen. Diese Simulationen hat Herr Dipl.-Math. techn. Wolfram Hinderer durchgeführt, der uns dankenswerterweise auch die Bilder zur Verfügung gestellt hat. Frau Sabine Linsenbold danken wir für die sorgfältige Ausführung der Reinschrift in LaTeX.

Freiburg und Karlsruhe, im März 2000   R. Schneider
                                                        W. Weil

Inhalt

viii

Einleitung

Die mathematische Behandlung zufälliger geometrischer Strukturen beginnt im 18. Jahrhundert (*Buffonsches Nadelproblem*). Aus diesen frühen Ansätzen und vereinzelten Beiträgen im 19. Jahrhundert, etwa von Crofton, haben sich zwei eng verbundene mathematische Disziplinen entwickelt, die *Integralgeometrie* und die *Geometrischen Wahrscheinlichkeiten*. Ein kurzer Überblick über diese historische Entwicklung wird in der Einleitung zu Schneider & Weil [1992] gegeben. Sowohl die stochastische Interpretation integralgeometrischer Formeln als auch andere Ergebnisse über geometrische Wahrscheinlichkeiten zeichnen sich dadurch aus, daß eine feste Anzahl geometrischer Objekte mit fester Form betrachtet wird; lediglich die Lage (und eventuell die Orientierung) der Objekte ist zufällig. Meist werden Lage und Orientierung als gleichverteilt bezüglich invarianter Maße angenommen, wozu die Betrachtung auf Dreh- und Translationsbilder einer Menge $A \subset \mathbb{R}^n$ beschränkt bleiben muß, die eine (feste) Referenzmenge $A_0 \subset \mathbb{R}^n$ schneiden. Solche Modellannahmen erlauben häufig den direkten Einsatz von Integralformeln, bei denen über die Gruppe der Translationen oder über die Gruppe aller Bewegungen des $\mathbb{R}^n$ integriert wird; Beispiele sind die kinematische Hauptformel der Integralgeometrie oder die Croftonsche Schnittformel. Die Anwendbarkeit solcher Resultate etwa in der Stereologie bleibt aufgrund des integralgeometrischen Rahmens begrenzt, so daß die Frage nach flexibleren Modellen für zufällige Mengen und zufällige Felder von Mengen in natürlicher Weise entsteht.

Solche Modelle für zufällige Mengen wurden zuerst von Matheron [1969, 1972] und Kendall [1974] behandelt, aufbauend auf Resultaten von Choquet [1955] über Kapazitäten. Einem breiteren mathematischen Publikum wurde diese *Stochastische Geometrie* durch das Buch von Matheron [1975] bekannt. Neben den zufälligen (abgeschlossenen) Mengen werden dort auch ausführlich Poissonprozesse von Mengen untersucht und für Modelle zufälliger Mengen herangezogen (*Boolesche Modelle*). Poissonprozesse waren in die Stochastische Geometrie vor allem durch die Arbeiten von Miles (ab 1961) über Ebenenprozesse und Mosaike eingeführt worden. Die Entwicklung der Punktprozeßtheorie auf allgemeinen Räumen (dokumentiert etwa in Neveu [1977]) führte dann rasch zu weitergehenden Resultaten, bei denen die Invarianzeigenschaften abgeschwächt, die zugrundeliegenden Mengenklassen verallgemeinert wurden und die Poissoneigenschaft entbehrt werden konnte. Querverbindungen zur *Räumlichen Statistik* (Ripley [1981, 1988], Cressie [1993]) und zur *Bildanalyse* (Serra [1982]) wurden sichtbar, doch das eigentliche Anwendungsgebiet, das auch wesentlichen Einfluß auf die weitere Entwicklung

der Stochastischen Geometrie nahm, blieb die *Stereologie*. Diese Entwicklung
mit ihren Anwendungen wird eindrucksvoll in dem Buch von Stoyan, Kendall & Mecke [1995] beschrieben, allerdings unter Verzicht auf einen durch-
gehend mathematischen Aufbau mit Beweisen. Ein solcher mathematischer
Aufbau, wie er im folgenden beschrieben werden soll, muß sich notgedrun-
gen auf ein übersichtlicheres Programm beschränken. Deshalb schildern wir
zunächst Aspekte, die wir nicht weiter verfolgen werden.

• Zufällige Mengen entstehen in natürlicher Weise als Sekundärgrößen
bei stochastischen Prozessen (z.B. als Menge von Zeitpunkten, in denen ein
Ereignis eintritt, als Niveaumenge, usw.). Da hier die Eigenschaften des Prozesses im Vordergrund stehen, ist die geometrische Struktur häufig kom-
pliziert, und Aussagen über die entstehenden Mengen sind schwierig. Ein
wichtiges Hilfsmittel zur mathematischen Behandlung ist hierbei die Geometrische Maßtheorie (Hausdorffmaße, rektifizierbare Mengen). Bücher über
diesen Aspekt der Stochastischen Geometrie sind Adler [1981] und Wschebor
[1985].

• Zufällige geometrische Strukturen liegen häufig bei der Verarbeitung
von Bildmaterial vor. In der automatischen Bildverarbeitung werden diese
Strukturen zunächst digitalisiert und etwa als Grauwertfunktion auf einem
Gitter dargestellt. Zur mathematischen Behandlung wurde hierfür die Theorie der zufälligen (Markoffschen) Felder entwickelt. Globale geometrische Eigenschaften gehen hierbei aber häufig verloren, lokale Eigenschaften werden
in Nachbarschafts-Beziehungen übersetzt. An Literatur verweisen wir auf die
Bücher und Übersichtsartikel von Serra [1982], Geman [1990] und Winkler
[1995].

• Bei der Behandlung unscharfer vektorieller Zufallsgrößen stößt man
zwangsläufig auf das Studium des Grenzverhaltens von Linearkombinationen oder Vereinigungen zufälliger kompakter Mengen. Solche Grenzwertsätze
lassen sich zum Teil in die Theorie der Zufallsgrößen mit Werten in
Banachräumen einordnen. Dazu sehe man den Artikel von Giné, Hahn &
Zinn [1983] und das Buch von Molchanov [1993].

• Mit dem Begriff „Stochastische Geometrie" bringt man auch Gebiete
in Verbindung wie stochastische Differentialgleichungen auf differenzierbaren
Mannigfaltigkeiten oder das Studium zufälliger Fraktale. Von all dem wird
hier nicht die Rede sein. Über Fraktale vom Anwendungsstandpunkt aus kann
man sich in dem Buch von Stoyan & Stoyan [1994] informieren.

Im Gegensatz zu den gerade beschriebenen Problemkreisen wird es uns
um die Entwicklung stochastischer Modelle zur Beschreibung geometrischer
Strukturen gehen, wie sie in Natur und Technik vorkommen. Probleme dieser
Art treten in vielen wissenschaftlichen Gebieten auf: Gewebestrukturen in der

Medizin und der Biologie, Werkstoffe in Technik und Materialwissenschaften, Landschaftsstrukturen in der Geologie und der Forstwirtschaft, usw. Das Ziel ist, einfache aber flexible Grundmodelle zu entwickeln und zu untersuchen, die zur Approximation realer geometrischer Gebilde dienen können. Dies ist eine mit der klassischen Statistik vergleichbare Situation, wo die Normalverteilung und die daraus abgeleiteten Verteilungen eine wesentliche Rolle spielen. Diese Rolle wird hier von den Poisson-Prozessen übernommen. Wie in der klassischen Statistik ergibt sich das Problem, die Modelle an reale Daten anzupassen, wozu zunächst die erforderlichen theoretischen Kenntnisse zusammengetragen werden müssen. Der Vorteil bei diesem Ansatz besteht in der relativ freien Wahl der geometrischen Strukturen. Es genügt meist, die realen Daten angenähert zu beschreiben. Zum Beispiel kann man mit konvexen kompakten Mengen und deren endlichen bzw. abzählbaren Vereinigungen komplizierte Strukturen gut approximieren.

In diesem Sinne werden wir im folgenden die beiden Grundmodelle der Stochastischen Geometrie, die zufälligen abgeschlossenen Mengen und die Felder (Punktprozesse) abgeschlossener Mengen im $\mathbb{R}^n$ behandeln. Die klassische Stochastik im $\mathbb{R}^n$ baut auf der natürlichen Topologie des $\mathbb{R}^n$ und der daraus abgeleiteten Borel-Struktur auf. Für eine Theorie zufälliger abgeschlossener Mengen muß der topologische Rahmen erweitert werden. Dies geschieht in den ersten Abschnitten, die deshalb einige topologische Grundkenntnisse voraussetzen. Damit werden dann zufällige abgeschlossene Mengen im $\mathbb{R}^n$ als mengenwertige Zufallsgrößen eingeführt, und einige geometrische Mittelwerte werden kurz diskutiert.

Das zweite Kapitel überträgt Teile der Theorie auf zufällige Mengen in allgemeineren topologischen Räumen. Hier wird auch ein Beweis des Satzes von Choquet (Charakterisierung des Kapazitätsfunktionals) gegeben. Von der zugehörigen Eindeutigkeitsaussage wird später in Kapitel 3 Gebrauch gemacht, ansonsten ist das zweite Kapitel aber für das Verständnis der weiteren Untersuchungen nicht unbedingt erforderlich.

Kapitel 3 enthält eine knappe Darstellung der Theorie der Punktprozesse, wieder in einem allgemeinen topologischen Rahmen. Punktprozesse werden als zufällige Zählmaße eingeführt, aber im einfachen Fall auch als lokalendliche Mengen dargestellt. Breiteren Raum nimmt die Behandlung der Poissonprozesse ein. Die Darstellung konzentriert sich dann auf Punktprozesse im $\mathbb{R}^n$, hier allerdings hauptsächlich als Vorbereitung auf spätere Betrachtungen. Für stationäre Prozesse und für markierte Punktprozesse werden Palmsche Verteilungen behandelt. Die Punktprozesse abgeschlossener Mengen ergeben dann durch Vereinigungsbildung besondere zufällige abgeschlossene Mengen.

In Kapitel 4 werden schließlich die zentralen Modelle der Stochastischen Geometrie vorgestellt, die geometrischen Punktprozesse (und die

davon erzeugten zufälligen Mengen). Als spezielle Klassen von Punktprozessen abgeschlossener Mengen werden Ebenenprozesse (Punktprozesse
affiner k-Ebenen) und Partikelprozesse (Punktprozesse kompakter Mengen) behandelt. An verschiedenen Stellen wird dabei die Betrachtung von
Schätzproblemen stereologischen Typs vorbereitet, indem wir Schnitte von
geometrischen Prozessen mit Ebenen untersuchen und Beziehungen zwischen
Kenngrößen der Ausgangs- und der Schnittprozesse herstellen. Etwas breiteren Raum nimmt die Beschreibung einer Methode ein, gewisse Verteilungseigenschaften von geometrischen Prozessen durch geeignet assoziierte konvexe
Körper (Zonoide) zu beschreiben.

Kapitel 5 ist den theoretischen Grundlagen von Anwendungen in der Stereologie gewidmet. Im Hinblick auf die genannten Querverbindungen zur Integralgeometrie konzentrieren wir uns hier auf zufällige Mengen mit Werten im erweiterten Konvexring. Für additive Funktionale wie die klassischen
Quermaßintegrale (Minkowski-Funktionale, innere Volumina) wird die Existenz von Dichten gezeigt und ein zugehöriger Ergodensatz bereitgestellt.
Hier finden sich insbesondere die Formeln für Quermaßdichten, die den klassischen integralgeometrischen Formeln entsprechen. Das Boolesche Modell
spielt eine zentrale Rolle, und es wird gezeigt, wie die Mittelwerte (und
die Intensität) des zugrundeliegenden Poissonprozesses im stationären und
isotropen Fall geschätzt werden können. Den Abschluß bildet hier die Diskussion stereologischer Verfahren bei nicht-isotropen Strukturen.

Im anschließenden Kapitel 6 werden zufällige Mosaike behandelt. Wir fassen sie als spezielle Partikelprozesse auf und können einige Teile der bisher
entwickelten Theorie anwenden. Die Beziehungen zwischen den Quermaßdichten und Intensitäten der verschiedenen Seitenprozesse stehen hier im
Vordergrund. Als spezielle Modelle werden Voronoi- und Delauney-Mosaike
(zu einem Punktprozeß im $\mathbb{R}^n$) sowie durch Hyperebenenprozesse induzierte
Mosaike untersucht, wobei der Poissonsche Fall wieder eine besondere Rolle
spielt. Abschließend werden Mischungseigenschaften von Mosaiken behandelt.

Der Anhang (Kapitel 7) enthält eine kurze Zusammenfassung der Begriffe
und Resultate, die wir aus Konvex- und Integralgeometrie benötigen, sowie
einige Bilder von Simulationen der im Buch behandelten Modelle.

An allgemeinen Literaturhinweisen zur Thematik dieses Buches nennen
wir die Bücher von Harding & Kendall [1974], Santaló [1976], Stoyan & Mecke
[1983], Mecke, Schneider, Stoyan & Weil [1990], Ambartzumian, Mecke &
Stoyan [1993], Stoyan, Kendall & Mecke [1995], die Übersichtsartikel von
Baddeley [1982], Stoyan [1990, 1998] und Molchanov [1991] sowie den von
Barndorff-Nielsen, Kendall & van Lieshout [1999] herausgegebenen Sammelband.

Kapitel 1

Zufällige Mengen im euklidischen Raum

Eine zufällige Menge im euklidischen Raum $\mathbb{R}^n$ soll, entsprechend dem üblichen Vorgehen der Stochastik, als mengenwertige Zufallsvariable eingeführt werden, also als meßbare Abbildung von einem Wahrscheinlichkeitsraum in die Potenzmenge $\mathbf{P}(\mathbb{R}^n)$ oder ein Teilsystem $\mathcal{F} \subset \mathbf{P}(\mathbb{R}^n)$, versehen mit einer geeigneten σ-Algebra. Als zweckmäßig erweist sich dabei die Borelsche σ-Algebra bezüglich einer natürlichen Topologie auf $\mathcal{F}$. Das wiederum bedingt, daß das Mengensystem $\mathcal{F}$ geeignet gewählt werden muß. Wir betrachten im folgenden den Fall, daß $\mathcal{F}$ das System der abgeschlossenen Mengen ist, wir behandeln also nur zufällige abgeschlossene Mengen. Für Anwendungen ist dieses Modell hinreichend allgemein. Eine Theorie zufälliger offener Mengen kann man naheliegenderweise völlig analog aufbauen.

In diesem ersten Kapitel wird zunächst auf dem System $\mathcal{F}$ der abgeschlossenen Mengen in $\mathbb{R}^n$ eine Topologie eingeführt und untersucht. Für kompakte Mengen ergibt sich ein Zusammenhang mit der aus anderen Gebieten bekannten Hausdorff-Metrik. Mit diesen topologischen Überlegungen können wir dann zufällige abgeschlossene Mengen in $\mathbb{R}^n$ definieren und ihre grundlegenden Eigenschaften und Kenngrößen untersuchen. Dabei erweist sich das Kapazitätsfunktional als besonders wichtig.

Da wir später, bei der Betrachtung eines anderen Modells der Stochastischen Geometrie, der Punktprozesse, zufällige Mengen in allgemeineren topologischen Räumen benötigen, werden wir am Anfang von Kapitel 2 kurz darstellen, wie sich die Theorie der zufälligen Mengen auf lokalkompakte Räume E mit abzählbarer Basis übertragen läßt.

1.1   Der Raum der abgeschlossenen Mengen

Wir bezeichnen, wie schon benutzt, die Menge der reellen Zahlen mit $\mathbb{R}$ und setzen $\mathbb{R}^+ := \{x \in \mathbb{R} : x > 0\}$, $\mathbb{N}_0 := \{0, 1, 2, \ldots\}$ und $\mathbb{N} := \{1, 2, \ldots\}$.

Für die im folgenden verwendeten Begriffe und Aussagen aus der mengentheoretischen Topologie sei auf Lehrbücher über Topologie verwiesen, z.B. v. Querenburg [1979] oder Führer [1977]. Die Begriffe Kompaktheit und lokale Kompaktheit sollen stets die Hausdorff-Eigenschaft einschließen. Kompaktheit ist für Hausdorff-Räume damit äquivalent zur Überdeckungseigenschaft. Wir benutzen die Abkürzungen $\operatorname{cl} A$, $\operatorname{bd} A$, $\operatorname{int} A$ und A^c für den Abschluß, den Rand, das Innere und das Komplement einer Menge A.

Von den topologischen Eigenschaften des $\mathbb{R}^n$ benötigen wir, daß $\mathbb{R}^n$ ein lokalkompakter (aber nicht kompakter) Raum mit abzählbarer Basis (also separabel) ist. In $\mathbb{R}^n$ existiert eine abzählbare Familie $\mathcal{D}$ von offenen, relativ kompakten Teilmengen $D \subset \mathbb{R}^n$, so daß jede offene Menge $G \subset \mathbb{R}^n$ die Vereinigung der $D \in \mathcal{D}$ ist, die $\operatorname{cl} D \subset G$ erfüllen. (Man kann z.B. für $\mathcal{D}$ das System aller offenen Kugeln mit rationalen Radien und Mittelpunkten mit rationalen Koordinaten nehmen.)

Sei $\mathcal{F}$ das System der abgeschlossenen Teilmengen von $\mathbb{R}^n$, $\mathcal{C}$ das Teilsystem der kompakten Teilmengen von $\mathbb{R}^n$ und $\mathcal{G}$ das System der offenen Teilmengen von $\mathbb{R}^n$ (jeweils einschließlich der leeren Menge $\emptyset$). Für $A, A_1, \ldots, A_k \subset \mathbb{R}^n$ definieren wir

$$\mathcal{F}^A := \{F \in \mathcal{F} : F \cap A = \emptyset\},$$

$$\mathcal{F}_A := \{F \in \mathcal{F} : F \cap A \neq \emptyset\}$$

und

$$\mathcal{F}^A_{A_1, \ldots, A_k} := \mathcal{F}^A \cap \mathcal{F}_{A_1} \cap \ldots \cap \mathcal{F}_{A_k}, \qquad k \in \mathbb{N}_0$$

(im Fall $k = 0$ ist $\mathcal{F}^A_{A_1, \ldots, A_k} = \mathcal{F}^A$). Es ist $\mathcal{F}_A = \mathcal{F}^\emptyset_A$ und $(\mathcal{F}_A)^c = \mathcal{F}^A$. Man beachte, daß immer $\emptyset \in \mathcal{F}^A$, aber $\emptyset \notin \mathcal{F}^A_{A_1, \ldots, A_k}$ für $k \geq 1$ gilt. Diese Tatsache macht gelegentlich Fallunterscheidungen in Beweisen notwendig.

Auf $\mathcal{F}$ führen wir die von dem Mengensystem

$$\{\mathcal{F}^C : C \in \mathcal{C}\} \cup \{\mathcal{F}_G : G \in \mathcal{G}\} \tag{1.1}$$

erzeugte Topologie ein. Das System

$$\tau := \{\mathcal{F}^C_{G_1, \ldots, G_k} : C \in \mathcal{C}, \; G_1, \ldots, G_k \in \mathcal{G}, \; k \in \mathbb{N}_0\}$$

ist wegen

$$\mathcal{F}^C_{G_1 \ldots G_k} \cap \mathcal{F}^{C'}_{G'_1 \ldots G'_m} = \mathcal{F}^{C \cup C'}_{G_1 \ldots G_k, G'_1 \ldots G'_m}$$

∩-stabil, und es ist $\mathcal{F} = \mathcal{F}^{\emptyset} \in \tau$, also ist τ eine Basis der durch (1.1) erzeugten Topologie. Deren offene Mengen sind also die Vereinigungen von Mengen aus τ. Wir nennen diese Topologie die *Topologie der abgeschlossenen Konvergenz*; mit ihr soll $\mathcal{F}$ im folgenden stets versehen sein.

1.1.1 Satz. *$\mathcal{F}$ ist ein kompakter Raum mit abzählbarer Basis.*

Beweis. Zum Nachweis der Hausdorff-Eigenschaft seien $F, F' \in \mathcal{F}$ Elemente mit $F \neq F'$. Dann existiert o.B.d.A. ein $x \in F \setminus F'$. In der oben erwähnten Familie $\mathcal{D}$ gibt es ein D mit $x \in D$ und $F' \cap \mathrm{cl}\, D = \emptyset$. Damit ist $\mathcal{F}_D$ Umgebung von F und $\mathcal{F}^{\mathrm{cl}\, D}$ Umgebung von F', und es gilt

$$\mathcal{F}_D \cap \mathcal{F}^{\mathrm{cl}\, D} = \emptyset.$$

Also ist $\mathcal{F}$ ein Hausdorff-Raum.

Für die Kompaktheit genügt nach dem Satz von Alexander (siehe z.B. v. Querenburg [1979], S. 85) der Nachweis, daß jede Überdeckung von $\mathcal{F}$ durch Mengen der Subbasis (1.1) eine endliche Teilüberdeckung enthält. Wir nehmen also

$$\bigcup_{i \in I} \mathcal{F}^{C_i} \cup \bigcup_{j \in J} \mathcal{F}_{G_j} = \mathcal{F}$$

mit einem Paar von Familien

$$(C_i)_{i \in I}, \, C_i \in \mathcal{C}, \quad \text{und} \quad (G_j)_{j \in J}, \, G_j \in \mathcal{G},$$

an. Übergang zu den Komplementen ergibt

$$\left(\bigcap_{i \in I} \mathcal{F}_{C_i} \right) \cap \left(\bigcap_{j \in J} \mathcal{F}^{G_j} \right) = \emptyset.$$

Setzen wir $G := \bigcup_{j \in J} G_j$, so ist $\bigcap_{j \in J} \mathcal{F}^{G_j} = \mathcal{F}^G$. Nach unserer Voraussetzung gilt also

$$\bigcap_{i \in I} \mathcal{F}_{C_i}^G = \emptyset.$$

Es gibt ein $i_0 \in I$ mit $C_{i_0} \subset G$, denn andernfalls wäre $G^c \cap C_i \neq \emptyset$ für alle $i \in I$ und damit

$$G^c \in \bigcap_{i \in I} \mathcal{F}_{C_i}^G,$$

ein Widerspruch. Für die kompakte Menge $C_{i_0} \subset G = \bigcup_{j \in J} G_j$ existiert nun eine endliche Teilüberdeckung, also eine endliche Teilmenge $J_0 \subset J$ mit $C_{i_0} \subset \bigcup_{j \in J_0} G_j$. Damit ergibt sich

$$\bigcap_{j \in J_0} \mathcal{F}_{C_{i_0}}^{G_j} = \emptyset.$$

und somit

$$\mathcal{F}^{C_{i_0}} \cup \bigcup_{j \in J_0} \mathcal{F}_{G_j} = \mathcal{F}.$$

Die Kompaktheit von $\mathcal{F}$ ist also bewiesen.

Um die Existenz einer abzählbaren Basis zu zeigen, betrachten wir das abzählbare System

$$\tau' := \left\{ \mathcal{F}_{D_1,\dots,D_k}^{\operatorname{cl} D_1' \cup \dots \cup \operatorname{cl} D_m'} : D_i, D_j' \in \mathcal{D}, \, k \in \mathbb{N}_0, \, m \in \mathbb{N} \right\}.$$

Es gilt $\tau' \subset \tau$. Sei nun $F \in \mathcal{F}$ und

$$F \in \mathcal{F}_{G_1,\dots,G_k}^{C} \in \tau.$$

Zu zeigen ist, daß es ein $\mathcal{A} \in \tau'$ gibt mit

$$F \in \mathcal{A} \subset \mathcal{F}_{G_1,\dots,G_k}^{C}.$$

Wegen $F \cap C = \emptyset$ existiert zu jedem $x \in C$ ein $D(x) \in \mathcal{D}$ mit $x \in D(x)$ und $F \cap \operatorname{cl} D(x) = \emptyset$. Die Familie $(D(x))_{x \in C}$ ist eine offene Überdeckung der kompakten Menge C, also existieren $D_1', \dots, D_m' \in \mathcal{D}$ mit $C \subset \operatorname{cl} D_1' \cup \dots \cup \operatorname{cl} D_m'$ und $F \cap \operatorname{cl} D_i' = \emptyset$. Ist $k = 0$, so gilt

$$F \in \mathcal{F}^{\operatorname{cl} D_1' \cup \dots \cup \operatorname{cl} D_m'} \subset \mathcal{F}^C.$$

Ist $k \geq 1$, so existieren zu jedem $i \in \{1, \dots, k\}$ ein $x_i \in F \cap G_i$ und ein $D_i \in \mathcal{D}$ mit $x_i \in D_i \subset G_i$. Damit folgt

$$F \in \mathcal{F}_{D_1,\dots,D_k}^{\operatorname{cl} D_1' \cup \dots \cup \operatorname{cl} D_m'} \subset \mathcal{F}_{G_1,\dots,G_k}^{C}.$$

Also ist auch τ' Basis der Topologie von $\mathcal{F}$.   ■

BEMERKUNGEN. (a) Wegen Satz 1.1.1 können wir uns bei Konvergenz- und Stetigkeitsbetrachtungen in $\mathcal{F}$ meist auf Folgen beschränken. Nach dem Satz von Urysohn ist $\mathcal{F}$ metrisierbar.

(b) Der Raum $\mathcal{F}' := \mathcal{F} \setminus \{\emptyset\}$ ist lokalkompakt, er ist aber, weil $\mathbb{R}^n$ nicht kompakt ist, auch nicht kompakt. Es ist nämlich

$$\bigcup_{D \in \mathcal{D}} \mathcal{F}_D = \mathcal{F}_{\mathbb{R}^n} = \mathcal{F} \setminus \{\emptyset\} = \mathcal{F}',$$

aber keine endliche Teilfamilie $\mathcal{D}' \subset \mathcal{D}$ hat diese Eigenschaft.

(c) Der Punkt $\emptyset \in \mathcal{F}$ hat die Umgebungsbasis $\{\mathcal{F}^C : C \in \mathcal{C}\}$. $\mathcal{F}$ ist gerade die Einpunkt-Kompaktifizierung (Aleksandrov-Kompaktifizierung) des topologischen Raumes $\mathcal{F}'$.

Nun betrachten wir Konvergenz in $\mathcal{F}$. „Fast alle $j \in \mathbb{N}$" heißt im folgenden: alle $j \in \mathbb{N}$ bis auf endlich viele.

1.1.2 Satz. *Sei $(F_j)_{j \in \mathbb{N}}$ eine Folge in $\mathcal{F}$ und $F \in \mathcal{F}$. Dann sind die folgenden Aussagen (a), (b), (c) äquivalent:*

(a) $F_j \to F$ *für $j \to \infty$.*

(b) *Es gelten (b_1) und (b_2):*

    (b_1) *Aus $G \cap F \neq \emptyset$, $G \in \mathcal{G}$, folgt $G \cap F_j \neq \emptyset$ für fast alle j.*

    (b_2) *Aus $C \cap F = \emptyset$, $C \in \mathcal{C}$, folgt $C \cap F_j = \emptyset$ für fast alle j.*

(c) *Es gelten (c_1) und (c_2):*

    (c_1) *Für jedes $x \in F$ existieren für fast alle j Elemente $x_j \in F_j$ mit $x_j \to x$ für $j \to \infty$.*

    (c_2) *Für jede Teilfolge $(F_{j_k})_{k \in \mathbb{N}}$ und jede konvergente Folge $(x_{j_k})_{k \in \mathbb{N}}$ mit $x_{j_k} \in F_{j_k}$ gilt $\lim_{k \to \infty} x_{j_k} \in F$.*

Beweis. Nach Definition ist $F_j \to F$ äquivalent dazu, daß in jeder Umgebung $\mathcal{U}$ von F, $\mathcal{U} \in \tau$, fast alle Folgenglieder F_j liegen. Nach Definition von τ folgt damit die Äquivalenz von (a) und (b). Wir zeigen nun die Äquivalenz von (b_1) mit (c_1) und von (b_2) mit (c_2).

(b_1) $\Rightarrow$ (c_1): Sei $x \in F$. Sei $G_1 \supset G_2 \supset \ldots$ ein Fundamentalsystem von offenen Umgebungen von x. Damit ist $G_i \cap F \neq \emptyset$ für $i \in \mathbb{N}$, also $G_i \cap F_k \neq \emptyset$ für $k \geq k_i$ und $i \in \mathbb{N}$. O.B.d.A. gelte hierbei $k_1 < k_2 < \ldots$ Es existiert also eine Folge $(x_p)_{p \geq k_1}$ mit

$$x_p \in G_1 \cap F_p, \quad p = k_1, \ldots, k_2 - 1,$$

$$x_p \in G_2 \cap F_p, \quad p = k_2, \ldots, k_3 - 1,$$

$$\vdots$$

$$x_p \in G_i \cap F_p, \quad p = k_i, \ldots, k_{i+1} - 1,$$

$$\vdots$$

Daraus folgt $x_p \to x$.

(c_1) $\Rightarrow$ (b_1): Es gelte $G \cap F \neq \emptyset$ mit $G \in \mathcal{G}$. Daher gibt es ein $x \in G \cap F$. Dann existieren $x_j \in F_j$ (für fast alle j) mit $x_j \to x$. Für fast alle j ist $x_j \in G$, also auch $G \cap F_j \neq \emptyset$.

$(b_2) \Rightarrow (c_2)$: Sei $(F_{j_k})_{k \in \mathbb{N}}$ eine Teilfolge, $x_{j_k} \in F_{j_k}$ für $k \in \mathbb{N}$ und $\lim_{k \to \infty} x_{j_k} = x$. Ist $x \notin F$, so existiert eine kompakte Umgebung C von x mit $C \cap F = \emptyset$, und aus (b_2) folgt $C \cap F_j = \emptyset$ für fast alle j, ein Widerspruch.

$(c_2) \Rightarrow (b_2)$: Wenn (b_2) nicht gilt, existiert ein $C \in \mathcal{C}$, $C \cap F = \emptyset$, mit $C \cap F_j \neq \emptyset$ für unendlich viele j. Damit existiert dann eine Teilfolge $(F_{j_k})_{k \in \mathbb{N}}$, für die es Punkte $x_{j_k} \in C \cap F_{j_k}$ gibt. Eine Teilfolge der Folge $(x_{j_k})_{k \in \mathbb{N}}$ konvergiert gegen ein $x \in C$. Dann ist $x \notin F$, im Widerspruch zu (c_2). ∎

Ein Ziel dieser topologischen Überlegungen ist es, später Abbildungen als meßbar zu erkennen, weil sie stetig sind oder gewisse Halbstetigkeitseigenschaften haben. So erhalten wir aus Satz 1.1.2 das folgende Korollar. Wir verwenden die Bezeichnungen $\alpha F := \{\alpha x : x \in F\}$ und $F^* := \{-x : x \in F\}$.

1.1.3 Korollar. *Die Vereinigungsbildung*

$$\mathcal{F} \times \mathcal{F} \quad \to \quad \mathcal{F},$$
$$(F, F') \quad \mapsto \quad F \cup F'$$

die Spiegelung am Nullpunkt

$$\mathcal{F} \quad \to \quad \mathcal{F}$$
$$F \quad \mapsto \quad F^*$$

und die Vervielfachung

$$\mathbb{R}^+ \times \mathcal{F} \quad \to \quad \mathcal{F}$$
$$(\alpha, F) \quad \mapsto \quad \alpha F$$

sind stetig.

Beweis. Seien $(F_i)_{i \in \mathbb{N}}$ und $(F_i')_{i \in \mathbb{N}}$ konvergente Folgen in $\mathcal{F}$ mit $F_i \to F$ und $F_i' \to F'$. Wir müssen $F_i \cup F_i' \to F \cup F'$ zeigen. Entsprechend Satz 1.1.2 gehen wir in zwei Schritten vor.

(α) Sei $x \in F \cup F'$, o.B.d.A. $x \in F$. Dann existieren (für fast alle i) $x_i \in F_i \subset F_i \cup F_i'$ mit $x_i \to x$.

(β) Gelte (o.B.d.A.) $x_i \to x$ mit $x_i \in F_i \cup F_i'$. Dann existiert eine Teilfolge $(x_{j_k})_{k \in \mathbb{N}}$ mit (o.B.d.A.) $x_{j_k} \in F_{j_k}$. Damit ist $x \in F$, also $x \in F \cup F'$.

Analog ergeben sich die anderen Aussagen. ∎

Andere Mengenoperationen, wie Durchschnitt oder Bildung des abgeschlossenen Komplements, erweisen sich als nicht stetig. Ist zum Beispiel $(F_i)_{i \in \mathbb{N}}$, $F_i = \{x_i\}$, eine konvergente Folge von einpunktigen Mengen mit $F_i \to F = \{x\}$

(also $x_i \to x$) und $F_i \cap F = \emptyset$, so folgt nicht $F_i \cap F \to F \cap F = F$. Ist $(F_i)_{i \in \mathbb{N}}$ eine konvergente Folge von endlichen Mengen mit $F_i \to \mathbb{R}^n$, so ist $\mathrm{cl}\, F_i^c = \mathbb{R}^n$, also folgt nicht $\mathrm{cl}\, F_i^c \to \mathrm{cl}\,(\mathbb{R}^n)^c = \emptyset$. Auch die Abbildung auf den Rand ∂F, $F \in \mathcal{F}$, die Bildung der abgeschlossenen Summe $\mathrm{cl}\,(F + F')$, $F, F' \in \mathcal{F}$, und die Bildung der abgeschlossenen konvexen Hülle $\mathrm{cl}\,\mathrm{conv}\,F$, $F \in \mathcal{F}$, sind keine stetigen Operationen, wie entsprechende Beispiele zeigen. Hier benötigen wir den Begriff der Halbstetigkeit.

Sei $\varphi : T \to \mathcal{F}$ Abbildung eines topologischen Raumes T in $\mathcal{F}$. Die Abbildung φ heißt *nach oben halbstetig*, wenn $\varphi^{-1}(\mathcal{F}^C)$ für alle $C \in \mathcal{C}$ offen ist (in T); sie heißt *nach unten halbstetig*, wenn $\varphi^{-1}(\mathcal{F}_G)$ für alle $G \in \mathcal{G}$ offen ist (in T). Die folgenden Begriffsbildungen ermöglichen eine bequeme Handhabung der Halbstetigkeit. Für eine Folge $(F_i)_{i \in \mathbb{N}}$ in $\mathcal{F}$ bezeichnen wir mit $\limsup F_i$ die Vereinigung aller Häufungspunkte von $(F_i)_{i \in \mathbb{N}}$ (in $\mathcal{F}$) und mit $\liminf F_i$ den Durchschnitt aller dieser Häufungspunkte. Diese beiden Mengen lassen sich auch folgendermaßen charakterisieren.

1.1.4 Satz. *Sei $(F_i)_{i \in \mathbb{N}}$ eine Folge in $\mathcal{F}$. Dann gilt*

$$\limsup F_i$$

$$= \{x \in \mathbb{R}^n : \text{jede Umgebung von } x \text{ trifft unendlich viele } F_i\}, \quad (1.2)$$

$$\liminf F_i$$

$$= \{x \in \mathbb{R}^n : \text{jede Umgebung von } x \text{ trifft fast alle } F_i\}, \quad (1.3)$$

und beide Mengen sind abgeschlossen.

Beweis. Wir bezeichnen die Menge (1.2) mit A und die Menge (1.3) mit B.

Sei $x \in A$. Dann gibt es eine Teilfolge $(F_{i_j})_{j \in \mathbb{N}}$ und Punkte $x_{i_j} \in F_{i_j}$ mit $x_{i_j} \to x$ für $j \to \infty$. Die Folge $(F_{i_j})_{j \in \mathbb{N}}$ besitzt, da $\mathcal{F}$ kompakt ist und eine abzählbare Basis hat, eine Teilfolge, die gegen ein $F \in \mathcal{F}$ konvergiert. Nach Satz 1.1.2 ist $x \in F \subset \limsup F_i$. Umgekehrt sei $x \in \limsup F_i$. Es gibt also eine konvergente Teilfolge $(F_{i_j})_{j \in \mathbb{N}}$ mit Limes F und $x \in F$. Nach Satz 1.1.2 ist $x = \lim x_{i_j}$ mit passenden $x_{i_j} \in F_{i_j}$ $(j \geq j_0)$. Es folgt $x \in A$. Also ist $A = \limsup F_i$. Hieraus folgt auch, daß $\limsup F_i$ abgeschlossen ist.

Sei $x \in B$. Dann gibt es Punkte $x_i \in F_i$ $(i \geq i_0)$ mit $\lim x_i = x$. Ist F Limes einer konvergenten Teilfolge von $(F_i)_{i \in \mathbb{N}}$, so folgt $x \in F$. Also ist $x \in \liminf F_i$. Umgekehrt sei $y \in \mathbb{R}^n$ ein Punkt mit $y \notin B$. Dann gibt es eine Umgebung U von y und eine Teilfolge $(F_{i_j})_{j \in \mathbb{N}}$ mit $U \cap F_{i_j} = \emptyset$ für $j \in \mathbb{N}$. Diese Folge besitzt eine Teilfolge, die gegen ein $F \in \mathcal{F}$ konvergiert. Nach Satz 1.1.2 ist $y \notin F$, also $y \notin \liminf F_i$. Damit ist $B = \liminf F_i$ gezeigt. Die Abgeschlossenheit von $\liminf F_i$ ist klar. ∎

BEMERKUNG. Für eine Folge $(F_i)_{i\in\mathbb{N}}$ in $\mathcal{F}$ gilt offenbar genau dann $\lim F_i = F$, wenn

$$\limsup F_i = \liminf F_i = F \qquad (1.4)$$

ist. Man kann $\limsup F_i$ und $\liminf F_i$ durch (1.2) und (1.3) auch für Folgen $(F_i)_{i\in\mathbb{N}}$ von nicht notwendig abgeschlossenen Teilmengen von $\mathbb{R}^n$ und die Konvergenz von $(F_i)_{i\in\mathbb{N}}$ gegen F dann durch (1.4) erklären. Da $\liminf$ und $\limsup$ stets abgeschlossen sind, nennt man F den *abgeschlossenen Limes* der Mengenfolge $(F_i)_{i\in\mathbb{N}}$. Hieraus erklärt sich die Bezeichnung „Topologie der abgeschlossenen Konvergenz" für die auf $\mathcal{F}$ eingeführte Topologie.

Wir formulieren nun ein zweckmäßiges Kriterium für die Halbstetigkeit.

1.1.5 Satz. *Sei T ein topologischer Raum mit abzählbarer Basis und $\varphi : T \to \mathcal{F}$ eine Abbildung.*

(a) *φ ist genau dann nach oben halbstetig, wenn $\limsup \varphi(t_i) \subset \varphi(t)$ für alle $t, t_i \in T$ mit $t_i \to t$ gilt.*

(b) *φ ist genau dann nach unten halbstetig, wenn $\liminf \varphi(t_i) \supset \varphi(t)$ für alle $t, t_i \in T$ mit $t_i \to t$ gilt.*

Beweis. (a) $\varphi^{-1}(\mathcal{F}^C)$ ist genau dann offen für alle $C \in \mathcal{C}$, wenn $\varphi^{-1}(\mathcal{F}_C)$ abgeschlossen ist für alle $C \in \mathcal{C}$. Dies ist äquivalent mit der folgenden Bedingung:

(a$_1$) Aus $C \in \mathcal{C}$, $t_i \to t$ in T, $\varphi(t_i) \cap C \neq \emptyset$ folgt $\varphi(t) \cap C \neq \emptyset$.

Andererseits ist (a$_1$) äquivalent mit (a$_2$):

(a$_2$) Aus $t_i \to t$ in T folgt $\limsup \varphi(t_i) \subset \varphi(t)$.

Gelte nämlich (a$_1$). Gilt $t_i \to t$ und $x \in \limsup \varphi(t_i)$, so trifft jede Umgebung von x, insbesondere jede kompakte Umgebung C, unendlich viele $\varphi(t_i)$. Nach (a$_1$) folgt $\varphi(t) \cap C \neq \emptyset$ und damit $x \in \varphi(t)$, denn jede Umgebung von x enthält eine kompakte Umgebung von x. Umgekehrt gelte (a$_2$). Unter den Voraussetzungen von (a$_1$) existieren $x_i \in \varphi(t_i) \cap C$, und da C kompakt ist, gibt es eine Teilfolge $(x_{i_j})_{j\in\mathbb{N}}$ mit $x_{i_j} \to x \in C$ für $j \to \infty$. Dann ist $x \in \limsup \varphi(t_i) \subset \varphi(t)$, also $\varphi(t) \cap C \neq \emptyset$.

Aus der Äquivalenz von (a$_1$) und (a$_2$) folgt die Behauptung (a).

Die Aussage (b) ergibt sich analog. ∎

Nun kann die Halbstetigkeit einiger Abbildungen gezeigt werden, woraus sich dann später deren Meßbarkeit ergibt.

1.1.6 Satz. (a) *Die Abbildung*

$$\mathcal{F} \times \mathcal{F} \quad \to \quad \mathcal{F}$$
$$(F, F') \quad \mapsto \quad F \cap F'$$

ist nach oben halbstetig.

(b) *Die Abbildungen*

$$\mathcal{F} \to \mathcal{F}, \qquad \mathcal{F} \to \mathcal{F}, \qquad \mathcal{F} \times \mathcal{F} \to \mathcal{F}$$
$$F \mapsto \operatorname{cl} F^c \qquad F \mapsto \operatorname{bd} F \qquad (F, F') \mapsto \operatorname{cl}(F + F')$$

und die Bildung der abgeschlossenen konvexen Hülle

$$\mathcal{F} \to \mathcal{F}$$
$$F \mapsto \operatorname{cl} \operatorname{conv} F$$

sind nach unten halbstetig.

Beweis. Zum Beweis von (a) seien $(F_i)_{i\in\mathbb{N}}$ und $(F_i')_{i\in\mathbb{N}}$ konvergente Folgen in $\mathcal{F}$ mit $F_i \to F$ und $F_i' \to F'$. Nach Satz 1.1.5(a) müssen wir $\limsup(F_i \cap F_i') \subset F \cap F'$ zeigen. Sei dazu $x \in \limsup(F_i \cap F_i')$. Dann existieren eine Teilfolge $(F_{i_k} \cap F_{i_k}')_{k\in\mathbb{N}}$ und Punkte $x_{i_k} \in F_{i_k} \cap F_{i_k}'$ mit $x_{i_k} \to x$. Nach Satz 1.1.2(c) folgt dann $x \in F$ und $x \in F'$, also $x \in F \cap F'$.

Zum Beweis von (b) betrachten wir zunächst die Abbildung $c : F \mapsto \operatorname{cl} F^c$ von $\mathcal{F}$ in sich. Für $G \in \mathcal{G}$ ist

$$c^{-1}(\mathcal{F}^G) = \{F \in \mathcal{F} : G \cap \operatorname{cl} F^c = \emptyset\}$$
$$= \{F \in \mathcal{F} : G \cap F^c = \emptyset\}$$
$$= \{F \in \mathcal{F} : G \subset F\}.$$

Die Menge $\{F \in \mathcal{F} : G \subset F\}$ ist abgeschlossen (denn aus $F_i \to F$, $G \subset F_i$, $x \in G$ folgt $x_i := x \in F_i$ und $x_i \to x$, also $x \in F$); also ist ihr Komplement $c^{-1}(\mathcal{F}_G)$ offen. Nach Definition ist c nach unten halbstetig.

Zum Beweis der Halbstetigkeit der Abbildung $\partial : F \mapsto \operatorname{bd} F$ sei zunächst $B \subset \mathbb{R}^n$ eine offene zusammenhängende Menge. Für $F \in \mathcal{F}$ gilt genau dann $B \cap \operatorname{bd} F \neq \emptyset$, wenn $B \cap F \neq \emptyset$ und $B \cap F^c \neq \emptyset$ ist. Also ist

$$\partial^{-1}(\mathcal{F}_B) = \{F \in \mathcal{F} : B \cap \operatorname{bd} F \neq \emptyset\}$$
$$= \{F \in \mathcal{F} : B \cap F \neq \emptyset \text{ und } B \cap F^c \neq \emptyset\}$$
$$= \mathcal{F}_B \cap \{F \in \mathcal{F} : B \subset F\}^c.$$

Die Menge $\{F \in \mathcal{F} : B \subset F\}$ ist abgeschlossen, daher ist $\partial^{-1}(\mathcal{F}_B)$ offen. Eine beliebige offene Menge $G \in \mathcal{G}$ kann als Vereinigung $G = \bigcup B_i$ von offenen zusammenhängenden Mengen (z.B. Kugeln) geschrieben werden, daher ist $\partial^{-1}(\mathcal{F}_G) = \partial^{-1}(\bigcup \mathcal{F}_{B_i}) = \bigcup \partial^{-1}(\mathcal{F}_{B_i})$ offen. Nach Definition ist ∂ nach unten halbstetig.

Jetzt betrachten wir die Abbildung $h : F \mapsto \operatorname{cl} \operatorname{conv} F$ von $\mathcal{F}$ in sich. Sei $(F_i)_{i \in \mathbb{N}}$ eine Folge in $\mathcal{F}$ mit $F_i \to F$. Wir müssen $h(F) \subset \liminf h(F_i)$ zeigen. Dazu sei zunächst $x \in \operatorname{conv} F$. Nach dem Satz von Carathéodory (siehe z.B. Schneider [1993], S. 3) gibt es eine Darstellung

$$x = \sum_{k=1}^{n+1} \lambda_k x_k \qquad \text{mit } x_k \in F, \ \lambda_k \geq 0, \ \sum_{k=1}^{n+1} \lambda_k = 1.$$

Für jedes $k \in \{1, \ldots, n+1\}$ gilt nach Satz 1.1.2

$$x_k = \lim_{j \to \infty} x_{k,j}$$

mit passenden $x_{k,j} \in F_j$ ($j \geq j_0$). Setze $x_j := \sum_{k=1}^{n+1} \lambda_k x_{k,j}$, dann gilt $x_j \in \operatorname{conv} F_j \subset h(F_j)$ und $x_j \to x$. Nach Satz 1.1.4 folgt $x \in \liminf h(F_j)$. Also ist $\operatorname{conv} F \subset \liminf h(F_j)$. Da der Limes inferior einer Mengenfolge stets abgeschlossen ist, gilt auch $h(F) = \operatorname{cl} \operatorname{conv} F \subset \liminf h(F_j)$. Also ist h nach unten halbstetig.

Die verbleibende Behauptung wird analog bewiesen. ∎

Im folgenden bezeichnet $\mathbf{1}_F$ die Indikatorfunktion der Menge F.

1.1.7 Satz. *Die Abbildung*

$$\begin{aligned} \mathcal{F} \times \mathbb{R}^n &\to \mathbb{R} \\ (F, x) &\mapsto \mathbf{1}_F(x) \end{aligned}$$

ist nach oben halbstetig.

Beweis. Es gelte $(F_i, x_i) \to (F, x)$ in $\mathcal{F} \times \mathbb{R}^n$. Ist $\limsup \mathbf{1}_{F_i}(x_i) = 1$, so gibt es eine Teilfolge $(F_{i_j}, x_{i_j})_{j \in \mathbb{N}}$ mit $x_{i_j} \in F_{i_j}$ für $j \in \mathbb{N}$, und nach Satz 1.1.2 folgt $x \in F$. Also ist

$$\limsup_{i \to \infty} \mathbf{1}_{F_i}(x_i) \leq \mathbf{1}_F(x).$$

Ist $\limsup \mathbf{1}_{F_i}(x_i) = 0$, so gilt diese Ungleichung trivialerweise. ∎

1.2 Kompakte Mengen und die Hausdorff-Metrik

Wir betrachten nun das Teilsystem $\mathcal{C} \subset \mathcal{F}$ der kompakten Mengen. $\mathcal{C}$ ist weder offen noch abgeschlossen in $\mathcal{F}$. Auf $\mathcal{C}$ wird durch $\mathcal{F}$ eine Topologie induziert. Ist in $\mathbb{R}^n$ eine die Topologie erzeugende Metrik $\tilde{d}$ ausgezeichnet (etwa die vom Standard-Skalarprodukt erzeugte euklidische Metrik), so gibt es auf $\mathcal{C}$ noch eine weitere natürliche Topologie, die Topologie der Hausdorff-Metrik. Die Beziehungen dieser beiden Topologien zueinander wollen wir kurz studieren.

Für $C, C' \in \mathcal{C}' := \mathcal{C} \setminus \{\emptyset\}$ ist der Hausdorff-Abstand $d(C, C')$ definiert durch

$$d(C, C') := \max\left\{\max_{x \in C} \min_{y \in C'} \tilde{d}(x, y), \max_{x \in C'} \min_{y \in C} \tilde{d}(x, y)\right\}.$$

Setzt man

$$\tilde{d}(x, C) := \min_{y \in C} \tilde{d}(x, y)$$

und für $\epsilon \geq 0$

$$C(\epsilon) := \{x \in \mathbb{R}^n : \tilde{d}(x, C) \leq \epsilon\},$$

so gilt

$$d(C, C') = \min\{\epsilon \geq 0 : C \subset C'(\epsilon), \, C' \subset C(\epsilon)\}.$$

Insbesondere ist im Fall der euklidischen Metrik auf $\mathbb{R}^n$

$$d(C, C') = \min\{\epsilon \geq 0 : C \subset C' + \epsilon B^n, \, C' \subset C + \epsilon B^n\},$$

wobei B^n die abgeschlossene Einheitskugel um den Nullpunkt ist. Es ist leicht zu sehen, daß d eine Metrik auf $\mathcal{C}'$ ist. Sie kann durch

$$d(C, C') := \infty,$$

falls $C = \emptyset$ und $C' \neq \emptyset$ oder falls $C' = \emptyset$ und $C \neq \emptyset$ ist, sowie durch

$$d(\emptyset, \emptyset) := 0$$

auf ganz $\mathcal{C}$ erweitert werden, wird aber meist nur auf $\mathcal{C}'$ betrachtet. In der Hausdorff-Metrik ist $\emptyset$ isolierter Punkt von $\mathcal{C}$, in der von $\mathcal{F}$ induzierten Topologie dagegen nicht!

1.2.1 Satz. *Die Topologie der Hausdorff-Metrik auf $\mathcal{C}$ ist echt feiner als die von $\mathcal{F}$ induzierte Topologie. Auf jeder Menge*

$$\mathcal{F}^{K^c} = \mathcal{C}^{K^c} := \{C \in \mathcal{C} : C \subset K\}, \qquad K \in \mathcal{C},$$

stimmen dagegen beide Topologien überein.

Beweis. Es gelte $C_i \to C$ in der Hausdorff-Metrik, o.B.d.A. $C, C_i \in C'$. Zu zeigen ist, daß dann auch $C_i \to C$ in $\mathcal{F}$ gilt.

(α) Sei $x \in C$. Wegen $\tilde{d}(x, C_i) \to 0$ existieren $x_i \in C_i$ mit $x_i \to x$.

(β) Sei $(C_{i_j})_{j \in \mathbb{N}}$ eine Teilfolge, $x_{i_j} \in C_{i_j}$ und $x_{i_j} \to x$. Wegen $d(C_{i_j}, C) \to 0$ existieren $y_{i_j} \in C$ mit $\tilde{d}(x_{i_j}, y_{i_j}) \to 0$. Es folgt $y_{i_j} \to x$ und daher $x \in C$.

Nach Satz 1.1.2 folgt somit, daß die Topologie der Hausdorff-Metrik auf $\mathcal{C}$ feiner ist als die von $\mathcal{F}$ induzierte Topologie. Daß sie echt feiner ist, zeigt die obige Bemerkung über $\emptyset$ als isolierten Punkt.

Nun sei $K \in \mathcal{C}$, und es gelte $C_i \to C$ in $\mathcal{F}$ mit $C, C_i \in C'$, $C, C_i \subset K$. Sei $0 < \epsilon < 1$ und $\tilde{C} := \mathrm{cl}\,(K \setminus C(\epsilon))$; dann ist $\tilde{C} \in \mathcal{C}$. Wegen $C \cap \tilde{C} = \emptyset$ gilt nach Satz 1.1.2 $C_i \cap \tilde{C} = \emptyset$ für fast alle i. Für diese i gilt $C_i \subset C(\epsilon)$. Angenommen, es wäre nicht $C \subset C_i(\epsilon)$ für fast alle i. Dann gibt es für unendlich viele i ein $x_i \in C$ mit $\tilde{d}(x_i, C_i) \geq \epsilon$. Da C kompakt ist, gibt es eine Teilfolge $(x_{i_j})_{j \in \mathbb{N}}$ mit $x_{i_j} \to x \in C$. Nach Satz 1.1.2 existieren $y_i \in C_i$ mit $y_i \to x$. Es folgt $\epsilon \leq \tilde{d}(x_{i_j}, y_{i_j}) \leq \tilde{d}(x_{i_j}, x) + \tilde{d}(x, y_{i_j}) \to 0$, ein Widerspruch. Also gilt $C \subset C_i(\epsilon)$ und damit $d(C, C_i) \leq \epsilon$ für fast alle i. Da $\epsilon < 1$ beliebig war, ergibt sich $C_i \to C$ in der Hausdorff-Metrik, also die zweite Behauptung. ∎

Wir werden im folgenden $\mathcal{C}$ meist mit der Topologie der Hausdorff-Metrik versehen, betrachten also den metrischen Raum $(\mathcal{C}, d)$. Dabei wird auf $\mathbb{R}^n$ die euklidische Metrik $\tilde{d}$ zugrunde gelegt. Die Hausdorff-Metrik d auf $\mathcal{C}$ hängt natürlich von $\tilde{d}$ ab. Aus Satz 1.2.1 folgt aber, daß die Topologie auf $\mathcal{C}$ unabhängig ist von der speziellen Wahl der Metrik $\tilde{d}$.

1.2.2 Korollar. *Eine Folge $(C_i)_{i \in \mathbb{N}}$ in $(\mathcal{C}, d)$ konvergiert genau dann, wenn (a) und (b) gelten:*

(a) *$(C_i)_{i \in \mathbb{N}}$ konvergiert in $\mathcal{F}$.*

(b) *$(C_i)_{i \in \mathbb{N}}$ ist gleichmäßig beschränkt, d.h. es gibt ein $K \in \mathcal{C}$ mit $C_i \subset K$ für alle i.*

Die hier auftretenden Mengen dürfen auch leer sein; dieser Fall ist aber trivial, weil $\emptyset$ isolierter Punkt in $\mathcal{C}$ ist. Er kann bei Bedarf in den folgenden Überlegungen ausgeschlossen werden. Das Korollar impliziert insbesondere (wegen Satz 1.1.1), daß jede gleichmäßig beschränkte Folge in C' eine konvergente Teilfolge besitzt (also jede gleichmäßig beschränkte Menge relativ kompakt ist). Diese Aussage wird in der Literatur häufig als *Auswahlsatz von Blaschke* bezeichnet.

1.2.3 Satz. *Ist C mit der Topologie der Hausdorff-Metrik versehen, so sind die Abbildungen*

$$
\begin{array}{ccc}
\mathcal{C} \times \mathcal{F} & \to & \mathcal{F}, \\
(C,F) & \mapsto & C \cup F
\end{array}
\qquad
\begin{array}{ccc}
\mathcal{C} \times \mathcal{C} & \to & \mathcal{C}, \\
(C,C') & \mapsto & C \cup C'
\end{array}
$$

$$
\begin{array}{ccc}
\mathcal{C} \times \mathcal{F} & \to & \mathcal{F}, \\
(C,F) & \mapsto & C + F
\end{array}
\qquad
\begin{array}{ccc}
\mathcal{C} \times \mathcal{C} & \to & \mathcal{C}, \\
(C,C') & \mapsto & C + C'
\end{array}
$$

$$
\begin{array}{ccc}
\mathcal{C} & \to & \mathcal{C}, \\
C & \mapsto & C^*
\end{array}
\qquad
\begin{array}{ccc}
\mathbb{R}^+ \times \mathcal{C} & \to & \mathcal{C} \\
(\alpha,C) & \mapsto & \alpha C
\end{array}
$$

und

$$
\begin{array}{ccc}
\mathcal{C} & \to & \mathcal{C} \\
C & \mapsto & \operatorname{conv} C
\end{array}
$$

stetig.

Beweis. Wir betrachten nur die dritte und die letzte Abbildung; für die übrigen schließt man ähnlich.

Zum Nachweis der dritten Behauptung bemerken wir zunächst, daß für $C \in \mathcal{C}$, $F \in \mathcal{F}$ in der Tat $C + F \in \mathcal{F}$ ist. Es gelte nun $C_i \to C$ in $\mathcal{C}$ und $F_i \to F$ in $\mathcal{F}$. Wir benutzen Satz 1.1.2.

(α) Sei $x \in C + F$, also $x = y + z$ mit $y \in C$ und $z \in F$. Dann gilt $y = \lim y_i$ mit passenden $y_i \in C_i$ und $z = \lim z_i$ mit $z_i \in F_i$ $(i \geq i_0)$. Also folgt $y_i + z_i \in C_i + F_i$ und $y_i + z_i \to x$.

(β) Sei $(C_{i_j} + F_{i_j})_{j \in \mathbb{N}}$ eine Teilfolge, $x_{i_j} \in C_{i_j} + F_{i_j}$ und $x_{i_j} \to x$. Dann ist $x_{i_j} = y_{i_j} + z_{i_j}$ mit $y_{i_j} \in C_{i_j}$ und $z_{i_j} \in F_{i_j}$. Nach Korollar 1.2.2 gibt es ein $K \in \mathcal{C}$ mit $C_i \subset K$ für alle i. Daher besitzt $(y_{i_j})_{j \in \mathbb{N}}$ eine Teilfolge $(y_{m_j})_{j \in \mathbb{N}}$, die gegen ein $y \in K$ konvergiert. Wegen $C_{m_j} \to C$ gilt $y \in C$, und es folgt $z_{m_j} = x_{m_j} - y_{m_j} \to x - y =: z$ und $z \in F$, also $x \in C + F$.

Nach Satz 1.1.2 ist damit $C_i + F_i \to C + F$ gezeigt.

Zum Beweis der letzten Behauptung stellen wir fest, daß mit $C \in \mathcal{C}$ auch $\operatorname{conv} C \in \mathcal{C}$ ist, wie aus dem Satz von Carathéodory folgt. Es gelte nun $C_i \to C$ in $\mathcal{C}$. Dann ergibt sich für $d(C, C_i) \leq \epsilon$

$$
C_i \subset C + \epsilon B^n \quad \text{und} \quad C \subset C_i + \epsilon B^n,
$$

also

$$
\operatorname{conv} C_i \subset \operatorname{conv} C + \epsilon B^n, \quad \operatorname{conv} C \subset \operatorname{conv} C_i + \epsilon B^n
$$

und daher

$$d(\operatorname{conv} C, \operatorname{conv} C_i) \leq \epsilon. \qquad \blacksquare$$

Als weitere Abbildung können wir die Operation der Bewegungsgruppe G_n des $\mathbb{R}^n$ auf der Menge $\mathcal{F}$ oder $\mathcal{C}$ betrachten. (Für Einzelheiten verweisen wir hier auf die in Schneider & Weil [1992] gegebene Einführung in die Integralgeometrie.) Indem man Bewegungen g in Translationen und Rotationen zerlegt, kann man g durch eine orthogonale Matrix und einen Vektor darstellen, also durch ein Element von $\mathbb{R}^{n(n+1)}$. Dadurch wird auf G_n eine Topologie induziert, mit der G_n eine lokalkompakte Gruppe mit abzählbarer Basis und die Abbildung $(g, x) \mapsto gx$ von $G_n \times \mathbb{R}^n$ in $\mathbb{R}^n$ stetig wird. Die Untergruppe SO_n der Drehungen ist kompakt.

Für $g \in G_n$ und $A \subset \mathbb{R}^n$ sei

$$gA := \{gx : x \in A\}.$$

1.2.4 Satz. *Die Abbildungen*

$$\begin{aligned} G_n \times \mathcal{F} &\rightarrow \mathcal{F} \\ (g, F) &\mapsto gF \end{aligned}$$

und

$$\begin{aligned} G_n \times \mathcal{C} &\rightarrow \mathcal{C} \\ (g, C) &\mapsto gC \end{aligned}$$

sind stetig.

Beweis. Wir beweisen wieder nur die erste Aussage.

Es gelte $(g_i, F_i) \to (g, F)$ in $G_n \times \mathcal{F}$. Wir müssen $g_i F_i \to gF$ in $\mathcal{F}$ zeigen und benutzen dazu Satz 1.1.2.

(α) Sei $x \in gF$, also $x = gy$ mit $y \in F$. Dann gibt es $y_i \in F_i$ mit $y_i \to y$. Für $x_i := g_i y_i$ gilt dann $x_i \in g_i F_i$ und $x_i \to x$.

(β) Sei $(g_{i_k} F_{i_k})_{k \in \mathbb{N}}$ Teilfolge und $x_{i_k} = g_{i_k} y_{i_k}$, $y_{i_k} \in F_{i_k}$, mit $x_{i_k} \to x$. Dann gilt $y_{i_k} \to y := g^{-1} x$, $y \in F$, also $x = gy \in gF$. $\qquad \blacksquare$

Später werden wir die Menge $\mathcal{E}_k^n$ der k-dimensionalen affinen Unterräume im $\mathbb{R}^n$ und die Menge $\mathcal{L}_k^n$ der k-dimensionalen linearen Unterräume im $\mathbb{R}^n$ benutzen, $k \in \{0, \ldots, n-1\}$. $\mathcal{E}_k^n \cup \{\emptyset\}$ und $\mathcal{L}_k^n$ sind kompakte Teilmengen von $\mathcal{F}$, sie werden mit der induzierten Topologie versehen. Auf $\mathcal{E}_0^n$ stimmt diese Topologie dann mit der von $\mathbb{R}^n$ überein, wenn man die natürliche Identifizierung $\{x\} \mapsto x$, $x \in \mathbb{R}^n$, vornimmt. Auch auf $\mathcal{E}_k^n$ und $\mathcal{L}_k^n$, $k \geq 1$, stimmt die

Topologie der abgeschlossenen Konvergenz mit der natürlichen, von G_n bzw. SO_n induzierten Topologie überein, wie sie etwa (in gleichwertiger Form) in Schneider & Weil [1992] betrachtet wird. Dort tragen $\mathcal{E}_k^n$ und $\mathcal{L}_k^n$ die finale Topologie bezüglich der Abbildungen

$$\gamma_k: \quad G_n \quad \to \quad \mathcal{E}_k^n$$
$$g \quad \mapsto \quad gL$$

bzw.

$$\beta_k: \quad SO_n \quad \to \quad \mathcal{L}_k^n,$$
$$\vartheta \quad \mapsto \quad \vartheta L$$

wobei $L \in \mathcal{L}_k^n$ ein fester Unterraum ist. Die Topologien sind von der Wahl von L unabhängig. Die Abbildung $g \mapsto gL$ von G_n in $\mathcal{F}$ ist nach Satz 1.2.4 stetig. Um die Gleichheit mit der Topologie der abgeschlossenen Konvergenz zu zeigen, genügt es daher, für eine (im Raum $\mathcal{F}$) konvergente Folge $E_i \to E$, $E_i, E \in \mathcal{E}_k^n$, die Existenz von Bewegungen $g_i, g \in G_n$ nachzuweisen, die $E_i = g_i L$, $E = gL$ und $g_i \to g$ (in G_n) erfüllen. Das ist aber mit Hilfe von Satz 1.1.2 leicht möglich.

Zum Schluß betrachten wir noch das erweitert reellwertige Funktional

$$V_n: \quad \mathcal{F} \quad \to \quad \mathbb{R} \cup \{\infty\},$$
$$F \quad \mapsto \quad \lambda(F)$$

wo λ das *Lebesgue-Maß* über $\mathbb{R}^n$ ist. Wir nennen $V_n(F)$ das *Volumen* von F. V_n ist auf $\mathcal{F}$ weder nach oben noch nach unten halbstetig. Für $C_i \to C$ in $(\mathcal{C}, d)$ und jedes $x \in \mathbb{R}^n$ gilt aber nach Satz 1.1.7

$$\limsup \mathbf{1}_{C_i}(x) \leq \mathbf{1}_C(x).$$

Hieraus folgt

$$V_n(C) \;=\; \int_{\mathbb{R}^n} \mathbf{1}_C(x) \, d\lambda(x) \geq \int_{\mathbb{R}^n} \limsup \mathbf{1}_{C_i}(x) \, d\lambda(x)$$

$$\geq \; \limsup \int_{\mathbb{R}^n} \mathbf{1}_{C_i}(x) \, d\lambda(x) = \limsup V_n(C_i)$$

nach dem Lemma von Fatou. Die Voraussetzungen zur Anwendung dieses Lemmas sind dabei gegeben, weil $C_i \subset C + \epsilon B^n$ mit geeignetem $\epsilon > 0$, also $\mathbf{1}_{C_i} \leq \mathbf{1}_{C+\epsilon B^n}$ und

$$\int_{\mathbb{R}^n} \mathbf{1}_{C+\epsilon B^n}(x) \, d\lambda(x) < \infty$$

gilt. V_n ist daher auf $(\mathcal{C}, d)$ nach oben halbstetig.

1.3 Zufällige abgeschlossene Mengen

Zu der in Abschnitt 1.1 eingeführten Topologie der abgeschlossenen Konvergenz auf $\mathcal{F}$ sei nun $\mathcal{B}(\mathcal{F})$ die σ-Algebra der Borelschen Teilmengen. Nach Definition ist $\mathcal{B}(\mathcal{F})$ die von den offenen Mengen erzeugte σ-Algebra. Wir können noch einfachere Erzeugendensysteme angeben.

1.3.1 Lemma. *Die σ-Algebra $\mathcal{B}(\mathcal{F})$ wird sowohl von dem System $\{\mathcal{F}^C : C \in \mathcal{C}\}$ als auch von dem System $\{\mathcal{F}_G : G \in \mathcal{G}\}$ erzeugt.*

Beweis. Nach dem Beweis von Satz 1.1.1 wird die Topologie von $\mathcal{F}$ von einem abzählbaren Teilsystem von $\mathcal{A} := \{\mathcal{F}^C : C \in \mathcal{C}\} \cup \{\mathcal{F}_G : G \in \mathcal{G}\}$ erzeugt; daher ist $\mathcal{A}$ auch Erzeugendensystem von $\mathcal{B}(\mathcal{F})$. Nun gilt aber

$$\mathcal{F}_G = \bigcup_{i=1}^{\infty} \mathcal{F}_{C_i} = \bigcup_{i=1}^{\infty} \left(\mathcal{F}^{C_i}\right)^c$$

mit einer Folge kompakter Mengen $C_1, C_2, \ldots$, die $\bigcup_{i=1}^{\infty} C_i = G$ erfüllt. Außerdem ist

$$\mathcal{F}^C = (\mathcal{F}_C)^c = \left(\bigcap_{i=1}^{\infty} \mathcal{F}_{G_i}\right)^c,$$

wo $G_1 \supset G_2 \supset \ldots$ eine passende absteigende Folge relativ kompakter, offener Mengen mit $\bigcap_{i=1}^{\infty} G_i = C$ ist. Also reicht jedes der beiden Systeme $\{\mathcal{F}^C : C \in \mathcal{C}\}$ und $\{\mathcal{F}_G : G \in \mathcal{G}\}$ zur Erzeugung der σ-Algebra $\mathcal{B}(\mathcal{F})$ aus. ∎

BEMERKUNG. Analog erzeugen auch die Systeme $\{\mathcal{F}_C : C \in \mathcal{C}\}$ bzw. $\{\mathcal{F}^G : G \in \mathcal{G}\}$ die σ-Algebra $\mathcal{B}(\mathcal{F})$.

Als Folgerung halten wir fest, daß eine Abbildung $\varphi : T \to \mathcal{F}$ von einem topologischen Raum T in $\mathcal{F}$, die nach oben oder nach unten halbstetig ist, stets Borel-meßbar ist. Denn ist φ etwa nach oben halbstetig, so ist $\varphi^{-1}(\mathcal{F}^C)$ offen (also Borelmenge) in T für jedes $C \in \mathcal{C}$, und da $\{\mathcal{F}^C : C \in \mathcal{C}\}$ ein Erzeugendensystem von $\mathcal{B}(\mathcal{F})$ ist, folgt hieraus bekanntlich die Meßbarkeit von φ.

1.3.2 Satz. *$\mathcal{C}$ ist eine Borelmenge in $\mathcal{F}$. Die Spur-σ-Algebra $\mathcal{B}(\mathcal{F})_{\mathcal{C}}$ von $\mathcal{B}(\mathcal{F})$ auf $\mathcal{C}$ stimmt mit der Borel-σ-Algebra $\mathcal{B}(\mathcal{C})$ auf $\mathcal{C}$ (bezüglich der Hausdorff-Metrik) überein.*

Beweis. Wir wählen in $\mathbb{R}^n$ eine aufsteigende Folge kompakter Mengen $C_1 \subset C_2 \subset \ldots$ mit $C_i \subset \text{int } C_{i+1}$ und $\bigcup_{i=1}^{\infty} C_i = \mathbb{R}^n$. Damit folgt

$$\mathcal{C} = \bigcup_{i=1}^{\infty} \mathcal{F}^{C_i^c},$$

also ist $\mathcal{C}$ Borelmenge in $\mathcal{F}$.

Nach Satz 1.2.1 ist die Topologie auf $\mathcal{C}$ feiner als die von $\mathcal{F}$ induzierte Topologie. Damit folgt $\mathcal{B}(\mathcal{F})_\mathcal{C} \subset \mathcal{B}(\mathcal{C})$. Es bleibt die umgekehrte Inklusion zu zeigen. Sei $\mathcal{U}_\epsilon(C)$ eine abgeschlossene ϵ-Umgebung von C in $\mathcal{C} \setminus \{\emptyset\}$. Nach 1.2.1 ist $\mathcal{U}_\epsilon(C)$ abgeschlossen in $\mathcal{F}$, also Borelmenge in $\mathcal{F}$. Daher folgt $\mathcal{U}_\epsilon(C) \in \mathcal{B}(\mathcal{F})_\mathcal{C}$. Im Fall $C = \emptyset$ ist $\mathcal{U}_\epsilon(C) = \{\emptyset\} = \mathcal{F}^{\mathbb{R}^n} \in \mathcal{B}(\mathcal{F})_\mathcal{C}$. Es gibt abzählbar viele solche Umgebungen, die die Topologie von $\mathcal{C}$ erzeugen, zum Beispiel die $\mathcal{U}_\epsilon(C)$, wo ϵ rational und C eine endliche Menge von Punkten mit rationalen Koordinaten ist. Es folgt, daß jede offene Menge in $\mathcal{C}$ zu $\mathcal{B}(\mathcal{F})_\mathcal{C}$ gehört. Die Borelmengen in $\mathcal{C}$ sind also auch Borelmengen in $\mathcal{F}$. ∎

Für die später unternommenen geometrischen Untersuchungen benötigen wir weitere Mengensysteme in $\mathcal{F}$. Sei $\mathcal{K}$ das System der *konvexen Körper* (kompakte, konvexe Mengen; $\emptyset$ ist zugelassen), $\mathcal{R}$ der *Konvexring* (die Menge der endlichen Vereinigungen konvexer Körper) und

$$\mathcal{S} := \{F \in \mathcal{F} : F \cap K \in \mathcal{R} \text{ für alle } K \in \mathcal{K}\},$$

der *erweiterte Konvexring*. Die Mengen in $\mathcal{S}$ sind abzählbare Vereinigungen konvexer Körper mit der Eigenschaft, daß jede kompakte Menge nur endlich viele der Körper trifft. Es gilt $\mathcal{K} \subset \mathcal{R} \subset \mathcal{S} \subset \mathcal{F}$ und $\mathcal{R} \subset \mathcal{C} \subset \mathcal{F}$. Man überlegt sich auch leicht, daß jede Menge $F \in \mathcal{F}$ Limes einer Folge in $\mathcal{R}$ ist (sogar einer Folge endlicher Mengen).

1.3.3 Satz. *$\mathcal{K}$, $\mathcal{R}$ und $\mathcal{S}$ sind Borelmengen in $\mathcal{F}$.*

Beweis. Die Menge $\mathcal{K} = \{C \in \mathcal{C} : C = \operatorname{conv} C\}$ ist wegen der Stetigkeit der Abbildung $C \mapsto \operatorname{conv} C$ (Satz 1.2.3) abgeschlossen in $\mathcal{C}$; sie ist also Borelmenge in $\mathcal{C}$ und daher nach Satz 1.3.2 auch in $\mathcal{F}$.

Für $k, m \in \mathbb{N}$ sei

$$\mathcal{R}_k^m := \{K_1 \cup \ldots \cup K_m : \mathcal{K} \ni K_i \subset kB^n \text{ für } i = 1, \ldots, m\}.$$

Die Menge $\mathcal{R}_k^1 = \mathcal{K} \cap \mathcal{F}^{(kB^n)^c}$ ist abgeschlossen in $\mathcal{C}$ und daher nach Satz 1.2.1 auch in $\mathcal{F}$, also kompakt. Mit Korollar 1.1.3 und Induktion folgt die Kompaktheit von $\mathcal{R}_k^m$. Wegen

$$\mathcal{R} = \bigcup_{k=1}^{\infty} \bigcup_{m=1}^{\infty} \mathcal{R}_k^m$$

ist $\mathcal{R}$ Borelmenge.

Schließlich ist

$$\mathcal{S}_k := \{F \in \mathcal{F} : F \cap kB^n \in \mathcal{R}\}$$

das Urbild der Borelmenge $\mathcal{R}$ unter der Abbildung $F \mapsto F \cap kB^n$. Diese ist nach Satz 1.1.6 nach oben halbstetig, also meßbar. Folglich ist $\mathcal{S}_k$ Borelmenge, und wegen

$$\mathcal{S} = \bigcap_{k=1}^{\infty} \mathcal{S}_k$$

gilt dies auch für $\mathcal{S}$. ∎

Im folgenden treten sehr häufig Maße auf Borelmengen auf. Wir wollen daher die folgende Vereinbarung treffen. Ist E ein topologischer Raum, so verstehen wir unter einem *Maß über E* stets ein Maß auf der Borelschen σ-Algebra $\mathcal{B}(E)$.

Nun erklären wir zufällige abgeschlossene Mengen. Sei $(\Omega, \mathbf{A}, \mathbb{P})$ ein Wahrscheinlichkeitsraum (im folgenden häufig abgekürzt als *W-Raum*; ebenso schreiben wir *W-Maß* für Wahrscheinlichkeitsmaß). Eine Abbildung $Z : \Omega \to \mathcal{F}$ heißt *zufällige abgeschlossene Menge* (kurz *ZAM*) in $\mathbb{R}^n$, wenn sie $(\mathbf{A}, \mathcal{B}(\mathcal{F}))$-meßbar ist, also $Z^{-1}(\mathcal{A}) \in \mathbf{A}$ für alle $\mathcal{A} \in \mathcal{B}(\mathcal{F})$ erfüllt. Das Bildmaß $\mathbb{P}_Z := Z(\mathbb{P})$ von $\mathbb{P}$ unter Z heißt dann *Verteilung* von Z.

Wie meist in der Stochastik interessiert uns an einer ZAM Z im wesentlichen ihre Verteilung $\mathbb{P}_Z$. Alle Größen, die im folgenden für Z eingeführt werden, hängen nur von $\mathbb{P}_Z$ ab. Wir werden deshalb zwei ZAM Z, Z', die auf verschiedenen Grundräumen $(\Omega, \mathbf{A}, \mathbb{P})$ und $(\Omega', \mathbf{A}', \mathbb{P}')$ definiert sein können, als *stochastisch äquivalent* ansehen, wenn $\mathbb{P}_Z = \mathbb{P}_{Z'}$ gilt. Wir schreiben dann auch $Z \sim Z'$ (*Gleichheit in Verteilung*). Es gibt für jede ZAM Z eine kanonische Darstellung $Z', Z' \sim Z$, nämlich die identische Abbildung auf $(\mathcal{F}, \mathcal{B}(\mathcal{F}), \mathbb{P}_Z)$. Es ist aber günstiger (auch methodisch), von der oben benutzten allgemeinen Darstellung mit einem abstrakten W-Raum auszugehen.

Für $\mathcal{A} \in \mathcal{B}(\mathcal{F})$ schreiben wir statt $\mathbb{P}_Z(\mathcal{A})$ auch $\mathbb{P}(Z \in \mathcal{A})$ (als Abkürzung für $\mathbb{P}(\{\omega \in \Omega : Z(\omega) \in \mathcal{A}\})$) usw. Ist $\mathbb{P}(Z \in \mathcal{A}) = 1$, so gilt die Aussage „$Z \in \mathcal{A}$" *fast sicher (f.s.)*.

Gilt für eine ZAM Z f.s., daß $Z \in \mathcal{C}$ ist, so sprechen wir von einer *zufälligen kompakten Menge*. Analog ist klar, was wir unter einem *zufälligen konvexen Körper* bzw. unter einer *zufälligen $\mathcal{R}$-* bzw. *$\mathcal{S}$-Menge Z* verstehen. Entsprechend benutzen wir die Bezeichnungen *zufällige k-Ebene Z* bzw. *zufälliger k-Unterraum Z*, wenn $\mathbb{P}_Z$ auf $\mathcal{E}_k^n$ bzw. $\mathcal{L}_k^n$ konzentriert ist.

Werden im folgenden mehrere ZAM (endlich oder abzählbar viele) gleichzeitig betrachtet, so setzen wir immer voraus, daß der Grundraum $(\Omega, \mathbf{A}, \mathbb{P})$ derselbe ist. Sind $Z_1, \ldots, Z_k$ ZAM, so ist ihre *gemeinsame Verteilung* das

W-Maß $\mathbb{P}_{Z_1,\ldots,Z_k}$ über $\mathcal{F}^k$ mit

$$\mathbb{P}_{Z_1,\ldots,Z_k}(\mathcal{A}_1 \times \cdots \times \mathcal{A}_k) = \mathbb{P}(Z_1 \in \mathcal{A}_1, \ldots, Z_k \in \mathcal{A}_k), \quad \mathcal{A}_i \in \mathcal{B}(\mathcal{F}).$$

In analoger Weise wird auch die gemeinsame Verteilung $\mathbb{P}_{Z_1,Z_2,\ldots}$ einer Folge $Z_1, Z_2, \ldots$ von ZAM erklärt. $\mathbb{P}_{Z_1,Z_2,\ldots}$ ist ein W-Maß über $\mathcal{F}^{\mathbb{N}}$. Wie üblich heißen die ZAM $Z_1, \ldots, Z_k$ bzw. $Z_1, Z_2, \ldots$ *(stochastisch) unabhängig*, wenn die gemeinsame Verteilung das Produkt der einzelnen Verteilungen ist, d.h. wenn

$$\mathbb{P}_{Z_1,\ldots,Z_k} = \mathbb{P}_{Z_1} \otimes \cdots \otimes \mathbb{P}_{Z_k}$$

bzw.

$$\mathbb{P}_{Z_1,Z_2,\ldots} = \bigotimes_{i=1}^{\infty} \mathbb{P}_{Z_i}$$

gilt.

Die jetzt eingeführten Begriffe und Bezeichnungen (Verteilung, stochastische Äquivalenz ($\sim$), Unabhängigkeit) werden wir später auch für andere zufällige geometrische Strukturen (allgemeinere ZAM, Punktprozesse, zufällige Mosaike u.s.w.) verwenden, ohne daß sie jeweils nochmals erläutert werden.

Wegen Korollar 1.1.3 und den Sätzen 1.1.6 und 1.2.3 lassen sich aus einer ZAM Z bzw. zwei ZAM Z, Z' durch Mengenoperationen neue ZAM bilden. Sind $\varphi : \mathcal{F} \to \mathcal{F}$ und $\psi : \mathcal{F} \times \mathcal{F} \to \mathcal{F}$ meßbare Abbildungen, so sind auch die Kompositionen $\varphi \circ Z$ und $\psi \circ (Z, Z')$ meßbar. Wir erhalten also:

1.3.4 Satz. *Sind* Z, Z' *ZAM, so sind auch* $Z \cup Z'$, $Z \cap Z'$, $\mathrm{cl}(Z + Z')$, $\mathrm{bd}\, Z$, $\mathrm{cl}\, Z^c$, Z^*, $\mathrm{cl\, conv}\, Z$, αZ *für* $\alpha \geq 0$ *und* gZ *für* $g \in G_n$ *ZAM.*

Für eine zufällige kompakte Menge Z *(und eine beliebige ZAM* Z'*) sind auch* $\mathrm{conv}\, Z$ *und* $Z + Z'$ *ZAM.*

Einfachste Beispiele einer ZAM sind die konstanten Abbildungen

$$Z : \quad \Omega \to \mathcal{F}$$
$$\omega \mapsto F$$

mit festem $F \in \mathcal{F}$. Daher folgt aus Satz 1.3.4 auch, daß der Schnitt $Z \cap F$ einer ZAM Z mit einer festen Menge $F \in \mathcal{F}$ wieder eine ZAM ist (und entsprechend die Vereinigung $Z \cup F$). Insbesondere ist der Schnitt $Z \cap E$ mit einem affinen Unterraum E wieder eine ZAM (in E). Ebenso ist mit Z die Parallelmenge $Z + \epsilon B^n$ eine ZAM. Wenn ξ eine Zufallsvariable mit Werten in $\mathbb{R}^n$ ist, ist natürlich auch $Z = \{\xi\}$ eine ZAM. Allgemeiner ist für eine Folge $\xi_1, \xi_2, \ldots$ von Zufallsvariablen mit Werten in $\mathbb{R}^n$ die abzählbare Menge

$Z = \{\xi_1, \xi_2, \ldots\}$ eine ZAM, wenn die Menge $\{\xi_1(\omega), \xi_2(\omega), \ldots\}$ für fast alle ω abgeschlossen ist, also z.B., wenn sie keine Häufungspunkte besitzt. Wir nennen eine ZAM Z in $\mathbb{R}^n$ *lokalendlich*, wenn $Z \cap C$ f.s. endlich ist für alle $C \in \mathcal{C}$. Sind ferner $\xi_1, \ldots, \xi_k$ zufällige Punkte im $\mathbb{R}^n$, so ist $Z = \mathrm{conv}\{\xi_1, \ldots, \xi_k\}$ eine zufällige kompakte Menge, genauer ein zufälliges Polytop.

Nun definieren wir Invarianzeigenschaften für eine ZAM Z in $\mathbb{R}^n$, die im weiteren eine wesentliche Rolle spielen werden. Z heißt *stationär*, wenn $\mathbb{P}_{Z+t} = \mathbb{P}_Z$ für alle $t \in \mathbb{R}^n$ gilt. Z heißt *isotrop*, wenn $\mathbb{P}_{\vartheta Z} = \mathbb{P}_Z$ für alle Drehungen $\vartheta \in SO_n$ gilt. Die Stationarität bewirkt, daß die ZAM Z eine spezielle Struktur hat.

1.3.5 Satz. *Eine nichtleere stationäre ZAM Z ist f.s. unbeschränkt. Eine stationäre konvexe ZAM nimmt f.s. nur die Werte $\emptyset$ und $\mathbb{R}^n$ an.*

Beweis. Ist Z eine stationäre ZAM, so ist wegen

$$\mathrm{cl}\,\mathrm{conv}(Z + t) = (\mathrm{cl}\,\mathrm{conv}\,Z) + t, \qquad t \in \mathbb{R}^n,$$

auch $\mathrm{cl}\,\mathrm{conv}\,Z$ stationär. Es genügt also, die zweite Aussage des Satzes zu zeigen.

Sei $0 < \alpha < \pi/2$. Für $x, y \in \mathbb{R}^n, y \neq 0$, sei $K(x, y)$ der abgeschlossene Rotationskegel mit Spitze x, Rotationsachsenrichtung y und Rotationswinkel α. Wir betrachten eine konvexe ZAM Z mit $\mathbb{P}(Z \notin \{\emptyset, \mathbb{R}^n\}) > 0$ und behaupten, daß es rationale Vektoren $x, y \in \mathbb{Q}^n$, $y \neq 0$, gibt mit

$$\mathbb{P}(\emptyset \neq Z \cap K(x, y) \subset x + \|y\| B^n) =: p > 0. \tag{1.5}$$

Wäre das nämlich falsch, dann wäre

$$\mathbb{P}\left(\bigcup_{x,y \in \mathbb{Q}^n, y \neq 0} \{\emptyset \neq Z \cap K(x, y) \subset x + \|y\| B^n\}\right) = 0. \tag{1.6}$$

Für jedes $\omega \in \Omega$ mit $Z(\omega) \notin \{\emptyset, \mathbb{R}^n\}$ ist $\mathrm{bd}\,Z(\omega) \neq \emptyset$, also existieren ein $x \in \mathrm{bd}\,Z(\omega)$ und eine Stützhyperebene H an $Z(\omega)$ im Punkt x. Wählen wir für y einen äußeren Normalenvektor von H, so folgt $Z(\omega) \cap K(x, y) = \{x\}$, also

$$\emptyset \neq Z(\omega) \cap K(x, y) \subset x + \|y\| B^n.$$

Diese Inklusion gilt dann aber auch mit geeigneten Vektoren $x, y \in \mathbb{Q}^n$, $y \neq 0$. Aus (1.6) würde daher $\mathbb{P}(Z \notin \{\emptyset, \mathbb{R}^n\}) = 0$ folgen, im Widerspruch zu unserer Voraussetzung. Also existieren $x, y \in \mathbb{Q}^n$, $y \neq 0$, mit (1.5).

Wir betrachten nun für $k \in \mathbb{N}_0$ die Ereignisse

$$\mathcal{A}_k := \{ \emptyset \neq Z \cap K(x + 2ky, y) \subset x + 2ky + \|y\| B^n \}$$
$$= \{ \emptyset \neq (Z - 2ky) \cap K(x, y) \subset x + \|y\| B^n \}.$$

Wenn Z stationär ist, gilt $\mathbb{P}(\mathcal{A}_k) = p$, also

$$\sum_{k=0}^{\infty} \mathbb{P}(\mathcal{A}_k) = \infty.$$

Nun sind die Ereignisse $\mathcal{A}_k$ aber paarweise disjunkt, daher folgt

$$\sum_{k=0}^{\infty} \mathbb{P}(\mathcal{A}_k) = \mathbb{P}\left(\bigcup_{k=0}^{\infty} \mathcal{A}_k \right) \leq 1,$$

ein Widerspruch. Die Annahme $\mathbb{P}(Z \notin \{\emptyset, \mathbb{R}^n\}) > 0$ ist mit der Stationarität also nicht verträglich. Damit ergibt sich die Behauptung. ∎

Nichtleere zufällige kompakte Mengen Z können also nicht stationär sein. Man kann aber mit einer deterministischen oder zufälligen kompakten Menge Z, die f.s. in einem Würfel

$$\alpha C^n := \{ x = (x^{(1)}, \ldots, x^{(n)}) \in \mathbb{R}^n : 0 \leq x^{(i)} \leq \alpha, \ i = 1, \ldots, n \}$$

der Kantenlänge $\alpha > 0$ liegt, eine stationäre ZAM Z' einfach konstruieren, indem man

$$\tilde{Z} := \bigcup_{z \in \mathbb{Z}^n} (Z + \alpha z)$$

und

$$Z' = \tilde{Z} + \xi$$

setzt, wo ξ ein in αC^n gleichverteilter und von Z unabhängiger Zufallsvektor ist. Eine etwas variablere Methode könnte darin bestehen, statt Z eine unabhängige Folge $Z_1, Z_2, \ldots$ mit $\mathbb{P}_{Z_i} = \mathbb{P}_Z$ zu betrachten und

$$\tilde{Z} := \bigcup_{i=1}^{\infty} (Z_i + \alpha z_i)$$

zu setzen, wo $\{z_1, z_2, \ldots\}$ eine Abzählung von $\mathbb{Z}^n$ darstellt.

Eventuelle Isotropieeigenschaften von Z übertragen sich dabei nicht auf Z'; jede ZAM Z in $\mathbb{R}^n$ kann aber „isotrop gemacht" werden, indem man zu $Z' = \vartheta Z$ übergeht. Hierbei sei ϑ eine zufällige (und von Z unabhängige) Drehung, deren Verteilung das (eindeutig bestimmte) rotationsinvariante Wahrscheinlichkeitsmaß ν auf der Drehgruppe SO_n des $\mathbb{R}^n$ ist (siehe hierzu auch 4.1).

Diese Konstruktionen lassen sich mit den zuvor erwähnten (konvexe Hülle von zufälligen Punkten) kombinieren, um eine Vielzahl von stationären und isotropen ZAM zu erzeugen. Die so erhaltenen Modelle sind aber noch zu regelmäßig, um für Anwendungen interessant zu sein. Man sieht jedoch aus den obigen Überlegungen, daß man für die theoretische Behandlung einer in der Praxis in einem „Fenster" W beobachteten Struktur häufig annehmen kann, daß sie von der Realisierung einer stationären und isotropen ZAM Z herrührt, solange Lage und Orientierung von W zufällig gewählt waren.

1.4 Kenngrößen zufälliger Mengen

Bei einer (erweitert) reellen Zufallsvariablen ξ mit Werten in $(-\infty, \infty]$ ist die Verteilungsfunktion $\varphi = \varphi_\xi$ durch

$$\varphi_\xi(t) := \mathbb{P}(\xi \leq t) = \mathbb{P}(\{\xi\} \cap (-\infty, t] \neq \emptyset), \qquad t \in [-\infty, \infty),$$

erklärt. Sie hat die Eigenschaften

(a') $0 \leq \varphi \leq 1$, $\varphi(-\infty) = 0$,

(b') φ ist rechtsseitig stetig, d.h. es gilt $\varphi(t_i) \to \varphi(t)$ für $t_i \downarrow t$,

(c') φ ist monoton wachsend, d.h. es gilt $\varphi(t_0 + t_1) - \varphi(t_0) \geq 0$ für alle $t_1 \geq 0$ und alle $t_0 \in [-\infty, \infty)$.

Die Verteilungsfunktion φ_ξ bestimmt die Verteilung $\mathbb{P}_\xi$ eindeutig, und zu jeder Funktion φ, die (a'), (b'), (c') erfüllt, existiert eine Zufallsvariable mit Verteilungsfunktion φ.

Wir werden nun sehen, daß bei zufälligen Mengen ein analoger Sachverhalt vorliegt. Für eine ZAM Z in $\mathbb{R}^n$ definieren wir ein Funktional T_Z auf $\mathcal{C}$ durch

$$T_Z(C) := \mathbb{P}_Z(\mathcal{F}_C) = \mathbb{P}(Z \cap C \neq \emptyset), \qquad C \in \mathcal{C}.$$

T_Z heißt *Kapazitätsfunktional* (*Schnittfunktional*, *Choquet-Funktional*) der ZAM Z. Der folgende Satz zeigt, daß das Funktional $T = T_Z$ Eigenschaften hat, die (a'), (b'), (c') entsprechen. Wir bezeichnen hierzu mit $A_i \downarrow A$ die monotone Konvergenz (gegen A) von Mengen; diese bedeutet, daß die Mengen A_i, $i \in \mathbb{N}$, monoton fallen und den Durchschnitt A haben. Weiter setzen wir $S_0(C) := 1 - T(C)$, $C \in \mathcal{C}$, und sodann rekursiv

$$S_k(C_0; C_1, \ldots, C_k) := S_{k-1}(C_0; C_1 \ldots, C_{k-1}) - S_{k-1}(C_0 \cup C_k; C_1, \ldots, C_{k-1})$$

für $C_0, C_1, \ldots, C_k \in \mathcal{C}$ und $k \in \mathbb{N}$. (Daß diese Größen von T abhängen, kommt also in der Bezeichnung nicht zum Ausdruck.)

1.4.1 Satz. *Für das Kapazitätsfunktional $T = T_Z$ einer ZAM Z gilt:*

(a) $0 \leq T \leq 1$, $T(\emptyset) = 0$.

(b) *Aus $C_i \downarrow C$ folgt $T(C_i) \to T(C)$.*

(c) $S_k(C_0; C_1, \ldots, C_k) \geq 0$ *für alle $C_0, C_1, \ldots, C_k \in \mathcal{C}$ und $k \in \mathbb{N}$.*

Beweis. (a) folgt direkt aus der Definition.

(b) Aus $C_i \downarrow C$ ergibt sich, daß die Folge $(\mathcal{F}_{C_i})_{i \in \mathbb{N}}$ monoton fällt und daß zunächst $\mathcal{F}_C \subset \bigcap_{i=1}^{\infty} \mathcal{F}_{C_i}$ gilt. Wir zeigen $\mathcal{F}_{C_i} \downarrow \mathcal{F}_C$. Sei $F \in \bigcap_{i=1}^{\infty} \mathcal{F}_{C_i}$, dann ist $F \cap C_i \neq \emptyset$ für alle i. Wegen $\bigcap_{i=1}^{\infty} C_i = C$ und der Durchschnittseigenschaft kompakter Mengen folgt $F \cap C = \bigcap_{i=1}^{\infty} (F \cap C_i) \neq \emptyset$. Daher ist $F \in \mathcal{F}_C$, also $\bigcap_{i=1}^{\infty} \mathcal{F}_{C_i} = \mathcal{F}_C$. Die Behauptung (b) folgt nun daraus, daß das Wahrscheinlichkeitsmaß $\mathbb{P}_Z$ von oben stetig ist.

(c) $S_0 \geq 0$ ist klar. Unter Verwendung von

$$\mathcal{F}_{C_1, \ldots, C_k}^{C_0} = \mathcal{F}_{C_1, \ldots, C_{k-1}}^{C_0} \setminus \mathcal{F}_{C_1, \ldots, C_{k-1}}^{C_0 \cup C_k} \tag{1.7}$$

zeigt man mit Induktion nach k die Gleichung

$$S_k(C_0; C_1, \ldots, C_k) = \mathbb{P}_Z(\mathcal{F}_{C_1, \ldots, C_k}^{C_0}), \qquad k \in \mathbb{N},$$

woraus sich die Behauptung ergibt. ∎

Man nennt ein Funktional T auf $\mathcal{C}$, das (a) und (b) erfüllt, eine *Choquet-Kapazität*. (Grund für diese Bezeichnung ist die Tatsache, daß T zu einer Mengenfunktion auf der Potenzmenge von $\mathbb{R}^n$ fortgesetzt werden kann, die dann die Eigenschaften einer Kapazität hat; vgl. Lemma 2.2.4.) Erfüllt es außerdem noch (c), so heißt die Choquet-Kapazität *alternierend von unendlicher Ordnung*. Das Kapazitätsfunktional T_Z einer ZAM Z ist also eine alternierende Choquet-Kapazität von unendlicher Ordnung.

Die Verteilung einer ZAM ist durch ihr Kapazitätsfunktional eindeutig bestimmt:

1.4.2 Satz. *Sind Z, Z' ZAM mit $T_Z = T_{Z'}$, so ist $\mathbb{P}_Z = \mathbb{P}_{Z'}$.*

Beweis. $T_Z = T_{Z'}$ bedeutet $\mathbb{P}_Z(\mathcal{F}^C) = 1 - \mathbb{P}_Z(\mathcal{F}_C) = 1 - \mathbb{P}_{Z'}(\mathcal{F}_C) = \mathbb{P}_{Z'}(\mathcal{F}^C)$ für alle $C \in \mathcal{C}$. Da $\{\mathcal{F}^C : C \in \mathcal{C}\}$ $\cap$-stabil und nach Lemma 1.3.1 ein Erzeugendensystem der σ-Algebra $\mathcal{B}(\mathcal{F})$ ist, folgt die Aussage aus einem bekannten Eindeutigkeitssatz der Maßtheorie. ∎

Schließlich gilt auch hier, wie im Fall der Verteilungsfunktion, eine Umkehrung von Satz 1.4.1.

1.4.3 Satz. *Zu jeder alternierenden Choquet-Kapazität T von unendlicher Ordnung existiert eine ZAM Z in $\mathbb{R}^n$ mit $T = T_Z$.*

Der Beweis dieses Satzes ist recht umfangreich und soll zunächst zurückgestellt werden. In allgemeinerem Rahmen werden wir den Beweis in Abschnitt 2.2 ausführen. Hier geben wir nur eine kurze Skizze der Beweisidee. Zunächst werden T und damit auch die Größen S_k auf das Mengensystem

$$\mathcal{V} := \{C \cup G : C \in \mathcal{C}, G \in \mathcal{G}\}$$

fortgesetzt. Dazu wird zu gegebenem $G \in \mathcal{G}$ eine Folge kompakter Mengen C_i mit $C_i \uparrow G$ gewählt. Damit folgt aus $S_1 \geq 0$, daß $T(C \cup C_i)$ monoton wächst, also kann

$$T(C \cup G) := \lim_{i \to \infty} T(C \cup C_i)$$

gesetzt werden. Das fortgesetzte Funktional erfüllt weiterhin (a) und (c) aus 1.4.1; (a) ist klar, (c) folgt mit Induktion.

Dann wird durch

$$\mathbb{P}(\mathcal{F}^{V_0}_{V_1,\ldots,V_k}) := S_k(V_0; V_1,\ldots,V_k), \qquad V_i \in \mathcal{V},$$

eine Funktion $\mathbb{P}$ auf dem Mengensystem

$$\mathsf{A} := \{\mathcal{F}^{V_0}_{V_1,\ldots,V_k} : V_i \in \mathcal{V}, \; k \in \mathbb{N}_0\}$$

definiert. Dies ist möglich, obwohl die Mengen $V_0, V_1, \ldots, V_k \in \mathcal{V}$ durch $\mathcal{F}^{V_0}_{V_1,\ldots,V_k}$ nicht eindeutig bestimmt sind. Dann zeigt man, daß A eine Semialgebra ist, die $\mathcal{B}(\mathcal{F})$ erzeugt, und daß $\mathbb{P}$ auf A σ-additiv ist. Nach dem Maßerweiterungssatz läßt sich somit $\mathbb{P}$ zu einem Wahrscheinlichkeitsmaß auf $\mathcal{B}(\mathcal{F})$ fortsetzen. Die Fortsetzung ist Verteilung einer ZAM Z, deren Kapazitätsfunktional offensichtlich mit T übereinstimmt.

Obwohl somit eine weitgehende Analogie des Kapazitätsfunktionals zur Verteilungsfunktion besteht, kann T nicht in gleichem Maße wie im klassischen Fall zur Konstruktion von Verteilungen auf $\mathcal{B}(\mathcal{F})$ herangezogen werden. Dazu sind die Bedingungen des letzten Satzes zu komplex.

Als einfache Folgerung aus Satz 1.4.2 erhalten wir zunächst die folgenden Invarianzkriterien.

1.4.4 Korollar. *Die ZAM Z in $\mathbb{R}^n$ ist genau dann stationär, wenn T_Z translationsinvariant ist, und genau dann isotrop, wenn T_Z rotationsinvariant ist.*

Beweis. Die erste Aussage folgt aus

$$T_{Z+t}(C) = \mathbb{P}((Z+t) \cap C \neq \emptyset) = \mathbb{P}(Z \cap (C-t) \neq \emptyset) = T_Z(C-t),$$

die zweite entsprechend aus

$$T_{\vartheta Z}(C) = T_Z(\vartheta^{-1}C).$$
∎

Die folgende Aussage ist ein weiteres Beispiel dafür, wie sich Eigenschaften einer ZAM unter Umständen einfach an ihrem Kapazitätsfunktional ablesen lassen. Es wird das Kapazitätsfunktional derjenigen ZAM im $\mathbb{R}^n$ charakterisiert, die fast sicher konvex sind.

Für Mengen $K, K', C \subset \mathbb{R}^n$ sagen wir, C *liege zwischen K und K'*, wenn für die Verbindungsstrecke $[x, x']$ je zweier Punkte $x \in K$, $x' \in K'$ stets $[x, x'] \cap C \neq \emptyset$ gilt.

1.4.5 Satz. *Für eine ZAM Z in $\mathbb{R}^n$ und ihr Kapazitätsfunktional T sind folgende Aussagen äquivalent:*

(a) *Z ist fast sicher konvex.*

(b) *Sind $K, K', C \in \mathcal{C}$ und liegt C zwischen K und K', so gilt*

$$T(K \cup K' \cup C) + T(C) = T(K \cup C) + T(K' \cup C).$$

(c) *Das Funktional T ist auf $\mathcal{K}$ additiv, d.h. für alle $K, K' \in \mathcal{K}$ mit $K \cup K' \in \mathcal{K}$ gilt*

$$T(K \cup K') + T(K \cap K') = T(K) + T(K').$$

Beweis. Wir beweisen zunächst die Implikation (a) ⇒ (b). Seien $K, K', C \in \mathcal{C}$ kompakte Mengen derart, daß C zwischen K und K' liegt. Ist $Z(\omega)$ eine konvexe Realisierung von Z und gilt

$$Z(\omega) \cap K \neq \emptyset, \quad Z(\omega) \cap K' \neq \emptyset,$$

so muß auch $Z(\omega) \cap C \neq \emptyset$ gelten. Es folgt

$$\mathbb{P}_Z(\mathcal{F}_{K,K'}^C) = 0,$$

also $S_2(C; K, K') = 0$ und somit

$$-T(C) + T(C \cup K) + T(C \cup K') - T(C \cup K \cup K') = 0,$$

also (b).

Nun gelte (b), und wir zeigen (c). Seien $K, K' \in \mathcal{K}$ konvexe Mengen mit $K \cup K' \in \mathcal{K}$. Dann liegt $K \cap K'$ zwischen K und K'. Sind nämlich $x \in K$, $x' \in K'$, so sind $[x, x'] \cap K$ und $[x, x'] \cap K'$ abgeschlossen und nicht leer, und ihre Vereinigung ist $[x, x']$; also ist $[x, x'] \cap K \cap K' \neq \emptyset$. Aus (b) folgt mit $C := K \cap K'$ jetzt

$$T(K \cup K') + T(K \cap K') = T(K) + T(K'),$$

also (c).

Zum Nachweis der Implikation (c) $\Rightarrow$ (a) sei $F \in \mathcal{F}$ eine nicht konvexe Menge. Dann gibt es Punkte $x, x' \in F$ mit $[x, x'] \cap F^c \neq \emptyset$, und man kann eine Kugel $B(y_0, \epsilon)$ mit rationalem Mittelpunkt y_0 und rationalem Radius ϵ wählen mit

$$B(y_0, \epsilon) \subset F^c \quad \text{und} \quad [x, x'] \cap \text{int } B(y_0, \epsilon) \neq \emptyset.$$

Wegen der letzteren Ungleichung kann man rationale Punkte $x_0, x_0' \in \mathbb{R}^n$ wählen mit $y_0 \in [x_0, x_0']$, $x \in B(x_0, \epsilon)$, $x' \in B(x_0', \epsilon)$. Mit

$$
\begin{aligned}
C &:= \text{conv}\,(B(x_0, \epsilon) \cup B(y_0, \epsilon)), \\
C' &:= \text{conv}\,(B(x_0', \epsilon) \cup B(y_0, \epsilon))
\end{aligned}
$$

gilt $C, C', C \cup C' \in \mathcal{K}$ und $F \in \mathcal{F}_{C,C'}^{C \cap C'}$. Wegen (c) ist

$$\mathbb{P}_Z(\mathcal{F}_{C,C'}^{C \cap C'}) = -T(C \cap C') + T(C) + T(C') - T(C \cup C') = 0$$

und daher $\mathbb{P}_Z(\bigcup \mathcal{F}_{C,C'}^{C \cap C'}) = 0$, wo die Vereinigung über alle abzählbar vielen möglichen Paare C, C' gebildet ist. Mit Wahrscheinlichkeit 1 gilt also $Z \notin \bigcup \mathcal{F}_{C,C'}^{C \cap C'}$, d.h. Z ist fast sicher konvex. $\blacksquare$

Im Rest dieses Abschnitts wollen wir nun einige Größen einführen, die zur quantitativen Beschreibung einer ZAM geeignet sind.

Im folgenden bezeichnen wir mit $\mathbb{E}$ den Erwartungswert. Da man die ZAM Z durch den durch die Indikatorfunktion gegebenen stochastischen Prozeß $\mathbf{1}_Z$ (mit Parameterbereich $\mathbb{R}^n$) ersetzen kann, liegt es nahe, eine *Mittelwertfunktion* m von Z zu definieren durch

$$m(x) := \mathbb{E}\,\mathbf{1}_Z(x), \qquad x \in \mathbb{R}^n.$$

Ausführlich ist also

$$m(x) = \int_\Omega \mathbf{1}_{Z(\omega)}(x)\, d\mathbb{P}(\omega) = \int_{\mathcal{F}} \mathbf{1}_F(x)\, d\mathbb{P}_Z(F).$$

Die Meßbarkeit des Integranden folgt aus Satz 1.1.7. Offenbar ist

$$m(x) = \mathbb{P}(x \in Z).$$

Ferner erklärt man eine *Kovarianzfunktion* k von Z durch

$$k(x,y) := \mathbb{E}\left(\mathbf{1}_Z(x) - \dot{m}(x)\right)\left(\mathbf{1}_Z(y) - m(y)\right), \qquad x, y \in \mathbb{R}^n.$$

Für stationäres Z ist m konstant, also

$$m(x) = m(0) =: p,$$

und für k gilt in diesem Fall

$$k(x,y) = k(x - y, 0).$$

Für das Folgende bezeichnen wir wieder mit C^n den Einheitswürfel.

1.4.6 Satz. *Für eine stationäre ZAM Z in $\mathbb{R}^n$ gilt*

$$p = \mathbb{P}(0 \in Z) = T_Z(\{0\}) = \mathbb{E}\,\lambda(Z \cap C^n)$$

und

$$k(x,0) = \mathbb{P}(0 \in Z, x \in Z) - p^2 = \mathbb{E}\,\lambda(Z \cap (Z - x) \cap C^n) - p^2.$$

Beweis. Nach Definition ist

$$p = \mathbb{E}\,\mathbf{1}_Z(0) = \mathbb{P}(0 \in Z) = T_Z(\{0\}).$$

Weiter gilt mit dem Satz von Fubini

$$p = \int_{C^n} \mathbb{E}\,\mathbf{1}_Z(x)\,d\lambda(x) = \mathbb{E}\int_{C^n} \mathbf{1}_Z(x)\,d\lambda(x) = \mathbb{E}\,\lambda(Z \cap C^n).$$

(Die Meßbarkeit der Abbildung $(F, x) \mapsto \mathbf{1}_F(x)$ von $\mathcal{F} \times \mathbb{R}^n$ in $\mathbb{R}$ wurde in Satz 1.1.7 gezeigt.) Die zweite Aussage folgt in ähnlicher Weise. ∎

Die Größe p heißt *Volumenanteil* oder *Volumendichte* der stationären ZAM Z. Wir schreiben später meist $\overline{V}_n(Z) := p$ für diese Volumendichte und bemerken, daß sich wie im Beweis von 1.4.6 allgemeiner die Beziehung

$$\overline{V}_n(Z) = \frac{\mathbb{E}\lambda(Z \cap B)}{\lambda(B)} \tag{1.8}$$

für jede Borelmenge $B \subset \mathbb{R}^n$ mit $0 < \lambda(B) < \infty$ ergibt.

Die Funktion

$$C(x) := \mathbb{P}(0 \in Z, x \in Z), \qquad x \in \mathbb{R}^n,$$

heißt *Kovarianz* von Z. $C(x)$ gibt die Volumendichte der ZAM $Z \cap (Z - x)$ an. Ist Z isotrop, so hängt $C(x)$ nur von der Norm $\|x\|$ von x ab.

Volumendichte und Kovarianz beschreiben mehr die Größe einer stationären ZAM Z als ihre geometrische Gestalt. Als geometrisch motivierte Größen kann man die Kontaktverteilungen ansehen. Sei dazu $K \in \mathcal{K}$ ein den Nullpunkt enthaltender konvexer Körper, und sei für $F \in \mathcal{F}$ und $x \in \mathbb{R}^n$ der *K-Abstand* $d_K(x, F)$ von x zu F durch

$$d_K(x, F) := \min\{r \geq 0 : (x + rK) \cap F \neq \emptyset\}$$

definiert (mit $\min \emptyset := \infty$; die Existenz des Minimums ist klar). Die Funktion $F \mapsto d_K(x, F)$ ist, wie man leicht sieht, bei gegebenem K und x nach unten halbstetig, also meßbar. Wir setzen für eine ZAM Z mit $p < 1$

$$H^{(K)}(r) := \mathbb{P}(0 \in Z + rK^* \mid 0 \notin Z) = \mathbb{P}(d_K(0, Z) \leq r \mid 0 \notin Z)$$

für $r \geq 0$. $H^{(K)}$ ist also die Verteilungsfunktion des K-Abstandes von 0 zur Menge Z unter der Bedingung $0 \notin Z$. Die Funktion $H^{(K)}$ heißt *Kontaktverteilungsfunktion* von Z (bezüglich des *strukturierenden Elements K*). Für stationäres X kann natürlich 0 durch einen beliebigen Punkt $x \in \mathbb{R}^n$ ersetzt werden. Nach Definition ist auch

$$
\begin{aligned}
H^{(K)}(r) &= 1 - \mathbb{P}(0 \notin Z + rK^* \mid 0 \notin Z) \\
&= 1 - \frac{\mathbb{P}(0 \notin Z + rK^*)}{\mathbb{P}(0 \notin Z)} = 1 - \frac{\mathbb{P}(0 \notin Z + rK^*)}{1 - p}
\end{aligned}
$$

und somit

$$H^{(K)}(r) = 1 - \frac{1 - \overline{V}_n(Z + rK^*)}{1 - \overline{V}_n(Z)} = \frac{\overline{V}_n(Z + rK^*) - \overline{V}_n(Z)}{1 - \overline{V}_n(Z)}.$$

Die Größe $H^{(K)}(r)$ kann also bei einer vorliegenden Realisierung $Z(\omega)$ im Einheitswürfel C^n einfach geschätzt werden, indem man die Volumendichte von Z durch $\lambda(Z(\omega) \cap C^n)$ und die Volumendichte von $Z + rK^*$ durch $\lambda((Z(\omega) + rK^*) \cap C^n)$ schätzt.

Zwei spezielle Fälle für K sind für Anwendungen besonders interessant. Im Fall $K = B^n$ erhalten wir die *sphärische Kontaktverteilungsfunktion*, die wir mit H_s bezeichnen; dies ist also die Verteilungsfunktion des (euklidischen) Abstandes von 0 zur Menge Z unter der Bedingung $0 \notin Z$. Im Fall $K = [0, u]$ mit einem Einheitsvektor u erhalten wir entsprechend die *lineare Kontaktverteilungsfunktion* $H^{([0,u])} =: H_l^{(u)}$ von Z in Richtung u. Hier bezeichnet $[x, y]$ wieder die abgeschlossene Strecke mit Endpunkten x und y.

Bemerkungen und Literaturhinweise zu Kapitel 1

Konzepte für zufällige Mengen haben, nach einigen Vorläufern, in systematischer Weise Matheron [1969, 1972] und D.G. Kendall [1974] entwickelt. Grundlegend wichtige Ideen dazu finden sich bereits in Choquets [1955] Theorie der Kapazitäten. Die von uns in den beiden ersten Kapiteln gegebene Darstellung der Theorie zufälliger abgeschlossener Mengen stützt sich wesentlich auf das einflußreiche Buch von Matheron [1975].

Die in Abschnitt 1.1 benutzte abgeschlossene Konvergenz von Mengenfolgen kommt schon bei Hausdorff [1914] vor. Allgemeineres über die hier verwendete Topologie der abgeschlossenen Konvergenz und andere Topologien auf Räumen von Teilmengen findet man z.B. in Michael [1951], Klein & Thompson [1984]. Mengenkonvergenz für Teilmengen von $\mathbb{R}^n$ wird ausführlich behandelt in Kapitel 4 von Rockafellar & Wets [1998].

Kapitel 2

Zufällige Mengen - allgemeine Theorie

Die bisher entwickelte Theorie der zufälligen Mengen hat nur teilweise von der speziellen Struktur des Raumes $\mathbb{R}^n$ Gebrauch gemacht. Viele der Definitionen und Aussagen lassen sich daher auf allgemeinere topologische Räume übertragen, soweit diese die wichtigsten topologischen Eigenschaften mit dem $\mathbb{R}^n$ gemeinsam haben. Diese Tatsache wollen wir später bei der Behandlung von Punktprozessen auf $\mathcal{F}'$ ausnutzen. Ein solcher (einfacher) Punktprozeß läßt sich nämlich sowohl als zufälliges Maß wie auch als lokalendliche, zufällige Teilmenge in $\mathcal{F}'$ erklären.

In diesem, in Abschnitt 2.1 eingeführten, allgemeineren Rahmen wollen wir dann in Abschnitt 2.2 den Satz von Choquet (siehe Satz 1.4.3) beweisen. Im Anschluß daran behandeln wir einige Folgerungen, die teils von theoretischem Interesse sind, in einigen Fällen aber auch später benötigt werden.

2.1 Zufällige Mengen in lokalkompakten Räumen

In diesem Abschnitt wollen wir zusammenstellen, welche der bisher eingeführten Begriffe und bewiesenen Sätze sich in einen allgemeineren Rahmen übertragen lassen. Wir wiederholen dabei aber nicht die einzelnen Beweise, sondern weisen nur auf eventuelle Unterschiede hin. Alle Begriffe, die nicht eigens erklärt werden, sind sinngemäß aus Kapitel 1 übernommen. Zugrundegelegt wird jetzt ein lokalkompakter (aber nicht kompakter) Raum E mit abzählbarer Basis. Ein solcher Raum ist metrisierbar. Das System der abgeschlossenen Teilmengen in E bezeichnen wir hier mit $\mathcal{F}(E)$, ebenso benutzen wir die Schreibweise $\mathcal{C}(E)$, $\mathcal{G}(E)$ usw.

Im folgenden Satz stellen wir diejenigen topologischen Eigenschaften des Raumes E zusammen, die für den $\mathbb{R}^n$ in Kapitel 1 wiederholt benutzt worden sind und die ausreichend sind, um das Wichtigste aus Kapitel 1 zu übertragen. Außerdem enthält der Satz die im nächsten Abschnitt benötigten topologischen Aussagen.

2.1.1 Satz. *Für den lokalkompakten Raum E mit abzählbarer Basis gelten die folgenden Aussagen:*

(a) *Die Topologie von E besitzt eine abzählbare Basis $\mathcal{D}$ aus offenen, relativ kompakten Mengen derart, daß jede offene Menge $G \in \mathcal{G}(E)$ die Vereinigung der $D \in \mathcal{D}$ mit $\operatorname{cl} D \subset G$ ist.*

(b) *Es gibt in E eine Folge $(G_i)_{i \in \mathbb{N}}$ von offenen, relativ kompakten Mengen mit $\operatorname{cl} G_i \subset G_{i+1}$ und $\bigcup_{i \in \mathbb{N}} G_i = E$.*

(c) *Zu jeder kompakten Menge $C \in \mathcal{C}(E)$ gibt es in E eine abnehmende Folge $(G_i)_{i \in \mathbb{N}}$ offener, relativ kompakter Umgebungen von C derart, daß zu jeder offenen Menge $G \in \mathcal{G}(E)$ mit $C \subset G$ ein $i \in \mathbb{N}$ existiert mit $G_i \subset G$.*

(d) *Ist $C \subset E$ kompakt und sind $G_1, G_2 \subset E$ offene Mengen mit $C \subset G_1 \cup G_2$, so gibt es kompakte Mengen $C_1 \subset G_1$ und $C_2 \subset G_2$ mit $C = C_1 \cup C_2$.*

Beweis. (a) Sei $\mathcal{D}'$ eine abzählbare Basis der Topologie von E und $\mathcal{D} \subset \mathcal{D}'$ das Teilsystem der relativ kompakten Basismengen. Sei $G \subset E$ offen. Zu $x \in G$ gibt es eine offene Umgebung U derart, daß $\operatorname{cl} U$ kompakt ist. Da E als lokalkompakter Raum regulär ist, existiert eine offene Umgebung V von x mit $\operatorname{cl} V \subset U \cap G$. Es gibt eine Basismenge $D \in \mathcal{D}'$ mit $x \in D \subset V$. Wegen $\operatorname{cl} D \subset \operatorname{cl} V$ ist $\operatorname{cl} D \subset G$ und $\operatorname{cl} D \subset \operatorname{cl} U$, also D relativ kompakt und daher $D \in \mathcal{D}$. Damit ist (a) gezeigt.

(b) Sei $\mathcal{D} = \{D_i : i \in \mathbb{N}\}$. Setze $G_1 := D_1$. Ist die offene, relativ kompakte Menge G_m schon definiert, so wähle eine Zahl $k > m$ mit $\operatorname{cl} G_m \subset \bigcup_{j=1}^{k} D_j$, was wegen der Kompaktheit von $\operatorname{cl} G_m$ möglich ist, und setze $\bigcup_{j=1}^{k} D_j =: G_{m+1}$. Die Folge $(G_m)_{m \in \mathbb{N}}$ leistet das Gewünschte.

(c) Sei $C \subset E$ kompakt. Sei $(U_k)_{k \in \mathbb{N}}$ die (beliebig numerierte) Folge aller endlichen Vereinigungen von Mengen aus $\mathcal{D}$, die C überdecken. Setze $G_m := \bigcap_{k=1}^{m} U_k$. Dann ist $(G_m)_{m \in \mathbb{N}}$ eine abnehmende Folge von offenen Umgebungen von C. Sei $G \in \mathcal{G}(E)$ eine offene Menge mit $C \subset G$. Zu jedem $x \in C$ existiert $D_x \in \mathcal{D}$ mit $x \in D_x \subset G$. Endlich viele dieser D_x überdecken C, ihre Vereinigung ist ein U_k, und es gilt $G_k \subset U_k \subset G$.

(d) Seien $K_1, K_2 \subset E$ disjunkte kompakte Mengen, o.B.d.A. nicht leer. Sei $x \in K_1$. Zu jedem $y \in K_2$ gibt es disjunkte offene Umgebungen U_y von x und V_y von y. Da K_2 kompakt ist, gibt es endlich viele $y_1, \ldots, y_n \in K_2$

mit $K_2 \subset \bigcup_{i=1}^n V_{y_i} =: V_x$. Die Mengen V_x und $U_x := \bigcap_{i=1}^n U_{y_i}$ sind offen und disjunkt. Da K_1 kompakt ist, gibt es endlich viele $x_1, \ldots, x_k \in K_1$ mit $K_1 \subset \bigcup_{i=1}^k U_{x_i} =: U_1$. Setze $U_2 := \bigcap_{i=1}^k V_{x_i}$.

Sind nun C, G_1, G_2 wie in (d), so setze $K_i := C \setminus G_i$ ($i = 1, 2$). Dann sind K_1 und K_2 disjunkt und kompakt. Zu K_1 und K_2 wähle U_1, U_2 wie oben und setze $C_i := C \setminus U_i$. Dann ist C_i kompakt, $C_i \subset G_i$ ($i = 1, 2$) und $C = C_1 \cup C_2$ (da $U_1 \cap U_2 = \emptyset$). ∎

Genau wie im Fall $E = \mathbb{R}^n$ führen wir nun auf $\mathcal{F}(E)$ die *Topologie der abgeschlossenen Konvergenz* ein, indem wir als Basis das System

$$\tau := \left\{ \mathcal{F}_{G_1, \ldots, G_k}^C : C \in \mathcal{C}(E), \, G_1, \ldots, G_k \in \mathcal{G}(E), \, k \in \mathbb{N}_0 \right\}$$

wählen. Für $k = 0$ ist $\mathcal{F}_{V_1, \ldots, V_k}^V$ im folgenden stets als $\mathcal{F}^V$ zu lesen.

2.1.2 Satz. *$\mathcal{F}(E)$ ist ein kompakter Raum mit abzählbarer Basis.*

Weil wir E als nicht kompakt vorausgesetzt haben, ist $\mathcal{F}'(E) := \mathcal{F}(E) \setminus \{\emptyset\}$ lokalkompakt und nicht kompakt.

Auf $\mathcal{F}(E)$ wird wieder die σ-Algebra $\mathcal{B}(\mathcal{F}(E))$ der Borelschen Teilmengen betrachtet. Sie wird von den offenen Mengen in der Topologie von $\mathcal{F}(E)$ erzeugt, aber auch von jedem der Systeme

$$\{\mathcal{F}^C : C \in \mathcal{C}(E)\} \quad \text{und} \quad \{\mathcal{F}_G : G \in \mathcal{G}(E)\}.$$

Die Definition der Halbstetigkeit sowie die Aussagen der Sätze 1.1.2 (Charakterisierung der Konvergenz) und 1.1.5 (Kriterium für Halbstetigkeit) übertragen sich direkt auf $\mathcal{F}(E)$.

Ist in E eine Metrik $\tilde{d}$ ausgezeichnet, die die Topologie erzeugt, so läßt sich damit auf $\mathcal{C}(E)$ wieder die *Hausdorff-Metrik d* definieren,

$$d(C, C') := \max \left\{ \max_{x \in C} \min_{y \in C'} \tilde{d}(x, y), \max_{x \in C'} \min_{y \in C} \tilde{d}(x, y) \right\}$$

für $C, C' \in \mathcal{C}'(E) := \mathcal{C}(E) \setminus \{\emptyset\}$.

2.1.3 Satz. *Die Topologie der Hausdorff-Metrik auf $\mathcal{C}(E)$ ist echt feiner als die von $\mathcal{F}(E)$ induzierte Topologie. Auf jeder Menge*

$$\mathcal{F}^{K^c} = \mathcal{C}^{K^c} := \{C \in \mathcal{C}(E) : C \subset K\}, \qquad K \in \mathcal{C}(E),$$

stimmen dagegen beide Topologien überein.

Eine Folge $(C_i)_{i \in \mathbb{N}}$ in $\mathcal{C}(E)$ konvergiert bezüglich der Hausdorff-Metrik genau dann, wenn (a) und (b) gelten:

(a) $(C_i)_{i \in \mathbb{N}}$ *konvergiert in* $\mathcal{F}(E)$.

(b) $(C_i)_{i \in \mathbb{N}}$ *ist gleichmäßig beschränkt, d.h. es gibt ein* $K \in \mathcal{C}(E)$ *mit* $C_i \subset K$
für alle i.

$\mathcal{C}(E)$ ist eine Borelmenge in $\mathcal{F}(E)$. Die Spur-σ-Algebra $\mathcal{B}(\mathcal{F}(E))_{\mathcal{C}(E)}$ von
$\mathcal{B}(\mathcal{F}(E))$ auf $\mathcal{C}(E)$ stimmt mit der Borel-σ-Algebra $\mathcal{B}(\mathcal{C}(E))$ auf $\mathcal{C}(E)$
(bezüglich der Hausdorff-Metrik) überein.

2.1.4 Satz. *Die Vereinigungsbildung*

$$(F, F') \mapsto F \cup F', \qquad F, F' \in \mathcal{F}(E),$$

ist stetig. Die Durchschnittsbildung

$$(F, F') \mapsto F \cap F', \qquad F, F' \in \mathcal{F}(E),$$

ist nach oben halbstetig. Die Abbildung

$$F \mapsto \mathrm{cl}\, F^c, \qquad F \in \mathcal{F}(E),$$

ist nach unten halbstetig, ebenso die Abbildung

$$F \mapsto \mathrm{bd}\, F, \qquad F \in \mathcal{F}(E),$$

falls E *lokal zusammenhängend ist.*

Aus der Halbstetigkeit folgt jeweils wieder die Meßbarkeit. Entsprechende
Aussagen gelten auch für kompakte Mengen (vgl. Satz 1.2.3). Andere Mengenoperationen wie Addition, Vervielfachung, Spiegelung am Nullpunkt, Bildung der konvexen Hülle und der Begriff der konvexen Menge lassen sich in
diesem allgemeineren Rahmen natürlich nicht heranziehen, wenn der Raum
E keine Vektorraumstruktur besitzt. Das ist aber etwa für $E = \mathcal{F}'$ nicht der
Fall. Zwar ist die Menge $\mathcal{F}'$ ein konvexer Kegel bezüglich der (abgeschlossenen) Mengenaddition und der Vervielfachung (und damit eine Halbgruppe),
aber $\mathcal{F}'$ läßt sich nicht in eine Gruppe einbetten (und damit auch nicht in einen Vektorraum), weil die Kürzungsregel nicht gilt. Deshalb übertragen sich
Aussagen der bisherigen Abschnitte, die von der Vektorraumstruktur des $\mathbb{R}^n$
Gebrauch machen, nicht auf den Raum $E = \mathcal{F}'$.

Bei einer Gruppe G, die auf dem Raum E operiert, überträgt sich die
Operation vermöge

$$gF := \{gx : x \in F\}, \qquad g \in G,\ F \in \mathcal{F}(E),$$

auf $\mathcal{F}(E)$, und wir können etwa nach der Stetigkeit (und damit der Meßbarkeit) der Operation fragen. Wir wollen dies nur in dem für uns wichtigen

Fall der Bewegungsgruppe G_n des $\mathbb{R}^n$ und des Raumes $E = \mathcal{F}' = \mathcal{F}'(\mathbb{R}^n)$ überlegen. Entsprechend den getroffenen Konventionen schreiben wir $\mathcal{F}(\mathcal{F}')$ für den Raum der abgeschlossenen Teilmengen von $\mathcal{F}'$; damit operiert G_n entsprechend der obigen Definition auch auf diesem Raum $\mathcal{F}(\mathcal{F}')$.

2.1.5 Satz. *Die Abbildung*

$$(g, \mathcal{A}) \mapsto g\mathcal{A} = \{gF : F \in \mathcal{A}\}, \qquad g \in G_n, \mathcal{A} \in \mathcal{F}(\mathcal{F}'),$$

ist stetig.

Beweis. Es gelte $(g_i, \mathcal{A}_i) \to (g, \mathcal{A})$ in $G_n \times \mathcal{F}(\mathcal{F}')$. Wir müssen $g_i\mathcal{A}_i \to g\mathcal{A}$ zeigen und benutzen dazu wieder die Satz 1.1.2 entsprechende Aussage.

(α) Sei $F \in g\mathcal{A}$, also $F = gF'$ mit $F' \in \mathcal{A}$. Dann gibt es $F_i' \in \mathcal{A}_i$ mit $F_i' \to F'$. Für $F_i := g_i F_i'$ gilt dann $F_i \in g_i\mathcal{A}_i$ und $F_i \to F$ nach Satz 1.2.4.

(β) Sei $(g_{i_k}\mathcal{A}_{i_k})_{k \in \mathbb{N}}$ Teilfolge und $F_{i_k} = g_{i_k}F_{i_k}'$, $F_{i_k}' \in \mathcal{A}_{i_k}$, mit $F_{i_k} \to F$. Dann gilt $F_{i_k}' \to g^{-1}F =: F'$ nach Satz 1.2.4 und $F' \in \mathcal{A}$, also $F = gF' \in g\mathcal{A}$. ∎

Damit sind insbesondere auch die Operationen der Translationsgruppe und der Drehgruppe (als Untergruppen von G_n) auf $\mathcal{F}(\mathcal{F}')$ stetig.

Wir kehren wieder zu dem allgemeineren Rahmen zurück und definieren eine *zufällige abgeschlossene Menge (ZAM)* in E als eine meßbare Abbildung Z eines W-Raumes $(\Omega, \mathbf{A}, \mathbb{P})$ in den meßbaren Raum $(\mathcal{F}(E), \mathcal{B}(\mathcal{F}(E)))$. Ihre *Verteilung* $\mathbb{P}_Z$ ist das Bild von $\mathbb{P}$ unter Z, also ein W-Maß auf $\mathcal{B}(\mathcal{F}(E))$. Für ZAM Z, Z' in E sind $Z \cup Z'$, $Z \cap Z'$, cl Z^c und (falls E lokal zusammenhängend ist) bd Z ZAM in E. Speziell im Fall $E = \mathcal{F}'$ nennen wir die ZAM Z *stationär*, wenn $\mathbb{P}_{Z+t} = \mathbb{P}_Z$ für alle $t \in \mathbb{R}^n$ gilt, und Z heißt *isotrop*, wenn $\mathbb{P}_{\vartheta Z} = \mathbb{P}_Z$ für alle Drehungen ϑ gilt.

Für eine ZAM Z in E definieren wir das *Kapazitätsfunktional* T_Z wieder durch

$$T_Z(C) := \mathbb{P}_Z(\mathcal{F}_C) = \mathbb{P}(Z \cap C \neq \emptyset), \qquad C \in \mathcal{C}(E).$$

Die im folgenden Satz auftretenden Begriffe sind genau wie in Abschnitt 1.4 erklärt.

2.1.6 Satz. *Z ist durch T_Z (bis auf stochastische Äquivalenz) eindeutig bestimmt, d.h. ZAM Z, Z' mit $T_Z = T_{Z'}$ haben dieselbe Verteilung. Die Funktion T_Z ist eine alternierende Choquet-Kapazität von unendlicher Ordnung. Zu jeder alternierenden Choquet-Kapazität unendlicher Ordnung T auf $\mathcal{C}(E)$ existiert eine ZAM Z in E mit $T = T_Z$.*

Wir machen später hauptsächlich Gebrauch von der Eindeutigkeitsaussage, deren Beweis sich wörtlich aus Kapitel 1 (Satz 1.4.2) überträgt. Die Existenzaussage wird im nächsten Abschnitt bewiesen.

2.2 Der Satz von Choquet

In diesem Abschnitt soll die Existenzaussage aus Satz 2.1.6 (und damit auch Satz 1.4.3) bewiesen werden. Zugrundegelegt ist dabei wie in Abschnitt 2.1 ein lokalkompakter Raum E mit abzählbarer Basis. Wir werden jedoch das Argument E bei Bezeichnungen wie $\mathcal{F}(E)$ usw. im folgenden meist nicht mehr angeben.

Zunächst sei eine Definition aus Abschnitt 1.4 verallgemeinert. Ist $\mathcal{V} \subset \mathbf{P}(E)$ ($\mathbf{P}$ bezeichnet die Potenzmenge) ein nichtleeres $\cup$-stabiles System von Teilmengen von E und $T : \mathcal{V} \to \mathbb{R}$ eine gegebene Funktion, so sei $S_0(V) := 1 - T(V)$ für $V \in \mathcal{V}$ gesetzt und dann

$$S_k(V_0; V_1, \ldots, V_k) := S_{k-1}(V_0; V_1, \ldots, V_{k-1}) - S_{k-1}(V_0 \cup V_k; V_1, \ldots, V_{k-1})$$

für $k \in \mathbb{N}$ und $V_i \in \mathcal{V}$. (Es wird aus dem Zusammenhang klar sein, auf welche Funktion T sich S_k bezieht.) Explizit ist also für $k \geq 1$

$$S_k(V_0; V_1, \ldots, V_k) = \sum_{r=0}^{k} (-1)^{r-1} \sum_{1 \leq i_1 < \ldots < i_r \leq k} T(V_0 \cup V_{i_1} \cup \ldots \cup V_{i_r}), \quad (2.1)$$

wie durch Induktion folgt. Die innere Summe ist dabei für $r = 0$ als $T(V_0)$ zu lesen.

Der folgende Satz geht auf Choquet [1955] zurück.

2.2.1 Satz. *Sei $T : \mathcal{C} \to \mathbb{R}$ eine Funktion mit folgenden Eigenschaften:*

(a) $0 \leq T \leq 1$, $T(\emptyset) = 0$.

(b) *Aus $C_i \downarrow C$ folgt $T(C_i) \to T(C)$.*

(c) $S_k(C_0; C_1, \ldots, C_k) \geq 0$ *für alle $C_i \in \mathcal{C}$ und alle $k \in \mathbb{N}$.*

Dann existiert ein eindeutig bestimmtes Wahrscheinlichkeitsmaß $\mathbb{P}$ auf $\mathcal{B}(\mathcal{F})$ mit

$$T(C) = \mathbb{P}(\mathcal{F}_C) \qquad \text{für alle } C \in \mathcal{C}.$$

Die Funktion T ist also auch das Kapazitätsfunktional einer ZAM in E, zum Beispiel der identischen Abbildung auf dem W-Raum $(\mathcal{F}, \mathcal{B}(\mathcal{F}), \mathbb{P})$.

Daß die angegebenen Bedingungen notwendig sind, sieht man wie in Abschnitt 1.4, ebenso die Eindeutigkeit. Der Existenzbeweis erfordert eine längere Reihe von Schritten unterschiedlichen Charakters, die in den Lemmas 2.2.2 bis 2.2.6 formuliert sind. Ist T das Kapazitätsfunktional für das Wahrscheinlichkeitsmaß $\mathbb{P}$ auf $\mathcal{B}(\mathcal{F})$, so gilt

$$S_k(C_0; C_1, \ldots, C_k) = \mathbb{P}(\mathcal{F}_{C_1, \ldots, C_k}^{C_0}), \tag{2.2}$$

und S_k läßt sich durch die Werte von T auf $\mathcal{C}$ ausdrücken. Man wird nun umgekehrt versuchen, das W-Maß $\mathbb{P}$ zunächst mittels der Gleichung (2.2) auf den Mengen der Form $\mathcal{F}_{C_1, \ldots, C_k}^{C_0}$ zu definieren und dann fortzusetzen. Dabei tritt das Problem auf, daß durch $\mathcal{F}_{C_1, \ldots, C_k}^{C_0}$ die Mengen $C_0, C_1, \ldots, C_k$ nicht eindeutig bestimmt sind. Zur Umgehung dieser Schwierigkeit dient Teil (c) des nachfolgenden Lemmas.

Ein Mengensystem $\mathsf{A} \subset \mathbf{P}(\mathcal{F})$ heißt *Semialgebra* in $\mathcal{F}$, wenn gilt:

(a) $\emptyset \in \mathsf{A}$, $\mathcal{F} \in \mathsf{A}$.

(b) A ist $\cap$-stabil.

(c) Für jedes $\mathcal{A} \in \mathsf{A}$ ist das Komplement $\mathcal{A}^c$ die Vereinigung einer endlichen Familie paarweise disjunkter Mengen aus A.

Zu einem System $\mathcal{V} \subset \mathbf{P}(E)$ wie oben angegeben definieren wir nun

$$\mathsf{A} := \left\{ \mathcal{F}_{V_1, \ldots, V_k}^{V} : V, V_1, \ldots, V_k \in \mathcal{V}, \ k \in \mathbb{N}_0 \right\}. \tag{2.3}$$

Die Darstellung

$$\mathcal{A} = \mathcal{F}_{V_1, \ldots, V_k}^{V}$$

eines Elements $\mathcal{A} \in \mathsf{A}$ mit $k \in \mathbb{N}_0$ und $V, V_1, \ldots, V_k \in \mathcal{V}$ (letzteres wird im folgenden immer stillschweigend vorausgesetzt) heiße *reduziert*, wenn

$$V_i \not\subset V_j \cup V \qquad \text{für } i, j \in \{1, \ldots, k\} \text{ mit } i \neq j$$

gilt.

2.2.2 Lemma. *Sei $\emptyset \in \mathcal{V} \subset \mathbf{P}(E)$ und $\mathcal{V}$ abgeschlossen unter endlichen Vereinigungen. Dann gilt:*

(a) *Das durch (2.3) definierte System A ist eine Semialgebra in $\mathcal{F}$.*

(b) *Jedes $\mathcal{A} \in \mathsf{A}$ besitzt eine reduzierte Darstellung.*

(c) *Sind*

$$\mathcal{A} = \mathcal{F}_{V, \ldots V_-}^{V} = \mathcal{F}_{W, \ldots W_-}^{W}$$

zwei reduzierte Darstellungen von $\mathcal{A} \in \mathsf{A} \setminus \{\emptyset\}$, so ist $V = W$, $m = k$ und

$$V_i \cup V = W_{\pi(i)} \cup V \qquad \textit{für } i = 1, \ldots, m$$

mit einer Permutation π von $\{1, \ldots, m\}$.

(d) Zu $\mathcal{A}, \mathcal{B} \in \mathsf{A}$ mit $\mathcal{A} \subset \mathcal{B}$ gibt es Elemente $\mathcal{E}_0, \mathcal{E}_1, \ldots, \mathcal{E}_r \in \mathsf{A}$ mit

$$\mathcal{A} = \mathcal{E}_0 \subset \mathcal{E}_1 \subset \ldots \subset \mathcal{E}_r = \mathcal{B}$$

und $\mathcal{E}_i \setminus \mathcal{E}_{i-1} \in \mathsf{A}$ für $i = 1, \ldots, r$.

Beweis. (a) Wegen $\emptyset \in \mathcal{V}$ ist $\emptyset = \mathcal{F}_\emptyset^\emptyset \in \mathsf{A}$ und $\mathcal{F} = \mathcal{F}^\emptyset \in \mathsf{A}$. Wegen

$$\mathcal{F}_{V_1,\ldots,V_m}^V \cap \mathcal{F}_{W_1,\ldots,W_k}^W = \mathcal{F}_{V_1,\ldots,V_m,W_1,\ldots,W_k}^{V \cup W}$$

und $V \cup W \in \mathcal{V}$ für $V, W \in \mathcal{V}$ ist A abgeschlossen unter endlichen Durchschnitten. Das Komplement von $\mathcal{A} = \mathcal{F}_{V_1,\ldots,V_m}^V \in \mathsf{A}$ läßt sich schreiben in der Form

$$\mathcal{A}^c = \mathcal{F}_V^\emptyset \cup \mathcal{F}^{V \cup V_1} \cup \mathcal{F}_{V_1}^{V \cup V_2} \cup \mathcal{F}_{V_1,V_2}^{V \cup V_3} \cup \ldots \cup \mathcal{F}_{V_1,\ldots,V_{m-1}}^{V \cup V_m},$$

und rechts steht eine disjunkte Vereinigung von Elementen aus A. Also ist A eine Semialgebra.

(b) Sei $\mathcal{A} = \mathcal{F}_{V_1,\ldots,V_m}^V$. Gibt es Indizes $i \neq j$ mit $V_i \subset V_j \cup V$, dann ist

$$\mathcal{F}_{V_1,\ldots,V_m}^V = \mathcal{F}_{V_1,\ldots,V_{j-1},V_{j+1},\ldots,V_m}^V.$$

Ist nämlich $F \in \mathcal{F}_{V_1,\ldots,V_{j-1},V_{j+1},\ldots,V_m}^V$, so ist $F \cap V_i \neq \emptyset$ und $F \cap V = \emptyset$, also $F \cap V_j \neq \emptyset$ und daher $F \in \mathcal{F}_{V_1,\ldots,V_m}^V$; die umgekehrte Inklusion ist trivial. In der Darstellung von $\mathcal{A}$ kann also V_j weggelassen werden. Wiederholung des Verfahrens liefert schließlich eine reduzierte Darstellung.

Zum Beweis der restlichen Aussagen betrachten wir zunächst den Fall

$$\emptyset \neq \mathcal{F}_{V_1,\ldots,V_m}^V \subset \mathcal{F}_{W_1,\ldots,W_k}^W \tag{2.4}$$

mit $m, k \geq 1$. Angenommen, $W \not\subset V$. Dann gibt es ein $x \in W \cap V^c$. Wegen $\mathcal{F}_{V_1,\ldots,V_m}^V \neq \emptyset$ gibt es Elemente $x_i \in V_i \cap V^c$ für $i = 1, \ldots, m$. Es ist also $\{x, x_1, \ldots, x_m\} \in \mathcal{F}_{V_1,\ldots,V_m}^V \subset \mathcal{F}_{W_1,\ldots,W_k}^W$ und daher $\{x, x_1, \ldots, x_m\} \cap W = \emptyset$, ein Widerspruch. Also gilt

$$W \subset V. \tag{2.5}$$

Wir behaupten, daß zu jedem $i \in \{1, \ldots, k\}$ ein $j(i) \in \{1, \ldots, m\}$ existiert mit

$$V_{j(i)} \subset W_i \cup V. \tag{2.6}$$

Ist das falsch, so gibt es ein $i \in \{1, \ldots, k\}$ mit

$$V_j \not\subset W_i \cup V \qquad \text{für } j = 1, \ldots, m.$$

Dann gibt es zu $j \in \{1, \ldots, m\}$ ein $x_j \in V_j \cap W_i^c \cap V^c$, und es folgt $\{x_1, \ldots, x_m\} \in \mathcal{F}^V_{V_1, \ldots, V_m} \subset \mathcal{F}^W_{W_1, \ldots, W_k}$, also $\{x_1, \ldots, x_m\} \cap W_i \neq \emptyset$, ein Widerspruch. Somit gilt (2.6) für wenigstens einen Index $j(i)$.

(c) Sei $\mathcal{A} = \mathcal{F}^V$. Wegen $\emptyset \in \mathcal{A}$ und $\emptyset \notin \mathcal{F}^W_{W_1, \ldots, W_k}$, falls $k \geq 1$, gibt es für $\mathcal{A}$ keine Darstellung der Form $\mathcal{F}^W_{W_1, \ldots, W_k}$ mit $k \geq 1$. Ist $\mathcal{F}^V = \mathcal{F}^W$ und etwa $x \notin V$, so ist $\{x\} \in \mathcal{F}^V = \mathcal{F}^W$, also $x \notin W$. Es folgt $V = W$.

Jetzt seien

$$\mathcal{A} = \mathcal{F}^V_{V_1, \ldots, V_m} = \mathcal{F}^W_{W_1, \ldots, W_k} \tag{2.7}$$

mit $m, k \geq 1$ zwei reduzierte Darstellungen eines nichtleeren $\mathcal{A} \in \mathbb{A}$. Die Implikation (2.4) $\Rightarrow$ (2.5) liefert dann $W \subset V$, analog $V \subset W$, also $V = W$. Wegen (2.4) $\Rightarrow$ (2.6) existiert ein Index $j(1) \in \{1, \ldots, m\}$ mit

$$V_{j(1)} \subset W_1 \cup V.$$

Nach derselben Schlußweise (Vertauschung der beiden Darstellungen und Ersetzung des Index 1 durch $j(1)$) folgt aus (2.7) die Existenz eines Index $i(1) \in \{1, \ldots, k\}$ mit

$$W_{i(1)} \subset V_{j(1)} \cup W = V_{j(1)} \cup V.$$

Aus $W_{i(1)} \subset V_{j(1)} \cup V \subset W_1 \cup V = W_1 \cup W$ und der Reduziertheit der Darstellungen folgt $i(1) = 1$. Wir erhalten

$$V_{j(1)} \cup V = W_1 \cup V.$$

Wiederholung des Verfahrens mit jeder der Mengen $W_2, \ldots, W_k$ ergibt die Behauptung (c).

(d) Seien nun $\mathcal{A}, \mathcal{B} \in \mathbb{A}$ Elemente mit $\mathcal{A} \subset \mathcal{B}$, etwa

$$\emptyset \neq \mathcal{A} = \mathcal{F}^V_{V_1, \ldots, V_m} \subset \mathcal{F}^W_{W_1, \ldots, W_k} = \mathcal{B}$$

(der Fall $\mathcal{A} = \emptyset$ ist trivial). Wie oben gezeigt, gilt (2.5), und wir können zu jedem $i \in \{1, \ldots, k\}$ ein $j(i) \in \{1, \ldots, m\}$ wählen, so daß (2.6) gilt. Nach Umnumerierung von $V_1, \ldots, V_m$ können wir annehmen, daß

$$\{j(1), \ldots, j(k)\} = \{1, \ldots, p\}$$

mit einem $p \in \{1, \ldots, m\}$ ist. Für $q \in \{1, \ldots, p\}$ bezeichne $W(q)$ das Tupel der W_i mit $j(i) = q$. Dann gilt

$$\mathcal{F}^V_{V_1,\ldots,V_m} \subset \mathcal{F}^V_{V_1,\ldots,V_p,V_{p+2},\ldots,V_m} \subset \mathcal{F}^V_{V_1,\ldots,V_p,V_{p+3},\ldots,V_m} \subset \ldots \subset \mathcal{F}^V_{V_1,\ldots,V_p}$$

$$\subset \mathcal{F}^V_{W(1),V_2,\ldots,V_p} \subset \mathcal{F}^V_{W(1),W(2),V_3,\ldots,V_p} \subset \ldots \subset \mathcal{F}^V_{W(1),\ldots,W(p)}$$

$$= \mathcal{F}^V_{W_1,\ldots,W_k} \subset \mathcal{F}^W_{W_1,\ldots,W_k}. \tag{2.8}$$

Die Inklusionen der ersten Zeile sind trivial; allgemein gilt

$$\mathcal{F}^V_{U_1,\ldots,U_r} \subset \mathcal{F}^V_{U_1,\ldots,U_{r-1}}$$

und

$$\mathcal{F}^V_{U_1,\ldots,U_{r-1}} \setminus \mathcal{F}^V_{U_1,\ldots,U_r} = \mathcal{F}^{V\cup U_r}_{U_1,\ldots,U_{r-1}} \in \mathsf{A}$$

für $V, U_1, \ldots, U_r \in \mathcal{V}$. Zum Nachweis der Inklusion

$$\mathcal{F}^V_{V_1,\ldots,V_p} \subset \mathcal{F}^V_{W(1),V_2,\ldots,V_p}$$

sei etwa $W(1) = (W_1, \ldots, W_s)$, wie nach Umnumerierung angenommen werden kann. Für $F \in \mathcal{F}^V_{V_1,\ldots,V_p}$ gilt $F \cap V = \emptyset$, $F \cap V_j \neq \emptyset$ für $j = 1, \ldots, p$ und $V_1 \subset W_i \cup V$ für $i = 1, \ldots, s$ nach (2.6), also $F \cap W_i \neq \emptyset$ für $i = 1, \ldots, s$ und somit $F \in \mathcal{F}^V_{W(1),V_2,\ldots,V_p}$. Ferner gilt

$$\mathcal{F}^V_{W(1),V_2,\ldots,V_p} \setminus \mathcal{F}^V_{V_1,\ldots,V_p} = \mathcal{F}^{V\cup V_1}_{W(1),V_2,\ldots,V_p} \in \mathsf{A}.$$

Analog ergeben sich entsprechende Relationen für die zweite Zeile in (2.8). Die Inklusion der dritten Zeile in (2.8) folgt aus (2.5), und es ist

$$\mathcal{F}^W_{W_1,\ldots,W_k} \setminus \mathcal{F}^V_{W_1,\ldots,W_k} = \mathcal{F}^W_{W_1,\ldots,W_k,V} \in \mathsf{A}.$$

Damit ist Lemma 2.2.2 bewiesen. ■

Als erster Schritt der Konstruktion des in Satz 2.2.1 verlangten W-Maßes $\mathbb{P}$ wird nun eine endlich additive Funktion auf der Semialgebra A konstruiert.

2.2.3 Lemma. *Es sei (mit den Bezeichnungen und Voraussetzungen aus 2.2.2) $T : \mathcal{V} \to \mathbb{R}$ eine Funktion mit $T(\emptyset) = 0$ und*

$$S_k(V; V_1, \ldots, V_k) \geq 0$$

für alle $k \in \mathbb{N}_0$ und alle $V, V_1, \ldots, V_k \in \mathcal{V}$. Dann gibt es eine endlich additive Abbildung $\mathbb{P} : \mathsf{A} \to [0, 1]$ mit

$$\mathbb{P}(\mathcal{F}^V_{V_1,\ldots,V_k}) = S_k(V; V_1, \ldots, V_k)$$

für $V, V_1, \ldots, V_k \in \mathcal{V}$ und $k \in \mathbb{N}_0$; insbesondere gilt $\mathbb{P}(\emptyset) = 0$, $\mathbb{P}(\mathcal{F}) = 1$ und $\mathbb{P}(\mathcal{F}_V) = T(V)$.

Beweis.

1. BEHAUPTUNG. *Aus $\mathcal{F}^V_{V_1,\ldots,V_m} = \mathcal{F}^W_{W_1,\ldots,W_k} =: \mathcal{A} \neq \emptyset$ folgt*

$$S_m(V; V_1, \ldots, V_m) = S_k(W; W_1, \ldots, W_k).$$

Zum Beweis zeigen wir zunächst, daß sich der Wert von $S_m(V; V_1, \ldots, V_m)$ nicht ändert, wenn wir die Darstellung $\mathcal{F}^V_{V_1,\ldots,V_m}$ des Elements $\mathcal{A}$ wie im Beweis von Lemma 2.2.2 schrittweise reduzieren. Gelte zum Beispiel $V_1 \subset V_m \cup V$. Dann ist

$$\mathcal{A} = \mathcal{F}^V_{V_1,\ldots,V_{m-1}}.$$

Allgemein folgt aus $V_i \subset V_0$ für ein $i \in \{1, \ldots, k\}$ stets $S_k(V_0; V_1, \ldots, V_k) = 0$. Da die S_k nämlich in den letzten k Indizes symmetrisch sind, kann $i = k$ angenommen werden, dann folgt

$$S_k(V_0; V_1, \ldots, V_k) = S_{k-1}(V_0; V_1, \ldots, V_{k-1}) - S_{k-1}(V_0 \cup V_k; V_1, \ldots, V_{k-1}) = 0.$$

In unserem Fall ist also

$$S_{m-1}(V \cup V_m; V_1, \ldots, V_{m-1}) = 0$$

und daher

$$S_m(V; V_1, \ldots, V_m) = S_{m-1}(V; V_1, \ldots, V_{m-1}).$$

Der Wert von $S_m(V; V_1, \ldots, V_m)$ ändert sich also in der Tat nicht bei schrittweiser Reduzierung. Daher dürfen wir annehmen, die beiden Darstellungen von $\mathcal{A}$ seien bereits reduziert. Nach Lemma 2.2.2 gilt dann $V = W$, $m = k$ und o.B.d.A. (d.h. nach einer Permutation der Indizes, wodurch der Wert von $S_m(V; V_1, \ldots, V_m)$ nicht geändert wird) $V_i \cup V = W_i \cup V$ für $i = 1, \ldots, m$. Nun gilt aber

$$S_m(V; V_1, \ldots, V_m) = S_m(V; V \cup V_1, \ldots, V \cup V_m).$$

Daraus folgt die erste Behauptung.

Jetzt ist es möglich,

$$\mathbb{P}(\mathcal{F}^V_{V_1,\ldots,V_m}) := S_m(V; V_1, \ldots, V_m) \qquad \text{für } m \in \mathbb{N}_0, \ V, V_i \in \mathcal{V}$$

zu definieren. Dann ist $\mathbb{P} \geq 0$. Es ist $T(V) = S_1(\emptyset; V) \geq 0$. Wegen der Rekursionsformel für S_m und der Voraussetzung $S_m \geq 0$ folgt

$$\mathbb{P}(\mathcal{F}^V_{V_1,\ldots,V_m}) = S_m(V; V_1, \ldots, V_m) \leq S_{m-1}(V; V_1, \ldots, V_{m-1})$$

$$< \ldots < S_0(V) = 1 - T(V) < 1.$$

Also ist $\mathbb{P}$ eine Abbildung von A in $[0,1]$. Ferner ist $\mathbb{P}(\emptyset) = \mathbb{P}(\mathcal{F}_\emptyset^V) = S_1(V;\emptyset) = 0$ und $\mathbb{P}(\mathcal{F}) = \mathbb{P}(\mathcal{F}^\emptyset) = S_0(\emptyset) = 1 - T(\emptyset) = 1$, und es gilt $\mathbb{P}(\mathcal{F}_V) = \mathbb{P}(\mathcal{F}_V^\emptyset) = S_1(\emptyset;V) = S_0(\emptyset) - S_0(V) = T(V)$.

2. BEHAUPTUNG. $\mathbb{P}$ *ist endlich additiv auf* A.

Für $r \geq 2$ und paarweise disjunkte $\mathcal{A}_1,\ldots,\mathcal{A}_r \in$ A mit $\mathcal{A}_1 \cup \ldots \cup \mathcal{A}_r \in$ A müssen wir

$$\mathbb{P}(\mathcal{A}_1 \cup \ldots \cup \mathcal{A}_r) = \sum_{i=1}^{r} \mathbb{P}(\mathcal{A}_i) \tag{2.9}$$

zeigen. Wir betrachten zunächst den Fall $r = 2$ (weil A nur eine Semialgebra ist, folgt hieraus (2.9) für $r > 2$ nicht schon in trivialer Weise).

Seien also $\mathcal{A}, \mathcal{B} \in$ A nichtleere Elemente mit den Darstellungen

$$\mathcal{A} = \mathcal{F}_{V_1,\ldots,V_m}^V, \qquad \mathcal{B} = \mathcal{F}_{W_1,\ldots,W_k}^W,$$

dabei sei $\mathcal{A} \cap \mathcal{B} = \emptyset$ und $\mathcal{A} \cup \mathcal{B} \in$ A.

Zunächst sei etwa $m = 0$, also $\mathcal{A} = \mathcal{F}^V$. Dann ist $\emptyset \in \mathcal{A} \subset \mathcal{A} \cup \mathcal{B}$, also $\mathcal{A} \cup \mathcal{B} = \mathcal{F}^U$ mit $U \in \mathcal{V}$. Es folgt

$$\mathcal{A} = (\mathcal{A} \cup \mathcal{B}) \cap \mathcal{F}^V = \mathcal{F}^{U \cup V},$$
$$\mathcal{B} = (\mathcal{A} \cup \mathcal{B}) \cap \mathcal{F}_V = \mathcal{F}_V^U$$

und damit

$$\begin{aligned}
\mathbb{P}(\mathcal{A}) + \mathbb{P}(\mathcal{B}) &= \mathbb{P}(\mathcal{F}^{U \cup V}) + \mathbb{P}(\mathcal{F}_V^U) \\
&= S_0(U \cup V) + S_0(U) - S_0(U \cup V) \\
&= \mathbb{P}(\mathcal{F}^U) \\
&= \mathbb{P}(\mathcal{A} \cup \mathcal{B}).
\end{aligned}$$

Wir können also im folgenden $m, k \geq 1$ und damit $\emptyset \notin \mathcal{A} \cup \mathcal{B}$ voraussetzen.

Wegen $\mathcal{A} \cup \mathcal{B} \in$ A gibt es eine Darstellung

$$\mathcal{A} \cup \mathcal{B} = \mathcal{F}_{U_1,\ldots,U_p}^U$$

mit $U, U_1 \ldots, U_p \in \mathcal{V}$, und wegen $\emptyset \notin \mathcal{A} \cup \mathcal{B}$ ist $p \geq 1$. Sei $x \in V^c$. Wegen $\mathcal{A} \neq \emptyset$ können wir $x_i \in V_i \cap V^c$ wählen $(i = 1,\ldots,m)$. Dann gilt $F := \{x, x_1, \ldots, x_m\} \in \mathcal{A} \subset \mathcal{A} \cup \mathcal{B}$, also $F \cap U = \emptyset$ und daher $x \notin U$. Damit ist $U \subset V$ gezeigt, und analog folgt $U \subset W$. Somit ist

$$U \subset V \cap W. \tag{2.10}$$

Angenommen, es gäbe Punkte

$$x \in V \cap U^c \quad \text{und} \quad y \in W \cap U^c.$$

Wegen $\mathcal{A} \cup \mathcal{B} \neq \emptyset$ können wir Punkte $z_i \in U_i \cap U^c$ wählen ($i = 1, \ldots, p$). Dann gilt $\{x, y, z_1, \ldots, z_p\} \in \mathcal{F}^U_{U_1,\ldots,U_p} = \mathcal{A} \cup \mathcal{B} = \mathcal{F}^V_{V_1,\ldots,V_m} \cup \mathcal{F}^W_{W_1,\ldots,W_k}$. Wegen $\{x, y\} \cap V \neq \emptyset$ und $\{x, y\} \cap W \neq \emptyset$ ist dies ein Widerspruch. Es folgt $V \subset U$ oder $W \subset U$, wegen (2.10) also $V = U$ oder $W = U$. Sei etwa $V = U$. Wegen (2.10) ist dann

$$V \subset W. \tag{2.11}$$

Nach Voraussetzung ist

$$\mathcal{F}^{V \cup W}_{V_1,\ldots,V_m,W_1,\ldots,W_k} = \mathcal{A} \cap \mathcal{B} = \emptyset.$$

Hieraus folgt $V_i \subset V \cup W$ für ein $i \in \{1, \ldots, m\}$ oder $W_j \subset V \cup W$ für ein $j \in \{1, \ldots, k\}$. Im letzteren Fall ist $W_j \subset W$ wegen (2.11) und daher $\mathcal{B} = \emptyset$, im Widerspruch zur Voraussetzung. Also gilt $V_i \subset V \cup W$ und somit

$$V_i \subset W. \tag{2.12}$$

Sei nun $F \in \mathcal{A} \cup \mathcal{B}$. Gilt $F \in \mathcal{F}_{V_i}$, so ist $F \cap W \neq \emptyset$ wegen (2.12), also $F \notin \mathcal{B}$ und somit $F \in \mathcal{A}$. Im Fall $F \in \mathcal{F}^{V_i}$ ist $F \notin \mathcal{A}$, also $F \in \mathcal{B}$. Daher gilt

$$\mathcal{A} = (\mathcal{A} \cup \mathcal{B}) \cap \mathcal{F}_{V_i} = \mathcal{F}^V_{U_1,\ldots,U_p,V_i},$$

$$\mathcal{B} = (\mathcal{A} \cup \mathcal{B}) \cap \mathcal{F}^{V_i} = \mathcal{F}^{V \cup V_i}_{U_1,\ldots,U_p}.$$

Damit ergibt sich

$$
\begin{aligned}
\mathbb{P}(\mathcal{A}) &= \mathbb{P}(\mathcal{F}^V_{U_1,\ldots,U_p,V_i}) \\
&= S_{p+1}(V; U_1, \ldots, U_p, V_i) \\
&= S_p(V; U_1, \ldots, U_p) - S_p(V \cup V_i; U_1, \ldots, U_p) \\
&= \mathbb{P}(\mathcal{F}^V_{U_1,\ldots,U_p}) - \mathbb{P}(\mathcal{F}^{V \cup V_i}_{U_1,\ldots,U_p}) \\
&= \mathbb{P}(\mathcal{A} \cup \mathcal{B}) - \mathbb{P}(\mathcal{B}),
\end{aligned}
$$

wie behauptet.

Die endliche Additivität (2.9) ergibt sich nun aus Lemma 2.2.2 und Halmos [1950], S. 31 – 32 (man beachte dort die Definition des Semirings auf S. 22). Damit ist Lemma 2.2.3 bewiesen. ∎

Lemma 2.2.3 läßt sich insbesondere anwenden auf eine Funktion T wie in Satz 2.2.1 und das System $\mathcal{V} = \mathcal{C}$. Die nachfolgenden Schritte dienen dem

Nachweis, daß in diesem Fall die additive Funktion $\mathbb{P}$ fortgesetzt werden kann zu einem W-Maß auf $\mathcal{B}(\mathcal{F})$.

2.2.4 Lemma. *Erfüllt T die Voraussetzungen von Satz 2.2.1, so läßt sich T fortsetzen zu einer Funktion $T : \mathbf{P}(E) \to [0,1]$ mit folgenden Eigenschaften:*

(a) T *ist isoton.*

(b) *Für $A \in \mathbf{P}(E)$ gilt*

$$T(A) = \inf\{T(G) : G \in \mathcal{G}, \, A \subset G\}.$$

(c) *Aus $A_i \uparrow A$, $A_i, A \in \mathbf{P}(E)$, folgt $T(A_i) \to T(A)$.*

(d) *Für $m \in \mathbb{N}_0$ und $V, V_1, \ldots, V_m \in \{G \cup C : G \in \mathcal{G}, \, C \in \mathcal{C}\}$ gilt*

$$S_m(V; V_1, \ldots, V_m) \geq 0.$$

Beweis. Für $A \in \mathbf{P}(E)$ definieren wir

$$T_*(A) := \sup\{T(C) : C \in \mathcal{C}, \, C \subset A\},$$

$$T^*(A) := \inf\{T_*(G) : G \in \mathcal{G}, \, A \subset G\}.$$

Die Funktion $T : \mathcal{C} \to [0,1]$ ist isoton, denn aus $C \subset C'$ folgt $0 \leq S_1(C; C') = -T(C) + T(C \cup C')$, also $T(C) \leq T(C')$. Aus den Definitionen ergibt sich unmittelbar, daß auch T_* und T^* isoton sind. Sei $C \in \mathcal{C}$. Wegen der Isotonie von T ist $T_*(C) = T(C)$. Ferner folgt aus der Definition, daß $T^*(C) \geq T(C)$ ist. Sei $\epsilon > 0$. Gemäß Satz 2.1.1(c) wählen wir ein abnehmendes Fundamentalsystem $(G_i)_{i \in \mathbb{N}}$ von offenen, relativ kompakten Umgebungen von C. Nach Voraussetzung 2.2.1(b) gilt $T(\text{cl}\, G_i) \downarrow T(C)$, also existiert ein $j \in \mathbb{N}$ mit $T(\text{cl}\, G_j) < T(C) + \epsilon$. Für $C' \in \mathcal{C}$ mit $C' \subset G_j$ folgt $T(C') \leq T(\text{cl}\, G_j) \leq T(C) + \epsilon$. Also ist $T_*(G_j) \leq T(C) + \epsilon$ und somit $T^*(C) \leq T(C) + \epsilon$. Damit ist

$$T_*(C) = T^*(C) = T(C) \quad \text{für } C \in \mathcal{C}$$

gezeigt. Mittels $T := T^*$ läßt sich daher T isoton auf $\mathbf{P}(E)$ fortsetzen; damit ist (a) erfüllt. Aus der Isotonie von T_* folgt $T(G) = T_*(G)$ für $G \in \mathcal{G}$, also gilt auch (b).

Für den Beweis von (c) benötigen wir zwei Zwischenaussagen.

1. BEHAUPTUNG. *Für $G_1, G_2 \in \mathcal{G}$ gilt*

$$T(G_1 \cup G_2) + T(G_1 \cap G_2) \leq T(G_1) + T(G_2).$$

Zum Beweis seien zunächst $C_1, C_2 \in \mathcal{C}$. Dann ist

$$
\begin{aligned}
0 \;\leq\; & S_2(C_1 \cap C_2; C_1, C_2) \\
= \;& -T(C_1 \cap C_2) + T(C_1) + T(C_2) - T(C_1 \cup C_2),
\end{aligned}
$$

also

$$
T(C_1 \cup C_2) + T(C_1 \cap C_2) \leq T(C_1) + T(C_2). \tag{2.13}
$$

Nun sei $\epsilon > 0$. Wegen $T_* = T$ auf $\mathcal{G}$ gibt es kompakte Mengen C, D mit $C \subset G_1 \cup G_2$, $D \subset G_1 \cap G_2$ und

$$
\begin{aligned}
T(G_1 \cup G_2) \;&<\; T(C) + \epsilon, \\
T(G_1 \cap G_2) \;&<\; T(D) + \epsilon.
\end{aligned}
$$

O.B.d.A. gelte $D \subset C$. Nach 2.1.1(d) gibt es kompakte Mengen C_1, C_2 mit $C_i \subset G_i$ $(i = 1, 2)$ und $C_1 \cup C_2 = C$; o.B.d.A. gelte $D \subset C_1 \cap C_2$. Wegen der Isotonie von T und wegen (2.13) folgt

$$
\begin{aligned}
T(G_1 \cup G_2) + T(G_1 \cap G_2) \;&\leq\; T(C) + T(D) + 2\epsilon \\
&\leq\; T(C_1 \cup C_2) + T(C_1 \cap C_2) + 2\epsilon \\
&\leq\; T(C_1) + T(C_2) + 2\epsilon \\
&\leq\; T(G_1) + T(G_2) + 2\epsilon.
\end{aligned}
$$

Damit folgt die 1. Behauptung.

2. BEHAUPTUNG. *Für* $U_1, \ldots, U_k, V_1, \ldots, V_k \in \mathcal{G}$ *mit* $V_i \subset U_i$ $(i = 1, \ldots, k)$ *gilt*

$$
T\left(\bigcup_{i=1}^{k} U_i\right) + \sum_{i=1}^{k} T(V_i) \leq T\left(\bigcup_{i=1}^{k} V_i\right) + \sum_{i=1}^{k} T(U_i).
$$

Der Beweis erfolgt durch Induktion nach k. Für $k = 1$ ist nichts zu zeigen. Für $k = 2$ folgt aus der 1. Behauptung mit $G_1 := U_1, G_2 := U_2 \cup V_1$ wegen der Isotonie

$$
T(U_1 \cup U_2) + T(V_1) \leq T(U_2 \cup V_1) + T(U_1),
$$

und mit $G_1 := U_2, G_2 := V_1 \cup V_2$ ergibt sich analog

$$
T(U_2 \cup V_1) + T(V_2) \leq T(V_1 \cup V_2) + T(U_2).
$$

Addition ergibt die Behauptung für $k = 2$.

Ist die Behauptung für ein $k \geq 2$ bewiesen, so ergibt Anwendung der Induktionsannahme auf $U_1, \ldots, U_{k-1}, U_k \cup U_{k+1}$ und $V_1, \ldots, V_{k-1}, V_k \cup V_{k+1}$ die Ungleichung

$$T\left(\bigcup_{i=1}^{k+1} U_i\right) + \sum_{i=1}^{k-1} T(V_i) + T(V_k \cup V_{k+1}) \leq T\left(\bigcup_{i=1}^{k+1} V_i\right) + \sum_{i=1}^{k-1} T(U_i) + T(U_k \cup U_{k+1}),$$

und nach dem bereits Bewiesenen ist

$$T(U_k \cup U_{k+1}) + T(V_k) + T(V_{k+1}) \leq T(V_k \cup V_{k+1}) + T(U_k) + T(U_{k+1}).$$

Addition beider Ungleichungen ergibt die Behauptung für $k+1$. Damit ist die 2. Behauptung bewiesen.

Wir nehmen nun zunächst an, daß G_i, G offene Mengen sind mit $G_i \uparrow G$. Da T isoton ist, gilt

$$\lim_{i \to \infty} T(G_i) \leq T(G).$$

Zu $\alpha < T(G)$ existiert wegen $T(G) = T_*(G)$ eine kompakte Menge $C \subset G$ mit $T(C) > \alpha$. Wegen $\bigcap_{i=1}^{\infty}(C \setminus G_i) = \emptyset$ gibt es ein $i_0 \in \mathbb{N}$ mit $C \setminus G_{i_0} = \emptyset$, also mit $C \subset G_i$ für $i \geq i_0$. Es folgt $T(G_i) > \alpha$ für $i \geq i_0$ und damit

$$\lim_{i \to \infty} T(G_i) = T(G). \tag{2.14}$$

Jetzt seien $A_i, A \in \mathbf{P}(E)$ beliebige Mengen mit $A_i \uparrow A$. Sei $\epsilon > 0$. Für jedes $i \in \mathbb{N}$ gibt es eine offene Menge $G_i \supset A_i$ mit $T(G_i) < T(A_i) + \epsilon/2^i$. Sei $k \in \mathbb{N}$ und V eine offene Menge mit $\bigcup_{i=1}^{k} A_i \subset V$. Wenden wir die 2. Behauptung an mit $U_i := G_i$ und $V_i := V \cap G_i$, so folgt

$$T\left(\bigcup_{i=1}^{k} G_i\right) + \sum_{i=1}^{k} T(A_i) \leq T\left(\bigcup_{i=1}^{k} V \cap G_i\right) + \sum_{i=1}^{k} T(G_i)$$

$$\leq T(V) + \sum_{i=1}^{k} T(G_i).$$

Bildung des Infimums über alle V ergibt

$$T\left(\bigcup_{i=1}^{k} G_i\right) + \sum_{i=1}^{k} T(A_i) \leq T\left(\bigcup_{i=1}^{k} A_i\right) + \sum_{i=1}^{k} T(G_i),$$

also

$$T\left(\bigcup_{i=1}^{k} G_i\right) - T\left(\bigcup_{i=1}^{k} A_i\right) \leq \sum_{i=1}^{k} [T(G_i) - T(A_i)] < \epsilon.$$

Da T isoton ist, folgt mit (2.14)

$$T(A) \leq T\left(\bigcup_{i=1}^{\infty} G_i\right) = \lim_{k \to \infty} T\left(\bigcup_{i=1}^{k} G_i\right)$$

$$\leq \liminf_{k \to \infty} T(A_k) + \epsilon \leq \limsup_{k \to \infty} T(A_k) + \epsilon$$

$$\leq T(A) + \epsilon.$$

Da $\epsilon > 0$ beliebig war, folgt (c).

Zum Beweis von (d) seien $V, V_1, \ldots, V_m \in \{G \cup C : G \in \mathcal{G}, C \in \mathcal{C}\}$. Aus Satz 2.1.1(a) folgt die Existenz kompakter Mengen $C_j, C_j^{(k)}$ mit $C_j \uparrow V$, $C_j^{(k)} \uparrow V_k$ ($j \to \infty$) für $k = 1, \ldots, m$. Es folgt

$$C_j \cup C_j^{(i_1)} \cup \ldots \cup C_j^{(i_r)} \uparrow V \cup V_{i_1} \cup \ldots \cup V_{i_r}.$$

Aus (c) und (2.1) folgt jetzt

$$\lim_{j \to \infty} S_m\left(C_j; C_j^{(1)}, \ldots, C_j^{(m)}\right) = S_m(V; V_1, \ldots, V_m)$$

und damit (d).   ■

Von nun an sei $\mathcal{V}$ das spezielle System

$$\mathcal{V} := \{G \cup C : G \in \mathcal{G}, C \in \mathcal{C}\}.$$

Dann erfüllt $\mathcal{V}$ die Voraussetzungen von Lemma 2.2.2. Im folgenden ist T die gemäß Lemma 2.2.4 existierende Fortsetzung der Funktion aus Satz 2.2.1.

2.2.5 Lemma. *Sei $G \in \mathcal{G}, C \in \mathcal{C}, V \in \mathcal{V}$. Sei $(G_m)_{m \in \mathbb{N}}$ ein Fundamentalsystem offener Umgebungen von C mit $G_m \downarrow C$, sei $(C_m)_{m \in \mathbb{N}}$ eine Folge in $\mathcal{C}$ mit $C_m \uparrow V$. Dann gilt*

$$\lim_{m \to \infty} T(G \cup G_m \cup C_m) = T(G \cup C \cup V).$$

Beweis. Da T nach Lemma 2.2.4(a) isoton ist, gilt

$$T(G \cup C \cup C_m) \leq T(G \cup G_m \cup C_m) \leq T(G \cup G_m \cup V). \qquad (2.15)$$

Nach Lemma 2.2.4(b) ist

$$T(G \cup C \cup V) = \inf\{T(M) : M \in \mathcal{G}, \ G \cup C \cup V \subset M\}.$$

Zu gegebenem $\epsilon > 0$ existiert also ein $M \in \mathcal{G}$ mit $G \cup C \cup V \subset M$ und

$$T(M) \leq T(G \cup C \cup V) + \epsilon.$$

Wegen $C \subset M$ existiert ein $m_0 \in \mathbb{N}$ mit $G_{m_0} \subset M$, also $G \cup G_m \cup V \subset M$ und daher

$$T(G \cup G_m \cup V) \leq T(M) \leq T(G \cup C \cup V) + \epsilon$$

für $m \geq m_0$. Wir erhalten also

$$\limsup_{m \to \infty} T(G \cup G_m \cup V) \leq T(G \cup C \cup V). \qquad (2.16)$$

Wegen $G \cup C \cup C_m \uparrow G \cup C \cup V$ und Lemma 2.2.4(c) gilt

$$T(G \cup C \cup C_m) \uparrow T(G \cup C \cup V).$$

Mit (2.15) und (2.16) ergibt sich

$$
\begin{aligned}
T(G \cup C \cup V) &= \lim T(G \cup C \cup C_m) \\
&\leq \liminf T(G \cup G_m \cup C_m) \\
&\leq \limsup T(G \cup G_m \cup C_m) \\
&\leq \limsup T(G \cup G_m \cup V) \\
&\leq T(G \cup C \cup V)
\end{aligned}
$$

und daraus die Behauptung von Lemma 2.2.5. $\blacksquare$

Nach Lemma 2.2.3, dessen Voraussetzungen nach Lemma 2.2.4(d) erfüllt sind, wird durch

$$\mathbb{P}(\mathcal{F}^V_{V_1,\dots,V_m}) := S_m(V; V_1, \dots, V_m), \qquad V, V_i \in \mathcal{V}, \ m \in \mathbb{N}_0,$$

eine endlich additive Abbildung $\mathbb{P} : \mathsf{A} \to [0,1]$ erklärt. Um die σ-Additivität von $\mathbb{P}$ zu zeigen, benötigen wir das folgende Lemma. Darin werden die Werte von $\mathbb{P}$ auf A approximiert durch die Werte auf dem Teilsystem

$$\mathsf{A}_0 := \left\{ \mathcal{F}^G_{C_1,\dots,C_m} : G \in \mathcal{G},\ C_1,\dots,C_m \in \mathcal{C},\ m \in \mathbb{N}_0 \right\}.$$

Seine Elemente sind kompakte Teilmengen von $\mathcal{F}$ (sie sind abgeschlossen, und $\mathcal{F}$ ist kompakt).

2.2.6 Lemma. *Für $\mathcal{A} \in \mathsf{A}$ gilt*

$$\mathbb{P}(\mathcal{A}) = \sup \left\{ \mathbb{P}(\mathcal{B}) : \mathcal{B} \in \mathsf{A}_0,\ \mathcal{B} \subset \mathcal{A} \right\}.$$

Beweis. Sei $\mathcal{A} = \mathcal{F}^V_{V_1,\ldots,V_k} \in \mathbb{A}$. Dann ist $V = G \cup C$ mit $G \in \mathcal{G}$, $C \in \mathcal{C}$. Sei $(G_m)_{m \in \mathbb{N}}$ ein Fundamentalsystem offener Umgebungen von C mit $G_m \downarrow C$ (dies existiert nach 2.1.1(c)). Dann gilt $\mathcal{F}^{G_m} \uparrow \mathcal{F}^C$ und daher

$$\mathcal{F}^{G \cup G_m} \uparrow \mathcal{F}^V.$$

Für jedes $i \in \{1,\ldots,k\}$ ist V_i die Vereinigung einer offenen und einer kompakten Menge, und es gibt eine Folge $(C^{(i)}_m)_{m \in \mathbb{N}}$ in $\mathcal{C}$ mit $C^{(i)}_m \uparrow V_i$ für $m \to \infty$ (wie aus 2.1.1(a) folgt) und damit

$$\mathcal{F}_{C^{(i)}_m} \uparrow \mathcal{F}_{V_i}.$$

Setze

$$\mathcal{A}_m := \mathcal{F}^{G \cup G_m}_{C^{(1)}_m,\ldots,C^{(k)}_m}.$$

Dann gilt $\mathcal{A}_m \in \mathbb{A}_0$ und $\mathcal{A}_m \uparrow \mathcal{A}$. Wegen

$$\mathbb{P}(\mathcal{A}) = \sum_{r=0}^{k}(-1)^{r-1} \sum_{1 \leq i_1 < \ldots < i_r \leq k} T(G \cup C \cup V_{i_1} \cup \ldots \cup V_{i_r})$$

und

$$\mathbb{P}(\mathcal{A}_m) = \sum_{r=0}^{k}(-1)^{r-1} \sum_{1 \leq i_1 < \ldots < i_r \leq k} T(G \cup G_m \cup C^{(i_1)}_m \cup \ldots \cup C^{(i_r)}_m)$$

folgt nach Lemma 2.2.5 nun $\mathbb{P}(\mathcal{A}_m) \to \mathbb{P}(\mathcal{A})$. Die additive Funktion $\mathbb{P}$ besitzt eine additive Fortsetzung auf die von $\mathbb{A}$ erzeugte Algebra (z.B. Neveu [1969], Satz 1.6.1) und ist daher isoton; also gilt $\mathbb{P}(\mathcal{A}_m) \uparrow \mathbb{P}(\mathcal{A})$ und damit die Behauptung. ∎

Beweis von Satz 2.2.1. Wir sind nun in der Situation, uns auf bekannte Aussagen aus der Wahrscheinlichkeitstheorie stützen zu können. Die konstruierte Mengenfunktion $\mathbb{P} : \mathbb{A} \to [0,1]$ erfüllt $\mathbb{P}(\mathcal{F}) = 1$ und ist auf der Semialgebra $\mathbb{A}$ endlich additiv. Da die Approximationsaussage von Lemma 2.2.6 gilt und die Elemente von $\mathbb{A}_0$ kompakt sind, folgt aus Satz 1.6.2 in Neveu [1969], daß $\mathbb{P}$ auf $\mathbb{A}$ σ-additiv ist. Jetzt folgt aus Satz 1.6.1 in Neveu [1969], daß es auf der von $\mathbb{A}$ erzeugten σ-Algebra ein eindeutig bestimmtes W-Maß gibt, das $\mathbb{P}$ fortsetzt. Da die von $\mathbb{A}$ in $\mathcal{F}$ erzeugte σ-Algebra mit $\mathcal{B}(\mathcal{F})$ zusammenfällt, ist damit Satz 2.2.1 bewiesen. ∎

2.3 Einige Folgerungen

Um eine zufällige abgeschlossene Menge in E zu konstruieren, kann man unter Umständen so vorgehen, daß man sie zunächst lokal, d.h. auf kompakten Mengen, definiert und dann die kompakten Mengen den ganzen Raum ausfüllen läßt. Dazu müssen natürlich Verträglichkeitsbedingungen erfüllt sein.

2.3.1 Satz. *Sei $(Z_i)_{i \in \mathbb{N}}$ eine Folge von ZAM in E mit folgender Eigenschaft: Es gibt eine Folge $(G_i)_{i \in \mathbb{N}}$ offener, relativ kompakter Mengen in E mit $\operatorname{cl} G_i \subset G_{i+1}$ und $G_i \uparrow E$, so daß*

$$Z_m \cap \operatorname{cl} G_i \sim Z_i \qquad \text{für } m > i$$

gilt (die ZAM $Z_m \cap \operatorname{cl} G_i$ und Z_i sind also stochastisch äquivalent). Dann existiert eine ZAM Z in E mit

$$Z \cap \operatorname{cl} G_i \sim Z_i \qquad \text{für } i \in \mathbb{N}.$$

Beweis. Es sei T_i das Kapazitätsfunktional von Z_i. Zu $C \in \mathcal{C}$ existiert ein $i \in \mathbb{N}$ mit $C \subset \operatorname{cl} G_i$. Für $m > i$ gilt dann

$$
\begin{aligned}
T_i(C) &= \mathbb{P}(Z_i \cap C \neq \emptyset) \\
&= \mathbb{P}(Z_m \cap \operatorname{cl} G_i \cap C \neq \emptyset) \\
&= T_m(\operatorname{cl} G_i \cap C) \\
&= T_m(C).
\end{aligned}
$$

Aus diesem Grunde ist es möglich, $T(C) := T_i(C)$ zu definieren. Das damit auf $\mathcal{C}$ erklärte Funktional T erfüllt trivialerweise $0 \leq T \leq 1$ und $T(\emptyset) = 0$. Gilt $C_j \downarrow C$ in $\mathcal{C}$, so gibt es ein $m \in \mathbb{N}$ mit $C_j, C \subset G_m$ für alle j, also $T(C_j) = T_m(C_j)$, $T(C) = T_m(C)$, und es folgt $T(C_j) \to T(C)$. Analog zeigt man $S_k(C; C_1, \ldots, C_k) \geq 0$ für $k \in \mathbb{N}_0$ und $C, C_1, \ldots, C_k \in \mathcal{C}$. Nach Satz 2.2.1 existiert also eine ZAM Z mit Kapazitätsfunktional T.

Sei $i \in \mathbb{N}$. Für $C \in \mathcal{C}$ und $m > i$ gilt

$$
\begin{aligned}
T_{Z \cap \operatorname{cl} G_i}(C) &= \mathbb{P}(Z \cap \operatorname{cl} G_i \cap C \neq \emptyset) \\
&= T(\operatorname{cl} G_i \cap C) \\
&= T_m(\operatorname{cl} G_i \cap C) \\
&= T_i(C).
\end{aligned}
$$

$Z \cap \operatorname{cl} G_i$ und Z_i haben also dasselbe Kapazitätsfunktional und daher nach Satz 2.1.6 dieselbe Verteilung. $\blacksquare$

Im folgenden betrachten wir Maße auf $\mathcal{B}(\mathcal{F}')$, $\mathcal{F}' = \mathcal{F} \setminus \{\emptyset\}$. Der Raum $\mathcal{F}'$ (mit der Spurtopologie) ist lokalkompakt. Ein Maß μ auf $\mathcal{B}(\mathcal{F}')$ ist *lokalendlich* wenn es auf kompakten Mengen endlich ist.

2.3.2 Lemma. *Das Maß μ auf $\mathcal{B}(\mathcal{F}')$ ist genau dann lokalendlich, wenn*

$$\mu(\mathcal{F}_C) < \infty \qquad \text{für alle } C \in \mathcal{C}$$

gilt. Ein lokalendliches Maß μ auf $\mathcal{B}(\mathcal{F}')$ ist durch seine Werte auf $\{\mathcal{F}_C : C \in \mathcal{C}\}$ eindeutig bestimmt.

Beweis. Da $\{\mathcal{F}^C : C \in \mathcal{C}\}$ eine Umgebungsbasis von $\emptyset$ in $\mathcal{F}$ ist, ist jede kompakte Teilmenge von $\mathcal{F}'$ enthalten in einem $\mathcal{F}_C$, $C \in \mathcal{C}$, und jede solche Menge $\mathcal{F}_C$ ist kompakt. Daraus folgt die erste Behauptung.

Für ein lokalendliches Maß μ gilt für $k \in \mathbb{N}$ und $C_0, C_1, \ldots, C_k \in \mathcal{C}$

$$\mu(\mathcal{F}^{C_0}_{C_1,\ldots,C_k}) = \sum_{r=0}^{k} (-1)^{r-1} \sum_{1 \le i_1 < \ldots < i_r \le k} \mu(\mathcal{F}_{C_0 \cup C_{i_1} \cup \ldots \cup C_{i_r}}).$$

Diese Gleichung ergibt sich für $k = 1$ aus $\mathcal{F}^{C_0}_{C_1} = \mathcal{F}_{C_0 \cup C_1} \setminus \mathcal{F}_{C_0}$ und dann unter Verwendung von (1.7) durch Induktion. Durch seine Werte auf $\{\mathcal{F}_C : C \in \mathcal{C}\}$ ist μ also auf dem System $\{\mathcal{F}_{C_1,\ldots,C_k} : C_1, \ldots, C_k \in \mathcal{C}, k \in \mathbb{N}\}$ festgelegt. Da dieses System $\cap$-stabil ist und das Erzeugendensystem $\{\mathcal{F}_C : C \in \mathcal{C}\}$ der σ-Algebra $\mathcal{B}(\mathcal{F}')$ enthält, ist μ eindeutig bestimmt. ∎

Nach Satz 2.1.1(b) gibt es in E eine Folge $(C_i)_{i \in \mathbb{N}}$ kompakter Mengen mit $C_i \uparrow E$, also mit $\mathcal{F}_{C_i} \uparrow \mathcal{F}'$. Jedes lokalendliche Maß auf $\mathcal{B}(\mathcal{F}')$ ist also σ-endlich.

Allgemein bezeichnen wir die Einschränkung eines Maßes μ auf eine meßbare Menge A mit $\mu \llcorner A$, also

$$(\mu \llcorner A)(B) := \mu(A \cap B)$$

für alle B aus dem Definitionsbereich von μ.

Für spätere Anwendung zeigen wir nun, daß Satz 2.2.1 auch ohne die Voraussetzung $T \le 1$ gilt, wobei dann statt des W-Maßes ein lokalendliches Maß erhalten wird.

2.3.3 Satz. *Sei $T : \mathcal{C} \to \mathbb{R}$ eine Funktion mit folgenden Eigenschaften:*

(a) $T \ge 0$, $T(\emptyset) = 0$.

(b) *Aus $C_i \downarrow C$ folgt $T(C_i) \to T(C)$.*

(c) $S_k(C_0; C_1, \ldots, C_k) \ge 0$ *für alle $C_i \in \mathcal{C}$ und alle $k \in \mathbb{N}$.*

Dann existiert ein eindeutig bestimmtes lokalendliches Maß Θ auf $\mathcal{B}(\mathcal{F}')$ mit

$$T(C) = \Theta(\mathcal{F}_C) \qquad \text{für alle } C \in \mathcal{C}. \tag{2.17}$$

Beweis. Aus dem Fall $k = 1$ in (c) folgt, daß T isoton ist. Nach Satz 2.2.1(b) können wir in E eine Folge $(K_m)_{m \in \mathbb{N}}$ kompakter Mengen wählen mit $K_m \subset$ int K_{m+1} für $m \in \mathbb{N}$ und $K_m \uparrow E$. Gilt $T(C) = 0$ für alle $C \in \mathcal{C}$, so leistet das Maß $\Theta = 0$ das Gewünschte. Wir können also $T(K_m) > 0$ für alle m annehmen. Wir definieren

$$T^{(m)}(C) := T(K_m)^{-1}[T(C) + T(K_m) - T(C \cup K_m)] \qquad \text{für } C \in \mathcal{C}.$$

Wegen $S_2(\emptyset; C, K_m) \geq 0$ und der Isotonie von T gilt $0 \leq T^{(m)} \leq 1$; ferner ist $T^{(m)}(\emptyset) = 0$. Aus $C_i \downarrow C$ folgt $T^{(m)}(C_i) \to T^{(m)}(C)$. Zu $T^{(m)}$ sei $S_k^{(m)}$ so erklärt wie die Funktion S_k zu T. Dann gilt

$$S_k^{(m)}(C_0; C_1, \ldots, C_k) = T(K_m)^{-1} S_{k+1}(C_0; K_m, C_1, \ldots, C_k) \qquad (2.18)$$

für $C_i \in \mathcal{C}$, wie man etwa durch Induktion sieht. Also erfüllt $T^{(m)}$ die Voraussetzungen von Satz 2.2.1. Nach diesem Satz existiert ein eindeutig bestimmtes W-Maß $\mathbb{P}^{(m)}$ auf $\mathcal{B}(\mathcal{F})$ mit

$$\mathbb{P}^{(m)}(\mathcal{F}_C) = T^{(m)}(C) \qquad \text{für alle } C \in \mathcal{C}.$$

Das endliche Maß $\Theta^{(m)} := T(K_m)\mathbb{P}^{(m)}$ erfüllt

$$\Theta^{(m)}(\mathcal{F}_C) = T(C) + T(K_m) - T(C \cup K_m) \qquad \text{für } C \in \mathcal{C}.$$

Für $C \in \mathcal{C}$ ist nach (2.2) und (2.18)

$$
\begin{aligned}
\left(\Theta^{(m+1)} \llcorner \mathcal{F}_{K_m}\right)(\mathcal{F}_C) &= \Theta^{(m+1)}(\mathcal{F}_C \cap \mathcal{F}_{K_m}) \\
&= T(K_{m+1})\mathbb{P}^{(m+1)}(\mathcal{F}_{C,K_m}^\emptyset) \\
&= T(K_{m+1})S_2^{(m+1)}(\emptyset; C, K_m) \\
&= S_3(\emptyset; K_{m+1}, C, K_m) \\
&= T(C) + T(K_m) - T(C \cup K_m) \\
&= \Theta^{(m)}(\mathcal{F}_C).
\end{aligned}
$$

Nach Lemma 2.3.2 folgt $\Theta^{(m+1)} \llcorner \mathcal{F}_{K_m} = \Theta^{(m)}$. Wegen $K_m \uparrow E$ gilt $\mathcal{F}_{K_m} \uparrow \mathcal{F}'$, daher können wir

$$\Theta(\mathcal{A}) := \lim_{m \to \infty} \Theta^{(m)}(\mathcal{A}) \qquad \text{für } \mathcal{A} \in \mathcal{B}(\mathcal{F}')$$

definieren. Es gilt $\Theta \geq 0$ und $\Theta(\emptyset) = 0$. Als monotoner Limes von Maßen ist Θ auch σ-additiv. Für eine disjunkte Folge $(\mathcal{A}_i)_{i \in \mathbb{N}}$ in $\mathcal{B}(\mathcal{F}')$ gilt ja

$$
\Theta\left(\bigcup_{i=1}^{\infty} \mathcal{A}_i\right) = \lim_{m \to \infty} \Theta^{(m)}\left(\bigcup_{i=1}^{\infty} \mathcal{A}_i\right) = \lim_{m \to \infty} \sum_{i=1}^{\infty} \Theta^{(m)}(\mathcal{A}_i)
$$

$$
= \sum_{i=1}^{\infty} \lim_{m \to \infty} \Theta^{(m)}(\mathcal{A}_i)
$$

$$
= \sum_{i=1}^{\infty} \Theta(\mathcal{A}_i)
$$

nach dem Satz von der monotonen Konvergenz (angewandt auf das Zählmaß auf $\mathbb{N}$).

Für $C \in \mathcal{C}$ gibt es ein m mit $C \subset K_m$ und daher $\mathcal{F}_C \subset \mathcal{F}_{K_m}$. Es folgt

$$
\Theta(\mathcal{F}_C) = \Theta^{(m)}(\mathcal{F}_C) = T(C) + T(K_m) - T(C \cup K_m) = T(C).
$$

Damit ist (2.17) erfüllt, und Θ ist lokalendlich. Die Eindeutigkeit ist klar nach Lemma 2.3.2. ∎

Im folgenden beschreiben wir eine interessante spezielle Klasse von ZAM, die uns später in einem anderen Zusammenhang wieder begegnen wird. In der Wahrscheinlichkeitstheorie wird man durch das Studium der Grenzverteilungen von Summen unabhängiger Zufallsvariablen auf unbeschränkt teilbare Verteilungen geführt. Die Bedeutung von Poisson- und Normalverteilungen erklärt sich dort durch die Darstellung von unbeschränkt teilbaren Verteilungen als Komposition aus Normalverteilungen und (verallgemeinerten) Poissonverteilungen (siehe z.B. Araujo & Giné [1980], S. 68). Eine entsprechende Aussage gilt nun auch für ZAM, wobei Vereinigungen an die Stelle von Summen treten.

Man nennt eine ZAM Z im Raum E *unbeschränkt teilbar*, wenn es zu jedem $m \in \mathbb{N}$ unabhängige, identisch verteilte ZAM $Z_1, \ldots, Z_m$ gibt mit

$$
Z \sim Z_1 \cup \ldots \cup Z_m.
$$

Ein Punkt $x \in E$ heißt *Fixpunkt* der ZAM Z, wenn $\mathbb{P}(x \in Z) = 1$ ist. Eine ZAM ohne Fixpunkte heißt *fixpunktfrei*.

Wir bemerken zunächst, daß die Menge der Fixpunkte einer ZAM abgeschlossen ist. Sei nämlich $(x_i)_{i \in \mathbb{N}}$ eine Folge von Fixpunkten von Z mit $x_i \to x$. Für $m \in \mathbb{N}$ ist $C_m := \mathrm{cl}\{x_i : i \geq m\}$ eine kompakte Menge mit $T_Z(C_m) = 1$, und aus $C_m \downarrow \{x\}$ folgt $T_Z(\{x\}) = 1$, also ist auch x Fixpunkt. Wenn also Z eine ZAM mit Fixpunktmenge $F \neq E$ ist, so können wir E

ersetzen durch den lokalkompakten Raum $E \cap F^c$ und die ZAM Z durch die (in $E \cap F^c$ abgeschlossene) zufällige Menge $Z \cap F^c$. Es bedeutet daher im folgenden keine Einschränkung, Z als fixpunktfrei anzunehmen.

2.3.4 Lemma. *Sei Z eine* ZAM *in E.*

(a) *Z ist genau dann unbeschränkt teilbar, wenn für jedes $m \in \mathbb{N}$ die Funktion*

$$T^{(m)} := 1 - (1 - T_Z)^{1/m}$$

eine alternierende Choquet-Kapazität unendlicher Ordnung ist.

(b) *Ist Z fixpunktfrei und unbeschränkt teilbar, so gilt*

$$\mathbb{P}(Z \cap C \neq \emptyset) = T_Z(C) < 1 \qquad \text{für alle } C \in \mathcal{C}.$$

Beweis. (a) Ist Z unbeschränkt teilbar, so gibt es zu jedem $m \in \mathbb{N}$ unabhängige, identisch verteilte ZAM $Z_1, \ldots, Z_m$ mit $Z \sim Z_1 \cup \ldots \cup Z_m$. Für $C \in \mathcal{C}$ folgt

$$
\begin{aligned}
1 - T_Z(C) &= 1 - T_{Z_1 \cup \ldots \cup Z_m}(C) \\
&= \mathbb{P}(Z_1 \cap C = \emptyset, \ldots, Z_m \cap C = \emptyset) \\
&= \mathbb{P}(Z_1 \cap C = \emptyset)^m \\
&= (1 - T_{Z_1}(C))^m,
\end{aligned}
$$

also $T_{Z_1} = 1 - (1 - T_Z)^{1/m} = T^{(m)}$. Somit ist $T^{(m)}$ eine alternierende Choquet-Kapazität unendlicher Ordnung. Ist dies umgekehrt erfüllt, so existiert nach Satz 2.2.1 eine ZAM $Z^{(m)}$ in E, deren Kapazitätsfunktional $T^{(m)}$ ist. Sind $Z_1, \ldots, Z_m$ unabhängige Kopien von $Z^{(m)}$, so folgt, wie eben gezeigt, $T_{Z_1 \cup \ldots \cup Z_m} = 1 - (1 - T^{(m)})^m$, also $T_{Z_1 \cup \ldots \cup Z_m} = T_Z$ und damit (nach Satz 2.1.6) $Z_1 \cup \ldots \cup Z_m \sim Z$.

(b) Sei Z fixpunktfrei und unbeschränkt teilbar. Angenommen, es gäbe eine Menge $C \in \mathcal{C}$ mit $T_Z(C) = 1$. Das System $\mathcal{T} := \{C' \in \mathcal{C} : C' \subset C, T_Z(C') = 1\}$ ist durch die Inklusion geordnet. Sei $\mathcal{S} \subset \mathcal{T}$ eine linear geordnete Teilmenge und $C_{\mathcal{S}} := \bigcap_{C' \in \mathcal{S}} C'$. Im Raum $\mathcal{F}(E)$ ist $C_{\mathcal{S}}$ Häufungspunkt von $\mathcal{S}$, also Limes einer Folge in $\mathcal{S}$. Daher existiert eine Folge $(C_i)_{i \in \mathbb{N}}$ in $\mathcal{S}$ mit $C_i \downarrow C_{\mathcal{S}}$. Hieraus folgt $T_Z(C_i) \to T_Z(C_{\mathcal{S}})$, also hat $\mathcal{S}$ in $\mathcal{T}$ eine untere Schranke. Nach dem Zornschen Lemma existiert ein minimales Element $C_0 \in \mathcal{T}$. Wegen $T_Z(C_0) = 1$ ist $C_0 \neq \emptyset$. Da Z fixpunktfrei ist, enthält C_0 mehr als einen Punkt. Es gibt daher (nach 2.1.1(d)) Mengen $C_1, C_2 \in \mathcal{C}$ mit

$C_1, C_2 \notin \{\emptyset, C_0\}$ und $C_0 = C_1 \cup C_2$. Da C_0 minimal ist, gilt $T_Z(C_1) < 1$ und $T_Z(C_2) < 1$. Wegen

$$\mathbb{P}_Z(\mathcal{F}^{C_1} \cap \mathcal{F}^{C_2}) = \mathbb{P}_Z(\mathcal{F}^{C_1 \cup C_2}) = \mathbb{P}_Z(\mathcal{F}^{C_0}) = 1 - T_Z(C_0) = 0$$

ist

$$\begin{aligned} \mathbb{P}_Z(\mathcal{F}^{C_1} \cup \mathcal{F}^{C_2}) &= \mathbb{P}_Z(\mathcal{F}^{C_1}) + \mathbb{P}_Z(\mathcal{F}^{C_2}) \\ &= (1 - T_Z(C_1)) + (1 - T_Z(C_2)), \end{aligned}$$

und beide Summanden sind positiv. Da Z unbeschränkt teilbar ist, können wir nach (a) zu jedem $m \in \mathbb{N}$ eine ZAM $Z^{(m)}$ mit Kapazitätsfunktional $T^{(m)} = 1 - (1 - T_Z)^{1/m}$ finden. Auch für $T^{(m)}$ gilt dann $T^{(m)}(C_0) = 1$ und $T^{(m)}(C_1) < 1$, $T^{(m)}(C_2) < 1$. Wie oben ergibt sich

$$\mathbb{P}_{Z^{(m)}}(\mathcal{F}^{C_1} \cup \mathcal{F}^{C_2}) = (1 - T_Z(C_1))^{1/m} + (1 - T_Z(C_2))^{1/m}.$$

Für genügend großes m ist dies größer als 1, ein Widerspruch. ∎

Der nächste Satz gibt nun eine explizite Beschreibung des Kapazitätsfunktionals einer fixpunktfreien, unbeschränkt teilbaren ZAM an.

2.3.5 Satz. *Ist Z eine fixpunktfreie, unbeschränkt teilbare ZAM in E, so gibt es ein lokalendliches Maß Θ auf $\mathcal{B}(\mathcal{F}')$ mit*

$$T_Z(C) = 1 - e^{-\Theta(\mathcal{F}_C)} \qquad \text{für } C \in \mathcal{C}.$$

Beweis. Sei Z fixpunktfrei und unbeschränkt teilbar. Nach Lemma 2.3.4 ist $T^{(m)} := 1 - (1 - T_Z)^{1/m}$ eine alternierende Choquet-Kapazität unendlicher Ordnung ($m \in \mathbb{N}$), und es gilt $T_Z(C) < 1$ für alle $C \in \mathcal{C}$. Wegen dieser Ungleichung ist

$$\begin{aligned} S(C) &:= \lim_{m \to \infty} m T^{(m)}(C) \\ &= \lim_{m \to \infty} m[1 - (1 - T_Z(C))^{1/m}] \\ &= -\log(1 - T_Z(C)) \\ &< \infty \end{aligned}$$

für alle $C \in \mathcal{C}$, also

$$T_Z(C) = 1 - e^{-S(C)}. \tag{2.19}$$

Die hierdurch auf $\mathcal{C}$ definierte Funktion S erfüllt die Bedingungen an die Funktion T aus Satz 2.3.3. Dabei gilt (a) nach Definition von S, (b) folgt aus (2.19), und (c) ergibt sich durch Grenzübergang aus der entsprechenden Eigenschaft für $T^{(m)}$. Nach Satz 2.3.3 existiert also ein lokalendliches Maß Θ auf $\mathcal{B}(\mathcal{F}')$ mit $\Theta(\mathcal{F}_C) = S(C)$ für alle $C \in \mathcal{C}$. Damit erhalten wir

$$T_Z(C) = 1 - e^{-S(C)} = 1 - e^{-\Theta(\mathcal{F}_C)}$$

für $C \in \mathcal{C}$. ∎

Von Satz 2.3.5 gilt auch die Umkehrung. Sie soll später in Abschnitt 3.5 zusammen mit einer weiteren Charakterisierung unbeschränkt teilbarer ZAM bewiesen werden (der dort nur für $E = \mathbb{R}^n$ formulierte Beweis gilt allgemeiner für die hier zugelassenen Räume E).

Bemerkungen und Literaturhinweise zu Kapitel 2

In diesem Kapitel sind wir weitgehend Matheron [1975] gefolgt. Insbesondere gilt das für den Beweis des Satzes 2.2.1 von Choquet. Wir haben Matherons Beweis gewählt, weil er nur einfache wahrscheinlichkeitstheoretische und keine funktionalanalytischen Hilfsmittel erfordert. Allerdings haben wir den Beweis in einer Weise ausgeführt, wie es uns für Vorlesungszwecke erforderlich schien. Dazu wurden einige Einzelheiten (2.2.4, 2.2.5) aus Choquet [1969] übernommen. Der Nachweis der endlichen Additivität in Lemma 2.2.3 (der 2.2.2(d) benutzt) mußte gegenüber Matheron (wo von (2.9) nur der Fall $r = 2$ betrachtet wird) ergänzt werden.

Der ursprüngliche Beweis des Satzes 2.2.1 durch Choquet [1955] benutzt die Choquetsche Verallgemeinerung des Satzes von Krein-Milman. Weitere Beweise findet man in Berg, Christensen & Ressel [1984] (Theorem 6.19) und Norberg [1989]. Eine Ausdehnung des Satzes von Choquet auf Räume ohne abzählbare Basis stammt von Ross [1986].

Verteilungskonvergenz von ZAM und ihr Zusammenhang mit dem Verhalten des Kapazitätsfunktionals auf Borelmengen ist von Norberg [1984] untersucht worden.

Der in Abschnitt 2.3 behandelte Begriff der unbeschränkt teilbaren ZAM, der sich auf die Operation der Vereinigungsbildung bezieht, wird in Molchanov [1993] weiter behandelt. Insbesondere werden dort auch (bezüglich der Vereinigungsbildung) stabile ZAM untersucht. Zufällige abgeschlossene Mengen mit Werten im Raum der konvexen Körper des $\mathbb{R}^n$, die unbeschränkt teilbar bezüglich der Minkowskischen Addition sind, wurden von Giné & Hahn [1985] charakterisiert (ein spezielleres Ergebnis stammt von Mase [1979]).

Für Aspekte der Theorie zufälliger abgeschlossener Mengen, die hier nicht weiter zur Sprache kommen, verweisen wir auf das Buch von Molchanov [1993] über Grenzwertsätze und auf den von Goutsias et al. [1997] herausgegebenen Kongreßbericht über Anwendungen zufälliger Mengen in verschiedenen Gebieten.

Kapitel 3

Punktprozesse

Der Begriff der zufälligen abgeschlossenen Menge in $\mathbb{R}^n$ ist recht allgemein und muß für Anwendungen häufig durch Übergang zu speziellen Mengenklassen modifiziert werden. So betrachtet man beispielsweise im stationären Fall zufällige S-Mengen, die als Vereinigung einer abzählbaren Kollektion zufälliger konvexer Körper entstehen, oder ähnliche abzählbare Vereinigungen etwa von Kurven, Geraden oder Ebenen. Bei der Vereinigungsmenge Z sind allerdings im allgemeinen die einzelnen Teile der Kollektion nicht mehr unterscheidbar. Dieses Phänomen kann schon bei zufälligen Kurvensystemen auftreten, wird aber besonders deutlich bei zufälligen Kollektionen X volldimensionaler Mengen, die sich teilweise überlappen. Hier ist die Vereinigungsmenge Z (unter geeigneten Voraussetzungen an die Kollektion X) eine ZAM in $\mathbb{R}^n$, die Kollektion X selbst dagegen nicht. Größen, die die Kollektion X betreffen (etwa die mittlere Anzahl der Kurven pro Einheitsvolumen) lassen sich an der Vereinigungsmenge Z nicht ablesen, sie erfordern ein entsprechendes Modell für X. Ein solches soll in diesem Kapitel mit der Einführung von *Punktprozessen* bereitgestellt werden.

Da eine Kollektion X von abgeschlossenen Mengen in $\mathbb{R}^n$, wenn diese Mengen keinen Häufungspunkt in $\mathcal{F}'$ besitzen, als spezielle (nämlich lokalendliche) abgeschlossene Teilmenge von $\mathcal{F}'$ angesehen werden kann, ist die naheliegende Modellierung einer solchen „zufälligen Kollektion" diejenige als lokalendliche ZAM in $\mathcal{F}'$. Man nennt eine solche ZAM auch einen (*einfachen*) *Punktprozeß* in $\mathcal{F}'$. Obwohl wir es meist mit einfachen Punktprozessen zu tun haben, erweist sich das Modell gelegentlich als zu eng, wenn nämlich bei aus der ursprünglichen Kollektion X abgeleiteten Strukturen X' Objekte mehrfach auftreten. Beispielsweise können in einer Kollektion zufälliger Kugeln mehrere den gleichen Mittelpunkt haben. Man erweitert das Modell deshalb durch Übergang zu *markierten Punktprozessen* (wobei als Marke etwa die Vielfachheit eines Objekts in der Kollektion angesetzt wird).

Ein anderer Ausweg besteht darin, eine lokalendliche Menge X durch ein Maß zu beschreiben, das auf jedem Element der Menge den Wert 1 annimmt, ein *Zählmaß*. Dann kann man Vielfachheiten sehr einfach zulassen, indem das Maß ganzzahlige Werte auf den einzelnen Elementen annehmen darf. Solche *zufälligen Zählmaße* sind eine weitere Möglichkeit zur Modellierung zufälliger Kollektionen.

Dieser maßtheoretische Aufbau der Theorie hat einige Vorteile, deshalb führen wir im folgenden Punktprozesse als zufällige Zählmaße ein. Dazu wählen wir wieder einen allgemeineren Grundraum E. Eine besondere Rolle spielt der Poissonprozeß, den wir im zweiten Abschnitt behandeln. Danach diskutieren wir den Fall $E = \mathbb{R}^n$, betrachten also gewöhnliche Punktprozesse. Der Übergang zu den geometrischen Modellen wird durch einen Abschnitt über markierte Punktprozesse vorbereitet. Den Abschluß bilden Punktprozesse abgeschlossener Mengen.

3.1 Allgemeine Punktprozesse

Wie in Abschnitt 2.1 legen wir einen lokalkompakten Raum E mit abzählbarer Basis zugrunde. Seine Borelsche σ-Algebra sei mit $\mathcal{B} = \mathcal{B}(E)$ bezeichnet. Das Argument E werden wir im folgenden, auch bei ähnlichen Bildungen, meist nicht mehr angeben.

Ein Punkt $x \in E$ läßt sich auch durch das Punktmaß δ_x festlegen. Dieses Maß ist durch

$$\delta_x(A) := \begin{cases} 1, & \text{falls } x \in A, \\ 0, & \text{falls } x \notin A, \end{cases} \qquad A \in \mathcal{B},$$

definiert; es ist ein Wahrscheinlichkeitsmaß auf $\mathcal{B}$. Eine endliche oder abzählbare Summe

$$\eta := \sum_{i=1}^{k} \delta_{x_i} \qquad \text{mit } k \in \mathbb{N}_0 \cup \{\infty\}$$

solcher Punktmaße ist ein Maß auf $\mathcal{B}$, es heißt *Zählmaß*. Dabei setzen wir nicht voraus, daß die x_i paarweise verschieden sind, es können also Punkte mehrfach auftreten. Wir betrachten aber nur Zählmaße η, die *lokalendlich* sind, das heißt $\eta(C) < \infty$ für alle $C \in \mathcal{C}$ erfüllen. Für $k = 0$ ist $\eta \equiv 0$, das Nullmaß. Gilt $\eta(\{x\}) \leq 1$ für alle $x \in E$, so heißt das Zählmaß η *einfach*.

Sei $\mathsf{N} = \mathsf{N}(E)$ die Menge aller lokalendlichen Zählmaße auf $\mathcal{B}$, und sei N_s die Menge der einfachen Maße in N. Weiter sei $\mathcal{N}$ die σ-Algebra auf N, die von den Abbildungen

$$\Phi_A : \; \mathsf{N} \; \rightarrow \; \mathbb{R} \cup \{\infty\}$$
$$\eta \; \mapsto \; \eta(A)$$

mit $A \in \mathcal{B}$ erzeugt wird. $\mathcal{N}$ ist die kleinste σ-Algebra, für die alle $\Phi_A, A \in \mathcal{B}$, meßbar sind. Um ein bequemes Erzeugendensystem anzugeben, bezeichnen wir mit $\mathcal{G}_c$ das System der offenen, relativ kompakten Teilmengen von E und setzen für $A \in \mathcal{B}$ und $k \in \mathbb{N}_0$

$$\mathsf{N}_{A,k} := \{\eta \in \mathsf{N} : \eta(A) = k\}.$$

3.1.1 Lemma. $\mathcal{N}$ *wird erzeugt von dem System*

$$\mathcal{E} := \{\mathsf{N}_{G,k} : G \in \mathcal{G}_c, \; k \in \mathbb{N}_0\}.$$

Beweis. Sei $\mathcal{N}'$ die von $\mathcal{E}$ in N erzeugte σ-Algebra. Das System

$$\mathcal{A} := \{A \in \mathcal{B} : \Phi_{A \cap G} \text{ ist } \mathcal{N}'\text{-meßbar für alle } G \in \mathcal{G}_c\}$$

ist, wie man leicht nachprüft, ein Dynkin-System. Für $G \in \mathcal{G}_c$ und $k \in \mathbb{N}_0$ ist $\Phi_G^{-1}(\{k\}) = \mathsf{N}_{G,k} \in \mathcal{N}'$. Also enthält $\mathcal{A}$ das von $\mathcal{G}_c$ erzeugte Dynkin-System und damit, weil $\mathcal{G}_c$ $\cap$-stabil ist, die von $\mathcal{G}_c$ erzeugte σ-Algebra, also $\mathcal{B}$. Für jede Borelmenge $A \in \mathcal{B}$ sind also alle Funktionen $\Phi_{A \cap G}$, $G \in \mathcal{G}_c$, $\mathcal{N}'$-meßbar. Da es in $\mathcal{G}_c$ eine gegen E aufsteigende Folge gibt, ist Φ_A ebenfalls $\mathcal{N}'$-meßbar. Da $\mathcal{N}$ die kleinste σ-Algebra in N mit dieser Eigenschaft ist, gilt $\mathcal{N} \subset \mathcal{N}'$. Wegen $\mathsf{N}_{G,k} \in \mathcal{N}$ für $G \in \mathcal{G}_c$ und $k \in \mathbb{N}_0$ folgt $\mathcal{N} = \mathcal{N}'$, wie behauptet. ∎

Zählmaße entsprechen abzählbaren Mengen mit Vielfachheit. Einen Übergang zu gewöhnlichen Mengen erhalten wir, wenn wir den *Träger*

$$\operatorname{supp} \eta := \{x \in E : \eta(\{x\}) \geq 1\}$$

von η betrachten. Wegen der lokalen Endlichkeit von η ist $\operatorname{supp} \eta$ ebenfalls lokalendlich und abgeschlossen, also bildet die Abbildung $i : \eta \mapsto \operatorname{supp} \eta$ die Menge N auf die Teilmenge $\mathcal{F}_{le}$ der lokalendlichen Mengen in $\mathcal{F}$ ab. Dabei ist die Einschränkung $i_e : \mathsf{N}_e \to \mathcal{F}_{le}$ von i bijektiv.

3.1.2 Satz. *Es gilt* $\mathsf{N}_e \in \mathcal{N}$ *und* $\mathcal{F}_{le} \in \mathcal{B}(\mathcal{F})$. *Die Abbildung* $i : \mathsf{N} \to \mathcal{F}$ *ist meßbar. Für die Spur-σ-Algebra* $\mathcal{N}_e$ *von* $\mathcal{N}$ *auf* N_e *und die Spur-σ-Algebra* $\mathcal{B}(\mathcal{F})_{le}$ *von* $\mathcal{B}(\mathcal{F})$ *auf* $\mathcal{F}_{le}$ *gilt* $\mathcal{N}_e = i_e^{-1}(\mathcal{B}(\mathcal{F})_{le})$ *und* $\mathcal{B}(\mathcal{F})_{le} = i_e(\mathcal{N}_e)$.

Beweis. Wir machen während des Beweises von einer Metrik $\tilde{d}$ auf E Ge brauch, die die gegebene Topologie erzeugt.

Für $C \in \mathcal{C}$ sei $N_e(C)$ die Menge der $\eta \in N$, deren Einschränkung auf C einfach ist. Es genügt, die Meßbarkeit von $N_e(C)$, $C \in \mathcal{C}$, nachzuweisen. Für festes $C \in \mathcal{C}$ und jedes $k \in \mathbb{N}$ betrachten wir offene $\tilde{d}$-Kugeln $B_1^{(k)}, \ldots, B_{m_k}^{(k)}$ vom Radius $1/k$, die eine Überdeckung von C bilden. Dann gilt

$$N_e(C) = \bigcup_{k=1}^{\infty} \bigcap_{i=1}^{m_k} \left\{ \eta \in N : \eta(B_i^{(k)} \cap C) \leq 1 \right\},$$

also folgt $N_e(C) \in \mathcal{N}$.

Zur Meßbarkeit von $\mathcal{F}_{le}$ betrachten wir eine gegen E aufsteigende Folge $(G_k)_{k \in \mathbb{N}}$ relativ kompakter, offener Mengen. Dann ist für $k, m \in \mathbb{N}$ die Menge

$$\{ F \in \mathcal{F} : |F \cap G_k| \leq m \}$$

wegen Satz 1.1.2 abgeschlossen, also ist

$$\mathcal{F}_{le} = \bigcap_{k=1}^{\infty} \bigcup_{m=1}^{\infty} \{ F \in \mathcal{F} : |F \cap G_k| \leq m \}$$

Borelmenge.

Für die Meßbarkeit von $i : N \to \mathcal{F}$ können wir uns nach Lemma 1.3.1 (bzw. der Bemerkung nach Satz 2.1.2) auf die Mengen $\mathcal{F}_C$, $C \in \mathcal{C}$, beschränken. Wegen

$$i^{-1}(\mathcal{F}_C) = \{ \eta \in N : \text{supp}\, \eta \cap C \neq \emptyset \} = \{ \eta \in N : \eta(C) > 0 \}$$

ist $i^{-1}(\mathcal{F}_C) \in \mathcal{N}$, also ist i meßbar.

Damit folgt auch, daß die Urbilder der Mengen aus $\mathcal{B}(\mathcal{F})_{le}$ unter der auf N_e eingeschränkten Abbildung i_e in $\mathcal{N}_e$ liegen. Zum Beweis der umgekehrten Richtung bemerken wir, daß die σ-Algebra $\mathcal{N}_e$ erzeugt wird von dem System

$$\{ N_{G,k} \cap N_e : G \in \mathcal{G}_c,\ k \in \mathbb{N}_0 \}.$$

Für $G \in \mathcal{G}_c$ und $k \in \mathbb{N}_0$ ist

$$i_e(N_{G,k} \cap N_e) = \{ F \in \mathcal{F} : |F \cap G| = k \} \cap \mathcal{F}_{le},$$

also Durchschnitt einer abgeschlossenen, einer offenen und einer Borelschen Menge und daher Borelmenge. Wir haben damit gezeigt, daß für ein Erzeugendensystem von $\mathcal{N}_e$ die Bilder unter i_e Borelmengen sind. Daher ist auch $i_e(\mathcal{N}_e) \subset \mathcal{B}(\mathcal{F})$. ∎

Ein *Punktprozeß* in E (oder ein *zufälliges Punktfeld* in E) wird nun definiert als eine meßbare Abbildung X von einem W-Raum $(\Omega, \mathbf{A}, \mathbb{P})$ in den meßbaren Raum $(\mathbf{N}, \mathcal{N})$.

3.1.3 Lemma. *Die Abbildung* $X : (\Omega, \mathbf{A}, \mathbb{P}) \to (\mathbf{N}, \mathcal{N})$ *ist genau dann ein Punktprozeß, wenn* $\{X(G) = k\}$ *meßbar ist für alle* $G \in \mathcal{G}_c$ *und alle* $k \in \mathbb{N}_0$.

Beweis. Die Notwendigkeit der Bedingung ist klar. Ist die Bedingung erfüllt, so gilt für $G \in \mathcal{G}_c$ und $k \in \mathbb{N}_0$

$$X^{-1}(\mathbf{N}_{G,k}) = \{\omega \in \Omega : X(\omega)(G) = k\} \in \mathbf{A}.$$

Wegen Lemma 3.1.1 ist X also meßbar. ∎

Ist X ein Punktprozeß, so heißt das Bildmaß $\mathbb{P}_X := X(\mathbb{P})$ die *Verteilung* von X. Der Punktprozeß X heißt *einfach*, wenn $\mathbb{P}$-fast sicher $X \in \mathbf{N}_e$ gilt. Ein einfacher Punktprozeß X ist nach Satz 3.1.2 isomorph zu der lokalendlichen ZAM supp X. Bei einfachen Punktprozessen X werden wir deshalb X und supp X nicht unterscheiden, wir fassen also $X(\omega)$ sowohl als Zählmaß wie auch als lokalendliche Menge auf (d.h. wir identifizieren einfache Zählmaße mit ihrem Träger). Das erlaubt uns, einerseits $X(A)$ für eine Borelmenge $A \in \mathcal{B}$ zu schreiben, andererseits benutzen wir die Schreibweise $x \in X$, wenn x im Träger von X liegt. Alle Sätze, die wir in Abschnitt 2.1 allgemein für ZAM bewiesen haben, gelten somit auch für einfache Punktprozesse. Insbesondere erhalten wir die folgende Meßbarkeits- und Eindeutigkeitsaussage (wobei wir auch die in Kapitel 1 eingeführten Schreibweisen entsprechend für Punktprozesse benutzen).

3.1.4 Satz. *Die Abbildung* $X : (\Omega, \mathbf{A}, \mathbb{P}) \to (\mathbf{N}_e, \mathcal{N}_e)$ *ist genau dann ein Punktprozeß, wenn* $\{X(C) = 0\}$ *meßbar ist für alle* $C \in \mathcal{C}$.
    Seien X, X' *einfache Punktprozesse in* E. *Gilt*

$$\mathbb{P}(X(C) = 0) = \mathbb{P}(X'(C) = 0)$$

für alle $C \in \mathcal{C}$, *so folgt* $X \sim X'$.

Beweis. Die erste Aussage ergibt sich daraus, daß die Abbildung $Z :=$ supp $X : (\Omega, \mathbf{A}, \mathbb{P}) \to \mathcal{F}$ genau dann meßbar ist, wenn $Z^{-1}(\mathcal{F}^C)$ meßbar ist für alle $C \in \mathcal{C}$.
    Nach Satz 2.1.6 ist die Verteilung von X eindeutig durch die Wahrscheinlichkeiten $\mathbb{P}(X \cap C \neq \emptyset)$, $C \in \mathcal{C}$, festgelegt. Damit legen aber auch die Wahrscheinlichkeiten $\mathbb{P}(X \cap C = \emptyset) = \mathbb{P}(X(C) = 0)$, $C \in \mathcal{C}$, die Verteilung fest. ∎

Für Punktprozesse X, X' in E ist auch $X + X'$ Punktprozeß (die Meßbarkeit ist leicht zu sehen). Ist $X + X'$ einfach, so entspricht dies gerade der Vereinigung der entsprechenden ZAM. Wir nennen $X + X'$ die *Superposition* oder *Überlagerung* von X und X'. Die Abbildung $\eta \mapsto \eta \llcorner A$ ist für $A \in \mathcal{B}$ meßbar auf $(\mathsf{N}, \mathcal{N})$, also ist die *Einschränkung* $X \llcorner A$ eines Punktprozesses X auf die Menge A wieder ein Punktprozeß. Bei einem einfachen Punktprozeß X entspricht sie dem Schnitt der ZAM X mit der Menge A.

Operiert auf dem Raum E eine Gruppe G und ist die Operation stetig, so können wir, wie bei den zufälligen Mengen in Abschnitt 2.1, diese Operation auf N übertragen, indem wir $g\eta$ für $g \in G$ als das Bildmaß von η unter g erklären,

$$g\eta(B) := \eta(g^{-1}B), \qquad B \in \mathcal{B}.$$

Aus Lemma 3.1.1 folgt die Meßbarkeit der Abbildung $\eta \mapsto g\eta$ auf dem Raum $(\mathsf{N}, \mathcal{N})$. Damit wird für einen Punktprozeß X in E und für $g \in G$ ein Punktprozeß gX erklärt. Wir machen von dieser Konstruktion insbesondere in den Fällen $E = \mathbb{R}^n$ und $E = \mathcal{F}'(\mathbb{R}^n)$ Gebrauch. Die Gruppe ist hierbei die Bewegungsgruppe G_n, die Stetigkeit der Operation im zweiten Fall folgt aus Satz 2.1.5. Im Fall einer Translation $g = t_x$ um den Vektor x schreiben wir dann statt $t_x\eta$ und t_xX auch $\eta + x$ bzw. $X + x$.

Um für Punktprozesse X in E eine dem Erwartungswert entsprechende Größe einzuführen, beachten wir, daß wir wegen $X(A) \geq 0$ stets

$$\Theta(A) := \mathbb{E}X(A) \qquad \text{für } A \in \mathcal{B}$$

bilden können. Wir erhalten so (wegen des Satzes von der monotonen Konvergenz) ein Maß Θ auf $\mathcal{B}$. Θ heißt *Intensitätsmaß* von X. Im Falle eines einfachen Punktprozesses X gibt $\Theta(A)$ die mittlere Anzahl der Punkte von X an, die in A liegen. Obwohl X f.s. lokalendlich ist, kann $\Theta(C) = \infty$ für gewisse $C \in \mathcal{C}$ gelten.

Der folgende einfache Sachverhalt erweist sich später als sehr nützlich.

3.1.5 Satz (Satz von Campbell). *Sei X ein Punktprozeß in E und $f : E \to \mathbb{R}$ eine nichtnegative meßbare Funktion. Dann ist $\sum_{x \in E} X(\{x\})f(x)$ meßbar, und es gilt*

$$\mathbb{E}\sum_{x \in E} X(\{x\})f(x) = \mathbb{E}\int_E f\, dX = \int_E f\, d\Theta.$$

Beweis. Für $A \in \mathcal{B}$ ist

$$\sum_{x \in E} X(\{x\})\mathbf{1}_A(x) = X(A) = \int_E \mathbf{1}_A\, dX;$$

dies ist eine nichtnegative meßbare Funktion, und es folgt

$$\mathbb{E} \sum_{x \in E} X(\{x\}) \mathbf{1}_A(x) = \mathbb{E} \int_E \mathbf{1}_A \, dX = \mathbb{E}X(A) = \Theta(A) = \int_E \mathbf{1}_A \, d\Theta.$$

Die Aussage gilt also für Indikatorfunktionen von Borelmengen und daher auch für deren positive Linearkombinationen. Mit dem Satz von der monotonen Konvergenz folgt sie für nichtnegative meßbare Funktionen. ∎

Ist X ein einfacher Punktprozeß, so läßt sich der Satz von Campbell in der Form

$$\mathbb{E} \sum_{x \in X} f(x) = \mathbb{E} \int_E f \, dX = \int_E f \, d\Theta$$

schreiben.

Man bezeichnet das Intensitätsmaß Θ auch als *erstes Momentenmaß*. Höhere Momentenmaße kann man analog einführen. So wird durch

$$\Theta^{(2)}(A) := \mathbb{E}(X \otimes X)(A)$$

für $A \in \mathcal{B}(E) \otimes \mathcal{B}(E) = \mathcal{B}(E \times E)$ (siehe z.B. Cohn [1980], Proposition 7.6.2) das *zweite Momentenmaß* $\Theta^{(2)}$ auf $\mathcal{B}(E^2)$ definiert. Insbesondere ist also

$$\Theta^{(2)}(A \times A') = \mathbb{E}(X \otimes X)(A \times A') = \mathbb{E}X(A)X(A') \qquad \text{für } A, A' \in \mathcal{B}.$$

Allgemeiner ist das *m-te Momentenmaß* $\Theta^{(m)}$ von X das Maß auf $\mathcal{B}(E^m)$ mit

$$\Theta^{(m)}(A_1 \times \cdots \times A_m) := \mathbb{E}X(A_1) \cdots X(A_m) = \mathbb{E}(X \otimes \cdots \otimes X)(A_1 \times \cdots \times A_m)$$

für $A_1, \ldots, A_m \in \mathcal{B}$. Durch

$$\Lambda^{(m)}(A_1 \times \cdots \times A_m) := \mathbb{E}(X \otimes \cdots \otimes X)(A_1 \times \cdots \times A_m \cap E_{\neq}^m)$$

mit $A_1, \ldots, A_m \in \mathcal{B}$ und der in E^m offenen Menge

$$E_{\neq}^m := \{(x_1, \ldots, x_m) \in E^m : x_i \text{ paarweise verschieden}\}$$

wird für einfache Punktprozesse X das *m-te faktorielle Momentenmaß* $\Lambda^{(m)}$ erklärt. Im Fall eines einfachen Punktprozesses X ist für eine Borelmenge $A \subset E$

$$\Lambda^{(m)}(A^m) = \mathbb{E} \sum_{x_1 \in X \cap A} \sum_{x_2 \in X \cap A, x_2 \neq x_1} \cdots \sum_{x_m \in X \cap A, x_m \neq x_1, \ldots, x_{m-1}} 1$$

$$= \mathbb{E}[X(A)(X(A)-1) \cdots (X(A)-m+1)]$$

das m-te faktorielle Moment der Zufallsvariablen $X(A)$.

Man kann $X^m := X \otimes \cdots \otimes X$ wieder als Punktprozeß (in dem lokalkompakten Raum E^m) ansehen, dann ist $\Theta^{(m)}$ gerade das Intensitätsmaß von X^m. Entsprechend wird durch

$$X_{\neq}^m := X^m \, \llcorner \, E_{\neq}^m$$

ein (im allgemeinen von X^m verschiedener) weiterer Punktprozeß in E^m definiert, dessen Intensitätsmaß gerade $\Lambda^{(m)}$ ist. Damit ist klar, daß auch für das m-te Momentenmaß $\Theta^{(m)}$ und das m-te faktorielle Momentenmaß $\Lambda^{(m)}$ eines einfachen Punktprozesses wieder der Campbellsche Satz gilt.

3.1.6 Korollar. *Sei X ein einfacher Punktprozeß in E, und sei $f : E^m \to \mathbb{R}$ eine nichtnegative meßbare Funktion. Dann sind $\sum_{(x_1,\ldots,x_m)\in X^m} f(x_1,\ldots,x_m)$ und $\sum_{(x_1,\ldots,x_m)\in X_{\neq}^m} f(x_1,\ldots,x_m)$ meßbar, und es gilt*

$$\mathbb{E} \sum_{(x_1,\ldots,x_m)\in X^m} f(x_1,\ldots,x_m) = \mathbb{E} \int_{E^m} f \, dX^m = \int_{E^m} f \, d\Theta^{(m)}$$

und

$$\mathbb{E} \sum_{(x_1,\ldots,x_m)\in X_{\neq}^m} f(x_1,\ldots,x_m) = \mathbb{E} \int_{E^m} f \, dX_{\neq}^m = \int_{E^m} f \, d\Lambda^{(m)}.$$

Hieraus ergibt sich zum Beispiel der folgende Zusammenhang zwischen $\Theta^{(2)}$ und $\Lambda^{(2)}$. Für einen einfachen Punktprozeß X in E und für $A_1, A_2 \in \mathcal{B}$ gilt

$$\Theta^{(2)}(A_1 \times A_2) = \mathbb{E} \sum_{(x_1,x_2)\in X^2} \mathbf{1}_{A_1 \times A_2}(x_1,x_2)$$

$$= \mathbb{E} \left(\sum_{(x_1,x_2)\in X_{\neq}^2} \mathbf{1}_{A_1 \times A_2}(x_1,x_2) + \sum_{x\in X} \mathbf{1}_{A_1}(x)\mathbf{1}_{A_2}(x) \right),$$

also

$$\Theta^{(2)}(A_1 \times A_2) = \Lambda^{(2)}(A_1 \times A_2) + \Theta(A_1 \cap A_2). \tag{3.1}$$

Es ist naheliegend, wie einfache Beispiele von Punktprozessen konstruiert werden können. Dazu kann man Zufallsvariable oder Folgen von Zufallsvariablen mit Werten in E heranziehen. Sind etwa $\xi_1,\ldots,\xi_m$ zufällige Punkte in E, das heißt E-wertige Zufallsvariable, so ist

$$X := \sum_{i=1}^m \delta_{\xi_i}$$

ein Punktprozeß in E (der aber im allgemeinen nicht einfach ist). Es ist nämlich für $A \in \mathcal{B}$ und $k \in \mathbb{N}_0$

$$\{X(A) = k\} = \{\text{genau } k \text{ der } \xi_i \text{ sind in } A\}$$

$$= \bigcup_{1 \leq i_1 < \ldots < i_k \leq m} \{\xi_i \in A, i \in \{i_1, \ldots, i_k\}, \xi_j \notin A, j \notin \{i_1, \ldots, i_k\}\},$$

also ist $\{X(A) = k\}$ meßbar; nach Lemma 3.1.3 folgt die Meßbarkeit von X.

Analog kann man eine Folge $(\xi_1, \xi_2, \ldots)$ zufälliger Punkte in E betrachten und erhält mit

$$X := \sum_{i=1}^{\infty} \delta_{\xi_i}$$

einen Punktprozeß in E, wenn man durch geeignete Bedingungen die lokale Endlichkeit des Maßes $\sum_{i=1}^{\infty} \delta_{\xi_i(\omega)}$ für fast alle ω sichert. Jeder Punktprozeß läßt sich auf diese Weise darstellen. Wir zeigen das hier für den allein später benötigten Fall einfacher Prozesse.

3.1.7. Lemma. *Sei X ein einfacher Punktprozeß in E. Dann gibt es eine Folge $\xi_1, \xi_2, \ldots$ meßbarer Abbildungen $\xi_i : \Omega \to E$, die*

$$X = \sum_{i=1}^{X(E)} \delta_{\xi_i}$$

erfüllt.

Beweis. Benutzen wir eine die Topologie erzeugende Metrik auf E, so folgt aus dem Beweis von Satz 2.1.1(a) für jedes $k \in \mathbb{N}$ die Existenz einer Folge $A_1^k, A_2^k, \ldots$ paarweise disjunkter, relativ kompakter Borelmengen in E mit Durchmessern kleiner als $1/k$ und mit $E = \bigcup_{i=1}^{\infty} A_i^k$. Für $x \in E$ ist durch

$$x \in A_{j_k(x)}^k, \qquad k \in \mathbb{N},$$

eindeutig eine Folge $(j_1(x), j_2(x), \ldots)$ in $\mathbb{N}$ definiert. Durch

$$x \prec y \quad :\Leftrightarrow \quad (j_1(x), j_2(x), \ldots) \leq (j_1(y), j_2(y), \ldots),$$

wo $\leq$ rechts die lexikographische Ordnung bezeichnet, wird auf E offenbar eine lineare Ordnung $\prec$ gegeben.

Wir erklären nun für jedes $p \in \mathbb{N}$ eine meßbare Abbildung $\zeta_p : \mathbb{N}_e \to E$ (sie wird jedem einfachen Zählmaß sein p-tes Atom zuordnen; ein *Atom* des Zählmaßes η ist jedes $x \in E$ mit $\eta(\{x\}) > 0$). Sei $\eta \in \mathbb{N}_e$ und x ein Atom von η. Alle Atome y von η mit $y \prec x$, $y \neq x$, liegen in der relativ kompakten Menge $\bigcup_{i=1}^{j_1(x)} A_i^1$, daher ist ihre Anzahl endlich, etwa gleich $p-1$. Wir definieren $\zeta_p(\eta) := x$. Wird dies für alle Atome x von η durchgeführt, so ist damit $\zeta_p(\eta)$ im Fall $\eta(E) = \infty$ für alle $p \in \mathbb{N}$ und im Fall $\eta(E) = l < \infty$ für $p = 1, \ldots, l$ erklärt; im letzteren Fall setzen wir $\zeta_p(\eta) := a$ für $p > l$, wo $a \in E$ ein beliebiger vorgegebener Punkt ist. Für $p \in \mathbb{N}$ und $B \in \mathcal{B}(E)$ ist nun $\{\eta \in \mathsf{N}_e : \eta(E) < p, \zeta_p(\eta) \in B\}$ entweder leer oder gleich $\{\eta \in \mathsf{N}_e : \eta(E) < p\}$, und es gilt

$$\{\eta \in \mathsf{N}_e : \eta(E) \geq p, \zeta_p(\eta) \in B\}$$

$$= \bigcup_{j=1}^{\infty} \bigcup_{i_1,\ldots,i_j=1}^{\infty} \Big\{\eta \in \mathsf{N}_e :$$

$$\eta(B \cap A_{i_1}^1 \cap \ldots \cap A_{i_j}^j) = \eta(A_{i_1}^1 \cap \ldots \cap A_{i_j}^j) = 1,$$

$$\eta\Big(\bigcup_{(r_1,\ldots,r_j)<(i_1,\ldots,i_j)} A_{r_1}^1 \cap \ldots \cap A_{r_j}^j\Big) = p-1\Big\}.$$

Daraus folgt die Meßbarkeit von ζ_p.

Die Zufallsvariablen $\xi_p := \zeta_p \circ X$ leisten nun das Gewünschte.   ∎

Wir kehren kurz wieder zu dem Punktprozeß $X = \sum_{i=1}^m \delta_{\xi_i}$ mit endlich vielen zufälligen Punkten zurück. Sind die ξ_i unabhängig und identisch verteilt, so gilt

$$\mathbb{P}(X(A) = k)$$

$$= \sum_{1 \leq i_1 < \ldots < i_k \leq m} \mathbb{P}(\xi_i \in A, i \in \{i_1,\ldots,i_k\}, \xi_j \notin A, j \notin \{i_1,\ldots,i_k\})$$

$$= \binom{m}{k} p_A^k (1-p_A)^{m-k}, \qquad k = 0, 1, \ldots, m,$$

mit $p_A := \mathbb{P}(\xi_1 \in A)$. $X(A)$ ist also binomialverteilt.

Hier kann man nun $m \to \infty$ und $p_A \to 0$ gehen lassen in der Weise, daß $m p_A$ konvergiert. Man wird so auf die Klasse der Poissonprozesse geführt. Betrachten wir etwa ein lokalendliches Maß Θ auf $\mathcal{B}(E)$ und eine Folge $(C_i)_{i \in \mathbb{N}}$ in $\mathcal{C}$ mit $C_i \uparrow E$, $C_i \subset \text{int } C_{i+1}$, $\Theta(C_i) > 0$ für $i \in \mathbb{N}$ und $\Theta(C_i) \to \infty$. Für $i \in \mathbb{N}$ seien $\xi_1^i, \ldots, \xi_{m(i)}^i$ unabhängige, identisch verteilte zufällige Punkte in E mit der Verteilung

$$\frac{\Theta \llcorner C_i}{\Theta(C_i)}.$$

Wie oben definieren wir den Punktprozeß

$$X_i := \sum_{j=1}^{m(i)} \delta_{\xi_j^i}.$$

Dann gilt für $k \in \mathbb{N}_0$ und $A \in \mathcal{B}$

$$\mathbb{P}(X_i(A) = k) = \binom{m(i)}{k} p_{i,A}^k (1 - p_{i,A})^{m(i)-k}$$

mit $p_{i,A} := \Theta(A \cap C_i)/\Theta(C_i)$. Wählen wir die Anzahlen $m(i)$ so, daß

$$\frac{m(i)}{\Theta(C_i)} \to 1 \qquad \text{für } i \to \infty$$

gilt, so folgt für relativ kompakte Borelmengen A die Beziehung

$$\lim_{i \to \infty} \mathbb{P}(X_i(A) = k) = e^{-\Theta(A)} \frac{\Theta(A)^k}{k!}.$$

Dies legt es nahe, die Existenz eines Punktprozesses X zu vermuten, der die Eigenschaft

$$\mathbb{P}(X(A) = k) = e^{-\Theta(A)} \frac{\Theta(A)^k}{k!}$$

für alle $k \in \mathbb{N}_0$ und alle $A \in \mathcal{B}$ mit $\Theta(A) < \infty$ hat und der als Grenzprozeß interpretiert werden könnte. Wir nennen einen solchen Prozeß X, wenn er zusätzlich noch einfach ist, einen Poissonprozeß (zum Intensitätsmaß Θ). Um die Existenz von X zu zeigen, erklären wir hier allerdings keinen Grenzwertbegriff für Punktprozesse, sondern geben im nächsten Abschnitt eine direktere Konstruktion an, aus der sich weitere Folgerungen ziehen lassen.

Generelle Voraussetzung. Für die von nun an betrachteten Punktprozesse wird das Intensitätsmaß Θ stets als lokalendlich vorausgesetzt, d.h. es erfüllt

$$\Theta(C) < \infty \qquad \text{für alle } C \in \mathcal{C}(E).$$

3.2 Poissonprozesse

Poissonprozesse können in allgemeinen meßbaren Räumen E mit gewissen Zusatzstrukturen eingeführt werden. Hier setzen wir E wieder als lokalkompakten Raum mit abzählbarer Basis voraus und nennen einen Punktprozeß X in E mit Intensitätsmaß Θ *poissonartig*, wenn für alle $A \in \mathcal{B}$ mit $\Theta(A) < \infty$ die f.s. reelle Zufallsvariable $X(A)$ poissonverteilt ist. Wegen $\mathbb{E}X(A) = \Theta(A)$

ist dann $\Theta(A)$ der Parameter der Poissonverteilung. X ist daher genau dann poissonartig, wenn

$$\mathbb{P}(X(A) = k) = e^{-\Theta(A)} \frac{\Theta(A)^k}{k!} \qquad (3.2)$$

für $k \in \mathbb{N}_0$ und alle $A \in \mathcal{B}$ gilt. Dabei ist (3.2) auch im Fall $\Theta(A) = \infty$ richtig (wobei die rechte Seite als 0 zu lesen ist). Für solche $A \in \mathcal{B}$ gibt es nämlich eine gegen A aufsteigende Folge $A_1, A_2, \ldots$ von Borelmengen A_i mit $\Theta(A_i) < \infty$. Damit ergibt sich

$$\mathbb{P}(X(A) = k) \le \mathbb{P}(X(A_i) \le k) = e^{-\Theta(A_i)} \sum_{j=0}^{k} \frac{\Theta(A_i)^j}{j!} \to 0 \quad (i \to \infty)$$

für $k \in \mathbb{N}_0$, also ist $X(A) = \infty$ f.s. Somit gilt (3.2) auch in diesem Fall; $X(A)$ hat dann eine ausgeartete Poissonverteilung.

Wie wir später sehen werden, ist die Verteilung von X durch die Forderung (3.2) noch nicht eindeutig festgelegt, falls das Intensitätsmaß Θ atomare Anteile besitzt. Wir konzentrieren uns deshalb im folgenden auf den Fall, daß Θ atomfrei ist. Dieser aus der Maßtheorie bekannte Begriff läßt sich für das lokalendliche Maß Θ über dem lokalkompakten Raum E mit abzählbarer Basis auch folgendermaßen formulieren: Das Maß Θ ist *atomfrei*, wenn $\Theta(\{x\}) = 0$ für alle $x \in E$ gilt. Für poissonartige Punktprozesse ist diese Bedingung äquivalent zur Einfachheit.

3.2.1 Lemma. *Ein poissonartiger Punktprozeß X ist genau dann einfach, wenn sein Intensitätsmaß Θ atomfrei ist.*

Beweis. Aus $\Theta(\{x\}) > 0$ und (3.2) folgt $\mathbb{P}(X(\{x\}) = k) > 0$ für $k \in \mathbb{N}$, der Punktprozeß X ist also nicht einfach. Umgekehrt gelte $\Theta(\{x\}) = 0$ für alle $x \in E$. Angenommen, es wäre $\mathbb{P}_X(\mathsf{N}_e) < 1$. Dann gibt es ein $C \in \mathcal{C}$ mit

$$\alpha := \mathbb{P}(X \llcorner C \text{ nicht einfach}) > 0;$$

insbesondere folgt $\epsilon := \Theta(C) > 0$. Sei $k \in \mathbb{N}$. Weil Θ atomfrei ist, existieren disjunkte Borelmengen $C_1^{(k)}, \ldots, C_k^{(k)} \in \mathcal{B}$ mit

$$\Theta(C_i^{(k)}) = \frac{\epsilon}{k}, \qquad i = 1, \ldots, k,$$

und

$$\bigcup_{i=1}^{k} C_i^{(k)} = C.$$

Hier haben wir benutzt, daß der Wertebereich eines atomfreien endlichen Maßes ein abgeschlossenes Intervall ist. (Siehe z.B. Neveu [1969], S. 33, oder, ohne Verwendung des Zornschen Lemmas, Gardner & Pfeffer [1984], Lemma 9.1.) Dann existiert ein $i \in \{1, \ldots, k\}$ mit

$$\mathbb{P}(X(C_i^{(k)}) > 1) \geq \frac{\alpha}{k}.$$

Daraus folgt

$$\frac{\alpha}{k} \leq 1 - e^{-\Theta(C_i^{(k)})}(1 + \Theta(C_i^{(k)})),$$

also

$$\alpha \leq k - e^{-(\epsilon/k)}(k + \epsilon).$$

Dies gilt für alle $k \in \mathbb{N}$. Für $k \to \infty$ konvergiert die rechte Seite gegen 0, ein Widerspruch. ■

Ein einfacher Punktprozeß X, der (3.2) erfüllt, also poissonartig ist, heißt *Poissonprozeß*.

Der folgende Satz zeigt nun, daß jedes atomfreie lokalendliche Maß Θ über E Intensitätsmaß eines (bis auf Äquivalenz) eindeutig bestimmten Poissonprozesses X ist; die Klasse der Poissonprozesse ist also recht groß.

3.2.2 Satz. *Sei Θ ein atomfreies lokalendliches Maß über E. Dann gibt es in E einen Poissonprozeß X mit Intensitätsmaß Θ; er ist (bis auf Äquivalenz) eindeutig bestimmt.*

Beweis. Die Eindeutigkeitsaussage folgt wegen (3.2) sofort aus Satz 3.1.4; es bleibt also noch die Existenz zu zeigen.

Da Θ lokalendlich ist, existieren (mit Satz 2.1.1(b)) paarweise disjunkte Borelmengen $A_1, A_2, \ldots$ in E mit $E = \bigcup_{i=1}^{\infty} A_i$, $\Theta(A_i) < \infty$ und so, daß für jedes $C \in \mathcal{C}$ ein $k \in \mathbb{N}$ existiert mit $C \subset \bigcup_{i=1}^{k} A_i$. Wir erklären in jedem A_i einen Punktprozeß $X^{(i)}$. Dazu definieren wir für $k \in \mathbb{N}$ auf der Produktmenge A_i^k die $(\mathcal{B}(A_i^k), \mathcal{N})$-meßbare Abbildung

$$\Gamma_k : A_i^k \to \mathsf{N}$$

durch

$$\Gamma_k(x_1, \ldots, x_k) := \sum_{j=1}^{k} \delta_{x_j}.$$

Mit Δ_0 bezeichnen wir das Punktmaß auf $\mathcal{N}$, das auf dem Nullmaß konzentriert ist. Dann ist

$$\mathbb{P}^{(i)} := e^{-\Theta(A_i)} \left(\Delta_0 + \sum_{k=1}^{\infty} \frac{\Gamma_k(\Theta \llcorner A_i \otimes \cdots \otimes \Theta \llcorner A_i)}{k!} \right)$$

ein W-Maß auf $\mathcal{N}$, das auf Zählmaßen η mit $\operatorname{supp}\eta \subset A_i$ konzentriert ist. (Hierbei beachte man, daß

$$\Gamma_k(\Theta \llcorner A_i \otimes \cdots \otimes \Theta \llcorner A_i)(\mathsf{N}) = \Theta(A_i)^k$$

gilt.) Nun sei $X^{(i)}$ ein Punktprozeß in E mit Verteilung $\mathbb{P}^{(i)}$, so daß die Folge $X^{(1)}, X^{(2)}, \ldots$ unabhängig ist (das heißt z.B., daß wir als Grundraum Ω den Raum N^{N} mit der Produkt-σ-Algebra und als W-Maß $\mathbb{P}$ das Produkt $\bigotimes_{i=1}^{\infty} \mathbb{P}^{(i)}$ nehmen; $X^{(i)}$ ist dann die i-te Koordinatenabbildung). Wir setzen schließlich

$$X := \sum_{i=1}^{\infty} X^{(i)}.$$

Dann ist $X \in \mathsf{N}$ f.s. Sei nämlich $C \in \mathcal{C}$ und dazu $k \in \mathsf{N}$ so gewählt, daß $C \subset \bigcup_{i=1}^{k} A_i$ ist. Dann gilt

$$X(\omega)(C) \leq X(\omega)\left(\bigcup_{i=1}^{k} A_i\right) = \sum_{i=1}^{k} X^{(i)}(\omega)(A_i),$$

und die rechte Seite ist für $\mathbb{P}$-fast alle ω endlich.

Da X lokal eine endliche Summe von Punktprozessen ist, folgt auch die Meßbarkeit, also ist X ein Punktprozeß in E.

Es bleibt noch die Poisson-Eigenschaft von X zu zeigen. Dazu beachten wir, daß für $A \in \mathcal{B}$ und $A_i' := A \cap A_i$, $i \in \mathsf{N}$,

$$X(A) = \sum_{i=1}^{\infty} X^{(i)}(A) = \sum_{i=1}^{\infty} X^{(i)}(A_i')$$

gilt. Außerdem sind die Zufallsvariablen $X^{(1)}(A_1'), X^{(2)}(A_2'), \ldots$ nach Konstruktion unabhängig. Ebenfalls nach Konstruktion gilt für jedes $j \in \mathsf{N}$

$$\begin{aligned}
\mathbb{P}(X^{(i)}(A_i') = j) &= \mathbb{P}^{(i)}(\{\eta \in \mathsf{N} : \eta(A_i') = j\}) \\
&= \sum_{k=j}^{\infty} \mathbb{P}^{(i)}(\{\eta \in \mathsf{N} : \eta(A_i') = j, \eta(A_i \setminus A_i') = k - j\}) \\
&= e^{-\Theta(A_i)} \sum_{k=j}^{\infty} \binom{k}{j} \frac{\Theta(A_i')^j \Theta(A_i \setminus A_i')^{k-j}}{k!} \\
&= e^{-\Theta(A_i)} \frac{\Theta(A_i')^j}{j!} \sum_{k=j}^{\infty} \frac{\Theta(A_i \setminus A_i')^{k-j}}{(k-j)!} \\
&= e^{-\Theta(A_i)} \frac{\Theta(A_i')^j}{j!} e^{\Theta(A_i \setminus A_i')} \\
&= e^{-\Theta(A_i')} \frac{\Theta(A_i')^j}{j!},
\end{aligned}$$

und analog folgt dieses Ergebnis auch für $j = 0$. Die Zufallsvariable $X^{(i)}(A_i') =: \xi_i$ ist also poissonverteilt zum Parameter $\Theta(A_i') =: \alpha_i$; und die Folge $(\xi_i)_{i \in \mathbb{N}}$ ist unabhängig. Für $k \in \mathbb{N}_0$ ist

$$P(\xi_1 + \xi_2 = k) = \sum_{j=0}^{k} \mathbb{P}(\xi_1 = j, \, \xi_2 = k - j)$$

$$= \sum_{j=0}^{k} e^{-\alpha_1} \frac{\alpha_1^j}{j!} \, e^{-\alpha_2} \frac{\alpha_2^{k-j}}{(k-j)!}$$

$$= e^{-(\alpha_1+\alpha_2)} \frac{(\alpha_1 + \alpha_2)^k}{k!}.$$

Also ist $\xi_1 + \xi_2$ poissonverteilt zum Parameter $\alpha_1 + \alpha_2$. Mit Induktion folgt, daß $\xi_1 + \ldots + \xi_m =: S_m$ poissonverteilt ist zum Parameter $\alpha_1 + \ldots + \alpha_m =: \sigma_m$. Für die Summe $S := \sum_{j=1}^{\infty} \xi_j$ gilt $\{S_m \le k\} \downarrow \{S \le k\}$ für $m \to \infty$ und daher

$$\mathbb{P}(S \le k) = \lim_{m \to \infty} \mathbb{P}(S_m \le k)$$

$$= \lim_{m \to \infty} \sum_{j=0}^{k} e^{-\sigma_m} \frac{\sigma_m^j}{j!}$$

$$= \sum_{j=0}^{k} e^{-\Theta(A)} \frac{\Theta(A)^j}{j!}$$

wegen $\sum_{j=1}^{\infty} \Theta(A_j') = \Theta(A)$; dabei haben wir $\Theta(A) < \infty$ vorausgesetzt. Für die $A \in \mathcal{B}$ mit $\Theta(A) < \infty$ ist also die Zufallsvariable $S = X(A)$ poissonverteilt mit Parameter $\Theta(A)$. Somit ist X ein poissonartiger Punktprozeß mit Intensitätsmaß Θ. Da Θ atomfrei ist, ist X nach Lemma 3.2.1 ein Poissonprozeß. ∎

Dieser konstruktive Beweis liefert auch sofort einige Eigenschaften von Poissonprozessen, die wir im folgenden Satz zusammenfassen.

3.2.3 Satz. *Sei X ein Poissonprozeß in E mit Intensitätsmaß Θ.*

(a) *Seien $A_1, A_2, \ldots$ paarweise disjunkte Borelmengen in E mit $\Theta(A_i) < \infty$. Dann sind die Punktprozesse $X \llcorner A_1, X \llcorner A_2, \ldots$ unabhängig. Insbesondere sind damit auch die Zufallsvariablen $X(A_1), X(A_2), \ldots$ unabhängig. Ist $m, k \in \mathbb{N}$ und $\bigcup_{i=1}^{m} A_i =: A$ mit $0 < \Theta(A) < \infty$, so ist der Zufallsvektor $(X(A_1), \ldots, X(A_m))$ unter der Bedingung $X(A) = k$ multinomialverteilt.*

(b) *Sei $A \subset E$ eine Borelmenge mit $0 < \Theta(A) < \infty$, und sei $k \in \mathbb{N}$. Dann* *ist*

$$\mathbb{P}(X \sqcup A \in \cdot \mid X(A) = k) = \mathbb{P}_{\sum_{i=1}^{k} \delta_{\xi_i}},$$

wobei $\xi_1, \ldots, \xi_k$ *unabhängige, identisch verteilte zufällige Punkte in* E *mit der Verteilung*

$$\mathbb{P}_{\xi_i} := \frac{\Theta \sqcup A}{\Theta(A)}, \qquad i = 1, \ldots, k,$$

sind.

(c) *Für das* m-*te faktorielle Momentenmaß* $\Lambda^{(m)}$ *von* X *gilt*

$$\Lambda^{(m)} = \Theta^m.$$

Beweis. (a) Zu zeigen ist, daß für jedes $m \in \mathbb{N}$ die Punktprozesse $X \sqcup A_1, \ldots, X \sqcup A_m$ unabhängig sind. Wir können die Mengen $A_1, \ldots, A_m$ durch Hinzunahme weiterer Mengen zu einer Folge $A_1', A_2', \ldots$ paarweise disjunkter Borelmengen A_i' mit $\Theta(A_i') < \infty$ ergänzen, so daß zusätzlich noch $E = \bigcup_{i=1}^{\infty} A_i'$ gilt und zu jedem $C \in \mathcal{C}$ ein $k \in \mathbb{N}$ existiert mit $C \subset \bigcup_{i=1}^{k} A_i'$. Damit erfüllt $A_1', A_2', \ldots$ die Bedingungen, die bei der Konstruktion des Poissonprozesses im Beweis des letzten Satzes zugrunde gelegt wurden. Wir erhalten also zu $A_1', A_2', \ldots$ und zu dem gegebenen Intensitätsmaß Θ einen Poissonprozeß X'. Wegen der Eindeutigkeit gilt $X \sim X'$. Nach Konstruktion sind die Punktprozesse $X' \sqcup A_1', X' \sqcup A_2', \ldots$ unabhängig, also auch die Punktprozesse $X \sqcup A_1', X \sqcup A_2', \ldots$ und damit die endliche Teilfolge $X \sqcup A_1, X \sqcup A_2, \ldots, X \sqcup A_m$. Die zweite Aussage von (a) ist offensichtlich. Schließlich gilt wegen der gezeigten Unabhängigkeit für $j_1 + \ldots + j_m = k$

$$\mathbb{P}(X(A_1) = j_1, \ldots, X(A_m) = j_m \mid X(A) = k)$$

$$= \frac{\prod\limits_{i=1}^{m} e^{-\Theta(A_i)} \Theta(A_i)^{j_i} / j_i!}{e^{-\Theta(A)} \Theta(A)^k / k!}$$

$$= \frac{k!}{j_1! \cdots j_m!} \left(\frac{\Theta(A_1)}{\Theta(A)} \right)^{j_1} \cdots \left(\frac{\Theta(A_m)}{\Theta(A)} \right)^{j_m}.$$

(b) Wie in (a) können wir A als erstes Element A_1 der Folge $A_1, A_2, \ldots$ ansehen, mit der der Poissonprozeß X konstruiert wurde. Nach Konstruktion (und wieder wegen der Eindeutigkeit) hat daher $X \sqcup A$ die Verteilung

$$\mathbb{P}^{(1)} := e^{-\Theta(A)} \left(\Delta_0 + \sum_{k=1}^{\infty} \frac{\Gamma_k(\Theta \sqcup A \otimes \cdots \otimes \Theta \sqcup A)}{k!} \right).$$

Damit ist für $k \in \mathbb{N}$

$$\mathbb{P}(X \llcorner A \in \cdot \mid X(A) = k) = \frac{e^{-\Theta(A)} \Gamma_k(\Theta \llcorner A \otimes \cdots \otimes \Theta \llcorner A)/k!}{e^{-\Theta(A)} \Theta(A)^k/k!}$$

$$= \frac{\Gamma_k(\Theta \llcorner A \otimes \cdots \otimes \Theta \llcorner A)}{\Theta(A)^k}.$$

Seien $\xi_1, \ldots, \xi_k$ unabhängige zufällige Punkte in E mit der Verteilung

$$\mathbb{P}_{\xi_i} := \frac{\Theta \llcorner A}{\Theta(A)};$$

dann ist wegen der Unabhängigkeit

$$\mathbb{P}_{\xi_1, \ldots, \xi_k} = \frac{\Theta \llcorner A \otimes \cdots \otimes \Theta \llcorner A}{\Theta(A)^k},$$

also

$$\mathbb{P}_{\sum_{i=1}^k \delta_{\xi_i}} = \frac{\Gamma_k(\Theta \llcorner A \otimes \cdots \otimes \Theta \llcorner A)}{\Theta(A)^k}.$$

Damit ist (b) bewiesen.

(c) Nach Definition ist

$$\Lambda^{(m)}(A_1 \times \cdots \times A_m) = \mathbb{E}(X \otimes \cdots \otimes X)(A_1 \times \cdots \times A_m \cap E_{\neq}^m)$$

für beliebige Borelmengen $A_1, \ldots, A_m \in \mathcal{B}$. Wir können uns aber auf Mengen A_i mit $\Theta(A_i) < \infty$ beschränken und zunächst voraussetzen, daß $A_1, \ldots, A_m$ paarweise disjunkt sind. Dann gilt

$$\Lambda^{(m)}(A_1 \times \cdots \times A_m) = \mathbb{E}(X(A_1) \cdots X(A_m)).$$

Nach (a) sind die Zufallsvariablen $X(A_1), \ldots, X(A_m)$ unabhängig, also ergibt sich

$$\mathbb{E}(X(A_1) \cdots X(A_m)) = \mathbb{E}X(A_1) \cdots \mathbb{E}X(A_m) = \Theta^m(A_1 \times \cdots \times A_m).$$

Als nächstes zeigen wir, daß das System

$$\mathcal{Q}_{\neq} := \{A_1 \times \cdots \times A_m : A_i \in \mathcal{B}, A_i \cap A_j = \emptyset \text{ für } i \neq j\}$$

die Spur-σ-Algebra $(\mathcal{B}^{\otimes m})_{E_{\neq}^m}$ erzeugt. Zu $k \in \mathbb{N}$ sei $(A_i^k)_{i \in \mathbb{N}}$ eine Folge von paarweise disjunkten Borelmengen in E vom Durchmesser $< 1/k$ (bezüglich einer die Topologie erzeugenden Metrik), so daß $\bigcup_{i \in \mathbb{N}} A_i^k = E$ gilt und $(A_i^{k+1})_{i \in \mathbb{N}}$ eine Verfeinerung von $(A_i^k)_{i \in \mathbb{N}}$ ist. Mit

$$\Delta_{ij} := \{(x_1, \ldots, x_m) \in E^m : x_i = x_j\}, \quad 1 \leq i < j \leq m,$$

und

$$\Delta := \bigcup_{1 \le i < j \le m} \Delta_{ij}$$

gilt dann $E_{\neq}^m = E^m \setminus \Delta$. Sei $\Delta^{(k)} = \bigcup^* A_{i_1}^k \times \cdots \times A_{i_m}^k$, wobei der Stern bedeutet, daß über alle $i_1, \ldots, i_m$ vereinigt wird, die nicht paarweise verschieden sind. Dann gilt $\Delta = \bigcap_{k \in \mathbb{N}} \Delta^{(k)}$.

Seien nun $A_1, \ldots, A_m \in \mathcal{B}$ beliebig, dann ist

$$A_1 \times \cdots \times A_m \cap E_{\neq}^m = \bigcup_{k \in \mathbb{N}} (A_1 \times \cdots \times A_m \setminus \Delta^{(k)})$$

und

$$A_1 \times \cdots \times A_m \setminus \Delta^{(k)} = \bigcup_{\substack{r_1, \ldots, r_m = 1 \\ r_i \text{ paarweise verschieden}}}^{\infty} (A_1 \cap A_{r_1}^k) \times \cdots \times (A_m \cap A_{r_m}^k).$$

Also ist $A_1 \times \cdots \times A_m \cap E_{\neq}^m$ enthalten in der von $\mathcal{Q}_{\neq}$ erzeugten σ-Algebra; diese ist also gleich der Spur-σ-Algebra $(\mathcal{B}^{\otimes m})_{E_{\neq}^m}$.

Wir haben damit nun $\Lambda^{(m)} = \Theta^m$ auf $E_{\neq}^m$ gezeigt. Nach Definition ist $\Lambda^{(m)} \equiv 0$ auf $\Delta = E^m \setminus E_{\neq}^m$. Weil Θ atomfrei ist, gilt auch $\Theta^m(\Delta) = 0$. So ist etwa

$$\Theta^m(\Delta_{12}) = \int \cdots \int \left[\int \mathbf{1}_{\Delta_{12}}(x_1, x_2, \ldots, x_m) \, d\Theta(x_1) \right] d\Theta(x_2) \cdots d\Theta(x_m)$$

$$= \int \cdots \int \Theta(\{x_2\}) \, d\Theta(x_2) \cdots d\Theta(x_m)$$

$$= 0.$$

Damit gilt $\Lambda^{(m)} = \Theta^m$ auf ganz $\mathcal{B}(E^m)$. ∎

Die Konstruktion aus dem Beweis von Satz 3.2.2 ist auch für Maße Θ mit atomaren Anteilen durchführbar; sie liefert dann einen poissonartigen Prozeß X. Allerdings gilt in diesem Fall die Eindeutigkeitsaussage nicht mehr, wie das folgende Beispiel zeigt. Deshalb erfüllen poissonartige Punktprozesse im allgemeinen auch nicht mehr die Unabhängigkeitsaussagen aus Satz 3.2.3.

Beispiel. Sei $E = \{0, 1\}$ mit der diskreten Topologie. Jedes $\eta \in \mathsf{N}$ entspricht dann einem Element $(\eta(0), \eta(1)) \in \mathbb{N}_0^2$. Mit einer reellen Zahl $c \in [-e^{-2}/2, e^{-2}/2]$ definieren wir eine Verteilung $\mathbb{P}_c$ auf $\mathbb{N}_0^2$ durch die Zähldichte

$$p(0,1) := e^{-2} + c, \qquad p(1,0) := e^{-2} - c,$$

$$p(0,2) := \frac{e^{-2}}{2} - c, \qquad p(2,0) := \frac{e^{-2}}{2} + c,$$

$$p(1,2) := \frac{e^{-2}}{2} + c, \qquad p(2,1) := \frac{e^{-2}}{2} - c$$

und

$$p(i,j) := e^{-2} \frac{1}{i!j!}$$

für alle übrigen $(i,j) \in \mathbb{N}_0^2$. Für den zugehörigen Punktprozeß X_c gilt dann

$$\mathbb{P}(X_c(\{0\}) = k) = \mathbb{P}(X_c(\{1\}) = k) = \frac{e^{-1}}{k!}$$

und

$$\mathbb{P}(X_c(\{0,1\}) = k) = e^{-2} \frac{2^k}{k!}$$

für $k = 0, 1, 2, \ldots$, unabhängig vom Parameter c. Alle Punktprozesse X_c, $c \in [-e^{-2}/2, e^{-2}/2]$, sind also poissonartig und haben verschiedene Verteilungen; sie liefern aber die gleichen Anzahlverteilungen.

Die folgende Hilfsaussage wird später benutzt.

3.2.4 Lemma. *Sei X ein Poissonprozeß in E mit Intensitätsmaß Θ. Sei $f : E \to [0,1]$ eine meßbare Funktion. Dann gilt*

$$\mathbb{E} \prod_{x \in X} f(x) = \exp\left(\int_E (f-1)\, d\Theta\right).$$

Beweis. Im Fall $\Theta \equiv 0$ ist das Produkt f.s. leer, die Behauptung also trivial. Sei daher $\Theta \not\equiv 0$. Zunächst nehmen wir an, daß $A \subset E$ eine kompakte Menge mit $\Theta(A) > 0$ ist und daß $f(x) = 1$ für $x \in E \setminus A$ gilt. Mit Satz 3.2.3(b) erhalten wir

$$\mathbb{E} \prod_{x \in X} f(x) = \mathbb{E} \prod_{x \in X \sqcup A} f(x)$$

$$= \sum_{k=0}^{\infty} \mathbb{P}(X(A) = k) \mathbb{E}\left(\prod_{x \in X \sqcup A} f(x) \mid X(A) = k\right)$$

$$= \sum_{k=0}^{\infty} e^{-\Theta(A)} \frac{\Theta(A)^k}{k!} \left(\int_A f\, d\Theta\right)^k \Theta(A)^{-k}$$

$$= \exp\left(-\Theta(A) + \int_A f\, d\Theta\right) = \exp\left(\int_A (f-1)\, d\Theta\right)$$

$$= \exp\left(\int_E (f-1)\, d\Theta\right).$$

Die allgemeine Aussage ergibt sich nun, wenn wir eine aufsteigende Folge kompakter Mengen mit Vereinigung E wählen und den Satz von der monotonen Konvergenz anwenden.   ■

3.3 Punktprozesse im euklidischen Raum

Wir untersuchen jetzt den Fall $E = \mathbb{R}^n$, betrachten also Punktprozesse X im euklidischen Raum. Das Intensitätsmaß Θ von X ist dann ein (lokalendliches) Maß auf der Borelschen σ-Algebra $\mathcal{B} = \mathcal{B}(\mathbb{R}^n)$. Wir nennen solche Punktprozesse auch gelegentlich *gewöhnliche Punktprozesse*.

Der Punktprozeß X heißt *stationär*, wenn $X \sim X + x$ für alle $x \in \mathbb{R}^n$ gilt, und *isotrop*, wenn $X \sim \vartheta X$ für alle Drehungen $\vartheta \in SO_n$ gilt. Ist X stationär, so ist Θ translationsinvariant, wie unmittelbar aus der Definition des Intensitätsmaßes folgt. Über $\mathbb{R}^n$ gibt es aber bekanntlich (bis auf Vielfache) nur ein translationsinvariantes, lokalendliches Maß, das Lebesgue-Maß λ. Also folgt

$$\Theta = \gamma\lambda$$

mit einer Konstanten $\gamma \in [0,\infty)$. Die Zahl γ heißt die *Intensität* des (stationären) Punktprozesses X. Der Fall $\gamma = 0$ bedeutet $\Theta \equiv 0$, also $X = 0$ f.s., d.h. der Punktprozeß enthält f.s. keine Punkte. Wir können deshalb bei Bedarf $\gamma > 0$ voraussetzen.

3.3.1 Satz. *Sei $\gamma \in [0,\infty)$. Dann gibt es (bis auf Äquivalenz) genau einen stationären Poissonprozeß X in $\mathbb{R}^n$ mit Intensität γ. X ist auch isotrop.*

Beweis. Weil $\Theta = \gamma\lambda$ atomfrei ist, folgt der erste Teil aus Satz 3.2.2. Da λ rotationsinvariant ist, ist auch $\Theta = \gamma\lambda$ rotationsinvariant. Für eine beliebige Drehung $\vartheta \in SO_n$ hat ϑX das Intensitätsmaß $\vartheta\Theta = \Theta$. Wegen der Eindeutigkeit der Poissonprozesse folgt $\vartheta X \sim X$, also ist X isotrop.   ■

Stationäre Poissonprozesse in $\mathbb{R}^n$ sind also automatisch isotrop. Es gibt aber stationäre Punktprozesse X in $\mathbb{R}^n$, die keine Poissonprozesse sind und die nicht isotrop sind. Natürlich gibt es auch nichtstationäre Poissonprozesse X in $\mathbb{R}^n$. Jedes lokalendliche Maß Θ über $\mathbb{R}^n$, das nicht translationsinvariant (also nicht von der Form $\gamma\lambda$) ist, liefert einen nichtstationären poissonartigen Punktprozeß X in $\mathbb{R}^n$. Wählt man Θ rotationsinvariant und mit $\Theta(\{0\}) = 0$, so ist Θ atomfrei, und der Poissonprozeß X ist isotrop.

Die Konstruktion aus dem Beweis von Satz 3.2.2 und die Aussage von Satz 3.2.3(b) können sehr gut zur Simulation eines (stationären oder nichtstationären) Poissonprozesses X verwendet werden. So bestimmt man etwa im stationären Fall, bei gegebener Intensität γ und zu einem Beobachtungsfenster W mit $\lambda(W) = 1$, zunächst eine Zufallszahl ν, die poissonverteilt zum Parameter γ ist. Ist $\nu(\omega) = k$, so werden anschließend k unabhängige Punkte $\xi_1, \ldots, \xi_k$ in W gleichverteilt (d.h. mit Verteilung $\lambda \llcorner W$) gewählt. Der so konstruierte Punktprozeß $\tilde{X}$ (der auf W konzentriert ist) hat die gleiche Verteilung wie X (eingeschränkt auf W),

$$\tilde{X} \sim X \llcorner W.$$

Die Realisierungen $\xi_1(\omega), \ldots, \xi_{\nu(\omega)}(\omega)$ von $\tilde{X}$ können daher auch als Realisierungen von X in W angesehen werden.

Ist X ein einfacher stationärer Punktprozeß in $\mathbb{R}^n$, so ist X zugleich eine stationäre, lokalendliche ZAM in $\mathbb{R}^n$. Wir können also für X die Kontaktverteilungen aus Abschnitt 1.4 betrachten. Für die sphärische Kontaktverteilungsfunktion gilt nach Definition

$$H_s(r) = \mathbb{P}(0 \in X + rB^n \mid 0 \notin X).$$

Nach Satz 1.4.6 verschwindet der Volumenanteil p von X,

$$p = \mathbb{P}(0 \in X) = 0;$$

die Bedingung $0 \notin X$ ist also f.s. erfüllt. Bezeichnen wir mit $d(\omega)$ den Abstand vom Nullpunkt 0 zum nächsten Punkt in $X(\omega)$, so folgt

$$
\begin{aligned}
H_s(r) &= 1 - \mathbb{P}(0 \notin X + rB^n) = 1 - \mathbb{P}(rB^n \cap X = \emptyset) \\
&= \mathbb{P}(X(rB^n) > 0) = \mathbb{P}(d \leq r).
\end{aligned}
$$

H_s ist also die Verteilungsfunktion von d. Im Falle eines stationären Poissonprozesses mit Intensität γ ergibt sich

$$H_s(r) = 1 - e^{-\gamma \kappa_n r^n}$$

(mit $\kappa_n := \lambda(B^n)$).

Die sphärische Kontaktverteilungsfunktion ist eine wichtige Größe für statistische Untersuchungen an stationären Punktprozessen (etwa bei der Überprüfung der Poisson-Annahme). Andere statistische Daten werden durch die Abstände der Punkte untereinander geliefert. Deshalb betrachtet man die Verteilung des Abstandes D eines „typischen" Punktes von X zu seinem nächsten Nachbarn in X. Hier ist natürlich zu klären, was Verteilungen in bezug auf einen typischen Punkt von X sein sollen. Eine Interpretation könnte darin bestehen, einen beliebigen Punkt $x \in \mathbb{R}^n$ vorzugeben und die Bedingung zu stellen, daß x zu dem Prozeß gehört. Wegen der Stationarität kann $x = 0$ gewählt werden, man möchte also $\mathbb{P}(D \leq r)$ durch

$$\mathbb{P}(D \leq r) = \mathbb{P}(X(rB^n \setminus \{0\}) > 0 \mid X(\{0\}) = 1)$$

erklären. Diese Definition ergibt aber wegen $\mathbb{P}(X(\{0\}) = 1) = 0$ keinen Sinn. Bei einem Poissonprozeß X kann man sich mit der folgenden heuristischen Überlegung behelfen. Wir ersetzen die fragliche bedingte Wahrscheinlichkeit durch den Grenzwert (für $\epsilon \to 0$) der (wohldefinierten) bedingten Wahrscheinlichkeiten $\mathbb{P}(X(rB^n \setminus \epsilon B^n) > 0 \mid X(\epsilon B^n) = 1)$. Für eine mögliche Erklärung von $\mathbb{P}(D \leq r)$ ergibt sich dann mit Satz 3.2.3(a)

$$
\begin{aligned}
\mathbb{P}(D \leq r) &= \lim_{\epsilon \to 0} \mathbb{P}(X(rB^n \setminus \epsilon B^n) > 0 \mid X(\epsilon B^n) = 1) \\
&= \lim_{\epsilon \to 0} \mathbb{P}(X(rB^n \setminus \epsilon B^n) > 0) \\
&= \lim_{\epsilon \to 0} \left(1 - e^{-\gamma \lambda (rB^n \setminus \epsilon B^n)} \right) \\
&= 1 - e^{-\gamma \kappa_n r^n} = \mathbb{P}(d \leq r),
\end{aligned}
$$

d.h. d und D haben dieselbe Verteilung.

In der Wahrscheinlichkeitstheorie werden bedingte Verteilungen, die nicht elementar definiert sind, durch eine Desintegration eingeführt. Dazu muß der zugrundeliegende Raum bestimmte topologische Bedingungen erfüllen (siehe z.B. Gänssler & Stute [1977], Abschnitt 5.3). Wir werden nun sehen, daß bei Punktprozessen ein ähnliches Vorgehen möglich ist. Wir führen dazu für einen stationären Punktprozeß X in $\mathbb{R}^n$ und einen festen Punkt $x \in \mathbb{R}^n$ die Palmsche Verteilung $\mathbb{P}^x$ ein. Wegen der Stationarität beschränken wir uns im wesentlichen auf $\mathbb{P}^0$, die Verteilung $\mathbb{P}^x$ kann dann als Bild $t_x \mathbb{P}^0$ von $\mathbb{P}^0$ unter der Translation um x erklärt werden.

Im folgenden treten Summen der Form

$$\sum_x \eta(\{x\}) f(x) \qquad \left(= \int f \, d\eta \right)$$

mit $\eta \in \mathsf{N}$ auf, wobei f eine nichtnegative reelle Funktion ist. Hier ist über die höchstens abzählbar vielen $x \in \mathbb{R}^n$ mit $\eta(\{x\}) > 0$ zu summieren. Die Summe ist also stets wohldefiniert.

Wir beginnen mit einer Aussage zur Meßbarkeit, für die wir die Stationarität noch nicht benötigen.

3.3.2 Lemma. *Sei X ein Punktprozeß in $\mathbb{R}^n$ und $f : \mathbb{R}^n \times \mathsf{N} \to \mathbb{R}$ eine nichtnegative $(\mathcal{B} \otimes \mathcal{N})$-meßbare Funktion. Dann sind die Abbildungen*

$$\varphi_1 : \omega \mapsto \sum_x X(\omega)(\{x\}) f(x, X(\omega))$$

und

$$\varphi_2 : \omega \mapsto \sum_x X(\omega)(\{x\}) f(x, X(\omega) - x)$$

meßbar.

Beweis. Weil $(x, \eta) \mapsto (x, \eta - x)$ meßbar ist, ist mit f auch $g : (x, \eta) \mapsto f(x, \eta - x)$ meßbar (und nichtnegativ). Wegen

$$\sum_x X(\omega)(\{x\}) g(x, X(\omega)) = \sum_x X(\omega)(\{x\}) f(x, X(\omega) - x)$$

genügt es daher, die Meßbarkeit von φ_1 nachzuweisen.

Dazu können wir uns wieder auf Indikatorfunktionen $f = \mathbf{1}_{B \times A}$ mit $B \in \mathcal{B}, A \in \mathcal{N}$ beschränken. Dann ist aber

$$\varphi_1(\omega) = \sum_x X(\omega)(\{x\}) \mathbf{1}_B(x) \mathbf{1}_A(X(\omega)) = X(\omega)(B) \mathbf{1}_A(X(\omega)),$$

also ist φ_1 Produkt meßbarer Größen. ■

Aufgrund des Lemmas können wir nun zwei Maße μ und $\mathbf{C}$ auf $\mathcal{B} \otimes \mathcal{N}$ definieren, indem wir für $\tilde{A} \in \mathcal{B} \otimes \mathcal{N}$

$$\mu(\tilde{A}) := \mathbb{E} \sum_x X(\{x\}) \mathbf{1}_{\tilde{A}}(x, X - x)$$

und

$$\mathbf{C}(\tilde{A}) := \mathbb{E} \sum_x X(\{x\}) \mathbf{1}_{\tilde{A}}(x, X)$$

setzen. Die σ-Additivität folgt hierbei aus dem Satz von der monotonen Konvergenz. Damit ist $\mathbf{C}$ das Bildmaß von μ unter $(x, \eta) \mapsto (x, \eta + x)$ (und μ ist das Bildmaß von $\mathbf{C}$ unter $(x, \eta) \mapsto (x, \eta - x)$). Das Maß $\mathbf{C}$ heißt *Campbellsches Maß* von X. Speziell ist

$$\mathbf{C}(B \times A) = \mathbb{E}[X(B) \mathbf{1}_A(X)]$$

für $B \in \mathcal{B}, A \in \mathcal{N}$. Aus der Definition von $\mathbf{C}$ (und Lemma 3.3.2) ergibt sich durch monotone Konvergenz sofort die folgende Verallgemeinerung des Satzes von Campbell

$$\mathbb{E} \sum_x X(\{x\}) f(x, X) = \int_{\mathbb{R}^n \times \mathsf{N}} f(x, \eta) \, d\mathbf{C}(x, \eta), \tag{3.3}$$

wenn $f : \mathbb{R}^n \times \mathbb{N} \to \mathbb{R}$ eine nichtnegative meßbare Funktion ist.

Nun zeigen wir, daß sich die Maße μ und $\mathbf{C}$ im stationären Fall zerlegen lassen.

3.3.3 Satz. *Sei X ein stationärer Punktprozeß in $\mathbb{R}^n$ mit Intensität $\gamma > 0$. Dann gilt*

$$\mu = \gamma \lambda \otimes \mathbb{P}^0$$

mit einem (eindeutig bestimmten) Wahrscheinlichkeitsmaß $\mathbb{P}^0$ auf $\mathcal{N}$. Für $B \in \mathcal{B}$ und $\mathcal{A} \in \mathcal{N}$ gilt

$$\mathbf{C}(B \times \mathcal{A}) = \gamma \int_B \mathbb{P}^0(\mathcal{A} - x)\, d\lambda(x).$$

Beweis. Seien $B \in \mathcal{B}$, $\mathcal{A} \in \mathcal{N}$ und $y \in \mathbb{R}^n$ gegeben. Wegen der Stationarität von X gilt dann

$$
\begin{aligned}
\mu((B + y) \times \mathcal{A}) &= \mathbb{E} \sum_x X(\{x\}) \mathbf{1}_{B+y}(x) \mathbf{1}_{\mathcal{A}}(X - x) \\
&= \mathbb{E} \sum_x (X - y)(\{x\}) \mathbf{1}_B(x) \mathbf{1}_{\mathcal{A}}(X - y - x) \\
&= \mathbb{E} \sum_x X(\{x\}) \mathbf{1}_B(x) \mathbf{1}_{\mathcal{A}}(X - x) \\
&= \mu(B \times \mathcal{A}).
\end{aligned}
$$

Das Maß μ ist also in der ersten Komponente translationsinvariant (und lokalendlich). Wegen der Eindeutigkeit des Lebesgue-Maßes folgt $\mu(B \times \mathcal{A}) = \alpha(\mathcal{A})\lambda(B)$ mit einem Faktor $\alpha(\mathcal{A})$. Wegen

$$\mu(B \times \mathbb{N}) = \mathbb{E} \sum_x X(\{x\}) \mathbf{1}_B(x) = \mathbb{E} X(B) = \gamma \lambda(B)$$

für jede Borelmenge $B \in \mathcal{B}$ ergibt sich mit $\mathbb{P}^0 := \gamma^{-1}\mu(C^n \times \cdot)$ die Produktdarstellung von μ (dabei ist $C^n = [0,1]^n$ der Einheitswürfel).

Die Darstellung für $\mathbf{C}$ erhält man durch Anwenden der Abbildung $(x, \eta) \to (x, \eta + x)$. ∎

Das W-Maß $\mathbb{P}^0$ heißt die *Palmsche Verteilung* von X. Aus Satz 3.3.3 und der Definition von μ ergibt sich eine einfache Darstellung von $\mathbb{P}^0$, die wir als Korollar festhalten wollen.

3.3.4 Korollar. *Sei X ein stationärer Punktprozeß in $\mathbb{R}^n$. Für eine beliebige Borelmenge $B \in \mathcal{B}$ mit $\lambda(B) = 1$ und alle $\mathcal{A} \in \mathcal{N}$ gilt*

$$\gamma \mathbb{P}^0(\mathcal{A}) = \mathbb{E} \sum_x X(\{x\}) \mathbf{1}_B(x) \mathbf{1}_{\mathcal{A}}(X - x).$$

Allgemeiner können wir mit einer beliebigen Borelmenge $B \in \mathcal{B}$ mit $0 < \lambda(B) < \infty$ die Palmsche Verteilung auch in der Form

$$\mathbb{P}^0(\mathcal{A}) = \frac{\mathbb{E}\sum_{x \in B} X(\{x\})1_{\mathcal{A}}(X - x)}{\mathbb{E}\sum_{x \in B} X(\{x\})} \qquad (3.4)$$

schreiben und damit als Quotienten von Intensitäten darstellen.

Mit der Palmschen Verteilung läßt sich die Verallgemeinerung (3.3) des Campbellschen Satzes im stationären Fall noch vereinfachen.

3.3.5 Satz (Verfeinerter Satz von Campbell). *Sei X ein stationärer Punktprozeß in $\mathbb{R}^n$ und $f : \mathbb{R}^n \times \mathsf{N} \to \mathbb{R}$ eine nichtnegative meßbare Funktion. Dann ist $\sum_x X(\{x\})f(x, X)$ meßbar, und es gilt*

$$\mathbb{E}\sum_x X(\{x\})f(x, X) = \gamma \int_{\mathbb{R}^n} \int_{\mathsf{N}} f(x, \eta + x)\, d\mathbb{P}^0(\eta)\, d\lambda(x).$$

Beweis. Die Meßbarkeit hatten wir schon in Lemma 3.3.2 gezeigt. Die weitere Aussage folgt aus (3.3), wenn man die Zerlegung von $\mathbf{C}$ heranzieht. ∎

Für $x \in \mathbb{R}^n$ setzen wir nun $\mathbb{P}^x := t_x\mathbb{P}^0$. Dann ergibt sich aus Satz 3.3.3 die Darstellung

$$\mathbf{C}(B \times \mathcal{A}) = \gamma \int_B \mathbb{P}^x(\mathcal{A})\, d\lambda(x) = \int_B \mathbb{P}^x(\mathcal{A})\, d\Theta(x); \qquad (3.5)$$

die Familie $\{\mathbb{P}^x : x \in \mathbb{R}^n\}$ stellt also eine Desintegration des Campbellschen Maßes $\mathbf{C}$ bezüglich des Intensitätsmaßes dar. Da man im klassischen Fall reeller (oder vektorwertiger) Zufallsgrößen (reguläre) bedingte Wahrscheinlichkeiten durch eine Desintegration der Verteilung definiert (vgl. Gänssler & Stute [1977], Abschnitt 5.3), liegt die Interpretation von $\mathbb{P}^x$ als bedingte Verteilung $\mathbb{P}(X \in \cdot \mid X(\{x\}) > 0)$ nahe.

Wenn der Punktprozeß ergodisch ist (einige Ergodenaussagen behandeln wir in Abschnitt 5.2), können wir die Interpretation von $\mathbb{P}^0$ noch etwas präziser fassen. In Verallgemeinerung von (3.4) gilt dann $\mathbb{P}$-f.s.

$$\mathbb{P}^0(\mathcal{A}) = \lim_{r \to \infty} \frac{\sum_{x \in rB^n} X(\{x\})1_{\mathcal{A}}(X - x)}{\sum_{x \in rB^n} X(\{x\})}. \qquad (3.6)$$

Betrachten wir speziell einen einfachen Prozeß X, so gibt also $\mathbb{P}^0$ die asymptotische Verteilung (für $r \to \infty$) von $X - \xi$ an, wenn ξ ein zufällig aus $X \cap rB^n$ herausgegriffener Punkt ist. Deshalb spricht man in der Interpretation von

$\mathbb{P}^x$ vom „typischen" Punkt x des Prozesses. Auch die Desintegrationsaussage (3.5) läßt sich im ergodischen Fall noch etwas variieren. Es gilt dann

$$\mathbb{P}_X(\mathcal{A}) = \lim_{r \to \infty} \frac{1}{\lambda(rB^n)} \int_{rB^n} \mathbb{P}^x(\mathcal{A}) \, d\lambda(x), \qquad (3.7)$$

und die schon erwähnte Verbindung der Palmschen Verteilung zu (regulären) bedingten Wahrscheinlichkeiten wird noch deutlicher. Die Beziehung (3.7) ergibt sich aus (3.5) und der Definition des Campbellschen Maßes, weil im ergodischen Fall $\mathbb{P}$-f.s.

$$\lim_{r \to \infty} \frac{1}{\lambda(rB^n)} \sum_x X(\{x\}) \mathbf{1}_{rB^n}(x) = \gamma$$

gilt (das ist ein Spezialfall des später bewiesenen Satzes 5.2.3). Für weitere Details (und einen Beweis von (3.6)) verweisen wir auf König & Schmidt [1992], Kapitel 12.

Die Palmsche Verteilung kann auch verwendet werden, um das zweite Momentenmaß vereinfacht darzustellen. Sei X ein einfacher stationärer Punktprozeß in $\mathbb{R}^n$. Mit seiner Palmschen Verteilung $\mathbb{P}^0$ und Intensität $\gamma > 0$ definiert man durch

$$\gamma \mathbb{K}(A) := \int_N \eta(A \setminus \{0\}) \, d\mathbb{P}^0(\eta), \qquad A \in \mathcal{B},$$

das *reduzierte zweite Momentenmaß* $\mathbb{K}$; es werde als lokalendlich vorausgesetzt. Für das zweite faktorielle Momentenmaß von X ergibt sich dann mit Satz 3.3.5 für $A_1, A_2 \in \mathcal{B}$

$$
\begin{aligned}
\Lambda^{(2)}(A_1 \times A_2) &= \mathbb{E} \sum_{(x,y) \in X_{\neq}^2} \mathbf{1}_{A_1}(x) \mathbf{1}_{A_2}(y) \\
&= \mathbb{E} \sum_{x \in X} \mathbf{1}_{A_1}(x) X(A_2 \setminus \{x\}) \\
&= \gamma \int_{\mathbb{R}^n} \int_N \mathbf{1}_{A_1}(x) \eta((A_2 - x) \setminus \{0\}) \, d\mathbb{P}^0(\eta) \, d\lambda(x) \\
&= \gamma^2 \int_{A_1} \mathbb{K}(A_2 - x) \, d\lambda(x) \\
&= \gamma^2 \int_{A_1} \int_{\mathbb{R}^n} \mathbf{1}_{A_2}(x + t) \, d\mathbb{K}(t) \, d\lambda(x).
\end{aligned}
$$

Mit (3.1) erhält man also für das zweite Momentenmaß von X die Darstellung

$$\Theta^{(2)}(A_1 \times A_2) = \Theta(A_1 \cap A_2) + \gamma^2 \int_{\mathbb{R}^n} \int_{\mathbb{R}^n} \mathbf{1}_{A_1}(x) \mathbf{1}_{A_2}(x + t) \, d\lambda(x) \, d\mathbb{K}(t),$$

in der nur Maße auf $\mathcal{B}$ vorkommen.

Für stationäre Poissonprozesse X zeigen wir jetzt eine Darstellung von $\mathbb{P}^0$, die uns später noch nützlich sein wird. Dabei ist es zweckmäßig, für einfache Punktprozesse wieder die Identifizierung von X mit dem Träger $\operatorname{supp} X$ vorzunehmen und dementsprechend auch die Palmsche Verteilung $\mathbb{P}^0$ von X als Maß auf $\mathcal{B}(\mathcal{F})$ zu interpretieren. Wir identifizieren also $\mathbb{P}^0$ mit seinem Bildmaß unter der bijektiven, meßbaren Abbildung $i_e : \mathsf{N}_e \to \mathcal{F}_{le}$ (vgl. Satz 3.1.2), ohne dafür eine neue Bezeichnung einzuführen, und fassen es als Maß auf $\mathcal{B}(\mathcal{F})$ auf.

3.3.6 Satz (Satz von Slivnyak). *Für einen stationären Poissonprozeß X in $\mathbb{R}^n$ gilt*

$$\mathbb{P}^0(\mathcal{A}) = \mathbb{P}(X \cup \{0\} \in \mathcal{A})$$

für alle $\mathcal{A} \in \mathcal{B}(\mathcal{F})$.

Beweis. Durch die rechte Seite wird ein W-Maß $\mathbb{Q}^0$ auf $\mathcal{B}(\mathcal{F})$ definiert, es ist also $\mathbb{P}^0 = \mathbb{Q}^0$ zu zeigen. Wir betrachten zunächst Mengen $\mathcal{A}$ der Form $\mathcal{F}^C$ mit $C \in \mathcal{C}$. Sei $B \in \mathcal{B}$. Mit Verwendung der Stationarität und der Unabhängigkeitseigenschaften des Poissonprozesses X erhalten wir

$$
\begin{aligned}
\gamma \int_B \mathbb{Q}^0(\mathcal{F}^C - x)\, d\lambda(x) &= \gamma \int_B \mathbb{P}((X \cup \{x\}) \cap C = \emptyset)\, d\lambda(x) \\
&= \gamma \int_{B \setminus C} \mathbb{P}(X \cap C = \emptyset)\, d\lambda(x) \\
&= \mathbb{P}(X \cap C = \emptyset)\, \gamma\, \lambda(B \setminus C) \\
&= \mathbb{E}[X(B \setminus C)\mathbf{1}_{\mathcal{F}^C}(X)] \\
&= \mathbb{E}[X(B)\mathbf{1}_{\mathcal{F}^C}(X)] \\
&= \mathbf{C}\left(B \times \mathcal{F}^C\right).
\end{aligned}
$$

Mit Satz 3.3.3 ergibt sich daher

$$\gamma \int_B \mathbb{Q}^0(\mathcal{F}^C - x)\, d\lambda(x) = \mathbf{C}(B \times \mathcal{F}^C) = \gamma \int_B \mathbb{P}^0(\mathcal{F}^C - x)\, d\lambda(x).$$

Die Gleichung

$$\int_{\mathbb{R}^n} \int_{\mathcal{F}} f(x, F + x)\, d\mathbb{Q}^0(F)\, d\lambda(x) = \int_{\mathbb{R}^n} \int_{\mathcal{F}} f(x, F + x)\, d\mathbb{P}^0(F)\, d\lambda(x) \quad (3.8)$$

gilt also für $f = \mathbf{1}_{B \times \mathcal{F}^C}$ mit $B \in \mathcal{B}$ und $C \in \mathcal{C}$. Das System aller $\mathcal{A} \in \mathcal{B}(\mathcal{F})$, für die (3.8) mit $f = \mathbf{1}_{B \times \mathcal{A}}$ gilt, ist ein Dynkin-System. Es enthält

$\{\mathcal{F}^C : C \in \mathcal{C}\}$, also nach Lemma 1.3.1 ein $\cap$-stabiles Erzeugendensystem von $\mathcal{B}(\mathcal{F})$. Folglich gilt (3.8) für $f = \mathbf{1}_{B \times \mathcal{A}}$ mit $B \in \mathcal{B}$ und $\mathcal{A} \in \mathcal{B}(\mathcal{F})$ und somit für alle meßbaren, nichtnegativen Funktionen $f : \mathbb{R}^n \times \mathcal{F} \to \mathbb{R}$. Speziell für $f(x, F) := \mathbf{1}_{C^n \times \mathcal{A}}(x, F - x)$ mit $\mathcal{A} \in \mathcal{B}(F)$ ergibt sich $\mathbb{Q}^0(\mathcal{A}) = \mathbb{P}^0(\mathcal{A})$, also ist $\mathbb{Q}^0 = \mathbb{P}^0$. ∎

Mit dem Satz von Slivnyak erhalten wir für die sphärische Kontaktverteilungsfunktion des Poissonprozesses X

$$
\begin{aligned}
\mathbb{P}(d \leq r) &= \mathbb{P}(d(0, (X \cup \{0\}) \setminus \{0\}) \leq r) \\
&= \mathbb{P}^0(\{F \in \mathcal{F}_{le} : d(0, F \setminus \{0\}) \leq r\}) \\
&= \lim_{s \to \infty} \frac{\operatorname{card}\{x \in X \cap sB^n : d(x, X \setminus \{x\}) \leq r\}}{\operatorname{card}(X \cap sB^n)} \\
&= : F(r),
\end{aligned}
$$

wobei die vorletzte Gleichung nach (3.6) (und Abschnitt 5.2) $\mathbb{P}$-f.s. gilt. Interpretiert man die Verteilungsfunktion F als Verteilungsfunktion des Abstandes D eines typischen Punktes von X zu seinem nächsten Nachbarn in X, so ergibt sich die vorher schon heuristisch begründete Tatsache, daß d und D die gleiche Verteilung besitzen.

3.4 Markierte Punktprozesse

Die Konstruktion der Palmschen Verteilung im letzten Abschnitt nutzte aus, daß die Gruppe der Translationen auf $\mathbb{R}^n$ operiert. Diese Vorgehensweise läßt sich auf die Situation verallgemeinern, daß der Grundraum Produktstruktur hat, wobei der $\mathbb{R}^n$ einer der Faktoren ist.

Sei also nun $E = \mathbb{R}^n \times M$, wo M ein lokalkompakter Raum mit abzählbarer Basis ist und E die Produkttopologie trägt. Für eine Translation $t_x, x \in \mathbb{R}^n$, und $(y, m) \in E$ sei

$$
t_x(y, m) := (t_x y, m).
$$

Wir lassen die Translationen also nur auf der ersten Komponente in E operieren. Die Abbildung $t_x : (y, m) \mapsto t_x(y, m)$ ist stetig, und wir definieren $\eta + x$ für ein Maß η über E wieder als Bildmaß unter t_x. Dann ist mit X auch $X + x$ ein Punktprozeß in $\mathbb{R}^n \times M$.

Wir nennen einen einfachen Punktprozeß X in $E = \mathbb{R}^n \times M$, der

$$
\Theta(C \times M) < \infty \qquad \text{für alle } C \in \mathcal{C} \tag{3.9}
$$

erfüllt, einen *markierten Punktprozeß* in $\mathbb{R}^n$ mit Markenraum M. Durch die Projektion $(y, m) \mapsto y$ wird X auf einen gewöhnlichen Punktprozeß X^0 abgebildet; er wird im folgenden als der *unmarkierte Punktprozeß* von X bezeichnet. Bei einem markierten Punktprozeß stellen wir uns das Paar (y, m) als Punkt $y \in \mathbb{R}^n$ vor, der mit einer Marke $m \in M$ versehen ist. Die Motivation für diese Begriffsbildung liegt darin, daß man in den Marken zusätzliche Informationen zusammenfassen kann. In einem Anwendungsbeispiel könnte ein Punktprozeß etwa die Standorte von Bäumen in einem zufällig herausgegriffenen Waldstück beschreiben, und interessierende Angaben wie Höhe, Stammumfang, Alter, Gesundheitszustand der Bäume kann man den einzelnen Punkten als Marken zuordnen. Im einfachsten Fall bestehen die Marken aus reellen Zahlen oder Tupeln reeller Zahlen. Auch eine Kollektion zufälliger Kugeln läßt sich beispielsweise als markierter Punktprozeß auffassen, wenn die Kugeln durch Mittelpunkt und Radius beschrieben werden. Ersetzt man die Kugeln durch allgemeinere konvexe Körper, so wird man auf kompliziertere Markenräume geführt. Wir werden solche markierten Punktprozesse im nächsten Kapitel (im Rahmen der geometrischen Prozesse) wieder aufgreifen.

Mittels der Abbildung

$$e: \quad N(\mathbb{R}^n) \quad \to \quad N_e(\mathbb{R}^n \times \mathbb{N})$$
$$\eta \quad \mapsto \quad \sum_{x \in \text{supp } \eta} \delta_{(x, \eta(\{x\}))}$$

kann jeder Punktprozeß in $\mathbb{R}^n$ als markierter Punktprozeß mit Markenraum $\mathbb{N}$, und damit als einfacher Prozeß, dargestellt werden.

Im folgenden interessieren wir uns überwiegend für markierte Punktprozesse X in $\mathbb{R}^n$, die *stationär* sind, das heißt

$$X \sim X + x$$

für alle $x \in \mathbb{R}^n$ erfüllen.

Für stationäre markierte Punktprozesse ergibt sich nun eine Zerlegung des Intensitätsmaßes Θ:

3.4.1 Satz. *Für einen stationären markierten Punktprozeß X in $\mathbb{R}^n$ mit Markenraum M und $\Theta \not\equiv 0$ gilt*

$$\Theta = \gamma \lambda \otimes \mathbb{Q}$$

mit einer Zahl $0 < \gamma < \infty$ und einem (eindeutig bestimmten) Wahrscheinlichkeitsmaß $\mathbb{Q}$ über M.

Beweis. Sei $A \subset M$ eine Borelmenge. Dann wird durch

$$\mu_A(B) := \Theta(B \times A), \qquad B \in \mathcal{B},$$

ein lokalendliches Maß μ_A über $\mathbb{R}^n$ definiert, das wegen der für jedes $x \in \mathbb{R}^n$ gültigen Gleichungen

$$\mu_A(t_x B) = \mathbb{E}\, X(t_x B \times A) = \mathbb{E}\, t_{-x} X(B \times A) = \mu_A(B)$$

translationsinvariant ist, also die Form $\mu_A = c(A)\lambda$ hat mit $0 \leq c(A) < \infty$. Wegen $c(A) = \Theta(C^n \times A)$ ist c ein Maß, und für $\gamma := c(M)$ gilt $0 < \gamma < \infty$. Mit $\mathbb{Q} := \gamma^{-1}c$ ist also

$$\Theta(B \times A) = \gamma(\lambda \otimes \mathbb{Q})(B \times A)$$

für alle $B \in \mathcal{B}, A \in \mathcal{B}(M)$, woraus sich die Behauptung ergibt. ∎

Wir nennen γ wieder die *Intensität* des markierten Punktprozesses X, und $\mathbb{Q}$ heißt *Markenverteilung*. Diese Bezeichnung liegt nahe, denn nach dem Campbellschen Satz ist

$$\mathbb{Q}(A) = \frac{1}{\gamma}\mathbb{E} \sum_{(y,m) \in X} \mathbf{1}_B(y)\mathbf{1}_A(m) \qquad (3.10)$$

für $B \in \mathcal{B}$ mit $\lambda(B) = 1$ und $A \in \mathcal{B}(M)$.

Ist X stationär, so ist der unmarkierte Prozeß X^0 ein gewöhnlicher stationärer Punktprozeß, dessen Intensität gerade γ ist. Eine mögliche Konstruktion (und Simulation) stationärer markierter Punktprozesse besteht darin, zunächst einen stationären Punktprozeß X^0 in $\mathbb{R}^n$ mit Intensität γ zu erzeugen und dann die Punkte $y \in X^0$ unabhängig mit zufälligen Marken m zu versehen, die nach $\mathbb{Q}$ verteilt sind. Man erhält so aber nur eine spezielle Klasse von markierten Punktprozessen, die unabhängig markierten Prozesse; wir werden sie im Verlauf dieses Abschnitts noch genauer studieren.

Die Konstruktion einer Palmschen Verteilung kann nun ähnlich vorgenommen werden wie im letzten Abschnitt. Der Grundraum $\mathbb{R}^n$ muß dabei durch $\mathbb{R}^n \times M$ ersetzt werden. Es sei X ein stationärer markierter Punktprozeß in $\mathbb{R}^n$ mit Markenraum M. Wir erklären das *Campbellsche Maß* von X jetzt durch

$$\mathrm{C}(\tilde{A}) := \mathbb{E} \sum_{(y,m) \in X} \mathbf{1}_{\tilde{A}}(y, m, X)$$

für $\tilde{A} \in \mathcal{B} \otimes \mathcal{B}(M) \otimes \mathcal{N}_e(\mathbb{R}^n \times M)$. Insbesondere ist also

$$\mathrm{C}(B \times A \times \mathcal{A}) = \mathbb{E}[X(B \times A)\mathbf{1}_{\mathcal{A}}(X)]$$

für $B \in \mathcal{B}$, $A \in \mathcal{B}(M)$, $\mathcal{A} \in \mathcal{N}_e(\mathbb{R}^n \times M)$. Im folgenden Satz fassen wir die Satz 3.3.3 und Korollar 3.3.4 entsprechenden Aussagen zusammen; der Beweis überträgt sich sinngemäß (man beachte die Voraussetzung (3.9)).

3.4.2 Satz. *Sei X ein stationärer markierter Punktprozeß in $\mathbb{R}^n$ mit Markenraum M und Intensität $\gamma > 0$. Dann gibt es ein eindeutig bestimmtes Wahrscheinlichkeitsmaß $\mathbb{P}^0$ auf $\mathcal{B}(M) \otimes \mathcal{N}_e(\mathbb{R}^n \times M)$ mit*

$$\mathbf{C}(B \times A \times \mathcal{A}) = \gamma \int_B \mathbb{P}^0(A \times (\mathcal{A} - y)) \, d\lambda(y) \qquad (3.11)$$

für $B \in \mathcal{B}$, $A \in \mathcal{B}(M)$, $\mathcal{A} \in \mathcal{N}_e(\mathbb{R}^n \times M)$ und

$$\gamma \mathbb{P}^0(\tilde{\mathcal{A}}) = \mathbb{E} \sum_{(y,m) \in X} \mathbf{1}_B(y) \mathbf{1}_{\tilde{\mathcal{A}}}(m, X - y)$$

für alle $B \in \mathcal{B}$ mit $\lambda(B) = 1$ und alle $\tilde{\mathcal{A}} \in \mathcal{B}(M) \otimes \mathcal{N}_e(\mathbb{R}^n \times M)$.

Das W-Maß $\mathbb{P}^0$ heißt wieder *Palmsche Verteilung* des markierten Punktprozesses X. Ähnlich wie im vorigen Abschnitt können wir $\mathbb{P}^0(A \times \cdot)$ für $A \in \mathcal{B}(M)$ interpretieren als bedingte Verteilung von X unter der Bedingung, daß im Nullpunkt ein Punkt von X (genauer ein $y \in X^0$) mit Marke in A liegt.

Wegen

$$\gamma \mathbb{P}^0(A \times \mathsf{N}_e(\mathbb{R}^n \times M)) = \mathbf{C}(B \times A \times \mathsf{N}_e(\mathbb{R}^n \times M)) = \Theta(B \times A) = \gamma \mathbb{Q}(A)$$

für $A \in \mathcal{B}(M)$ und $B \in \mathcal{B}$ mit $\lambda(B) = 1$ ist die Markenverteilung $\mathbb{Q}$ die Projektion der Palmschen Verteilung $\mathbb{P}^0$ auf die erste Komponente.

Es gilt wieder eine Verfeinerung des Campbellschen Satzes, ebenfalls mit analogem Beweis.

3.4.3 Satz (Verfeinerter Satz von Campbell). *Sei X ein stationärer markierter Punktprozeß in $\mathbb{R}^n$ mit Markenraum M und Intensität $\gamma > 0$, sei $f : \mathbb{R}^n \times M \times \mathsf{N}_e(\mathbb{R}^n \times M) \to \mathbb{R}$ eine nichtnegative meßbare Funktion. Dann ist $\sum_{(y,m) \in X} f(y, m, X)$ meßbar, und es gilt*

$$\mathbb{E} \sum_{(y,m) \in X} f(y, m, X) = \gamma \int_{\mathbb{R}^n} \int_{M \times \mathsf{N}_e(\mathbb{R}^n \times M)} f(y, m, \eta + y) \, d\mathbb{P}^0(m, \eta) \, d\lambda(y).$$

Wie (3.11) zeigt, kann die Palmsche Verteilung $\mathbb{P}^0$ auch hier durch eine Desintegration (mit anschließender Normierung) des Campbellschen Maßes $\mathbf{C}$ erhalten werden. Wir können aber noch einen Schritt weiter gehen und auch

$\mathbb{P}^0$ nochmals (bezüglich der Markenverteilung $\mathbb{Q}$) desintegrieren. Dazu beachten wir, daß für festes $\mathcal{A} \in \mathcal{N}_e(\mathbb{R}^n \times M)$ das Maß $\mathbb{P}^0(\cdot \times \mathcal{A})$ über M totalstetig zu $\mathbb{Q}$ ist. Ist nämlich $\mathbb{Q}(A) = 0$ für $A \in \mathcal{B}(M)$, so ist für $B \in \mathcal{B}$ mit $\lambda(B) = 1$ wegen Satz 3.4.1 auch $\Theta(B \times A) = 0$, also nach Satz 3.4.2

$$\gamma \mathbb{P}^0(A \times \mathcal{A}) \;=\; \mathbb{E} \sum_{(y,m) \in X} 1_B(y) 1_{A \times \mathcal{A}}(m, X - y)$$

$$\leq \; \mathbb{E} \sum_{(y,m) \in X} 1_B(y) 1_A(m)$$

$$=\; \Theta(B \times A) = 0.$$

Der Satz von Radon-Nikodym liefert also eine Dichte $g_{\mathcal{A}}^0$ von $\mathbb{P}^0(\cdot \times \mathcal{A})$ bezüglich $\mathbb{Q}$.

Mittels der bijektiven Abbildung

$$i_e : \mathsf{N}_e(\mathbb{R}^n \times M) \to \mathcal{F}_{le}(\mathbb{R}^n \times M)$$

können wir das Maß $\mathbb{P}^0$ als W-Maß über $M \times \mathcal{F}(\mathbb{R}^n \times M)$ ansehen (vgl. Satz 3.1.2). Dieser Raum ist lokalkompakt und hat eine abzählbare Basis, weil M nach Voraussetzung und $\mathcal{F}(\mathbb{R}^n \times M)$ nach Satz 2.1.2 diese Eigenschaften haben. Die topologischen Voraussetzungen zur Anwendung eines bekannten Existenz- und Eindeutigkeitssatzes für reguläre bedingte Wahrscheinlichkeiten sind damit erfüllt (für diese Aussagen verweisen wir auf Gänssler & Stute [1977], Abschnitt 5.3). Damit existiert also eine reguläre Version $m \mapsto g_{\mathcal{A}}^0(m)$ der Dichte, das heißt

$$\mathbb{P}^{0,m}(\mathcal{A}) := g_{\mathcal{A}}^0(m)$$

ist für $\mathbb{Q}$-fast alle $m \in M$ ein W-Maß über $\mathcal{F}(\mathbb{R}^n \times M)$ (das auf $\mathcal{F}_{le}(\mathbb{R}^n \times M)$ konzentriert ist). Um die Darstellung in diesem Abschnitt einheitlich zu gestalten, fassen wir $\mathbb{P}^{0,m}$ wieder als Maß auf $\mathcal{N}_e(\mathbb{R}^n \times M)$ auf. Wir bezeichnen die so entstandene Familie $(\mathbb{P}^{0,m})_{m \in M}$ auch als *reguläre Familie*. (Die Abbildung $(m, \mathcal{A}) \mapsto \mathbb{P}^{0,m}(\mathcal{A})$ hat die Eigenschaften, durch die üblicherweise *Übergangswahrscheinlichkeiten* oder *Markoffsche Kerne* definiert werden.) Wir erhalten somit die folgende Aussage.

3.4.4 Satz. *Es existiert eine reguläre Familie* $(\mathbb{P}^{0,m})_{m \in M}$ *von Wahrscheinlichkeitsmaßen auf* $\mathcal{N}_e(\mathbb{R}^n \times M)$*, die*

$$\mathbb{P}^0(A \times \mathcal{A}) = \int_A \mathbb{P}^{0,m}(\mathcal{A}) \, d\mathbb{Q}(m)$$

für alle $A \in \mathcal{B}(M)$*,* $\mathcal{A} \in \mathcal{N}_e(\mathbb{R}^n \times M)$ *erfüllt. Die Familie* $(\mathbb{P}^{0,m})_{m \in M}$ *ist, abgesehen von einer* $\mathbb{Q}$*-Nullmenge, eindeutig bestimmt.*

Wir werden auch das Maß $\mathbb{P}^{0,m}$ eine *Palmsche Verteilung* nennen und dies interpretieren als Verteilung von X unter der Bedingung $(0, m) \in X$, das heißt unter der Bedingung, daß im Nullpunkt ein Punkt von X^0 mit Marke m liegt.

Indem wir Satz 3.4.4 auf Satz 3.4.3 anwenden, erhalten wir (mit dem Satz von Fubini für Übergangswahrscheinlichkeiten) noch eine weitere Version des Campbellschen Satzes.

3.4.5 Korollar (Verfeinerter Satz von Campbell). *Sei X ein stationärer markierter Punktprozeß in $\mathbb{R}^n$ mit Markenraum M und Intensität $\gamma > 0$, sei $f : \mathbb{R}^n \times M \times \mathsf{N}_e(\mathbb{R}^n \times M) \to \mathbb{R}$ eine nichtnegative meßbare Funktion. Dann ist $\sum_{(y,m) \in X} f(y, m, X)$ meßbar, und es gilt*

$$\mathbb{E} \sum_{(y,m) \in X} f(y, m, X)$$

$$= \gamma \int_{\mathbb{R}^n} \int_M \int_{\mathsf{N}_e(\mathbb{R}^n \times M)} f(y, m, \eta + y) \, d\mathbb{P}^{0,m}(\eta) \, d\mathbb{Q}(m) \, d\lambda(y).$$

Wir gehen nun auf eine wichtige Teilklasse der markierten Punktprozesse ein. Der Begriff der Markenverteilung läßt sich bei markierten Punktprozessen ohne die Voraussetzung der Stationarität im allgemeinen nicht mehr sinnvoll formulieren, wohl aber, wenn wir geeignete Unabhängigkeitsforderungen stellen. Nach Lemma 3.1.7 kann ein markierter Punktprozeß X in $\mathbb{R}^n$ mit Markenraum M auch in der Form

$$X = \sum_{i=1}^{\tau} \delta_{(\xi_i, \mu_i)} \tag{3.12}$$

dargestellt werden; dabei ist $(\xi_i, \mu_i)_{i \in \mathbb{N}}$ eine Folge von Zufallsvariablen in $\mathbb{R}^n \times M$ und $\tau := X(\mathbb{R}^n \times M) = X^0(\mathbb{R}^n)$. Der markierte Punktprozeß X heißt nun *unabhängig markiert*, wenn eine Darstellung (3.12) existiert, so daß die zufälligen Marken $\mu_1, \mu_2, \ldots$ unabhängig und identisch verteilt sind sowie unabhängig von $((\xi_i)_{i \in \mathbb{N}}, \tau)$. Die Verteilung $\mathbb{Q}$ der μ_i heißt dann die *Markenverteilung* von X. Der folgende Satz zeigt, daß die Markenverteilung eines unabhängig markierten Punktprozesses X nicht von der speziellen Darstellung (3.12) abhängt und daß $\mathbb{Q}$ im stationären Fall mit der durch Satz 3.4.1 definierten Markenverteilung übereinstimmt.

3.4.6 Satz. *Sei X ein unabhängig markierter Punktprozeß in $\mathbb{R}^n$ mit Intensitätsmaß Θ und Markenverteilung $\mathbb{Q}$. Dann gilt*

$$\Theta = \vartheta \otimes \mathbb{Q},$$

wo ϑ das Intensitätsmaß des unmarkierten Punktprozesses X^0 ist.

Beweis. Sei M der Markenraum von X. Wir setzen $X(\mathbb{R}^n \times M) =: \tau \in \mathbb{N}_0 \cup \{\infty\}$. Für $B \in \mathcal{B}(\mathbb{R}^n)$ und $A \in \mathcal{B}(M)$ gilt wegen der vorausgesetzten Unabhängigkeitseigenschaften

$$\Theta(B \times A) = \mathbb{E} \sum_{i=1}^{\tau} \delta_{(\xi_i,\mu_i)}(B \times A)$$

$$= \sum_{k \in \mathbb{N}_0 \cup \{\infty\}} \mathbb{E} \left[\mathbf{1}_{\{k\}}(\tau) \sum_{i=1}^{k} \delta_{(\xi_i,\mu_i)}(B \times A) \right]$$

$$= \sum_{k \in \mathbb{N}_0 \cup \{\infty\}} \sum_{i=1}^{k} \mathbb{E} \left[\mathbf{1}_{\{k\}}(\tau) \mathbf{1}_B(\xi_i) \mathbf{1}_A(\mu_i) \right]$$

$$= \sum_{k \in \mathbb{N}_0 \cup \{\infty\}} \sum_{i=1}^{k} \mathbb{E} \left[\mathbf{1}_{\{k\}}(\tau) \mathbf{1}_B(\xi_i) \right] \mathbb{E} \left[\mathbf{1}_A(\mu_i) \right]$$

$$= \mathbb{Q}(A) \sum_{k \in \mathbb{N}_0 \cup \{\infty\}} \mathbb{E} \left[\mathbf{1}_{\{k\}}(\tau) \sum_{i=1}^{k} \delta_{\xi_i}(B) \right]$$

$$= \mathbb{Q}(A)\vartheta(B) = (\vartheta \otimes \mathbb{Q})(B \times A).$$

∎

Nun betrachten wir speziell den Fall, daß X^0 ein Poissonprozeß ist.

3.4.7 Satz. *Sei X ein unabhängig markierter Punktprozeß in $\mathbb{R}^n$, und der unmarkierte Prozeß X^0 sei ein Poissonprozeß. Dann ist X ein Poissonprozeß.*

Beweis. Sei M der Markenraum von X. Sei X' ein Poissonprozeß in $\mathbb{R}^n \times M$ mit Intensitätsmaß $\vartheta \otimes \mathbb{Q}$, wo ϑ das Intensitätsmaß von X^0 und $\mathbb{Q}$ die Markenverteilung von X bezeichnen. Wir zeigen, daß

$$\mathbb{P}(X(C) = 0) = \mathbb{P}(X'(C) = 0) \tag{3.13}$$

für alle $C \in \mathcal{C}(\mathbb{R}^n \times M)$ gilt. Nach Satz 3.1.4 folgt daraus $X \sim X'$, also die Behauptung. Nun gilt mit (3.12) und τ wie im Beweis von Satz 3.4.6 wegen der vorausgesetzten Unabhängigkeitseigenschaften

$$\mathbb{P}(X(C) = 0) = \mathbb{P} \left(\sum_{i=1}^{\tau} \delta_{(\xi_i,\mu_i)}(C) = 0 \right)$$

$$= \sum_{k \in \mathbb{N}_0 \cup \{\infty\}} \mathbb{P}\left(\tau = k, \, \mathbf{1}_C(\xi_i, \mu_i) = 0 \text{ für } i = 1, \ldots, k\right)$$

$$= \sum_{k \in \mathbb{N}_0 \cup \{\infty\}} \mathbb{P}\left(\tau = k, \, \prod_{i=1}^{k}(1 - \mathbf{1}_C(\xi_i, \mu_i)) = 1\right)$$

$$= \sum_{k \in \mathbb{N}_0 \cup \{\infty\}} \mathbb{E}\left[\mathbf{1}_{\{k\}}(\tau) \prod_{i=1}^{k}(1 - \mathbf{1}_C(\xi_i, \mu_i))\right]$$

$$= \sum_{k \in \mathbb{N}_0 \cup \{\infty\}} \mathbb{E}\left[\mathbf{1}_{\{k\}}(\tau) \prod_{i=1}^{k} \int_M (1 - \mathbf{1}_C(\xi_i, m)) \, d\mathbb{Q}(m)\right]$$

$$= \mathbb{E} \prod_{i=1}^{\tau} \int_M (1 - \mathbf{1}_C(\xi_i, m)) \, d\mathbb{Q}(m).$$

Mit Lemma 3.2.4 (angewandt auf X^0) erhalten wir

$$\mathbb{P}(X(C) = 0) = \exp\left(-\int_{\mathbb{R}^n} \int_M \mathbf{1}_C(x, m) \, d\mathbb{Q}(m) \, d\vartheta(x)\right)$$

$$= \exp\left(-\vartheta \otimes \mathbb{Q}(C)\right)$$

$$= \mathbb{P}(X'(C) = 0).$$

■

Durch unabhängiges Markieren entsteht also aus einem Poissonprozeß X^0 in $\mathbb{R}^n$ ein markierter Punktprozeß X, der ein Poissonprozeß ist. Allerdings erhält man so wegen Satz 3.4.6 nur markierte Poissonprozesse, deren Intensitätsmaß Produktform hat. Für markierte Poissonprozesse X mit allgemeinerem Intensitätsmaß Θ ist zwar der unmarkierte Prozeß X^0 ebenfalls ein Poissonprozeß, X läßt sich aber nicht aus X^0 durch unabhängiges Markieren erzeugen. Im stationären Fall ist die Situation aber anders.

3.4.8 Satz. *Sei X ein stationärer Poissonprozeß in $\mathbb{R}^n \times M$, dessen Intensitätsmaß Θ die Bedingung (3.9) erfüllt. Dann ist X unabhängig markiert.*

Beweis. Im Fall $\Theta \equiv 0$ ist nichts zu zeigen. Sei also $\Theta \not\equiv 0$. Da (3.9) erfüllt ist, ist X ein stationärer markierter Punktprozeß im $\mathbb{R}^n$ mit Markenraum M. Nach Satz 3.4.1 gilt somit

$$\Theta = \gamma \lambda \otimes \mathbb{Q}$$

mit $0 < \gamma < \infty$ und einem W-Maß $\mathbb{Q}$ über M.

Für $\eta \in N_e(\mathbb{R}^n \times M)$ setzen wir

$$\eta^0 := \sum_{(x,m)\in\eta} \delta_x$$

und definieren

$$N_e^0(\mathbb{R}^n \times M) := \{\eta \in N_e(\mathbb{R}^n \times M) : \eta^0 \text{ einfach}, \eta(\mathbb{R}^n \times M) = \infty,$$

$$\eta(C \times M) < \infty \text{ für } C \in \mathcal{C}(\mathbb{R}^n)\}.$$

Dann ist $N_e^0(\mathbb{R}^n \times M)$ meßbar. Wir variieren nun die Schlußweise im Beweis von Lemma 3.1.7. Dort wählen wir $E = \mathbb{R}^n$, und die Mengen A_i^k, die Funktionen j_i und die lineare Ordnung $\prec$ auf $\mathbb{R}^n$ seien wie dort erklärt. Nun definieren wir für $p \in \mathbb{N}$ eine Abbildung $\zeta_p : N_e^0(\mathbb{R}^n \times M) \to \mathbb{R}^n \times M$ in folgender Weise. Sei $\eta \in N_e^0(\mathbb{R}^n \times M)$ und (x,m) ein Atom von η. Alle Atome (x',m') von η mit $x' \prec x$, $x' \neq x$, liegen in der Menge $\bigcup_{i=1}^{j_1(x)} A_i^1 \times M$, daher ist ihre Anzahl endlich, etwa gleich $p - 1$. Wir definieren $\zeta_p(\eta) := (x,m)$. Wird dies für alle Atome (x,m) von η durchgeführt, so ist damit ζ_p für alle $p \in \mathbb{N}$ erklärt. Die Meßbarkeit von ζ_p ergibt sich analog wie bei Lemma 3.1.7.

Setzen wir $\zeta_i(\eta) =: (x_i, m_i)$ für $N_e^0(\mathbb{R}^n \times M)$, so ist damit eine meßbare Abbildung

$$\Xi : \quad N_e^0(\mathbb{R}^n \times M) \quad \to \quad (\mathbb{R}^n \times M)^{\mathbb{N}}$$

$$\eta \quad \mapsto \quad (x_i, m_i)_{i\in\mathbb{N}}$$

erklärt, und durch Umordnung erhalten wir die ebenfalls meßbare Abbildung

$$\Xi' : N_e^0(\mathbb{R}^n \times M) \quad \to \quad (\mathbb{R}^n)^{\mathbb{N}} \times M^{\mathbb{N}}.$$

$$\eta \quad \mapsto \quad ((x_i)_{i\in\mathbb{N}}, m_1, m_2, \dots)$$

Für den stationären Poissonprozeß X in $\mathbb{R}^n \times M$ sind $\mathbb{P}_X$-f.s. die Abbildungen ζ_p, Ξ, Ξ' erklärt. Wir können also $(\xi_i, \mu_i) := \zeta_i \circ X$ für $i \in \mathbb{N}$ definieren und erhalten damit eine Folge $(\xi_i, \mu_i)_{i\in\mathbb{N}}$ von Zufallsvariablen mit

$$X = \sum_{i=1}^{\infty} \delta_{(\xi_i, \mu_i)}.$$

Wir behaupten, daß die Marken $\mu_1, \mu_2, \dots$ unabhängig und identisch verteilt sind und unabhängig von $(\xi_i)_{i\in\mathbb{N}}$. Zum Beweis bemerken wir, daß die gemeinsame Verteilung

$$\mathbb{P}_{((\xi_i)_{i\in\mathbb{N}}, \mu_1, \mu_2, \dots)}$$

das Bild von $\mathbb{P}_X$ unter Ξ' ist. Sei $(\nu_i)_{i\in\mathbb{N}}$ eine von $(\xi_i)_{i\in\mathbb{N}}$ unabhängige Folge von unabhängigen, identisch verteilten Zufallsvariablen in M mit Verteilung $\mathbb{Q}$. Dann ist

$$\tilde{X} := \sum_{i=1}^{\infty} \delta_{(\xi_i,\nu_i)}$$

ein unabhängig markierter stationärer Poissonprozeß, der das Intensitätsmaß Θ besitzt, also nach Satz 3.2.2

$$\mathbb{P}_X = \mathbb{P}_{\tilde{X}}$$

erfüllt. Da $\tilde{X}$ unabhängig markiert ist, gilt

$$\mathbb{P}_{((\xi_i)_{i\in\mathbb{N}},\nu_1,\nu_2,\ldots)} = \overline{\mathbb{P}} \otimes \mathbb{Q}^{\otimes N}$$

mit einem W-Maß $\overline{\mathbb{P}}$ auf $(\mathbb{R}^n)^N$. Da $\mathbb{P}_{((\xi_i)_{i\in\mathbb{N}},\nu_1,\nu_2,\ldots)}$ das Bild von $\mathbb{P}_{\tilde{X}}$ unter Ξ' ist, folgt daher auch

$$\mathbb{P}_{((\xi_i)_{i\in\mathbb{N}},\mu_1,\mu_2,\ldots)} = \overline{\mathbb{P}} \otimes \mathbb{Q}^{\otimes N},$$

woraus sich die behaupteten Aussagen ergeben. ∎

Wir haben im vorstehenden Beweis die Stationarität nur insoweit ausgenutzt, als sich daraus die Produktgestalt des Intensitätsmaßes ergibt. Es läßt sich also eine Verallgemeinerung von Satz 3.4.8 zeigen, wenn das Intensitätsmaß von der Form $\Theta = \vartheta \otimes \mathbb{Q}$ mit geeignetem ϑ vorausgesetzt wird.

Für solche stationären markierten Poissonprozesse gilt schließlich auch eine Satz 3.3.6 entsprechende Aussage. Dazu fassen wir Maße auf $\mathcal{N}_e(\mathbb{R}^n \times M)$ vermöge der Abbildung $i_e : \mathsf{N}_e(\mathbb{R}^n \times M) \to \mathcal{F}_{le}(\mathbb{R}^n \times M)$ zugleich wieder als Maße auf $\mathcal{B}(\mathcal{F}(\mathbb{R}^n \times M))$ auf. Entsprechend der Verabredung, daß Translationen auf $\mathbb{R}^n \times M$ nur auf die erste Komponente wirken, wird $\mathcal{A} + x$ für $\mathcal{A} \in \mathcal{F}(\mathbb{R}^n \times M)$ und $x \in \mathbb{R}^n$ durch $\{(y + x, m) : (y, m) \in \mathcal{A}\}$ erklärt.

3.4.9 Satz (Satz von Slivnyak). *Sei X ein stationärer markierter Poissonprozeß in $\mathbb{R}^n$ mit Markenraum M und mit Markenverteilung $\mathbb{Q}$. Dann gilt für $\mathbb{Q}$-fast alle $m \in M$*

$$\mathbb{P}^{0,m}(\mathcal{A}) = \mathbb{P}(X \cup \{(0, m)\} \in \mathcal{A})$$

für alle $\mathcal{A} \in \mathcal{B}(\mathcal{F}(\mathbb{R}^n \times M))$.

Beweis. Obwohl der Beweis analog zu dem von Satz 3.3.6 verläuft, führen wir ihn noch einmal durch. Sei

$$\mathbb{Q}^{0,m}(\mathcal{A}) := \mathbb{P}(X \cup \{(0, m)\} \in \mathcal{A})$$

für $\mathcal{A} \in \mathcal{B}(\mathcal{F}(\mathbb{R}^n \times M))$. Für $B \in \mathcal{B}$, $A \in \mathcal{B}(M)$ und $C \in \mathcal{C}(\mathbb{R}^n \times M)$ gilt

$$\gamma \int_B \int_A \mathbb{Q}^{0,m}(\mathcal{F}^C - x)\, d\mathbb{Q}(m)\, d\lambda(x)$$

$$= \gamma \int_B \int_A \mathbb{P}((X \cup \{(x,m)\}) \cap C = \emptyset)\, d\mathbb{Q}(m)\, d\lambda(x)$$

$$= \gamma \int_{(B \times A) \setminus C} \mathbb{P}(X \cap C = \emptyset)\, d\lambda \otimes \mathbb{Q}((x,m))$$

$$= \mathbb{P}(X \cap C = \emptyset)\Theta((B \times A) \setminus C)$$

$$= \mathbb{E}[X((B \times A) \setminus C)\mathbf{1}_{\mathcal{F}^C}(X)]$$

$$= \mathbb{E}[X(B \times A)\mathbf{1}_{\mathcal{F}^C}(X)]$$

$$= \mathrm{C}\left(B \times A \times \mathcal{F}^C\right)$$

$$= \gamma \int_B \int_A \mathbb{P}^{0,m}(\mathcal{F}^C - x)\, d\mathbb{Q}(m)\, d\lambda(x),$$

wobei wir neben der Stationarität und den Unabhängigkeitseigenschaften von X (Satz 3.2.3) die Sätze 3.4.2 und 3.4.4 benutzt haben. Da $\{\mathcal{F}^C : C \in \mathcal{C}(\mathbb{R}^n \times M)\}$ ein $\cap$-stabiles Erzeugendensystem von $\mathcal{B}(\mathcal{F}(\mathbb{R}^n \times M))$ ist, ergibt sich wie im Beweis von Satz 3.3.6 die Gleichung

$$\int_{\mathbb{R}^n} \int_M \int_{\mathcal{F}(\mathbb{R}^n \times M)} f(x,m,F+x)\, d\mathbb{Q}^{0,m}(F)\, d\mathbb{Q}(m)\, d\lambda(x)$$

$$= \int_{\mathbb{R}^n} \int_M \int_{\mathcal{F}(\mathbb{R}^n \times M)} f(x,m,F+x)\, d\mathbb{P}^{0,m}(F)\, d\mathbb{Q}(m)\, d\lambda(x)$$

für alle nichtnegativen meßbaren Funktionen $f : \mathbb{R}^n \times M \times \mathcal{F}(\mathbb{R}^n \times M) \to \mathbb{R}$. Die spezielle Wahl $f(x,m,F) := \mathbf{1}_{C^n \times A \times \mathcal{A}}(x,m,F-x)$ ergibt

$$\int_A \mathbb{Q}^{0,m}(\mathcal{A})\, d\mathbb{Q}(m) = \int_A \mathbb{P}^{0,m}(\mathcal{A})\, d\mathbb{Q}(m)$$

für alle $A \in \mathcal{B}(M)$ und $\mathcal{A} \in \mathcal{B}(\mathcal{F}(\mathbb{R}^n \times M))$. Weil die reguläre Familie in Satz 3.4.4 $\mathbb{Q}$-fast sicher eindeutig bestimmt ist, ergibt sich die Behauptung. ∎

3.5 Punktprozesse abgeschlossener Mengen

Wir wenden nun die bisher erarbeiteten Begriffe und Resultate auf den Fall $E = \mathcal{F}'(\mathbb{R}^n)$ an, betrachten also Punktprozesse X abgeschlossener (und nichtleerer) Mengen in $\mathbb{R}^n$. Wir benutzen hierbei die Symbole $\mathsf{N}, \mathcal{N}$ usw.

wieder ohne Angabe des Arguments E und schreiben $\mathcal{F}'(\mathbb{R}^n) =: \mathcal{F}'$. Das Intensitätsmaß Θ von X ist ein Maß auf $\mathcal{B}(\mathcal{F}')$; es wird, wie in 3.1 vereinbart, stets als lokalendlich vorausgesetzt. Die lokale Endlichkeit von Θ ist hierbei nach Lemma 2.3.2 äquivalent zu $\Theta(\mathcal{F}_C) < \infty$ für alle $C \in \mathcal{C}$.

Wie schon bei gewöhnlichen und markierten Punktprozessen in $\mathbb{R}^n$ spielen auch bei einem Punktprozeß X von abgeschlossenen Mengen Invarianzforderungen eine wichtige Rolle. X heißt *stationär*, wenn $X + x \sim X$ für alle $x \in \mathbb{R}^n$, und *isotrop*, wenn $\vartheta X \sim X$ für alle $\vartheta \in SO_n$ gilt. Die folgende Aussage ergibt sich direkt aus der Definition des Intensitätsmaßes Θ.

3.5.1 Lemma. *Ist X ein stationärer Punktprozeß in $\mathcal{F}'$, so ist sein Intensitätsmaß Θ translationsinvariant. Ist X isotrop, so ist Θ rotationsinvariant.*

Für stationäre poissonartige Punktprozesse in $\mathcal{F}'$ geben wir zunächst eine Bedingung dafür an, daß sie einfach sind, also Poissonprozesse. Für Poissonprozesse gilt auch die umgekehrte Aussage von Lemma 3.5.1.

3.5.2 Satz. *Ein Poissonprozeß X in $\mathcal{F}'$ ist genau dann stationär, wenn sein Intensitätsmaß Θ translationsinvariant ist, und genau dann isotrop, wenn Θ rotationsinvariant ist.*

Ein poissonartiger Punktprozeß X in $\mathcal{F}'$ mit $X(\{\mathbb{R}^n\}) = 0$ f.s. und translationsinvariantem Intensitätsmaß Θ ist ein stationärer Poissonprozeß.

Beweis. Sei X ein Poissonprozeß mit Intensitätsmaß Θ. Für beliebiges $g \in G_n$ hat gX das Intensitätsmaß $g\Theta$. Wegen der Eindeutigkeit eines Poissonprozesses mit gegebenem Intensitätsmaß (Satz 3.2.2) ist $gX \sim X$ äquivalent zu $g\Theta = \Theta$. Daraus ergibt sich die erste Aussage des Satzes.

Für die zweite Aussage muß nur noch gezeigt werden, daß Θ atomfrei ist. Ist $\{F\}$, $F \in \mathcal{F}'$, ein Atom von Θ, so also auch jedes Translat $\{F\} + x = \{F + x\}$, $x \in \mathbb{R}^n$. Ist nun $F \neq \mathbb{R}^n$, so gibt es eine kompakte Menge C und unendlich viele $x \in \mathbb{R}^n$, so daß die Mengen $F + x$ sämtlich verschieden sind und $(F + x) \cap C \neq \emptyset$ erfüllen. Damit ist $\Theta(\mathcal{F}_C) = \infty$, ein Widerspruch. Folglich muß $F = \mathbb{R}^n$ sein. Dann ist aber $\mathbb{P}(X(\{\mathbb{R}^n\}) > 0) > 0$, im Widerspruch zur Voraussetzung. Also ist Θ atomfrei. ∎

Sei X ein Punktprozeß in $\mathcal{F}'$ und $A \in \mathcal{F}'$ eine feste abgeschlossene Menge. Wir definieren $X \cap A$ durch

$$(X \cap A)(\omega) := \sum_{F_i \cap A \neq \emptyset} \delta_{F_i \cap A}, \qquad \text{wenn} \quad X(\omega) = \sum \delta_{F_i}.$$

Die Abbildung $\alpha : F \mapsto F \cap A$ von $\mathcal{F}'$ in $\mathcal{F}$ ist nach Satz 1.1.6 meßbar. Für

$G \in \mathcal{B}(\mathcal{F}')$ und $k \in \mathbb{N}_0$ ist

$$(X \cap A)^{-1}(\mathsf{N}_{G,k}) = X^{-1}(\mathsf{N}_{\alpha^{-1}(G),k}).$$

Nach Lemma 3.1.3 ist daher $X \cap A$ ein Punktprozeß in $\mathcal{F}'$. Wir nennen ihn den *Schnittprozeß* von X mit A.

Ausgehend von Punktprozessen in $\mathcal{F}'$, gelangt man durch Vereinigungsbildung zu zufälligen Mengen. Für einen Punktprozeß X in $\mathcal{F}'$ setzen wir

$$Z_X(\omega) := \bigcup_{F \in \operatorname{supp} X(\omega)} F \qquad \text{für } \omega \in \Omega.$$

3.5.3 Satz. *Die Vereinigungsmenge Z_X eines Punktprozesses X in $\mathcal{F}'$ ist eine ZAM. Ist X stationär (bzw. isotrop), so ist Z_X stationär (bzw. isotrop).*

Beweis. Die Abgeschlossenheit von Z_X ergibt sich folgendermaßen. Sei $\omega \in \Omega$. Sei $(x_j)_{j \in \mathbb{N}}$ eine konvergente Folge mit $x_j \in Z_X(\omega)$ und $x_j \to x$. Die Menge $C := \{x, x_1, x_2, \ldots\}$ ist kompakt. Da $X(\omega)$ lokalendlich und $\mathcal{F}_C$ kompakt ist, ist $X(\omega)(\mathcal{F}_C) < \infty$, also treffen nur endlich viele Mengen $F_1, \ldots, F_k$ aus $\operatorname{supp} X(\omega)$ die Menge C. Damit folgt $x_j \in \bigcup_{i=1}^k F_i$ für $j \in \mathbb{N}$, also $x \in \bigcup_{i=1}^k F_i \subset Z_X(\omega)$. Somit ist $Z_X(\omega)$ abgeschlossen. Es ist also eine Abbildung $Z_X : \Omega \to \mathcal{F}$ erklärt.

Zum Nachweis der Meßbarkeit von Z_X sei $C \in \mathcal{C}$. Dann ist $Z_X(\omega) \in \mathcal{F}^C$ äquivalent zu $X(\omega)(\mathcal{F}^C) = 0$. Aus der Definition von $\mathcal{N}$ folgt, daß $\{X(\mathcal{F}^C) = 0\}$ meßbar ist, also auch $\{Z_X \in \mathcal{F}^C\}$. Die Meßbarkeit von Z_X folgt daher aus Lemma 1.3.1.

Die restlichen Aussagen des Satzes sind einfach.   ∎

Insbesondere ist also die Vereinigungsmenge Z_X eines poissonartigen Punktprozesses X in $\mathcal{F}'$ eine ZAM. Mit Hilfe der in Abschnitt 2.3 bereitgestellten Resultate können die auf diese Weise erzeugten ZAM folgendermaßen charakterisiert werden.

3.5.4 Satz. *Für eine ZAM Z in $\mathbb{R}^n$ sind die folgenden Aussagen (a), (b), (c) äquivalent:*

(a) *Z ist (äquivalent zur) Vereinigungsmenge Z_X eines poissonartigen Punktprozesses X in $\mathcal{F}'$.*

(b) *Es gibt ein lokalendliches Maß Θ auf $\mathcal{B}(\mathcal{F}')$ mit*

$$T_Z(C) = 1 - e^{-\Theta(\mathcal{F}_C)}, \qquad C \in \mathcal{C}.$$

(c) *Z ist fixpunktfrei und unbeschränkt teilbar.*

Sind (a) *und* (b) *erfüllt, so ist* Θ *das Intensitätsmaß von* X.

Beweis. Wir zeigen zunächst die Äquivalenz von (a) und (b).

Ist Z Vereinigungsmenge eines poissonartigen Punktprozesses X in $\mathcal{F}'$ und ist $C \in \mathcal{C}$, so gilt

$$T_Z(C) \;=\; \mathbb{P}(Z \cap C \neq \emptyset) = \mathbb{P}(X(\mathcal{F}_C) > 0)$$
$$=\; 1 - \mathbb{P}(X(\mathcal{F}_C) = 0) = 1 - e^{-\Theta(\mathcal{F}_C)},$$

wo Θ das Intensitätsmaß von X ist.

Ist umgekehrt

$$T_Z(C) = 1 - e^{-\Theta(\mathcal{F}_C)}, \qquad C \in \mathcal{C},$$

mit einem lokalendlichen Maß Θ, so existiert, wie im Beweis von Satz 3.2.2 gezeigt wurde, ein poissonartiger Punktprozeß X, dessen Intensitätsmaß Θ ist. Nach dem schon bewiesenen ersten Teil gilt

$$T_{Z_X}(C) = 1 - e^{-\Theta(\mathcal{F}_C)} = T_Z(C), \qquad C \in \mathcal{C},$$

also $T_{Z_X} = T_Z$. Nach Satz 1.4.2 folgt $Z_X \sim Z$.

Nun zur Implikation von (b) nach (c). Gilt (b), also

$$T_Z(C) = 1 - e^{-\Theta(\mathcal{F}_C)}, \qquad C \in \mathcal{C},$$

so setzen wir für $m \in \mathbb{N}$

$$T^{(m)} := 1 - (1 - T_Z)^{1/m},$$

also

$$T^{(m)}(C) = 1 - e^{-\Theta(\mathcal{F}_C)/m} = 1 - e^{-\Theta_m(\mathcal{F}_C)}, \qquad C \in \mathcal{C},$$

mit $\Theta_m := \Theta/m$. Zu dem lokalendlichen Maß Θ_m existiert, wieder nach dem Beweis von Satz 3.2.2, ein poissonartiger Punktprozeß $X^{(m)}$, dessen Vereinigungsmenge $Z^{(m)}$ nach dem oben schon Bewiesenen das Kapazitätsfunktional $T^{(m)}$ hat. Nach Lemma 2.3.4(a) ist Z dann unbeschränkt teilbar. Weil Θ lokalendlich ist, gilt

$$\mathbb{P}(x \in Z) = T_Z(\{x\}) = 1 - e^{-\Theta(\mathcal{F}_{\{x\}})} < 1,$$

also ist Z fixpunktfrei. Somit gilt (c).

Die Implikation von (c) nach (b) war gerade die Aussage von Satz 2.3.5. ∎

Wir können im allgemeinen nicht schließen, daß der in Satz 3.5.4 auftretende poissonartige Punktprozeß einfach ist, wohl aber im stationären Fall unter einer kleinen Zusatzvoraussetzung:

3.5.5 Satz. *Für eine stationäre ZAM Z in $\mathbb{R}^n$, die fast sicher $Z \neq \mathbb{R}^n$ erfüllt, sind die folgenden Aussagen* (a), (b), (c) *äquivalent:*

(a) *Z ist (äquivalent zur) Vereinigungsmenge Z_X eines Poissonprozesses X in $\mathcal{F}'$.*

(b) *Es gibt ein lokalendliches, atomfreies Maß Θ auf $\mathcal{B}(\mathcal{F}')$ mit*

$$T_Z(C) = 1 - e^{-\Theta(\mathcal{F}_C)}, \qquad C \in \mathcal{C}.$$

(c) *Z ist fixpunktfrei und unbeschränkt teilbar.*

Sind (a) *und* (b) *erfüllt, so ist Θ das Intensitätsmaß von X, und Θ ist translationsinvariant.*

Beweis. Die Richtung von (a) nach (b) folgt aus Satz 3.5.4. Für die Umkehrung ist nur noch zu zeigen, daß der nach Satz 3.5.4 existierende poissonartige Punktprozeß X mit Intensitätsmaß Θ einfach ist. Weil Z stationär ist und weil

$$T_Z(C) = 1 - e^{-\Theta(\mathcal{F}_C)}$$

gilt, folgt $(t_x\Theta)(\mathcal{F}_C) = \Theta(\mathcal{F}_C)$ für $C \in \mathcal{C}$ und $x \in \mathbb{R}^n$. Nach Lemma 2.3.2 folgt daraus $t_x\Theta = \Theta$, also ist Θ translationsinvariant. Wegen $\mathbb{P}(Z = \mathbb{R}^n) = 0$ ist $\mathbb{P}(X(\{\mathbb{R}^n\}) > 0) = 0$. Nach Satz 3.5.2 ist X einfach. ∎

Generelle Voraussetzung. Für die von nun an betrachteten Punktprozesse setzen wir voraus, daß sie einfach sind, sofern nicht ausdrücklich etwas anderes gesagt ist. Ein Punktprozeß X in $\mathcal{F}'$ kann somit in Zukunft als eine zufällige lokalendliche Kollektion abgeschlossener Mengen angesehen werden; die Interpretation als Zählmaß wird aber zur Vereinfachung der Aussagen beibehalten.

Bemerkungen und Literaturhinweise zu Kapitel 3

Punktprozesse in $\mathbb{R}$ (und da insbesondere der stationäre Poissonprozeß) bilden als Zählprozesse (reine Sprungprozesse) einen Teilbereich der Theorie stochastischer Prozesse; klassisches Anwendungsgebiet ist die Bedienungstheorie.

Von der allgemeinen Theorie der Punktprozesse haben wir in diesem Kapitel nur einige der grundlegenden Begriffe und Aussagen behandelt, die für das Weitere benötigt werden. Ausführliche Darstellungen finden sich in Daley & Vere-Jones [1988], Karr [1986], Kerstan, Matthes & Mecke [1974] (die überarbeitete englische Fassung ist Matthes, Kerstan & Mecke [1978]), König & Schmidt [1992], Neveu [1977] und Reiss [1993]. Poissonprozesse werden außer in diesen Büchern auch in Kingman [1993] behandelt. Für Punktprozesse in meßbaren Räumen findet sich eine kurze Darstellung in Anhang A von Mecke, Schneider, Stoyan & Weil [1990].

Eine allgemeinere Version von Lemma 3.1.7 für nicht notwendig einfache Punktprozesse findet man in Kallenberg [1983] und König & Schmidt [1992].

Bei der Behandlung der Poissonprozesse sind wir von der üblichen, durch die historische Entwicklung bedingten Darstellung abgewichen, indem wir lediglich die Verteilungseigenschaft (3.2) zur Definition benutzt haben (und die Einfachheit). Wir wollten zeigen, daß man die starken Unabhängigkeitseigenschaften in Satz 3.2.3 aus (3.2) erhält. Diese Aussage geht auf Rényi [1967] zurück. Umgekehrt folgt bei einem einfachen Punktprozeß X mit atomfreiem Intensitätsmaß aus der Unabhängigkeit der Zufallsvariablen $X(A_1), X(A_2), \ldots$, für alle Folgen $A_1, A_2, \ldots$ paarweise disjunkter Borelmengen, die Poissonverteilungseigenschaft (3.2) (siehe z.B. Daley & Vere-Jones [1988], Lemma 2.4.VI). Meist werden bei der Definition des Poissonprozesses X beide Eigenschaften gefordert, man verlangt also, daß für paarweise disjunkte Borelmengen $A_1, \ldots, A_k$, $k \in \mathbb{N}$, die Zufallsvariablen $X(A_1), \ldots, X(A_k)$ unabhängig *und* poissonverteilt sind. Äquivalent dazu ist die Forderung, daß die Zufallsvektoren $(X(A_1), \ldots, X(A_k))$ multivariate Poissonverteilungen besitzen. In Mecke *et al.* [1990], Anhang A, wird eine entsprechende Definition über das erzeugende Funktional von X gegeben. Der Vorteil dieser stärkeren Bedingungen bei der Definition ist, daß sie auch bei nicht atomfreien Intensitätsmaßen die Eindeutigkeit des zugehörigen Poissonprozesses garantieren. Diese Unterschiede sind beim Vergleich der vorliegenden Darstellung mit der Literatur zu beachten.

Das Beispiel in Abschnitt 3.2, durch das gezeigt wird, daß (3.2) im allgemeinen nicht für die Eindeutigkeit ausreicht, stammt aus Kerstan, Matthes & Mecke [1974] (S. 17).

Bemerkenswerterweise gibt es einfache Punktprozesse X im Raum $\mathbb{R}^2$, die (3.2) (mit $\Theta = \lambda$) für alle konvexen Borelmengen A erfüllen, ohne Poissonprozesse zu sein (ein Beispiel von Moran [1975] zeigt sogar noch mehr).

Lemma 3.2.4 stellt das sogenannte erzeugende Funktional eines Poissonprozesses dar. Über das erzeugende Funktional als Hilfsmittel der Punktprozeßtheorie sehe man etwa Daley & Vere-Jones [1988], König & Schmidt [1992] sowie den Anhang in Mecke *et al.* [1990].

Die Theorie der Punktprozesse läßt sich über die Interpretation als zufällige Zählmaße in die Theorie der zufälligen Maße einbetten; diese wird in einigen der schon genannten Bücher und besonders in Kallenberg [1983] entwickelt. Auf der Menge M der lokalendlichen Maße über E läßt sich wie bei den Zählmaßen eine σ-Algebra $\mathcal{M}$ durch die Abbildungen $\Phi_A : \eta \mapsto \eta(A)$, $A \in \mathcal{B}$, erzeugen. Versieht man M mit der vagen Topologie, so ist M lokalkompakt mit abzählbarer Basis, und $\mathcal{M}$ erweist sich gerade als Borelsche σ-Algebra (damit ist auch $\mathcal{N}$ die Borel-σ-Algebra bezüglich der vagen Topologie auf N).

Punktprozesse in $\mathbb{R}^n$ können zur Beschreibung zufälliger räumlicher Strukturen dienen. Die statistische Untersuchung solcher räumlichen Daten ist Gegenstand der *Räumlichen Statistik*, wie sie ausführlich in den Büchern von Ripley [1981, 1988] und Diggle [1983] behandelt wird (siehe auch Stoyan & Stoyan [1992]). Dabei werden neben den Poissonprozessen weitere (zum Teil abgeleitete) Prozeßklassen betrachtet. *Coxprozesse* sind Poissonprozesse mit einem zufälligen Intensitätsmaß; sie werden auch als doppeltstochastische Poissonprozesse bezeichnet und lassen sich als Mischung von Poissonprozessen (mit festem Intensitätsmaß) darstellen. Ein *Hard-Core-Prozeß* entsteht aus einem gegebenen Punktprozeß X (etwa einem Poissonprozeß), indem die Punkte von X mit einer geeigneten Vorschrift ausgedünnt werden, beispielsweise um vorgeschriebene Mindestabstände zwischen den Punkten zu garantieren. Im Gegensatz dazu wird zur Erzeugung eines *Clusterprozesses* jeder Punkt von X durch eine Punktwolke (eine endliche oder lokalendliche Menge) ersetzt. Clusterprozesse bilden daher einen Spezialfall markierter Punktprozesse. Als Verallgemeinerung von Hard-Core- und Clusterprozessen können die durch physikalische Anwendungen motivierten *Gibbsprozesse* angesehen werden, bei denen eine Wechselwirkung zwischen den Punkten (Anziehung oder Abstoßung) durch ein Paarpotential geregelt wird. Die Theorie der Punktprozesse läßt sich durch Hinzunahme einer zeitlichen Komponente weiter verallgemeinern (räumliche Geburts- und Todesprozesse etc.).

Vom Satz von Slivnyak (Satz 3.3.6) gilt auch die Umkehrung: Ein einfacher stationärer Punktprozeß X in $\mathbb{R}^n$ mit

$$\mathbb{P}^0(\mathcal{A}) = \mathbb{P}(X \cup \{0\} \in \mathcal{A})$$

für alle $\mathcal{A} \in \mathcal{B}(\mathcal{F})$ ist ein Poissonprozeß. Der Beweis benutzt die Tatsache, daß sich aus der Palmschen Verteilung über das Campbellsche Maß die Verteilung $\mathbb{P}_X$ von X (und zwar nicht nur bei Poissonprozessen) rekonstruieren läßt. (Umkehrformel; siehe König & Schmidt [1992], Satz 12.3.1).

Neben der Palmschen Verteilung $\mathbb{P}^0$ wird häufig auch die *reduzierte Palmsche Verteilung* $\mathbb{P}^0_!$ betrachtet. Sie wird für einen einfachen stationären Punktprozeß X in $\mathbb{R}^n$ durch

$$\mathbb{P}_!^0(\mathcal{A}) := \mathbb{P}^0(\{F \cup \{0\} : F \in \mathcal{A} \cap \mathcal{F}^{\{0\}}\})$$

für $\mathcal{A} \in \mathcal{B}(\mathcal{F})$ gegeben und beschreibt die Verteilung von $X \setminus \{0\}$ unter der Bedingung $0 \in X$. Die Gleichung im Satz von Slivnyak erhält dann die einfache Form

$$\mathbb{P}_!^0 = \mathbb{P}_X.$$

Bleibt man bei der Interpretation von Punktprozessen als zufällige Zählmaße, vollzieht also bei einfachen Prozessen nicht den Übergang zu lokalendlichen Mengen, so ergibt sich eine andere, ebenfalls einprägsame Form des Satzes von Slivnyak. Die Gleichung in Satz 3.3.6 lautet dann

$$\mathbb{P}^0 = \mathbb{P}_X * \delta_{\delta_0},$$

wo $*$ die Faltung von Maßen bezeichnet.

Da sich markierte Punktprozesse als (spezielle) Punktprozesse auf Produkträumen in die allgemeine Theorie einfügen, werden sie in den meisten der zuvor genannten Bücher erwähnt. Ausführlichere Darstellungen finden sich in Matthes, Kerstan & Mecke [1978], König & Schmidt [1992] sowie – im Hinblick auf die Anwendungen in der Stochastischen Geometrie – in Stoyan, Kendall & Mecke [1995].

Die Sätze 3.5.4 und 3.5.5 gehen auf ein Resultat von Matheron [1975] zurück.

Kapitel 4

Geometrische Modelle

Nach den allgemeinen Grundlegungen in den bisherigen Kapiteln wenden wir uns nun geometrischen Prozessen und daraus abgeleiteten zufälligen Mengen zu. Unter geometrischen Prozessen verstehen wir dabei Punktprozesse abgeschlossener Mengen, die auf geometrisch ausgezeichneten Teilmengen von $\mathcal{F}'$ konzentriert sind. Insbesondere werden Ebenenprozesse und Partikelprozesse behandelt. Die k-*Ebenenprozesse* sind Punktprozesse in $\mathcal{F}'$, deren Intensitätsmaß auf dem Raum $\mathcal{E}_k^n$ der k-dimensionalen Ebenen (affinen Unterräume) des $\mathbb{R}^n$ konzentriert ist. *Partikelprozesse* sind Punktprozesse im Teilraum $\mathcal{C}'$ der nichtleeren kompakten Mengen. Speziellere Prozesse entstehen, wenn wir nur Partikel aus $\mathcal{R}$ oder sogar nur aus $\mathcal{K}$ zulassen.

Wir beginnen, im ersten Abschnitt, mit den Ebenenprozessen. Bei ihnen interessieren vor allem die Prozesse, die man aus einem gegebenen durch den Schnitt mit einer festen Ebene erhält oder durch Schneiden einer festen Anzahl der Ebenen des Prozesses untereinander. Über Intensitäten und Richtungsverteilungen dieser abgeleiteten Prozesse lassen sich einige Aussagen machen, insbesondere im Fall von Poissonprozessen. Im zweiten Abschnitt betrachten wir Partikelprozesse. Im stationären Fall werden für sie Intensität und Formverteilung erklärt und Funktionaldichten in verschiedenen Weisen dargestellt. Als Spezialfälle treten Faser- und Flächenprozesse auf. Im dritten Abschnitt wird ein Zusammenhang zwischen Partikelprozessen und markierten Punktprozessen hergestellt. Insbesondere werden die *Keim-Korn-Prozesse* eingeführt, bei denen kompakte Mengen als Marken dienen. Die im vierten Abschnitt behandelten Keim-Korn-Modelle, die durch Keim-Korn-Prozesse erzeugt werden, sind wichtige Beispiele zufälliger abgeschlossener Mengen. Zu ihnen gehören insbesondere die gut handhabbaren *Booleschen Modelle*. Der fünfte Abschnitt ist einem mengenwertigen Parameter gewidmet, den man verschiedenen Prozessen geometrischer Objekte zuordnen kann. Dies ist Matherons „Steiner-Kompaktum", das wir aber lieber als *assoziiertes Zonoid* bezeichnen. Mit ihm lassen sich unter anderem eine Reihe von geometrischen Ungleichungen für Ebenen- und Partikelprozesse gewinnen.

Wir erinnern daran (siehe Abschnitt 3.5, Ende), daß die betrachteten Punktprozesse jetzt stets als einfach vorausgesetzt werden, sofern nicht ausdrücklich etwas anderes gesagt ist. Auch die Vereinbarung am Ende von Abschnitt 3.1, wonach nur Punktprozesse mit lokalendlichen Intensitätsmaßen betrachtet werden, gilt weiterhin.

4.1 Ebenenprozesse

Ein *k-Ebenenprozeß* X im $\mathbb{R}^n$ ist ein Punktprozeß in $\mathcal{E}_k^n$ (dem Raum der k-Ebenen im $\mathbb{R}^n$) mit $k \in \{1, \dots, n-1\}$, das heißt ein Punktprozeß in $\mathcal{F}'$ mit $\Theta(\mathcal{F}' \setminus \mathcal{E}_k^n) = 0$. Im Fall $k = 1$ sprechen wir auch von einem *Geradenprozeß*, im Fall $k = n-1$ von einem *Hyperebenenprozeß*. Für stationäre k-Ebenenprozesse wollen wir eine Zerlegung des Intensitätsmaßes Θ angeben. Diese Zerlegung ist nicht ganz so einfach wie in den verwandten Aussagen 3.3.3 und 3.4.1 zu bewerkstelligen, weil wir $\mathcal{E}_k^n$ (für $k < n-1$) nur lokal als Produktraum mit einem euklidischen Faktor darstellen können. Wir bezeichnen mit $\mathcal{L}_k^n$ die Menge der k-dimensionalen linearen Unterräume des $\mathbb{R}^n$. $\mathcal{L}_k^n$ ist Teilmenge von $\mathcal{E}_k^n$ und abgeschlossen in $\mathcal{F}$ und $\mathcal{F}'$. Für $L \in \mathcal{L}_k^n$ sei λ_L das k-dimensionale Lebesgue-Maß über L. Die Abbildung

$$\pi_0 : \bigcup_{k=1}^{n-1} \mathcal{E}_k^n \to \bigcup_{k=1}^{n-1} \mathcal{L}_k^n$$

ordne jeder Ebene ihr Translat durch 0 zu.

4.1.1 Satz. *Sei Θ ein lokalendliches, translationsinvariantes Maß über $\mathcal{E}_k^n$. Dann gibt es ein eindeutig bestimmtes endliches Maß Θ_0 über $\mathcal{L}_k^n$ mit*

$$\Theta(\mathcal{A}) = \int_{\mathcal{L}_k^n} \int_{L^\perp} \mathbf{1}_{\mathcal{A}}(L + x) \, d\lambda_{L^\perp}(x) \, d\Theta_0(L)$$

für jede Borelmenge $\mathcal{A} \subset \mathcal{E}_k^n$.

Beweis. Wir wählen $U \in \mathcal{L}_{n-k}^n$ und definieren

$$\mathcal{L}_U := \{L \in \mathcal{L}_k^n : \dim(L \cap U) = 0\}$$

und $\mathcal{E}_U := \{L + x : L \in \mathcal{L}_U, \ x \in U\}$. Wir setzen zunächst

$$\Theta(\mathcal{E}_k^n \setminus \mathcal{E}_U) = 0 \tag{4.1}$$

voraus. Die Abbildung

$$\varphi: \ \mathcal{L}_U \times U \ \to \ \mathcal{E}_U$$
$$(L, x) \ \mapsto \ L + x$$

ist ein Homöomorphismus. Sei $\mathcal{A} \subset \mathcal{L}_U$ eine Borelmenge. Für Borelmengen $B \subset U$ sei

$$\eta(B) := \Theta(\varphi(\mathcal{A} \times B)).$$

Dann ist η ein lokalendliches, translationsinvariantes Maß auf $\mathcal{B}(U)$, also ein Vielfaches des Lebesgue-Maßes λ_U. Bezeichnen wir den Proportionalitätsfaktor mit $\nu(\mathcal{A})$, so ist also

$$\Theta(\varphi(\mathcal{A} \times B)) = \nu(\mathcal{A})\lambda_U(B).$$

Als Funktion der Borelmenge $\mathcal{A}$ ist ν offenbar ein endliches Maß auf $\mathcal{B}(\mathcal{L}_U)$. Also ist

$$\varphi^{-1}(\Theta)(\mathcal{A} \times B) = \nu \otimes \lambda_U(\mathcal{A} \times B),$$

woraus $\varphi^{-1}(\Theta) = \nu \otimes \lambda_U$ folgt und somit $\Theta = \varphi(\nu \otimes \lambda_U)$. Für Θ-integrierbares f auf $\mathcal{E}_k^n$ ist also

$$\int_{\mathcal{E}_U} f \, d\Theta = \int_{\mathcal{L}_U} \int_U f(L + x) \, d\lambda_U(x) \, d\nu(L).$$

Für gegebenes $L \in \mathcal{L}_U$ sei $\Pi_L : U \to L^\perp$ die Orthogonalprojektion auf das orthogonale Komplement von L. Wegen $L \in \mathcal{L}_U$ ist sie bijektiv. Daher ist $\Pi_L(\lambda_U) = a(L)\lambda_{L^\perp}$ mit einem nur von L abhängenden Faktor $a(L) > 0$. Ferner ist $f(L + x) = f(L + \Pi_L(x))$. Es folgt also

$$\int_U f(L + x) \, d\lambda_U(x) = a(L) \int_{L^\perp} f(L + x) \, d\lambda_{L^\perp}(x).$$

Definieren wir daher ein Maß Θ_0 auf $\mathcal{B}(\mathcal{L}_U)$ durch $a(L)d\nu(L) = d\Theta_0(L)$, so ist

$$\int_{\mathcal{E}_U} f \, d\Theta = \int_{\mathcal{L}_U} \int_{L^\perp} f(L + x) \, d\lambda_{L^\perp}(x) \, d\Theta_0(L).$$

Fassen wir Θ_0 als Maß auf ganz $\mathcal{B}(\mathcal{L}_k^n)$ auf, so folgt wegen der Voraussetzung (4.1)

$$\int_{\mathcal{E}_k^n} f \, d\Theta = \int_{\mathcal{L}_k^n} \int_{L^\perp} f(L + x) \, d\lambda_{L^\perp}(x) \, d\Theta_0(L). \tag{4.2}$$

Da jede Menge $\mathcal{L}_U$, $U \in \mathcal{L}_{n-k}^n$, offen ist in $\mathcal{L}_k^n$, gibt es endlich viele Unterräume $U_1, \ldots, U_m \in \mathcal{L}_{n-k}^n$ mit $\mathcal{L}_k^n = \bigcup_{i=1}^m \mathcal{L}_{U_i}$. Die Mengen $\mathcal{E}_{U_i}$, $i = 1, \ldots, m$, überdecken $\mathcal{E}_k^n$ und sind translationsinvariant. Also können wir $\mathcal{E}_k^n$ als disjunkte Vereinigung von endlich vielen translationsinvarianten Borelmengen

$\mathcal{A}_1, \ldots, \mathcal{A}_m$ schreiben, so daß zu jeder Einschränkung $\Theta \llcorner \mathcal{A}_i$ ein $U_i \in \mathcal{L}_{n-k}^n$ existiert mit

$$\Theta \llcorner \mathcal{A}_i(\mathcal{E}_k^n \setminus \mathcal{E}_{U_i}) = 0.$$

Weil $\Theta \llcorner \mathcal{A}_i$ translationsinvariant ist, können wir dazu ein Maß $\Theta_0^{(i)}$ in derselben Weise bestimmen, wie oben Θ_0 zu Θ bestimmt wurde. Das Maß $\Theta_0 := \Theta_0^{(1)} + \ldots + \Theta_0^{(m)}$ erfüllt dann (4.2).

Aus (4.2) folgt für $\mathcal{A} \in \mathcal{B}(\mathcal{L}_k^n)$

$$\Theta_0(\mathcal{A}) = \frac{1}{\kappa_{n-k}} \Theta(\mathcal{F}_{B^n} \cap \pi_0^{-1}(\mathcal{A})). \tag{4.3}$$

Hier ist wieder κ_m das Volumen von B^m. An (4.3) liest man ab, daß Θ_0 endlich und eindeutig bestimmt ist. $\blacksquare$

Durch Anwendung auf Intensitätsmaße erhalten wir unmittelbar die folgende Aussage.

4.1.2 Korollar. *Sei X ein stationärer k-Ebenenprozeß im $\mathbb{R}^n$ mit Intensitätsmaß $\Theta \not\equiv 0$. Dann existieren ein $\gamma \in (0, \infty)$ und ein W-Maß $\mathbb{P}_0$ über $\mathcal{L}_k^n$ mit*

$$\Theta(\mathcal{A}) = \gamma \int_{\mathcal{L}_k^n} \int_{L^\perp} \mathbf{1}_\mathcal{A}(L + x) \, d\lambda_{L^\perp}(x) \, d\mathbb{P}_0(L)$$

für alle Borelmengen $\mathcal{A} \subset \mathcal{E}_k^n$. Dabei sind γ und $\mathbb{P}_0$ durch Θ eindeutig bestimmt.

Wir nennen γ die *Intensität* und $\mathbb{P}_0$ die *Richtungsverteilung* des stationären Ebenenprozesses X. Ist X zusätzlich isotrop, so ist $\mathbb{P}_0$ wegen der Eindeutigkeitsaussage rotationsinvariant. Aus der Theorie der homogenen Räume weiß man, daß es nur ein normiertes rotationsinvariantes Maß über $\mathcal{L}_k^n$ gibt, das *Haarsche Maß* ν_k. Gelegentlich (etwa bei Schnittbildungen) müssen wir Ebenenprozesse mit $\Theta = 0$ zulassen; für sie wird $\gamma = 0$ definiert.

Die Interpretation von γ und $\mathbb{P}_0$ ergibt sich aus (4.3). Danach ist

$$\gamma \mathbb{P}_0(\mathcal{A}) = \frac{1}{\kappa_{n-k}} \mathbb{E} X(\mathcal{F}_{B^n} \cap \pi_0^{-1}(\mathcal{A})),$$

insbesondere also

$$\gamma = \frac{1}{\kappa_{n-k}} \mathbb{E} X(\mathcal{F}_{B^n}) \tag{4.4}$$

und

$$\mathbb{P}_0(\mathcal{A}) = \frac{\mathbb{E} X(\mathcal{F}_{B^n} \cap \pi_0^{-1}(\mathcal{A}))}{\mathbb{E} X(\mathcal{F}_{B^n})} \tag{4.5}$$

für $\mathcal{A} \in \mathcal{B}(\mathcal{L}_k^n)$. Die Darstellung (4.5) erklärt, warum das W-Maß $\mathbb{P}_0$ als die Richtungsverteilung von X bezeichnet wird.

Für eine weitere Deutung der Intensität sei λ_E, für $E \in \mathcal{E}_k^n$, das k-dimensionale Lebesgue-Maß über E. Wir benötigen zunächst eine Meßbarkeitsaussage.

4.1.3 Lemma. *Sei X ein Punktprozeß in $\mathcal{E}_k^n$. Dann ist*

$$\omega \mapsto \sum_{E \in X(\omega)} \lambda_E(A)$$

für alle $A \in \mathcal{B}(\mathbb{R}^n)$ meßbar.

Beweis. Es genügt, den Fall $A \subset mB^n$, $m \in \mathbb{N}$, zu betrachten. Sei zunächst A kompakt, und gelte $E_i \to E$ in $\mathcal{L}_k^n$. Dann gibt es Drehungen g_i, $i \in \mathbb{N}$, die gegen die Identität konvergieren und $g_i^{-1}E = E_i$ erfüllen. Mit der Darstellung

$$\lambda_{E_i}(A) = \int_E \mathbf{1}_{g_i A}(x)\, d\lambda_E(x)$$

zeigt man analog wie am Ende von Abschnitt 1.2, daß die Funktion $E \mapsto \lambda_E(A)$ nach oben halbstetig und damit meßbar ist. Nach dem Campbellschen Satz 3.1.5 ist daher auch

$$\omega \mapsto \sum_{E \in X(\omega)} \lambda_E(A) \tag{4.6}$$

meßbar. Nun sei $\mathcal{A}$ das System aller Borelmengen A in mB^n, für die (4.6) meßbar ist. Wir haben gesehen, daß $\mathcal{A}$ alle kompakten Mengen in mB^n enthält. Da $\mathcal{A}$ ersichtlich gegen die Bildung disjunkter abzählbarer Vereinigungen und relativer Komplemente abgeschlossen ist und da $\mathcal{C}$ $\cap$-stabil ist, enthält $\mathcal{A}$ die von den kompakten Mengen in mB^n erzeugte σ-Algebra, also alle Borelmengen in mB^n. ∎

Wir können daher

$$\varphi_X(A) := \mathbb{E} \sum_{E \in X} \lambda_E(A), \qquad A \in \mathcal{B}(\mathbb{R}^n),$$

bilden und erhalten so ein lokalendliches Maß φ_X, das für stationäres X translationsinvariant ist und daher von der Form $\varphi_X = \alpha\lambda$ mit einem $\alpha \in [0, \infty)$ sein muß. Der folgende Satz zeigt, daß die Intensität γ gerade diese Konstante α ist.

4.1.4 Satz. *Sei X ein stationärer k-Ebenenprozeß im $\mathbb{R}^n$ und γ seine Intensität. Dann gilt*

$$\mathbb{E} \sum_{E \in X} \lambda_E = \gamma\lambda.$$

Beweis. Nach dem Satz von Campbell (Satz 3.1.5) und nach Korollar 4.1.2 ist für $A \in \mathcal{B}(\mathbb{R}^n)$

$$
\begin{aligned}
\mathbb{E} \sum_{E \in X} \lambda_E(A) &= \int_{\mathcal{E}_k^n} \lambda_E(A)\, d\Theta(E) \\
&= \gamma \int_{\mathcal{L}_k^n} \int_{L^\perp} \lambda_{L+x}(A)\, d\lambda_{L^\perp}(x)\, d\mathbb{P}_0(L) \\
&= \gamma \int_{\mathcal{L}_k^n} \lambda(A)\, d\mathbb{P}_0(L) \\
&= \gamma \lambda(A).
\end{aligned}
$$

∎

Weitere Deutungen der Intensität werden sich in Kapitel 5 ergeben (siehe Satz 5.3.8 und die nachfolgenden Ausführungen).

Wir gehen kurz auf Poissonsche Ebenenprozesse ein. Hier ergibt sich aus den Sätzen 3.2.2 und 3.5.2 sofort die folgende Aussage.

4.1.5 Satz. *Sei $\gamma \in (0, \infty)$ und $\mathbb{P}_0$ ein W-Maß über $\mathcal{L}_k^n$. Dann gibt es (bis auf Äquivalenz) genau einen stationären Poissonschen k-Ebenenprozeß X im $\mathbb{R}^n$ mit Intensität γ und Richtungsverteilung $\mathbb{P}_0$. X ist genau dann isotrop, wenn $\mathbb{P}_0 = \nu_k$ gilt.*

Im nächsten Satz fassen wir für Poissonsche k-Ebenenprozesse einige Auswirkungen der Unabhängigkeitseigenschaften zusammen. Zwei lineare Unterräume L, L' des $\mathbb{R}^n$ heißen dabei *in allgemeiner Lage*, wenn

$$
\operatorname{lin}(L \cup L') = \mathbb{R}^n \quad \text{oder} \quad \dim(L \cap L') = 0
$$

ist. Zwei k-Ebenen E, E' heißen *in allgemeiner Lage*, wenn ihre Richtungsräume $\pi_0(E)$, $\pi_0(E')$ in allgemeiner Lage sind.

4.1.6 Satz. *Sei X ein stationärer Poissonscher k-Ebenenprozeß im $\mathbb{R}^n$.*

(a) *Ist $k < n/2$, so sind f.s. je zwei k-Ebenen des Prozesses X disjunkt.*

(b) *Ist die Richtungsverteilung $\mathbb{P}_0$ von X atomfrei, so sind f.s. je zwei k-Ebenen des Prozesses X keine Translate voneinander.*

(c) *Ist die Richtungsverteilung $\mathbb{P}_0$ von X absolutstetig bezüglich des invarianten Maßes ν_k, so sind f.s. je zwei k-Ebenen des Prozesses X in allgemeiner Lage.*

Beweis. Zunächst sei $\mathcal{A} \in \mathcal{B}(\mathcal{E}_k^n \times \mathcal{E}_k^n)$. Nach Korollar 3.1.6, Satz 3.2.3(c) und Korollar 4.1.2 gilt dann

$$
\mathbb{E} \sum_{(E_1,E_2) \in X_{\neq}^2} \mathbf{1}_{\mathcal{A}}(E_1, E_2) \;=\; \int_{(\mathcal{E}_k^n)^2} \mathbf{1}_{\mathcal{A}} \, d\Lambda^{(2)}
$$

$$
= \int_{\mathcal{E}_k^n} \int_{\mathcal{E}_k^n} \mathbf{1}_{\mathcal{A}}(E_1, E_2) \, d\Theta(E_1) \, d\Theta(E_2)
$$

$$
= \gamma^2 \int_{\mathcal{L}_k^n} \int_{\mathcal{L}_k^n} \int_{L_2^\perp} \int_{L_1^\perp} \mathbf{1}_{\mathcal{A}}(L_1 + x_1, L_2 + x_2)
$$

$$
d\lambda_{L_1^\perp}(x_1) \, d\lambda_{L_2^\perp}(x_2) \, d\mathbb{P}_0(L_1) \, d\mathbb{P}_0(L_2).
$$

Um (a) zu beweisen, wählen wir nun im Fall $k < n/2$

$$
\mathcal{A} := \{(E_1, E_2) \in (\mathcal{E}_k^n)^2 : E_1 \cap E_2 \neq \emptyset\}.
$$

Für feste k-Ebenen $L_1 \in \mathcal{L}_k^n$, $E_2 \in \mathcal{E}_k^n$ ist dann

$$
\int_{L_1^\perp} \mathbf{1}_{\mathcal{A}}(L_1 + x_1, E_2) \, d\lambda_{L_1^\perp}(x_1)
$$

das $(n-k)$-dimensionale Lebesgue-Maß des Bildes von E_2 unter der Orthogonalprojektion auf $L_1^\perp$, also Null. Es folgt

$$
\mathbb{E} \sum_{(E_1,E_2) \in X_{\neq}^2} \mathbf{1}_{\mathcal{A}}(E_1, E_2) = 0
$$

und daraus die Behauptung (a).

Zum Beweis von (b) sei $m \in \mathbb{N}$ und

$$
\mathcal{A} := \{(E_1, E_2) \in (\mathcal{E}_k^n)^2 : E_i \cap mB^n \neq \emptyset, i = 1, 2, \; E_1 \text{ Translat von } E_2\}.
$$

Dann ergibt sich

$$
\mathbb{E} \sum_{(E_1,E_2) \in X_{\neq}^2} \mathbf{1}_{\mathcal{A}}(E_1, E_2)
$$

$$
\leq \left(\gamma m^{n-k} \kappa_{n-k}\right)^2 \int_{\mathcal{L}_k^n} \int_{\mathcal{L}_k^n} \mathbf{1}_{\mathcal{A}}(L_1, L_2) \, d\mathbb{P}_0(L_1) \, d\mathbb{P}_0(L_2)
$$

$$
= \left(\gamma m^{n-k} \kappa_{n-k}\right)^2 \int_{\mathcal{L}_k^n} \mathbb{P}_0(\{L_2\}) \, d\mathbb{P}_0(L_2)
$$

$$
= 0
$$

wegen der Atomfreiheit von $\mathbb{P}_0$. Da $m \in \mathbb{N}$ beliebig war, folgt (b).

Nun habe $\mathbb{P}_0$ eine Dichte f bezüglich ν_k. Für $m \in \mathbb{N}$ setzen wir

$$\mathcal{A} := \{(E_1, E_2) \in (\mathcal{E}_k^n)^2 : E_i \cap mB^n \neq \emptyset, i = 1, 2,$$

$$E_1, E_2 \text{ nicht in allgemeiner Lage}\}.$$

Ähnlich wie oben erhalten wir

$$\mathbb{E} \sum_{(E_1, E_2) \in X_{\neq}^2} \mathbf{1}_{\mathcal{A}}(E_1, E_2)$$

$$\leq \left(\gamma m^{n-k} \kappa_{n-k}\right)^2 \int_{\mathcal{L}_k^n} \int_{A(L_2)} f(L_1) \, d\nu_k(L_1) f(L_2) \, d\nu_k(L_2)$$

$$= 0,$$

denn die Menge $A(L_2) := \{L_1 \in \mathcal{L}_k^n : (L_1, L_2) \in \mathcal{A}\}$ erfüllt $\nu(A(L_2)) = 0$, wie sich aus Satz 1.2.5 in Schneider & Weil [1992] folgern läßt. Da $m \in \mathbb{N}$ beliebig war, folgt (c). $\blacksquare$

Im folgenden werden im Rahmen von Schnittbildungen auch j-Ebenenprozesse für $j = 0$ vorkommen. Hierunter können wir gewöhnliche Punktprozesse verstehen. Dabei identifizieren wir jede einpunktige Menge $\{x\}$ mit x und beachten, daß die Zuordnung $\{x\} \mapsto x$ den Unterraum $\{\{x\} : x \in \mathbb{R}^n\}$ von $\mathcal{F}'$ homöomorph auf $\mathbb{R}^n$ abbildet.

Wir wollen nun ein (zumindest in kleinen Dimensionen) für Anwendungen wichtiges Problem ansprechen. Sei X ein stationärer k-Ebenenprozeß im $\mathbb{R}^n$ ($k \in \{1, \ldots, n-1\}$) und S eine feste $(n-k+j)$-Ebene mit $0 \leq j \leq k-1$. Wir erinnern an die Definition des Schnittprozesses,

$$(X \cap S)(\omega) := \sum_{E_i \cap S \neq \emptyset} \delta_{E_i \cap S} \quad \text{wenn} \quad X(\omega) = \sum \delta_{E_i}.$$

Wenn die Ebenen $E \in X$ zu S in allgemeiner Lage sind, ist $X \cap S$ ein j-Ebenenprozeß, dessen Realisierungen in der Schnittebene S liegen und der bezüglich S stationär ist. Daher wird $X \cap S$ im folgenden als ein stationärer j-Ebenenprozeß in S aufgefaßt. Es ergibt sich die Frage, wie Intensität und Richtungsverteilung von $X \cap S$ mit den entsprechenden Größen von X zusammenhängen. Dies wollen wir nun untersuchen.

Wegen der Stationarität des Prozesses X bedeutet es keine Einschränkung, wenn wir $S \in \mathcal{L}_{n-k+j}^n$ annehmen. Die nichtleeren Schnittmengen in $X \cap S$ können r-Ebenen mit $r \in \{j, \ldots, \min(k, n-k+j)\}$ sein; wir zeigen jedoch, daß sie fast sicher nur j-Ebenen sind. Sei

$$\mathcal{A} := \{E \in \mathcal{E}_k^n : \dim(E \cap S) > j\}$$

(mit der üblichen Konvention $\dim \emptyset := -1$). Nach Korollar 4.1.2 ist

$$\mathbb{E}X(\mathcal{A}) = \Theta(\mathcal{A}) = \gamma \int_{\mathcal{L}_k^n} \int_{L^\perp} \mathbf{1}_{\mathcal{A}}(L + x)\, d\lambda_{L^\perp}(x)\, d\mathbb{P}_0(L).$$

Gilt $\mathbf{1}_{\mathcal{A}}(L + x) = 1$, so spannen L und S nur einen echten Unterraum U von $\mathbb{R}^n$ auf, und es gilt $x \in U$ sowie $\dim(L^\perp \cap U) < \dim L^\perp$. Es folgt

$$\mathbb{E}X(\mathcal{A}) \leq \gamma \int_{\mathcal{L}_k^n} \lambda_{L^\perp}(L^\perp \cap U)\, d\mathbb{P}_0(L) = 0.$$

Fast sicher gilt also $\dim(E \cap S) = j$ oder $E \cap S = \emptyset$ für $E \in X$. Daher ist $X \cap S$ ein j-Ebenenprozeß in S (der allerdings Intensität 0 haben kann). Analog folgt auch, daß $X \cap S$ f.s. einfach ist. Wird nämlich eine j-Ebene in S als Durchschnitt von zwei verschiedenen k-Ebenen E_1, E_2 mit S erzeugt, dann ist $E_1 \cap E_2$ eine i-Ebene mit $j \leq i \leq k - 1$. Sei $i \in \{j, \dots, k-1\}$. Zu jeder Realisierung von X betrachten wir alle i-Ebenen, die Durchschnitt von zwei Ebenen von X sind (wir zählen jede solche i-Ebene nur einmal, auch wenn sie auf verschiedene Weisen erzeugt wird). Auf diese Weise wird ein i-Ebenenprozeß Y_i erhalten (die Meßbarkeit ist unschwer nachzuweisen). Der Prozeß Y_i ist stationär. Nach der obigen Schlußweise und wegen $i \leq k - 1$ schneiden die Ebenen von Y_i die Ebene S f.s. in Ebenen einer kleineren Dimension als j. Damit folgt, daß $X \cap S$ f.s. einfach ist.

Wir betrachten nun zunächst den Fall $\dim S = n - k$, in dem $X \cap S$ ein gewöhnlicher Punktprozeß in S ist. Im nächsten Satz wird die Intensität dieses Punktprozesses bestimmt.

Wir bezeichnen dazu, für Unterräume $L \in \mathcal{L}_k^n$ und $S \in \mathcal{L}_{n-k}^n$, mit $|\langle S, L^\perp \rangle|$ den Absolutbetrag der $(n - k)$-dimensionalen Determinante der Orthogonalprojektion von S auf $L^\perp$. Es gilt $|\langle S, L^\perp \rangle| = |\langle L, S^\perp \rangle|$.

4.1.7 Satz. *Sei $k \in \{1, \dots, n-1\}$ und X ein stationärer k-Ebenenprozeß im $\mathbb{R}^n$ mit Intensität γ und Richtungsverteilung $\mathbb{P}_0$. Sei $S \in \mathcal{L}_{n-k}^n$ und $\gamma_{X \cap S}$ die Intensität des Punktprozesses $X \cap S$. Dann gilt*

$$\gamma_{X \cap S} = \gamma \int_{\mathcal{L}_k^n} |\langle S, L^\perp \rangle|\, d\mathbb{P}_0(L).$$

Beweis. Bezeichnet B^{n-k} die Einheitskugel in S, so gilt nach Definition der Intensität des Punktprozesses $X \cap S$

$$
\begin{aligned}
\kappa_{n-k} \gamma_{X \cap S} &= \mathbb{E}(X \cap S)(\mathcal{F}_{B^{n-k}}) \\
&= \mathbb{E}X(\mathcal{F}_{B^{n-k}}) = \Theta(\mathcal{F}_{B^{n-k}})
\end{aligned}
$$

$$= \gamma \int_{\mathcal{L}_k^n} \int_{L^\perp} \mathbf{1}_{\mathcal{F}_{B^{n-k}}}(L+x)\, d\lambda_{L^\perp}(x)\, d\mathbb{P}_0(L)$$

$$= \gamma \int_{\mathcal{L}_k^n} \lambda_{L^\perp}(B^{n-k}|L^\perp)\, d\mathbb{P}_0(L).$$

Hier bezeichnet $B^{n-k}|L^\perp$ das Bild von B^{n-k} unter der Orthogonalprojektion auf $L^\perp$. Das $(n-k)$-dimensionale Volumen dieses Bildes ist $\lambda_S(B^{n-k})|\langle S, L^\perp \rangle|$, woraus die Behauptung folgt. ∎

In den Fällen $k = 1$ oder $n-1$ läßt sich die in Satz 4.1.7 gefundene Intensität des Schnittprozesses bequemer ausdrücken. Dazu setzen wir für einen Einheitsvektor $u \in S^{n-1}$

$$L(u) := \{\alpha u : \alpha \in \mathbb{R}\}$$

und

$$H(u) := u^\perp := \{x \in \mathbb{R}^n : \langle x, u \rangle = 0\}.$$

Es ist also $L(u)$ der von u aufgespannte eindimensionale Unterraum und $H(u)$ der zu u senkrechte $(n-1)$-dimensionale Unterraum. Zur Richtungsverteilung $\mathbb{P}_0$ definieren wir dann eine *sphärische Richtungsverteilung* $\tilde{\mathbb{P}}$ über der Sphäre S^{n-1}, indem wir für $A \in \mathcal{B}(S^{n-1})$ ohne antipodische Punktepaare

$$\tilde{\mathbb{P}}(A) := \frac{1}{2}\mathbb{P}_0(\{L(u) : u \in A\}) \qquad \text{für } k = 1 \tag{4.7}$$

und

$$\tilde{\mathbb{P}}(A) := \frac{1}{2}\mathbb{P}_0(\{H(u) : u \in A\}) \qquad \text{für } k = n-1 \tag{4.8}$$

setzen; durch die Forderung der Additivität ist $\tilde{\mathbb{P}}$ damit für alle $A \in \mathcal{B}(S^{n-1})$ erklärt. (Der Faktor $\frac{1}{2}$ muß hier stehen wegen $L(u) = L(-u)$ und $H(u) = H(-u)$.) $\tilde{\mathbb{P}}$ ist also ein gerades W-Maß auf S^{n-1}. Für die in 4.1.7 ermittelte Dichte $\gamma_X(u) := \gamma_{X \cap L(u)}$ für $k = 1$ bzw. $\gamma_X(u) := \gamma_{X \cap H(u)}$ für $k = n-1$ gilt nun

$$\gamma_X(u) = \gamma \int_{S^{n-1}} |\langle u, v \rangle|\, d\tilde{\mathbb{P}}(v), \tag{4.9}$$

wo jetzt $\langle \cdot, \cdot \rangle$ das Skalarprodukt bezeichnet.

Durch (4.9) wird die Stützfunktion eines zentralsymmetrischen konvexen Körpers erklärt, der also dem Maß $\gamma\tilde{\mathbb{P}}$ zugeordnet werden kann. Es handelt sich dabei ein Zonoid. Solche assoziierten Zonoide werden wir in Abschnitt 4.5 noch eingehender behandeln.

Ein zugehöriger Eindeutigkeitssatz (Satz 7.1.3) zeigt, daß das Maß $\gamma\tilde{\mathbb{P}}$ (und damit auch γ und $\mathbb{P}_0$) durch die Funktion $\gamma_X(\cdot)$ eindeutig bestimmt ist. Insbesondere ist also bei einem stationären Poissonschen Geraden- oder Hyperebenenprozeß X die Verteilung $\mathbb{P}_X$ eindeutig durch die *Schnittintensitäten*

$\gamma_{X\cap S}$, $S \in \mathcal{L}^n_{n-1}$ bzw. $\mathcal{L}^n_1$, festgelegt (siehe hierzu auch Abschnitt 4.5). Für $1 < k < n-1$ ist jedoch ein stationärer Poissonscher k-Ebenenprozeß X durch die Schnittintensitäten $\gamma_{X\cap S}$, $S \in \mathcal{L}^n_{n-k}$, im allgemeinen nicht eindeutig bestimmt (wohl aber gilt dies für die unten definierten Schnittprozesse $(n-k)$-ter Ordnung von stationären Poissonschen Hyperebenenprozessen; siehe Satz 4.5.6).

Nun betrachten wir auch den Fall höherdimensionaler Schnittebenen S, wobei also in S ein Schnittprozeß von j-Ebenen mit $j > 0$ entsteht.

Wir müssen zunächst die Stellungsgröße $|\langle S, L^{\perp}\rangle|$ verallgemeinern. Sei $L \in \mathcal{L}^n_k$ und $S \in \mathcal{L}^n_{n-k+j}$. Ist $\dim(L \cap S) > j$, so setzen wir $[L, S] := 0$. Andernfalls wählen wir eine orthonormierte Basis $u_1, \ldots, u_j$ von $L \cap S$ und ergänzen sie einerseits durch Vektoren $v_1, \ldots, v_{k-j}$ zu einer orthonormierten Basis von L, andererseits durch Vektoren $w_1, \ldots, w_{n-k}$ zu einer orthonormierten Basis von S. Dann sei $[L, S]$ das Volumen des Parallelepipeds, das von den Vektoren $u_1, \ldots, u_j, v_1, \ldots, v_{k-j}, w_1, \ldots, w_{n-k}$ aufgespannt wird. Es hängt nicht von der Wahl der orthonormierten Basen ab. Im Fall $j = 0$ gilt $[L, S] = |\langle L, S^{\perp}\rangle|$.

Gegeben seien nun ein stationärer k-Ebenenprozeß X und eine Schnittebene $S \in \mathcal{L}^n_{n-k+j}$ mit $j \in \{1, \ldots, k-1\}$. Wie oben gezeigt, ist $X \cap S$ f.s. ein j-Ebenenprozeß. Sein Intensitätsmaß $\Theta_{X\cap S}$ ist konzentriert auf dem Raum

$$\mathcal{L}^n_j(S) := \{L \in \mathcal{L}^n_j : L \subset S\}.$$

4.1.8 Satz. *Sei $k \in \{2, \ldots, n-1\}$ und X ein stationärer k-Ebenenprozeß im $\mathbb{R}^n$ mit Intensität γ und Richtungsverteilung $\mathbb{P}_0$. Sei $j \in \{1, \ldots, k-1\}$ und $S \in \mathcal{L}^n_{n-k+j}$; sei $\gamma_{X\cap S}$ die Intensität und $\mathbb{P}_{0,X\cap S}$ die Richtungsverteilung des j-Ebenenprozesses $X \cap S$. Dann gilt für $\mathcal{A} \in \mathcal{B}(\mathcal{L}^n_j)$*

$$\gamma_{X\cap S}\mathbb{P}_{0,X\cap S}(\mathcal{A}) = \gamma \int_{\mathcal{L}^n_k} \mathbf{1}_{\mathcal{A}}(L \cap S)[L, S]\, d\mathbb{P}_0(L).$$

Im Fall $\gamma_{X\cap S} = 0$ ist $\mathbb{P}_{0,X\cap S}$ nicht definiert; dann ist $\gamma_{X\cap S}\mathbb{P}_{0,X\cap S}$ als das Nullmaß zu lesen. Im Integranden ist $\mathbf{1}_{\mathcal{A}}(L \cap S) := 0$ für $\dim(L \cap S) \neq j$.

Beweis. Zunächst sei $\mathcal{E} \in \mathcal{B}(\mathcal{E}^n_j)$. Nach dem Campbellschen Satz 3.1.5 und nach Korollar 4.1.2 ist (mit $\mathbf{1}_{\mathcal{E}}(E \cap S) := 0$, wenn $\dim(E \cap S) \neq j$)

$$\Theta_{X\cap S}(\mathcal{E}) \; = \; \mathbb{E}(X \cap S)(\mathcal{E}) = \mathbb{E} \sum_{E \in X} \mathbf{1}_{\mathcal{E}}(E \cap S)$$

$$= \int_{\mathcal{E}^n_k} \mathbf{1}_{\mathcal{E}}(E \cap S)\, d\Theta(E)$$

$$= \gamma \int_{\mathcal{L}_k^n} \int_{L^\perp} \mathbf{1}_{\mathcal{E}}((L+x) \cap S) \, d\lambda_{L^\perp}(x) \, d\mathbb{P}_0(L).$$

Das Intensitätsmaß $\Theta_{X \cap S}$ ist konzentriert auf den j-Ebenen in S und ist variant unter Translationen, die S in sich überführen. Nach (4.3) (angewan in S) und der Definition von Intensität und Richtungsverteilung folgt dal für $\mathcal{A} \in \mathcal{B}(\mathcal{L}_j^n)$ und mit $B_S := B^n \cap S$

$$\gamma_{X \cap S} \mathbb{P}_{0, X \cap S}(\mathcal{A})$$

$$= \frac{1}{\kappa_{n-k}} \Theta_{X \cap S}\left(\mathcal{F}_{B_S} \cap \pi_0^{-1}(\mathcal{A})\right)$$

$$= \frac{\gamma}{\kappa_{n-k}} \int_{\mathcal{L}_k^n} \int_{L^\perp} \mathbf{1}_{\mathcal{F}_{B_S} \cap \pi_0^{-1}(\mathcal{A})}((L+x) \cap S) \, d\lambda_{L^\perp}(x) \, d\mathbb{P}_0(L)$$

$$= \frac{\gamma}{\kappa_{n-k}} \int_{\mathcal{L}_k^n} \mathbf{1}_{\mathcal{A}}(L \cap S) \lambda_{n-k}(B_S|L^\perp) \, d\mathbb{P}_0(L),$$

denn offenbar gilt $(L+x) \cap S \in \mathcal{F}_{B_S} \cap \pi_0^{-1}(\mathcal{A})$ genau dann, wenn $L \cap S \in$ und $x \in B_S|L^\perp$ ist. Hier bezeichnet $B_S|L^\perp$ wieder das Bild von B_S unter $\cdot$ Orthogonalprojektion auf $L^\perp$. Ist T das orthogonale Komplement von $L \, \Gamma$ innerhalb S, so gilt

$$B_S|L^\perp = (B_S|T)|L^\perp = B_T|L^\perp.$$

Die Orthogonalprojektion von T auf $L^\perp$ hat die absolute Determinante

$$|\langle T, L^\perp \rangle| = [L, S].$$

Es ist also

$$\lambda_{n-k}(B_S|L^\perp) = [L, S]\kappa_{n-k}.$$

Damit ergibt sich die Behauptung.

Statt die Ebenen eines k-Ebenenprozesses mit einer festen Ebene zu schi den, können wir sie auch untereinander schneiden und so neue niederdimen onale Ebenenprozesse erzeugen. Wir wollen dies hier für den Fall stationä Poissonscher Hyperebenenprozesse untersuchen. Dazu ist es zweckmäßig, l perebenen in der Form

$$H(u, \tau) := \{x \in \mathbb{R}^n : \langle x, u \rangle = \tau\}$$

mit einem Einheitsvektor $u \in S^{n-1}$ und einer Zahl $\tau \in \mathbb{R}$ darzustellen. J Hyperebene $H \in \mathcal{E}_{n-1}^n$ hat zwei solche Darstellungen. Statt $H(u, 0)$ schreil wir auch wieder $H(u)$ oder $u^\perp$.

Sei nun X ein stationärer Hyperebenenprozeß im $\mathbb{R}^n$ mit Intensität $\gamma \neq 0$ und Richtungsverteilung $\mathbb{P}_0$. Verwenden wir die durch (4.8) eingeführte sphärische Richtungsverteilung $\tilde{\mathbb{P}}$, so läßt sich die gemäß Korollar 4.1.2 existierende Zerlegung des Intensitätsmaßes Θ von X, also

$$\int_{\mathcal{E}_{n-1}^n} f\, d\Theta = \gamma \int_{\mathcal{L}_{n-1}^n} \int_{L^\perp} f(L + x)\, d\lambda_{L^\perp}(x)\, d\mathbb{P}_0(L)$$

für Θ-integrierbares f, auch in der Form

$$\int_{\mathcal{E}_{n-1}^n} f\, d\Theta = \gamma \int_{S^{n-1}} \int_{-\infty}^{\infty} f(H(u,\tau))\, d\tau\, d\tilde{\mathbb{P}}(u) \qquad (4.10)$$

schreiben.

Sei $k \in \{2, \ldots, n\}$. In jeder Realisierung von X bilden wir alle Durchschnitte von je k Hyperebenen des Prozesses, die in allgemeiner Lage sind. Wir wollen zunächst zeigen, daß wir auf diese Weise einen stationären $(n-k)$-Ebenenprozeß X_k, den *Schnittprozeß* k-ter Ordnung von X, erhalten. Dazu erklären wir zu $\mathcal{E} \in \mathcal{B}(\mathcal{E}_{n-k}^n)$ die Funktion $f_\mathcal{E} : (\mathcal{E}_{n-1}^n)^k \to \mathbb{R}$ durch

$$f_\mathcal{E}(H_1, \ldots, H_k) := \begin{cases} 1, & \text{wenn } H_1 \cap \ldots \cap H_k \in \mathcal{E}, \\ 0 & \text{sonst.} \end{cases} \qquad (4.11)$$

Die Menge der $(H_1, \ldots, H_k) \in (\mathcal{E}_{n-1}^n)^k$ mit $\dim(H_1 \cap \ldots \cap H_k) = n - k$ ist offen, und auf dieser Menge ist die Abbildung $(H_1, \ldots, H_k) \mapsto H_1 \cap \ldots \cap H_k$ stetig. Also ist $f_\mathcal{E}$ meßbar. Aus Korollar 3.1.6 folgt nun, daß die Funktion

$$X_k(\mathcal{E}) := \frac{1}{k!} \sum_{(H_1, \ldots, H_k) \in X_{\neq}^k} f_\mathcal{E}(H_1, \ldots, H_k)$$

auf $(\Omega, \mathbf{A})$ meßbar ist. Ist $\mathcal{E}$ kompakt, so gibt es eine Kugel, die von allen $(n-k)$-Ebenen in $\mathcal{E}$ getroffen wird und damit auch von allen Hyperebenen $H_1, \ldots, H_k$ mit $f_\mathcal{E}(H_1, \ldots, H_k) = 1$. Es folgt, daß $X_k(\mathcal{E})$ f.s. endlich ist. Damit ergibt sich, daß X_k ein Punktprozeß in $\mathcal{E}_{n-k}^n$ ist. Er ist offenbar stationär, kann allerdings Intensität Null haben und braucht nicht einfach zu sein. Ist X ein stationärer Poissonscher Hyperebenenprozeß, so ist X_k f.s. einfach, wie sich mit den im Beweis von Satz 4.1.6 verwendeten Methoden ergibt. Daß X_k im allgemeinen kein Poissonprozeß ist, sieht man schon im Fall $n = 2$, $k = 2$, da bei einem stationären Poissonschen Punktprozeß f.s. je drei Punkte nicht kollinear sind.

Im folgenden bezeichnen wir für $m \leq n$ Vektoren $u_1, \ldots, u_m \in \mathbb{R}^n$ mit $\nabla_m(u_1, \ldots, u_m)$ das m-dimensionale Volumen des von $u_1, \ldots, u_m$ aufgespannten Parallelepipeds.

4.1.9 Satz. *Sei X ein stationärer Poissonscher Hyperebenenprozeß im $\mathbb{R}^n$ mit Intensität $\gamma \neq 0$ und sphärischer Richtungsverteilung $\tilde{\mathbb{P}}$. Sei $k \in \{2, \ldots, n\}$ und X_k der Schnittprozeß k-ter Ordnung von X. Für die Intensität γ_k und die Richtungsverteilung $\mathbb{P}_{0,k}$ von X_k gilt dann für $\mathcal{A} \in \mathcal{B}(\mathcal{L}_{n-k}^n)$*

$$\gamma_k \mathbb{P}_{0,k}(\mathcal{A})$$

$$= \frac{\gamma^k}{k!} \int_{S^{n-1}} \cdots \int_{S^{n-1}} \mathbf{1}_{\mathcal{A}}(u_1^\perp \cap \ldots \cap u_k^\perp) \nabla_k(u_1, \ldots, u_k)\, d\tilde{\mathbb{P}}(u_1) \cdots d\tilde{\mathbb{P}}(u_k).$$

Für $k = n$ entfallen hier natürlich die Vorgabe von $\mathcal{A}$ und die Bestimmung von $\mathbb{P}_{0,k}$. Im Fall $\gamma_k = 0$ ist $\mathbb{P}_{0,k}$ nicht definiert; dann ist $\gamma_k \mathbb{P}_{0,k}$ als das Nullmaß zu lesen. Im Integranden ist $\mathbf{1}_{\mathcal{A}}(L) := 0$ für $\dim L \neq n - k$.

Beweis. Sei Θ_k das Intensitätsmaß des Schnittprozesses X_k (aus dem nachfolgenden Beweis ergibt sich auch die lokale Endlichkeit von Θ_k). Für $\mathcal{E} \in \mathcal{B}(\mathcal{E}_{n-k}^n)$ sei $f_{\mathcal{E}}$ die durch (4.11) erklärte Funktion. Es ist

$$\Theta_k(\mathcal{E}) = \mathbb{E}X_k(\mathcal{E})$$

$$= \frac{1}{k!}\mathbb{E} \sum_{(H_1, \ldots, H_k) \in X_{\neq}^k} f_{\mathcal{E}}(H_1, \ldots, H_k)$$

$$= \frac{1}{k!} \int_{(\mathcal{E}_{n-1}^n)^k} f_{\mathcal{E}}\, d\Lambda^{(k)}$$

nach Korollar 3.1.6. Nach Satz 3.2.3(c) gilt $\Lambda^{(k)} = \Theta^k$ (an dieser Stelle wird benutzt, daß X ein Poissonprozeß ist). Damit und mit (4.10) folgt

$$k!\Theta_k(\mathcal{E}) = \int_{\mathcal{E}_{n-1}^n} \cdots \int_{\mathcal{E}_{n-1}^n} f_{\mathcal{E}}(H_1, \ldots, H_k)\, d\Theta(H_1) \cdots d\Theta(H_k)$$

$$= \gamma^k \int_{S^{n-1}} \cdots \int_{S^{n-1}} \int_{-\infty}^{\infty} \cdots \int_{-\infty}^{\infty} f_{\mathcal{E}}(H(u_1, \tau_1), \ldots, H(u_k, \tau_k))$$

$$d\tau_1 \cdots d\tau_k\, d\tilde{\mathbb{P}}(u_1) \cdots d\tilde{\mathbb{P}}(u_k).$$

Sei $\mathcal{A} \in \mathcal{B}(\mathcal{L}_{n-k}^n)$ und jetzt speziell $\mathcal{E} := \mathcal{F}_{B^n} \cap \pi_0^{-1}(\mathcal{A})$. Nach (4.3) ergibt sich

$$k!\gamma_k \mathbb{P}_{0,k}(\mathcal{A}) = \frac{k!}{\kappa_k}\Theta_k(\mathcal{F}_{B^n} \cap \pi_0^{-1}(\mathcal{A}))$$

$$= \frac{\gamma^k}{\kappa_k} \int_{S^{n-1}} \cdots \int_{S^{n-1}} \int_{-\infty}^{\infty} \cdots \int_{-\infty}^{\infty} f_{\mathcal{E}}(H(u_1, \tau_1), \ldots, H(u_k, \tau_k))$$

$$d\tau_1 \cdots d\tau_k\, d\tilde{\mathbb{P}}(u_1) \cdots d\tilde{\mathbb{P}}(u_k).$$

Dabei ist

$$f_{\mathcal{E}}(H(u_1, \tau_1), \ldots, H(u_k, \tau_k))$$
$$= \mathbf{1}_A(u_1^\perp \cap \ldots \cap u_k^\perp) \mathbf{1}_{\mathcal{F}_{B^n}}(H(u_1, \tau_1) \cap \ldots \cap H(u_k, \tau_k)).$$

Zur Berechnung des Integrals

$$I_k := \int_{-\infty}^{\infty} \cdots \int_{-\infty}^{\infty} \mathbf{1}_{\mathcal{F}_{B^n}}(H(u_1, \tau_1) \cap \ldots \cap H(u_k, \tau_k)) \, d\tau_1 \cdots d\tau_k$$

nehmen wir zunächst an, daß $u_1, \ldots, u_k$ linear unabhängig sind. Zuerst sei $k = n$. Für $\tau = (\tau_1, \ldots, \tau_n) \in \mathbb{R}^n$ sei $T(\tau)$ der Schnittpunkt der Hyperebenen $H(u_1, \tau_1), \ldots, H(u_n, \tau_n)$. Dann ist I_n das n-dimensionale Lebesgue-Maß der Menge $T^{-1}(B^n)$. Die Abbildung T ist injektiv, und ihre Umkehrabbildung ist gegeben durch $T^{-1}(x) = (\langle x, u_1 \rangle, \ldots, \langle x, u_n \rangle)$; die Funktionaldeterminante ist $\nabla_n(u_1, \ldots, u_n)$. Also ist

$$I_n = \kappa_n \nabla_n(u_1, \ldots, u_n).$$

Für $k < n$ ergibt sich

$$I_k = \kappa_k \nabla_k(u_1, \ldots, u_k),$$

indem man das Bewiesene im Raum $\mathrm{lin}\{u_1, \ldots, u_k\}$ anwendet. Wir erhalten also

$$\int_{-\infty}^{\infty} \cdots \int_{-\infty}^{\infty} f_{\mathcal{E}}(H(u_1, \tau_1), \ldots, H(u_k, \tau_k)) \, d\tau_1 \cdots d\tau_k$$
$$= \mathbf{1}_A(u_1^\perp \cap \ldots \cap u_k^\perp) \kappa_k \nabla_k(u_1, \ldots, u_k).$$

Diese Gleichung gilt auch, wenn $u_1, \ldots, u_k$ linear abhängig sind, weil dann beide Seiten verschwinden. Somit ergibt sich die Behauptung. ∎

4.2 Partikelprozesse

Die nächste große Teilklasse von Punktprozessen in $\mathcal{F}' = \mathcal{F}'(\mathbb{R}^n)$, die wir betrachten wollen, sind Punktprozesse, die auf $\mathcal{C}'$ konzentriert sind. Wir nennen sie *Partikelprozesse (zufällige Partikel-Felder)* im $\mathbb{R}^n$. Einen Punktprozeß in $\mathcal{F}'$, dessen Intensitätsmaß auf $\mathcal{R}$ oder $\mathcal{K}$ konzentriert ist, bezeichnen wir als einen *Partikelprozeß in $\mathcal{R}$* bzw. $\mathcal{K}$, im letzteren Fall auch als einen *Prozeß konvexer Partikel*. Das Intensitätsmaß Θ eines Partikelprozesses ist, wie stets, als lokalendlich vorausgesetzt. Nach Lemma 2.3.2 ist die lokale Endlichkeit von Θ über $\mathcal{F}'$ äquivalent mit

$$\Theta(\mathcal{F}_C) < \infty \qquad \text{für alle } C \in \mathcal{C}. \tag{4.12}$$

Die Voraussetzung (4.12) ist erforderlich für wichtige spätere Folgerungen. Dies ist auch ein Grund dafür, daß ein Partikelprozeß nicht etwa definiert wird als ein Punktprozeß im Raum $(\mathcal{C}', d)$ mit der Hausdorff-Metrik; in diesem Fall würde die lokale Endlichkeit des Intensitätsmaßes Θ nur $\Theta(\mathcal{F}^{C^c}) < \infty$ für $C \in \mathcal{C}$ bedeuten.

Wir werden auch für Partikelprozesse im stationären Fall eine Zerlegung des Intensitätsmaßes Θ angeben. Dazu benutzen wir die Abbildung

$$c : \mathcal{C}' \to \mathbb{R}^n,$$

die jedem $C \in \mathcal{C}'$ den Mittelpunkt $c(C)$ der Umkugel $B(C)$ von C zuordnet.

4.2.1 Lemma. *Die Abbildung c ist stetig.*

Beweis. Die Umkugel $B(C)$ von $C \in \mathcal{C}'$ ist die eindeutig bestimmte Kugel mit dem kleinsten Radius $r(C)$, die C enthält. Wir zeigen zunächst, daß r stetig von C abhängt. Sei $C_i \to C$ eine konvergente Folge in $\mathcal{C}'$. Jeder Häufungspunkt der Folge $(B(C_i))_{i \in \mathbb{N}}$ ist eine Kugel, die C enthält. Also folgt $r(C) \leq \liminf r(C_i)$. Umgekehrt liegen fast alle Folgenglieder C_i in der Kugel $B(C) + \epsilon B^n$, $\epsilon > 0$. Also folgt $\limsup r(C_i) \leq r(C) + \epsilon$. Für $\epsilon \to 0$ ergibt sich $r(C) = \lim r(C_i)$.

Als nächstes zeigen wir $B(C_i) \to B(C)$. Die Folge der Kugeln $B(C_i)$ ist beschränkt, also können wir o.B.d.A. annehmen, daß sie konvergiert: $B(C_i) \to B$. Der Grenzkörper B ist eine Kugel, die C enthält und wegen $r(C_i) \to r(C)$ den Radius $r(C)$ hat. Wegen der Eindeutigkeit der Umkugel folgt $B = B(C)$.

Schließlich folgt aus $B(C_i) \to B(C)$ auch $c(C_i) \to c(C)$. ∎

Sei nun $\mathcal{C}_0 := \{C \in \mathcal{C}' : c(C) = 0\}$. Wir nennen $\mathcal{C}_0$ den *Formenraum* (für Partikelprozesse). Den Formenraum $\mathcal{C}_0$ kann man auch als Menge aller Translationsklassen in $\mathcal{C}'$ ansehen; Formen, die durch Rotation auseinander hervorgehen, gelten als verschieden. $\mathcal{C}_0$ ist abgeschlossen in $\mathcal{C}'$, also (nach Satz 1.3.2) Borelmenge in $\mathcal{F}$. Entsprechend definieren wir die Teilmengen $\mathcal{K}' := \mathcal{K} \setminus \{\emptyset\}$, $\mathcal{R}' := \mathcal{R} \setminus \{\emptyset\}$, $\mathcal{K}_0 := \mathcal{C}_0 \cap \mathcal{K}$ und $\mathcal{R}_0 := \mathcal{C}_0 \cap \mathcal{R}$.

Die Abbildung

$$\Phi : \quad \mathbb{R}^n \times \mathcal{C}_0 \quad \to \quad \mathcal{C}'$$
$$(x, C) \quad \mapsto \quad x + C$$

ist wegen Satz 1.2.3 und Lemma 4.2.1 ein Homöomorphismus.

4.2.2 Satz. *Sei X ein stationärer Partikelprozeß im $\mathbb{R}^n$ mit Intensitätsmaß $\Theta \not\equiv 0$. Dann existieren ein $\gamma \in (0, \infty)$ und ein W-Maß $\mathbb{P}_0$ über $\mathcal{C}_0$, so daß*

$$\Theta = \gamma \Phi(\lambda \otimes \mathbb{P}_0) \tag{4.13}$$

gilt. γ und $\mathbb{P}_0$ sind durch Θ eindeutig bestimmt.

Für Θ-integrierbares f ist also

$$\int_{\mathcal{C}'} f \, d\Theta = \gamma \int_{\mathcal{C}_0} \int_{\mathbb{R}^n} f(C + x) \, d\lambda(x) \, d\mathbb{P}_0(C). \qquad (4.14)$$

Beweis. Sei $\tilde{\Theta} = \Phi^{-1}(\Theta)$ das Bildmaß auf $\mathcal{B}(\mathbb{R}^n \times \mathcal{C}_0)$. Wir zeigen zunächst eine Endlichkeitsaussage. Zu dem Einheitswürfel $C^n = [0,1]^n$ bezeichnen wir mit $\partial^+ C^n$ den „rechten oberen Rand", das heißt die Menge

$$\partial^+ C^n := \left\{ x = (x^{(1)}, \ldots, x^{(n)}) \in C^n : \max_{1 \le i \le n} x^{(i)} = 1 \right\}. \qquad (4.15)$$

Wir setzen $C_0^n := C^n \setminus \partial^+ C^n$; ferner sei $(z_i)_{i \in \mathbb{N}}$ eine Abzählung von $\mathbb{Z}^n$. Dann ist

$$
\begin{aligned}
\tilde{\Theta}(C_0^n \times \mathcal{C}_0) &= \Theta(\{C \in \mathcal{C}' : c(C) \in C_0^n\}) \\
&\le \sum_{i=1}^{\infty} \Theta(\{C \in \mathcal{C}' : C \cap (C_0^n + z_i) \ne \emptyset, \ c(C) \in C_0^n\}) \\
&= \sum_{i=1}^{\infty} \Theta(\{C \in \mathcal{C}' : C \cap C_0^n \ne \emptyset, \ c(C) \in C_0^n - z_i\}) \\
&= \Theta(\{C \in \mathcal{C}' : C \cap C_0^n \ne \emptyset\}) \le \Theta(\mathcal{F}_{C^n}) < \infty
\end{aligned}
$$

wegen der (aus der Stationarität von X folgenden) Translationsinvarianz von Θ und (4.12).

Nun folgt wie im Beweis von Satz 3.4.1 die Existenz einer Darstellung

$$\tilde{\Theta} = \gamma(\lambda \otimes \mathbb{P}_0),$$

mit $\gamma \in (0, \infty)$ und einem W-Maß $\mathbb{P}_0$ über $\mathcal{C}_0$. Daraus ergibt sich (4.13). Die Eindeutigkeit ist trivial. ∎

Wir nennen γ die *Intensität* und $\mathbb{P}_0$ die *Formverteilung* des stationären Partikelprozesses X. Ist X isotrop, so ist $\mathbb{P}_0$ (wegen $c(\vartheta C) = \vartheta c(C)$ für $C \in \mathcal{C}'$ und $\vartheta \in SO_n$) rotationsinvariant, aber die Umkehrung ist im allgemeinen falsch. Wir lassen, wenn nichts anderes gesagt ist, auch stationäre Partikelprozesse mit $\Theta = 0$ zu; in diesem Fall wird $\gamma = 0$ definiert, $\mathbb{P}_0$ ist nicht definiert, und $\gamma \mathbb{P}_0$ ist als das Nullmaß zu lesen.

Bemerkung. Allgemeiner können wir auch *markierte Partikelprozesse* X betrachten. Darunter verstehen wir einfache Punktprozesse in $\mathcal{C}' \times M$, wo M

wie in Abschnitt 3.4 den Markenraum bezeichnet; für das Intensitätsmaß Θ eines solchen Prozesses wird entsprechend (3.9) die Bedingung

$$\Theta(C \times M) < \infty \qquad \text{für alle } C \in \mathcal{C}(\mathcal{F}')$$

gefordert. Stationarität bedeutet wieder Invarianz der Verteilung $\mathbb{P}_X$ bezüglich Translationen, wobei diese, wie im Fall markierter Punktprozesse, wieder nur auf die erste Komponente wirken. Für einen stationären markierten Partikelprozeß X mit Intensitätsmaß $\Theta \not\equiv 0$ erhalten wir dann wie in Satz 4.2.2 mit der Abbildung

$$\Phi : \quad \mathbb{R}^n \times \mathcal{C}_0 \times M \quad \rightarrow \quad \mathcal{C}' \times M$$
$$(x, C, m) \quad \mapsto \quad (x + C, m)$$

eine Zerlegung

$$\Theta = \gamma \Phi(\lambda \otimes \mathbb{Q}_0)$$

mit einem W-Maß $\mathbb{Q}_0$ über $\mathcal{C}_0 \times M$, das wir die *Form-Markenverteilung* von X nennen. Wir werden von markierten Partikelprozessen in Kapitel 6 kurz Gebrauch machen.

Spätere Anwendungen machen es erforderlich, statt des Umkugelmittelpunktes auch allgemeinere Abbildungen zu betrachten. Wird c ersetzt durch eine meßbare Abbildung $z : \mathcal{C}' \rightarrow \mathbb{R}^n$, die $z(tC) = tz(C)$ für $C \in \mathcal{C}'$ und jede Translation t erfüllt, so läßt sich auch noch eine Zerlegung (4.13) (mit anderem $\mathbb{P}_0$) erhalten. Die Isotropie von X spiegelt sich aber nur dann in der Rotationsinvarianz von $\mathbb{P}_0$, wenn z auch die Eigenschaft $z(\vartheta C) = \vartheta z(C)$ für $\vartheta \in SO_n$ hat. (Ein vom Umkugelmittelpunkt verschiedenes Beispiel dieser Art ist etwa durch den Steinerpunkt der konvexen Hülle gegeben.) Derartige „Zentrumsfunktionen" spielen eine Rolle, wenn ein Partikelprozeß als markierter Punktprozeß dargestellt werden soll. Dies wird in Abschnitt 4.3 ausgeführt.

Es ist zu beachten, daß wegen der vorausgesetzten lokalen Endlichkeit des Intensitätsmaßes auf $\mathcal{F}'$ nicht beliebige W-Maße $\mathbb{P}_0$ über $\mathcal{C}_0$ als Formverteilungen auftreten können. Nach (4.14) ist für $K \in \mathcal{C}$

$$\Theta(\mathcal{F}_K) = \gamma \int_{\mathcal{C}_0} \int_{\mathbb{R}^n} \mathbf{1}_{\mathcal{F}_K}(C + x) \, d\lambda(x) \, d\mathbb{P}_0(C)$$

$$= \gamma \int_{\mathcal{C}_0} V_n(K + C^*) \, d\mathbb{P}_0(C), \qquad (4.16)$$

denn es gilt

$$\mathbf{1}_{\mathcal{F}_K}(C + x) = 1 \Leftrightarrow (C + x) \cap K \neq \emptyset \Leftrightarrow x \in K + C^*.$$

Aus (4.12) folgt also insbesondere

$$\int_{\mathcal{C}_0} V_n(C + rB^n)\, d\mathbb{P}_0(C) < \infty \qquad \text{für } r > 0, \tag{4.17}$$

und wenn das W-Maß $\mathbb{P}_0$ über $\mathcal{C}_0$ diese Bedingung für ein $r > 0$ erfüllt, so ist das Maß $\Phi(\lambda \otimes \mathbb{P}_0)$ lokalendlich (daß die Bedingung für ein $r > 0$ ausreicht, folgt daraus, daß eine gegebene kompakte Menge K durch endlich viele Translate von rB^n überdeckt werden kann). Hinreichend für (4.17) ist daß die n-te Potenz des Umkugelradius $\mathbb{P}_0$-integrierbar ist. Im Fall eines Prozesses konvexer Partikel (also eines auf $\mathcal{K}'$ konzentrierten Punktprozesses) ist die Bedingung (4.17) aufgrund der Steiner-Formel (7.1) äquivalent mit der $\mathbb{P}_0$-Integrierbarkeit der inneren Volumina $V_1, \ldots, V_n$.

4.2.3 Korollar. *Sei* $\gamma \in (0, \infty)$ *und* $\mathbb{P}_0$ *ein W-Maß über* $\mathcal{C}_0$, *das* (4.17) *erfüllt. Dann gibt es (bis auf Äquivalenz) genau einen stationären Poissonschen Partikelprozeß* X *im* $\mathbb{R}^n$ *mit Intensität* γ *und Formverteilung* $\mathbb{P}_0$. X *ist genau dann isotrop, wenn* $\mathbb{P}_0$ *rotationsinvariant ist.*

Beweis. Die Aussage folgt aus den Sätzen 4.2.2, 3.2.2, 3.5.2 sowie der Äquivarianz von c unter Rotationen. ∎

Wir wollen uns die Bedeutung der Intensität γ und der Formverteilung für einen Partikelprozeß X klar machen. Dazu setzen wir

$$\mathcal{C}_c(A) := \{C \in \mathcal{C}' : c(C) \in A\} = \Phi(A \times \mathcal{C}_0)$$

für $A \in \mathcal{B}(\mathbb{R}^n)$. Da Φ ein Homöomorphismus ist, ist $\mathcal{C}_c(A)$ eine Borelmenge. Ferner definieren wir

$$\begin{aligned} \pi_c : \quad \mathcal{C}' &\to \quad \mathcal{C}_0. \\ C &\mapsto \quad C - c(C) \end{aligned}$$

4.2.4 Satz. *Sei* X *ein stationärer Partikelprozeß im* $\mathbb{R}^n$. *Dann gilt für* $\mathcal{A} \in \mathcal{B}(\mathcal{C}_0)$

(a) $$\gamma \mathbb{P}_0(\mathcal{A}) = \kappa_n^{-1} \mathbb{E}X(\mathcal{C}_c(B^n) \cap \pi_c^{-1}(\mathcal{A})),$$

(b) $$\gamma \mathbb{P}_0(\mathcal{A}) = \lim_{r \to \infty} \frac{1}{V_n(rK)} \mathbb{E}X(\mathcal{F}^{(rK)^c} \cap \pi_c^{-1}(\mathcal{A})),$$

(c) $$\gamma \mathbb{P}_0(\mathcal{A}) = \lim_{r \to \infty} \frac{1}{V_n(rK)} \mathbb{E}X(\mathcal{F}_{rK} \cap \pi_c^{-1}(\mathcal{A}))$$

für alle $K \in \mathcal{K}$ *mit* $V_n(K) > 0$.

Beweis. (a) Nach Satz 4.2.2 gilt

$$\mathbb{E}X(\mathcal{C}_c(B^n) \cap \pi_c^{-1}(\mathcal{A})) = \Theta(\mathcal{C}_c(B^n) \cap \pi_c^{-1}(\mathcal{A}))$$

$$= \Theta(\Phi(B^n \times \mathcal{A}))$$

$$= \gamma\lambda(B^n)\mathbb{P}_0(\mathcal{A}) = \gamma\kappa_n\mathbb{P}_0(\mathcal{A}).$$

(b) Analog gilt

$$\mathbb{E}X(\mathcal{F}^{(rK)^c} \cap \pi_c^{-1}(\mathcal{A})) = \Theta(\mathcal{F}^{(rK)^c} \cap \pi_c^{-1}(\mathcal{A}))$$

$$= \gamma \int_{\mathcal{C}_0} \int_{\mathbb{R}^n} \mathbf{1}_{\mathcal{F}^{(rK)^c} \cap \pi_c^{-1}(\mathcal{A})}(C + x)\, d\lambda(x)\, d\mathbb{P}_0(C)$$

$$= \gamma \int_{\mathcal{A}} \lambda(\{x \in \mathbb{R}^n : C + x \subset rK\})\, d\mathbb{P}_0(C).$$

O.B.d.A. sei 0 innerer Punkt von K. Dann gibt es eine nichtnegative meßbare Funktion $\rho : \mathcal{C}_0 \to \mathbb{R}$ mit $C' \subset \rho(C')K$ für alle $C' \in \mathcal{C}_0$. Für gegebenes $C \in \mathcal{C}_0$ sei $r > \rho(C)$. Für $x \in (r - \rho(C))K$ ist $C + x \subset rK$. Es folgt

$$\left(1 - \frac{\rho(C)}{r}\right)^n \leq \frac{\lambda(\{x \in \mathbb{R}^n : C + x \subset rK\})}{V_n(rK)} \leq 1. \tag{4.18}$$

Da die linke Seite für $r \to \infty$ monoton wachsend gegen 1 konvergiert, folgt die Behauptung mit dem Satz von der monotonen Konvergenz.

(c) Es ergibt sich

$$\mathbb{E}X(\mathcal{F}_{rK} \cap \pi_c^{-1}(\mathcal{A})) = \Theta(\mathcal{F}_{rK} \cap \pi_c^{-1}(\mathcal{A}))$$

$$= \gamma \int_{\mathcal{C}_0} \int_{\mathbb{R}^n} \mathbf{1}_{\mathcal{F}_{rK} \cap \pi_c^{-1}(\mathcal{A})}(C + x)\, d\lambda(x)\, d\mathbb{P}_0(C)$$

$$= \gamma \int_{\mathcal{A}} V_n(rK + C^*)\, d\mathbb{P}_0(C)$$

$$= \gamma r^n \int_{\mathcal{A}} V_n\left(K + \frac{1}{r}C^*\right) d\mathbb{P}_0(C).$$

Zu $C \in \mathcal{C}_0$ sei B eine Kugel mit $C^* \subset B$, dann ist $K + \frac{1}{r}C^* \subset K + \frac{1}{r}B$ und daher $V_n(K) \leq V_n(K + \frac{1}{r}C^*) \leq V_n(K + \frac{1}{r}B)$. Wegen der Stetigkeit des Volumens auf $\mathcal{K}$ folgt

$$V_n\left(K + \frac{1}{r}C^*\right) \to V_n(K) \qquad \text{für } r \to \infty.$$

Seien $y_1, \ldots, y_m \in C^*$ Punkte mit $(K + y_i) \cap (K + y_j) = \emptyset$ für $i \neq j$, wobei m maximal sei. Für $x \in C^*$ gibt es dann ein i mit $(K + x) \cap (K + y_i) \neq \emptyset$, also $x \in K + K^* + y_i$. Somit ist $C^* \subset \bigcup_i (K + K^* + y_i)$. O.B.d.A. sei $0 \in K$. Für $r \geq 1$ folgt $K + \frac{1}{r} C^* \subset \bigcup_{i=1}^m [2K + K^* + \frac{1}{r} y_i]$ und daher $V_n(K + \frac{1}{r} C^*) \leq m V_n(2K + K^*)$. Wegen $m V_n(K) \leq V_n(K + C^*)$ ergibt sich $V_n(K + \frac{1}{r} C^*) \leq b(K) V_n(K + C^*)$ mit einer nicht von C oder r abhängenden Konstanten $b(K)$. Weil $V_n(K + C^*)$ wegen (4.17) $\mathbb{P}_0$-integrierbar ist, erhalten wir mit dem Satz von Lebesgue

$$\frac{1}{V_n(rK)} \mathbb{E} X(\mathcal{F}_{rK} \cap \pi_c^{-1}(\mathcal{A})) = \gamma \int_{\mathcal{A}} \frac{V_n(K + \frac{1}{r} C^*)}{V_n(K)} \, d\mathbb{P}_0(C) \to \gamma \mathbb{P}_0(\mathcal{A})$$

für $r \to \infty$, also die Behauptung. ∎

Für einen stationären Partikelprozeß X im $\mathbb{R}^n$ bilden die Punkte $c(C)$, $C \in X$, f.s. einen gewöhnlichen Punktprozeß X^c im $\mathbb{R}^n$ (die notwendige Endlichkeitsbedingung ergibt sich aus dem Beweis von Satz 4.2.2). Die entsprechende Aussage ist auch im nichtstationären Fall richtig, wenn die Partikel konvex sind; bei nichtkonvexen Partikeln ist aber das Maß $\sum_{C \in X} \delta_{c(C)}$ nicht notwendig f.s. lokalendlich. Bei einem stationären Partikelprozess X braucht, auch wenn er einfach ist, der Punktprozeß X^c nicht mehr einfach zu sein. Wir werden uns aber gleich überlegen, daß bei einem stationären Poissonprozeß X der Punktprozeß X^c immer einfach (und damit auch wieder ein stationärer Poissonprozeß) ist.

Im Fall eines stationären Partikelprozesses X ist nach Satz 4.2.4(a) die Intensität γ von X auch die Intensität des stationären Punktprozesses X^c. X „entsteht" also aus dem gewöhnlichen Punktprozeß X^c durch Anheften von zufälligen kompakten Mengen mit Verteilung $\mathbb{P}_0$ an die verschiedenen Punkte von X^c (wobei Vielfachheiten berücksichtigt werden müssen). Diese Vorstellung läßt sich im allgemeinen Fall aber nicht präzisieren, weil die zufälligen $\mathcal{C}_0$-Mengen zu verschiedenen Punkten von X^c nicht unabhängig sein müssen. Wir betrachten dazu das folgende Beispiel.

Gegeben sei eine gitterförmige Anordnung von Strecken der Länge 1 im $\mathbb{R}^2$, wobei sich immer waagerechte Strecken $s_w + z$ und senkrechte Strecken $s_s + z'$ abwechseln, $z, z' \in \mathbb{Z}^2$. Durch eine zufällige, uniform verteilte Translation $\xi \in [0, 1]^2$ erhalten wir einen stationären Punktprozeß X auf $\mathcal{C}$, für den $\mathbb{P}_0$ auf der Menge $\{s_w, s_s\}$ konzentriert ist (und jede der beiden Strecken die Wahrscheinlichkeit $1/2$ besitzt). Liegt hier für einen Punkt x des zugehörigen gewöhnlichen Punktprozesses X^c fest, welche der beiden Formen s_w oder s_s vorliegt, so sind damit alle anderen Formen der Realisierung festgelegt.

Für Poissonprozesse liegen die Verhältnisse aber anders.

4.2.5 Satz. *Sei X ein stationärer Poissonscher Partikelprozeß im $\mathbb{R}^n$ mit Intensität $\gamma > 0$ und Formverteilung $\mathbb{P}_0$. Dann ist der gewöhnliche Punktprozeß X^c ein (stationärer) Poissonprozeß, und es gilt:*

Zu jedem $C \in \mathcal{C}$ mit $\lambda(C) > 0$ und jedem $k \in \mathbb{N}$ existieren zufällige Punkte $\xi_1, \ldots, \xi_k$ in C mit Verteilung $\lambda \llcorner C / \lambda(C)$ und ZAM $Z_1, \ldots, Z_k$ in $\mathcal{C}_0$ mit Verteilung $\mathbb{P}_0$, so daß $\xi_1, \ldots, \xi_k, Z_1, \ldots, Z_k$ unabhängig sind und

$$\mathbb{P}(X \llcorner \mathcal{C}_c(C) \in \cdot \mid X(\mathcal{C}_c(C)) = k) = \mathbb{P}_{\sum_{i=1}^{k} \delta_{\xi_i + Z_i}}$$

gilt.

Man kann sich also einen stationären Poissonprozeß X in $\mathcal{C}'$ so erzeugt denken (und insbesondere auch so simulieren), daß ein gewöhnlicher stationärer Poissonprozeß X^c mit Intensität γ betrachtet wird und zu jedem $x \in X^c$ unabhängig eine ZAM Z_x mit Verteilung $\mathbb{P}_0$ addiert wird:

$$X = \sum_{x \in X^c} \delta_{x + Z_x}.$$

Beweis. Wegen

$$\mathbb{P}(X^c(A) \doteq k) = \mathbb{P}(X(\mathcal{C}_c(A)) = k), \qquad A \in \mathcal{B}(\mathbb{R}^n),$$

ist X^c ein stationärer Poissonprozeß im $\mathbb{R}^n$ mit Intensitätsmaß

$$\Theta_c(A) = \Theta(\mathcal{C}_c(A)) = \gamma \lambda(A), \qquad A \in \mathcal{B}(\mathbb{R}^n),$$

wobei wir Satz 4.2.2 auf die Menge $\mathcal{C}_c(A)$ angewendet haben. Ist speziell C kompakt mit $\lambda(C) > 0$, so folgt $0 < \Theta(\mathcal{C}_c(C)) < \infty$, also können wir Satz 3.2.3(b) anwenden und erhalten unabhängige ZAM $\tilde{Z}_1, \ldots, \tilde{Z}_k$ mit

$$\mathbb{P}(X \llcorner \mathcal{C}_c(C) \in \cdot \mid X(\mathcal{C}_c(C)) = k) = \mathbb{P}_{\sum_{i=1}^{k} \delta_{\tilde{Z}_i}};$$

dabei hat jedes $\tilde{Z}_i$ die Verteilung

$$\mathbb{P}_{\tilde{Z}_i} = \frac{\Theta \llcorner \mathcal{C}_c(C)}{\Theta(\mathcal{C}_c(C))}.$$

Wegen $\Theta \llcorner \mathcal{C}_c(C) = \Phi((\lambda \llcorner C) \otimes \gamma \mathbb{P}_0)$ und $\Theta(\mathcal{C}_c(C)) = \gamma \lambda(C)$ ist

$$\mathbb{P}_{\tilde{Z}_i} = \Phi\left(\frac{\lambda \llcorner C}{\lambda(C)} \otimes \mathbb{P}_0\right).$$

Definieren wir also Z_i, ξ_i durch $\Phi^{-1} \circ \tilde{Z}_i =: (\xi_i, Z_i)$, so erhalten wir unabhängige Zufallsgrößen Z_i (ZAM mit Verteilung $\mathbb{P}_0$) und ξ_i (zufällige Punkte mit Verteilung $\lambda \llcorner C / \lambda(C)$), und es gilt

$$\tilde{Z}_i = \Phi(\xi_i, Z_i) = \xi_i + Z_i,$$

also auch

$$\mathbb{P}_{\sum \delta_{\tilde{X}_i}} = \mathbb{P}_{\sum \delta_{\xi_i + Z_i}}.$$

■

Nun definieren wir Dichten für geometrische Funktionale. Für stationäre Partikelprozesse kann man mittels Satz 4.2.2 sehr einfach Mittelwerte von geometrischen Größen einführen. Sei etwa $\varphi : \mathcal{C}' \to \mathbb{R}$ eine translationsinvariante, meßbare Funktion und X ein stationärer Partikelprozeß mit Intensität $\gamma > 0$ und Formverteilung $\mathbb{P}_0$. Ist φ nichtnegativ oder $\mathbb{P}_0$-integrierbar, so erklären wir die φ-Dichte von X durch

$$\overline{\varphi}(X) := \gamma \int_{\mathcal{C}_0} \varphi \, d\mathbb{P}_0. \tag{4.19}$$

Hinweis. Wir weisen ausdrücklich darauf hin, daß $\overline{\varphi}(X)$ hier definiert wird als der mit der Intensität γ multiplizierte Mittelwert von φ bezüglich der Formverteilung $\mathbb{P}_0$. Daß der Faktor γ mit in die Definition aufgenommen wird, vereinfacht viele Formeln, muß jedoch beim Vergleich dieser Formeln mit anderer Literatur berücksichtigt werden.

Im Fall eines nichtnegativen φ ist in (4.19) zugelassen, daß $\overline{\varphi}$ (und damit auch der Grenzwert in Satz 4.2.6(b)) unendlich ist. Die Bezeichnung als Dichte wird durch den nachfolgenden Satz gerechtfertigt.

4.2.6 Satz. *Sei X ein stationärer Partikelprozeß im $\mathbb{R}^n$ mit Formverteilung $\mathbb{P}_0$, und sei $\varphi : \mathcal{C}' \to \mathbb{R}$ eine translationsinvariante, meßbare nichtnegative oder $\mathbb{P}_0$-integrierbare Funktion.*

(a) *Für alle $A \in \mathcal{B}(\mathbb{R}^n)$ mit $0 < \lambda(A) < \infty$ gilt*

$$\overline{\varphi}(X) = \frac{1}{\lambda(A)} \mathbb{E} \sum_{C \in X, c(C) \in A} \varphi(C).$$

(b) *Für alle $K \in \mathcal{K}$ mit $V_n(K) > 0$ gilt*

$$\overline{\varphi}(X) = \lim_{r \to \infty} \frac{1}{V_n(rK)} \mathbb{E} \sum_{C \in X, C \subset rK} \varphi(C).$$

(c) *Ist außerdem*

$$\int_{C_0} |\varphi(C)| V_n(C + B^n) \, d\mathbb{P}_0(C) < \infty,$$

so gilt

$$\overline{\varphi}(X) = \lim_{r \to \infty} \frac{1}{V_n(rK)} \mathbb{E} \sum_{C \in X, C \cap rK \neq \emptyset} \varphi(C).$$

Beweis. Sei γ die Intensität von X.

(a) Nach dem Campbellschen Satz 3.1.5 und Satz 4.2.2 gilt wegen der Translationsinvarianz von φ

$$\mathbb{E} \sum_{C \in X, c(C) \in A} \varphi(C) = \mathbb{E} \sum_{C \in X} 1_{c_c(A)}(C)\varphi(C)$$

$$= \gamma \int_{C_0} \int_{\mathbb{R}^n} 1_{c_c(A)}(C + x)\varphi(C) \, d\lambda(x) \, d\mathbb{P}_0(C)$$

$$= \gamma \lambda(A) \int_{C_0} \varphi(C) \, d\mathbb{P}_0(C)$$

$$= \lambda(A)\overline{\varphi}(X).$$

(b) Wie oben erhalten wir

$$\mathbb{E} \sum_{C \in X, C \subset rK} \varphi(C) = \gamma \int_{C_0} \varphi(C)\lambda(\{x \in \mathbb{R}^n : C + x \subset rK\}) \, d\mathbb{P}_0(C).$$

Unter Verwendung von (4.18) folgt nun die Behauptung mit dem Satz von der monotonen Konvergenz, wenn φ nichtnegativ ist, und mit dem Satz von der beschränkten Konvergenz, wenn φ integrierbar ist.

(c) Es ergibt sich

$$\frac{1}{V_n(rK)} \mathbb{E} \sum_{C \in X, C \cap rK \neq \emptyset} \varphi(C) = \frac{\gamma}{V_n(K)} \int_{C_0} \varphi(C) V_n \left(K + \frac{1}{r}C^* \right) d\mathbb{P}_0(C).$$

Es gibt endlich viele Vektoren $t_1, \ldots, t_m \in \mathbb{R}^n$ mit $K \subset \bigcup_{i=1}^m (B^n + t_i)$. Hieraus folgt $K + C^* \subset \bigcup_{i=1}^m (B^n + C^* + t_i)$, also $V_n(K + C^*) \leq mV_n(B^n + C^*) = mV_n(B^n + C)$ und daher

$$\int_{C_0} |\varphi(C)| V_n(K + C^*) \, d\mathbb{P}_0(C) < \infty.$$

Wie im Beweis von 4.2.4(c) folgt nun die Behauptung mit dem Satz von der beschränkten Konvergenz. ∎

Für additive Funktionale φ werden in Satz 5.1.4 weitere Darstellungen der φ-Dichte angegeben.

Entsprechend der Bemerkung nach Satz 4.2.2 können wir Satz 4.2.6 auch auf markierte stationäre Partikelprozesse X übertragen. Ist $\mathbb{Q}_0$ die Form-Markenverteilung von X und ist $\varphi : \mathcal{C}' \times M \to \mathbb{R}$ eine in der ersten Variablen translationsinvariante, nichtnegative oder $\mathbb{Q}_0$-integrierbare Funktion, so erhalten wir für

$$\overline{\varphi}(X) := \gamma \int_{\mathcal{C}_0 \times M} \varphi \, d\mathbb{Q}_0$$

die Darstellungen

$$\overline{\varphi}(X) = \frac{1}{\lambda(A)} \mathbb{E} \sum_{(C,m) \in X, \, c(C) \in A} \varphi(C,m)$$

für $A \in B(\mathbb{R}^n)$ mit $0 < \lambda(A) < \infty$,

$$\overline{\varphi}(X) = \lim_{r \to \infty} \frac{1}{V_n(rK)} \mathbb{E} \sum_{(C,m) \in X, \, C \subset rK} \varphi(C,m)$$

für $K \in \mathcal{K}$ mit $V_n(K) > 0$, sowie

$$\overline{\varphi}(X) = \lim_{r \to \infty} \frac{1}{V_n(rK)} \mathbb{E} \sum_{(C,m) \in X, \, C \cap rK \neq \emptyset} \varphi(C,m),$$

falls

$$\int_{\mathcal{C}_0 \times M} |\varphi(C,m)| V_n(C + B^n) \, d\mathbb{Q}_0(C,m) < \infty$$

erfüllt ist.

Spezielle Partikelprozesse ergeben sich, wenn wir die Dimension der Mengen einschränken. So wird man einen Partikelprozeß X im $\mathbb{R}^3$, der fast sicher aus zweidimensionalen Flächen besteht, einen *Flächenprozeß* nennen, einen Partikelprozeß, der aus Kurven besteht, einen *Kurvenprozeß*, usw. Insbesondere die Kurvenprozesse sind für Anwendungen auf Fasersysteme wichtig. Wir behandeln im folgenden eine elementare Version von Faser- und Flächenprozessen im $\mathbb{R}^n$. Dabei betrachten wir k-dimensionale Flächen ($k = 1, \ldots, n - 1$), die als endliche Vereinigungen von k-dimensionalen kompakten konvexen Mengen dargestellt werden können, wie zum Beispiel polyedrische Flächen. An diesem einfachen Fall lassen sich bereits die Grundbegriffe erläutern. Die Ausdehnung auf allgemeinere Modelle, etwa Hausdorff-rektifizierbare Flächen, erfordert dann nichts prinzipiell Neues, aber mehr technischen Aufwand. Einen besonderen Fall, nämlich den von einem Prozeß konvexer Partikel induzierten Hyperflächenprozeß der Ränder, betrachten wir in Abschnitt 4.5.

Für $k \in \{1, \ldots, n-1\}$ bezeichnen wir mit $\mathcal{R}^{(k)} \subset \mathcal{R}$ die Menge aller endlichen Vereinigungen von k-dimensionalen kompakten konvexen Mengen, die paarweise nur relative Randpunkte gemeinsam haben. Unter einem k-*Flächenprozeß* im $\mathbb{R}^n$ verstehen wir dann einen Partikelprozeß, dessen Intensitätsmaß auf $\mathcal{R}^{(k)}$ konzentriert ist. Im folgenden sei X ein stationärer k-Flächenprozeß mit Intensitätsmaß $\Theta \not\equiv 0$. Für den Partikelprozeß X existieren nach Satz 4.2.2 die Intensität γ und die Formverteilung $\mathbb{P}_0$. Von der Intensität zu unterscheiden ist die k-Volumendichte (die aber in der Literatur, wenn Flächenprozesse als zufällige Maße oder ZAM eingeführt werden, häufig als „Intensität" bezeichnet wird). Zu ihrer Erklärung sei das k-Volumenmaß auf C definiert durch $\mathcal{H}_C^k := \mathcal{H}^k \llcorner C$, wo $\mathcal{H}^k$ das k-dimensionale Hausdorff-Maß ist. Hat $C \in \mathcal{R}^{(k)}$ die Darstellung $C = \bigcup_{i=1}^m C_i$, $C_i \in \mathcal{K}$, $\dim C_i = k$, wo die C_i höchstens relative Randpunkte gemeinsam haben, so ist also

$$\mathcal{H}_C^k(A) = \sum_{i=1}^m \lambda_{C_i}(A \cap C_i), \qquad A \in \mathcal{B}(\mathbb{R}^n),$$

wo λ_{C_i} das k-dimensionale Lebesgue-Maß auf C_i ist. Insbesondere ist $V_k(C) := \mathcal{H}^k(C)$ das k-*Volumen* von C. Gemäß (4.19) ist die k-*Volumendichte* von X erklärt durch

$$\overline{V}_k(X) := \gamma \int_{\mathcal{C}_0} V_k \, d\mathbb{P}_0. \tag{4.20}$$

Der nächste Satz zeigt, daß $\overline{V}_k(X)$ auch interpretiert werden kann als Dichte des zufälligen Maßes

$$\sum_{C \in X} \mathcal{H}_C^k.$$

4.2.7 Satz. *Sei X ein stationärer k-Flächenprozeß im $\mathbb{R}^n$. Dann gilt*

$$\overline{V}_k(X) = \frac{1}{\lambda(A)} \mathbb{E} \sum_{C \in X} \mathcal{H}_C^k(A)$$

für alle $A \in \mathcal{B}(\mathbb{R}^n)$ mit $0 < \lambda(A) < \infty$.

Beweis. Sei $A \in \mathcal{B}(\mathbb{R}^n)$. Man zeigt zunächst ähnlich wie im Beweis von Lemma 4.1.3, daß die durch $f(C) := \mathcal{H}^k(A \cap C)$ definierte Funktion auf der Menge der k-dimensionalen kompakten konvexen Mengen meßbar ist; dann ergibt sich mit Satz 7.2.1 und seinem Beweis in Schneider & Weil

[1992], daß sie meßbar ist auf der Menge der endlichen Vereinigungen von k-dimensionalen kompakten konvexen Mengen. Nach dem Campbellschen Satz folgt

$$\mathbb{E} \sum_{C \in X} \mathcal{H}_C^k(A) = \gamma \int_{C_0} \int_{\mathbb{R}^n} \mathcal{H}^k(A \cap (C + x)) \, d\lambda(x) \, d\mathbb{P}_0(C).$$

Nun gilt für $C \in \mathcal{R}^{(k)}$

$$\int_{\mathbb{R}^n} \mathcal{H}^k(A \cap (C + x)) \, d\lambda(x) = \int_{\mathbb{R}^n} \mathcal{H}^k((A - x) \cap C) \, d\lambda(x) = V_k(C)\lambda(A)$$

nach Satz 1.2.7 in Schneider & Weil [1992]. Mit (4.20) folgt die Behauptung. ∎

Analog wie bei den k-Ebenenprozessen kann man auch stationären k-Flächenprozessen mit endlicher k-Volumendichte eine Richtungsverteilung auf $\mathcal{L}_k^n$ zuordnen. Dazu sei $C \in \mathcal{R}^{(k)}$ und $C = \bigcup_{i=1}^m C_i$ eine Darstellung wie oben. Ist $y \in C$ und y relativ innerer Punkt von C_j (und damit nicht von den übrigen C_i), so erklären wir die *Tangentialebene* $T_y C$ von C in y als den linearen Unterraum in $\mathcal{L}_k^n$, der durch Translation der affinen Hülle von C_j entsteht. Für $\mathcal{H}^k$-fast alle $y \in C$ ist dann die Tangentialebene $T_y C$ eindeutig erklärt.

4.2.8 Satz. *Sei X ein stationärer k-Flächenprozeß im $\mathbb{R}^n$ mit k-Volumen-dichte $0 < \overline{V}_k(X) < \infty$. Dann gibt es ein eindeutig bestimmtes W-Maß $\mathbb{T}$ über $\mathcal{L}_k^n$ mit*

$$\mathbb{E} \sum_{C \in X} \int_A \mathbf{1}_{\mathcal{A}}(T_y C) \, d\mathcal{H}_C^k(y) = \overline{V}_k(X)\lambda(A)\mathbb{T}(\mathcal{A})$$

für alle $A \in \mathcal{B}(\mathbb{R}^n)$ mit $0 < \lambda(A) < \infty$ und alle $\mathcal{A} \in \mathcal{B}(\mathcal{L}_k^n)$.

Beweis. Wir setzen

$$\Psi(A \times \mathcal{A}) := \mathbb{E} \sum_{C \in X} \int_A \mathbf{1}_{\mathcal{A}}(T_y C) \, d\mathcal{H}_C^k(y)$$

für $A \in \mathcal{B}(\mathbb{R}^n)$ und $\mathcal{A} \in \mathcal{B}(\mathcal{L}_k^n)$. Dann ist nach dem Campbellschen Satz $\Psi(A \times \mathcal{L}_k^n) = \overline{V}_k(X)\lambda(A) < \infty$ für $\lambda(A) < \infty$ (die dazu notwendige Meß-barkeit kann man ähnlich wie im Beweis von Satz 4.2.7 zeigen). Also ist Ψ in der ersten Komponente ein lokalendliches, translationsinvariantes Maß auf $\mathcal{B}(\mathbb{R}^n)$ und daher von der Form $\Psi(A \times \mathcal{A}) = \alpha(\mathcal{A})\lambda(A)$. Der Faktor α ist ein Maß auf $\mathcal{B}(\mathcal{L}_k^n)$, und mit $\mathbb{T} := \alpha/\overline{V}_k(X)$ folgt die behauptete Darstellung. Die Eindeutigkeit ist klar. ∎

Wir erwähnen noch, daß sich mit dem Satz von Campbell die Darstellung

$$\overline{V}_k(X)\mathbb{T}(\mathcal{A}) = \gamma \int_{\mathcal{C}_0} \int_C \mathbf{1}_{\mathcal{A}}(T_y C)\, d\mathcal{H}_C^k(y)\, d\mathbb{P}_0(C) \qquad (4.21)$$

für $\mathcal{A} \in \mathcal{B}(\mathcal{L}_k^n)$ ergibt.

Wir bezeichnen das W-Maß $\mathbb{T}$ als die *Richtungsverteilung* des k-Flächen-prozesses X (in der Literatur findet man, insbesondere bei Faserprozessen, auch die Bezeichnung *Richtungsrose*). Die Richtungsverteilung kann interpretiert werden als die Verteilung der Tangentialebene in einem typischen Punkt des Flächenprozesses.

Wir betrachten nun wieder Schnittprozesse. Es sei X ein stationärer k-Flächenprozeß mit positiver, endlicher k-Volumendichte, und $S \in \mathcal{L}_{n-k}^n$ sei eine $(n-k)$-Ebene. In Abschnitt 3.5 wurde der Schnittprozeß $X \cap S$ erklärt. Er ist ein Partikelprozeß in S. Wegen unserer einfachen Flächendefinition läßt sich ähnlich wie im vorigen Abschnitt zeigen, daß jedes Partikel von $X \cap S$ f.s. nur aus endlich vielen Punkten besteht. Auf diese Weise wird in S ein stationärer gewöhnlicher Punktprozeß X_S erzeugt. Seine Intensität bezeichnen wir mit γ_S. Man beachte, daß $X \cap S$ und X_S formal verschiedene Prozesse sind und daß γ_S im allgemeinen größer ist als die Intensität $\gamma_{X \cap S}$ von $X \cap S$.

4.2.9 Satz. *Sei X ein stationärer k-Flächenprozeß im $\mathbb{R}^n$ mit positiver, endlicher k-Volumendichte $\overline{V}_k(X)$ und mit Richtungsverteilung $\mathbb{T}$. Sei $S \in \mathcal{L}_{n-k}^n$ und γ_S die Intensität des durch Schnitt mit S entstehenden gewöhnlichen Punktprozesses X_S. Dann gilt*

$$\gamma_S = \overline{V}_k(X) \int_{\mathcal{L}_k^n} |\langle S, L^\perp \rangle|\, d\mathbb{T}(L).$$

Beweis. Sei $A \subset S$ eine kompakte Menge mit $\lambda_S(A) = 1$. Dann ist nach dem Campbellschen Satz und nach 4.2.2

$$\gamma_S = \mathbb{E} \sum_{C \in X} \operatorname{card}(C \cap A)$$

$$= \gamma \int_{\mathcal{C}_0} \int_{\mathbb{R}^n} \operatorname{card}((C+x) \cap A)\, d\lambda(x)\, d\mathbb{P}_0(C).$$

Sei $C = \bigcup_{i=1}^m C_i$ eine Darstellung wie oben, und sei $L_i \in \mathcal{L}_k^n$ der zur affinen Hülle von C_i parallele lineare Unterraum. Dann ist

$$\int_{\mathbb{R}^n} \operatorname{card}((C+x) \cap A)\, d\lambda(x) = \sum_{i=1}^m \lambda(\{x \in \mathbb{R}^n : (C_i + x) \cap A \neq \emptyset\})$$

$$= \sum_{i=1}^{m} \lambda_{L_i^\perp}(A|L_i^\perp)\lambda_{L_i}(C_i)$$

$$= \sum_{i=1}^{m} |\langle S, L_i^\perp \rangle|\lambda_{L_i}(C_i)$$

$$= \int_C |\langle S, (T_y C)^\perp \rangle| \, d\mathcal{H}_C^k(y).$$

Es folgt

$$\gamma_S = \gamma \int_{\mathcal{C}_0} \int_C |\langle S, (T_y C)^\perp \rangle| \, d\mathcal{H}_C^k(y) \, d\mathbb{P}_0(C)$$

$$= \overline{V}_k(X) \int_{\mathcal{L}_k^n} |\langle S, L^\perp \rangle| \, d\mathbb{T}(L),$$

wobei zuletzt (4.21) benutzt wurde.   ∎

Im Fall eines Faserprozesses X (also $k = 1$) kann man der Richtungsverteilung $\mathbb{T}$ über $\mathcal{L}_1^n$ wieder (wie im Anschluß an Satz 4.1.7) eine *sphärische Richtungsverteilung* $\tilde{\mathbb{P}}$ über S^{n-1} zuordnen durch

$$\tilde{\mathbb{P}}(A) := \frac{1}{2}\mathbb{T}(\{L \in \mathcal{L}_1^n : L \cap A \neq \emptyset\})$$

für $A \in \mathcal{B}(S^{n-1})$ ohne antipodische Punktepaare. Damit läßt sich die Schnittdichte $\gamma_{v^\perp}$ für $v \in S^{n-1}$ in der Form

$$\gamma_{v^\perp} = \overline{V}_1(X) \int_{S^{n-1}} |\langle u, v \rangle| \, d\tilde{\mathbb{P}}(u) \qquad (4.22)$$

schreiben.

Analog ordnen wir im Fall eines Hyperflächenprozesses ($k = n - 1$) der Richtungsverteilung $\mathbb{T}$ über $\mathcal{L}_{n-1}^n$ eine *sphärische Richtungsverteilung* $\tilde{\mathbb{P}}$ über S^{n-1} zu durch

$$\tilde{\mathbb{P}}(A) := \frac{1}{2}\mathbb{T}(\{L \in \mathcal{L}_{n-1}^n : L^\perp \cap A \neq \emptyset\})$$

für $A \in \mathcal{B}(S^{n-1})$ ohne antipodische Punktepaare. Für die Schnittdichte $\gamma_{L(v)}$, $v \in S^{n-1}$, erhalten wir dann

$$\gamma_{L(v)} = \overline{V}_{n-1}(X) \int_{S^{n-1}} |\langle u, v \rangle| \, d\tilde{\mathbb{P}}(u). \qquad (4.23)$$

4.3 Keim-Korn-Prozesse

Wir erinnern zunächst an die in Abschnitt 3.1 getroffene Konvention, nach der wir einfache Zählmaße auch mit ihrem Träger identifizieren, so daß wir etwa für $\eta \in \mathsf{N}_e(\mathcal{C}')$ statt $\eta(\{C\}) = 1$ auch $C \in \eta$ schreiben.

Im letzten Abschnitt haben wir für einen stationären Partikelprozeß X im $\mathbb{R}^n$ die Zerlegung des Intensitätsmaßes aus einer Darstellung der Partikel $C \in X$ in der Form $C = C_0 + x$ mit $x := c(C)$ und $C_0 := C - c(C)$ hergeleitet. Die Formulierung von Satz 4.2.2 erinnert natürlich stark an die entsprechende Aussage (Satz 3.4.1) über markierte Punktprozesse. In der Tat kann man den stationären Partikelprozeß X mit dem markierten Punktprozeß

$$\Phi^{-1}(X) = \{(x,C) \in \mathbb{R}^n \times \mathcal{C}_0 : C + x \in X\}$$

identifizieren. Der Markenraum ist hier der Raum $\mathcal{C}_0$, und die Formverteilung $\mathbb{P}_0$ wird die Markenverteilung. Der unmarkierte Prozeß X^0 ist der Punktprozeß der Umkugelmittelpunkte. Bevor wir daraus Nutzen ziehen und die Ergebnisse über Palmsche Verteilungen markierter Punktprozesse aus Abschnitt 3.4 auf Partikelprozesse anwenden, wollen wir zunächst überlegen, inwieweit die Wahl des Umkugelmittelpunkts als Zentrum der Partikel eine Rolle spielt. Im Hinblick auf Anwendungen bei zufälligen Mosaiken lassen wir recht allgemeine Zentrumsfunktionen zu.

Eine *Zentrumsfunktion z* ist eine meßbare Abbildung $z : \mathcal{C}' \to \mathbb{R}^n$, die mit Translationen verträglich ist, also

$$z(C + x) = z(C) + x \qquad \text{für alle } x \in \mathbb{R}^n$$

erfüllt. Zur Definition einer Verallgemeinerung setzen wir

$$\mathcal{C}' \circ \mathsf{N}_e(\mathcal{C}') := \{(C,\eta) \in \mathcal{C}' \times \mathsf{N}_e(\mathcal{C}') : C \in \eta\}.$$

Die Meßbarkeit dieser Menge ergibt sich mit Satz 3.1.2, wenn wir beachten, daß für einen lokalkompakten Raum E mit abzählbarer Basis die Menge $\{(x,F) \in E \times \mathcal{F}(E) : x \in F\}$ in $E \times \mathcal{F}(E)$ abgeschlossen ist, wie aus dem (auf E verallgemeinerten) Satz 1.1.2 folgt. Nun definieren wir eine *verallgemeinerte Zentrumsfunktion z* als eine meßbare Abbildung $\mathsf{z} : \mathcal{C}' \circ \mathsf{N}_e(\mathcal{C}') \to \mathbb{R}^n$, die mit Translationen verträglich ist, also

$$\mathsf{z}(C + x, \eta + x) = \mathsf{z}(C,\eta) + x \qquad \text{für alle } x \in \mathbb{R}^n$$

und alle $(C,\eta) \in \mathcal{C}' \circ \mathsf{N}_e(\mathcal{C}')$ erfüllt. Jede Zentrumsfunktion z erzeugt mittels $\mathsf{z}(C,\eta) := z(C)$ eine verallgemeinerte Zentrumsfunktion z. Wir schreiben in diesem Fall auch $\mathsf{z} =: \langle z \rangle$.

Beispiele für Zentrumsfunktionen sind, neben dem Umkugelmittelpunkt c, der Schwerpunkt (falls die Partikel volldimensional sind) und der Steinerpunkt der konvexen Hülle. Während diese Zentrumsfunktionen auch bewegungsäquivariant sind, sind die folgenden Zentrumsfunktionen $\tilde{z}$ und z' nicht verträglich mit Drehungen. Für $C \in \mathcal{C}'(\mathbb{R}^2)$ (die Definition läßt sich auf $n \geq 2$ ausdehnen) erklären wir den *linken unteren Tangentenpunkt* von C durch $\tilde{z}(C) = (z^{(1)}, z^{(2)})$ mit

$$z^{(2)} := \min\{x^{(2)} : (x^{(1)}, x^{(2)}) \in C\},$$

$$z^{(1)} := \min\{x^{(1)} : (x^{(1)}, z^{(2)}) \in C\},$$

wobei $x^{(1)}, x^{(2)}$ die Koordinaten von x sind. Ferner erklären wir durch

$$z'(C) := \left(\min_{x \in C} x^{(1)}, \min_{x \in C} x^{(2)}\right)$$

die *linke untere Ecke* von C (die im allgemeinen nicht zu C gehört). Von beiden Zentrumsfunktionen wird später in Abschnitt 5.5 Gebrauch gemacht. Wie im obigen Beispiel des Schwerpunktes betrachten wir auch Zentrumsfunktionen z, die nur auf meßbaren und bezüglich Translationen abgeschlossenen Teilklassen $\tilde{\mathcal{C}}$ von $\mathcal{C}'$ definiert sind (wir können sie etwa durch $z(C) := c(C)$ für alle $C \in \mathcal{C}' \setminus \tilde{\mathcal{C}}$ auf ganz $\mathcal{C}'$ fortsetzen). Entsprechendes gilt für verallgemeinerte Zentrumsfunktionen. So ist bei den in Abschnitt 6.2 behandelten Voronoi-Mosaiken die Abbildung, die jeder Zelle des Mosaiks den erzeugenden Punkt (den „Zellkern") zuordnet, eine verallgemeinerte Zentrumsfunktion, die nur auf den Voronoi-Mosaiken definiert ist.

Ist X ein Partikelprozeß und z eine verallgemeinerte Zentrumsfunktion, so ist

$$X^{\mathbf{z}} := \sum_{C \in X} \delta_{\mathbf{z}(C,X)}$$

ein zufälliges Zählmaß über $\mathbb{R}^n$, das aber im allgemeinen weder einfach noch lokalendlich zu sein braucht. Die lokale Endlichkeit ist aber im stationären Fall gesichert. Damit läßt sich dann ein Zusammenhang zwischen stationären Partikelprozessen und markierten Punktprozessen herstellen, wie im folgenden Satz beschrieben wird.

4.3.1 Satz. *Sei X ein stationärer Partikelprozeß im $\mathbb{R}^n$ und $\mathbf{z}$ eine verallgemeinerte Zentrumsfunktion. Dann ist $X^{\mathbf{z}}$ ein stationärer Punktprozeß im $\mathbb{R}^n$, und*

$$X_{\mathbf{z}} := \sum_{C \in X} \delta_{(\mathbf{z}(C,X), C - \mathbf{z}(C,X))}$$

ist ein stationärer markierter Punktprozeß mit Markenraum $\mathcal{C}'$. Die Intensitäten von X, $X^{\mathbf{z}}$ und $X_{\mathbf{z}}$ stimmen überein.

Ist z eine Zentrumsfunktion, so ist die Markenverteilung von $X_{(z)}$ das Bild der Formverteilung $\mathbb{P}_0$ von X unter der Abbildung $C \mapsto C - z(C)$.

Beweis. Um die Meßbarkeit von X_z zu zeigen, genügt nach Lemma 3.1.3 der Nachweis, daß $\{X_z(G) = k\}$ meßbar ist für alle $G \in \mathcal{B}(\mathbb{R}^n \times C')$ und alle $k \in \mathbb{N}_0$. Seien also G und k so gewählt. Die Funktion

$$\varphi: \quad C' \circ \mathsf{N}_e(C') \quad \to \qquad \mathbb{R}^n \times C'$$
$$(C, \eta) \qquad \mapsto \quad (\mathsf{z}(C,\eta), C - \mathsf{z}(C,\eta))$$

ist meßbar wegen der vorausgesetzten Meßbarkeit von z. Analog zu Lemma 3.3.2 folgt daher, daß die Funktion

$$\omega \mapsto \sum_{C \in X(\omega)} \mathbf{1}_{\varphi^{-1}(G)}(C, X(\omega))$$

meßbar ist. Also ist

$$\{X_z(G) = k\} \;=\; \left\{ \sum_{C \in X} \delta_{(\mathsf{z}(C,X), C - \mathsf{z}(C,X))}(G) = k \right\}$$

$$=\; \left\{ \sum_{C \in X} \mathbf{1}_{\varphi^{-1}(G)}(C, X) = k \right\}$$

meßbar. Somit ist X_z meßbar. Analog zeigt man, daß X^z meßbar ist.

Um die erforderlichen Endlichkeitsaussagen zu zeigen, argumentieren wir ähnlich wie im Beweis von Satz 4.2.2 und verwenden auch die dortigen Bezeichnungen. Wegen der Stationarität von X ergibt sich

$$\mathbb{E}X_z(C_0^n \times C') = \mathbb{E}\,\mathrm{card}\,\{C \in X : \mathsf{z}(C,X) \in C_0^n\}$$

$$\leq \mathbb{E} \sum_{i=1}^{\infty} \mathrm{card}\,\{C \in X : C \cap (C_0^n + z_i) \neq \emptyset,\; \mathsf{z}(C,X) \in C_0^n\}$$

$$= \sum_{i=1}^{\infty} \mathbb{E}\,\mathrm{card}\,\{C \in X - z_i : C \cap C_0^n \neq \emptyset,\; \mathsf{z}(C, X - z_i) \in C_0^n - z_i\}$$

$$= \sum_{i=1}^{\infty} \mathbb{E}\,\mathrm{card}\,\{C \in X : C \cap C_0^n \neq \emptyset,\; \mathsf{z}(C,X) \in C_0^n - z_i\}$$

$$= \mathbb{E}\,\mathrm{card}\,\{C \in X : C \cap C_0^n \neq \emptyset\}$$

$$= \Theta\left(\mathcal{F}_{C_0^n}\right) < \infty,$$

wo Θ das Intensitätsmaß von X ist. Es folgt $\mathbb{E}X_z(K \times C') < \infty$ für jede kompakte Menge $K \subset \mathbb{R}^n$; das Maß X_z ist also f.s. lokalendlich. Damit ist

X^z ein Punktprozeß mit lokalendlichem Intensitätsmaß, und X_z erfüllt (3.9) und ist somit ein markierter Punktprozeß in $\mathbb{R}^n$.

Für $t \in \mathbb{R}^n$ ergibt sich nach Definition der Operation der Translationsgruppe auf $\mathbb{R}^n \times \mathcal{C}'$ und wegen der Verträglichkeit von z mit Translationen

$$
\begin{aligned}
X_z + t &= \sum_{C \in X} \delta_{(z(C,X)+t,C-z(C,X))} \\
&= \sum_{C \in X} \delta_{(z(C+t,X+t),C+t-z(C+t,X+t))} \\
&= \sum_{C \in X+t} \delta_{(z(C,X+t),C-z(C,X+t))} \\
&= (X+t)_z.
\end{aligned}
$$

Weil X und $X+t$ dieselbe Verteilung haben, haben also auch $X_z + t$ und X_z dieselbe Verteilung, das heißt X_z ist stationär. Daraus ergibt sich auch, daß X^z stationär ist.

Die Intensität des markierten Punktprozesses X_z ist gleich der Intensität des gewöhnlichen Punktprozesses $(X_z)^0 = X^z$, und diese ist gegeben durch

$$
\begin{aligned}
&\mathbb{E}\,\mathrm{card}\,\{C \in X : z(C,X) \in C_0^n\} \\
&= \sum_{i=1}^{\infty} \mathbb{E}\,\mathrm{card}\,\{C \in X : c(C) \in C_0^n + z_i,\, z(C,X) \in C_0^n\} \\
&= \sum_{i=1}^{\infty} \mathbb{E}\,\mathrm{card}\,\{C \in X : c(C) \in C_0^n,\, z(C,X) \in C_0^n - z_i\} \\
&= \mathbb{E}\,\mathrm{card}\,\{C \in X : c(C) \in C_0^n\},
\end{aligned}
$$

ist also gleich der Intensität von X. Dabei wurden entsprechende Umformungen wie oben verwendet.

Sei z eine Zentrumsfunktion und $\mathbb{Q}$ die Markenverteilung von $X_{(z)}$. Bezeichnen γ und $\mathbb{P}_0$ die Intensität bzw. Formverteilung von X, so gilt nach den Sätzen 3.4.1, 3.1.5 und 4.2.2 für $B \in \mathcal{B}(\mathbb{R}^n)$ und $\mathcal{A} \in \mathcal{B}(\mathcal{C}')$

$$
\begin{aligned}
&\gamma\lambda \otimes \mathbb{Q}(B \times \mathcal{A}) = \mathbb{E}X_{(z)}(B \times \mathcal{A}) \\
&= \mathbb{E} \sum_{C \in X} \mathbf{1}_B(z(C))\mathbf{1}_{\mathcal{A}}(C - z(C)) \\
&= \gamma \int_{\mathcal{C}_0} \int_{\mathbb{R}^n} \mathbf{1}_B(z(C+x))\mathbf{1}_{\mathcal{A}}(C+x-z(C+x))\,d\lambda(x)\,d\mathbb{P}_0(C) \\
&= \gamma\lambda(B) \int_{\mathcal{C}_n} \mathbf{1}_{\mathcal{A}}(C - z(C))\,d\mathbb{P}_0(C)
\end{aligned}
$$

$$= \gamma\lambda \otimes f_z(\mathbb{P}_0)(B \times \mathcal{A})$$

mit $f_z : \mathcal{C}_0 \to \mathcal{C}'$, $C \mapsto C - z(C)$. Also ist $\mathbb{Q}$ das Bildmaß von $\mathbb{P}_0$ unter der Abbildung f_z. ∎

4.3.2 Korollar. *Für einen stationären Partikelprozeß X im $\mathbb{R}^n$ ist die Formverteilung $\mathbb{P}_0$ die Markenverteilung von $X_{\langle c \rangle}$.*

Manche Eigenschaften der Markenverteilung, wie etwa die Rotationsinvarianz, hängen wesentlich von der Wahl der Zentrumsfunktion z ab. Wenn aber X zusätzlich isotrop ist und z rotationsäquivariant, dann ist auch die Markenverteilung rotationsinvariant.

Nach Satz 4.3.1 läßt sich einem stationären Partikelprozeß X eine ganze Familie von markierten Punktprozessen mit Markenraum $\mathcal{C}'$ zuordnen; jede (verallgemeinerte) Zentrumsfunktion z erzeugt ein Element X_z dieser Familie. Die spezielle Wahl $z = \langle c \rangle$ liefert das kanonische Modell $X_{\langle c \rangle}$ von X, das wir im folgenden überwiegend benutzen wollen. Im Fall, daß X ein Poissonprozeß ist, erhalten wir auch für $X_{\langle c \rangle}$ eine entsprechende Aussage.

4.3.3 Satz. *Sei X ein stationärer Poissonscher Partikelprozeß im $\mathbb{R}^n$. Dann ist $X_{\langle c \rangle}$ ein unabhängig markierter stationärer Poissonprozeß.*

Beweis. Wir definieren

$$\varphi : \ \mathcal{C}' \ \to \ \quad \mathbb{R}^n \times \mathcal{C}_0.$$
$$C \ \mapsto \ (c(C), C - c(C))$$

Wie wir im Beweis von Satz 4.3.1 gesehen haben, ist dann

$$\{X_{\langle c \rangle}(G) = k\} = \{X(\varphi^{-1}(G)) = k\}$$

für Borelmengen $G \in \mathcal{B}(\mathbb{R}^n \times \mathcal{C}_0)$ und $k \in \mathbb{N}_0$. Daher ist $X_{\langle c \rangle}$ ein stationärer Poissonprozeß in $\mathbb{R}^n \times \mathcal{C}_0$. Die Behauptung folgt nun aus Satz 3.4.8. ∎

Wir kehren wieder zur allgemeinen Situation zurück und betrachten nun umgekehrt einen markierten Punktprozeß $\tilde{X}$ mit Markenraum $\mathcal{C}'$. Dann wird durch

$$X := \sum_{(x,C) \in \tilde{X}} \delta_{x+C} \tag{4.24}$$

ein Partikelprozeß X definiert, falls die lokale Endlichkeit der Zählmaße auf der rechten Seite (und des Intensitätsmaßes) garantiert ist. In diesem Fall nennen wir $\tilde{X}$ einen *Keim-Korn-Prozeß*. Dabei stellt man sich die Punkte x

der Paare $(x, C) \in \tilde{X}$ als „Keime" vor und die kompakten Mengen $x + C$ als „Körner". Der Prozeß (4.24) heißt dann der *von $\tilde{X}$ erzeugte* Partikelprozeß. Ist insbesondere $\tilde{X}$ stationär, so ergibt sich für die lokale Endlichkeit des Intensitätsmaßes von X wie in (4.16) die zu (4.17) analoge notwendige und hinreichende Bedingung

$$\int_{\mathcal{C}'} V_n(C + rB^n)\, d\mathbb{Q}(C) < \infty \qquad \text{für } r > 0 \qquad (4.25)$$

für die Markenverteilung $\mathbb{Q}$ von $\tilde{X}$. In diesem stationären Fall heißt die Markenverteilung $\mathbb{Q}$ auch *Verteilung des typischen Korns*, und jede ZAM X_0 mit Verteilung $\mathbb{Q}$ heißt *typisches Korn* (oder *Primärkorn*) von $\tilde{X}$.

Ist $\tilde{X}$ ein unabhängig markierter Punktprozeß mit Markenraum $\mathcal{C}'$, so können wir wie in Abschnitt 3.4 auch ohne Voraussetzung der Stationarität mit der Markenverteilung $\mathbb{Q}$ arbeiten. Auch in diesem Fall bezeichnen wir eine ZAM X_0 mit Verteilung $\mathbb{Q}$ als *typisches Korn* von $\tilde{X}$. Die Endlichkeitsbedingung (4.12) für das Intensitätsmaß Θ des durch (4.24) erzeugten Partikelprozesses X läßt sich jetzt folgendermaßen umformen. Sei $C \in \mathcal{C}'$. Mit einer geeigneten Darstellung

$$\tilde{X} = \sum_{i=1}^{\tau} \delta_{(\xi_i, Z_i)}, \qquad \tau = \tilde{X}(\mathbb{R}^n \times \mathcal{C}'),$$

gilt

$$\begin{aligned}
\Theta(\mathcal{F}_C) &= \mathbb{E} \sum_{i=1}^{\tau} \mathbf{1}_{\mathcal{F}_C}(\xi_i + Z_i) \\
&= \mathbb{E} \sum_{i=1}^{\tau} \int_{\mathcal{C}'} \mathbf{1}_{\mathcal{F}_C}(\xi_i + K)\, d\mathbb{Q}(K) \\
&= \int_{\mathbb{R}^n} \int_{\mathcal{C}'} \mathbf{1}_{\mathcal{F}_C}(x + K)\, d\mathbb{Q}(K)\, d\vartheta(x) \\
&= \int_{\mathbb{R}^n} T_{X_0}(C - x)\, d\vartheta(x).
\end{aligned}$$

Dabei ist T_{X_0} das Kapazitätsfunktional des typischen Korns X_0 von $\tilde{X}$, und ϑ bezeichnet das Intensitätsmaß des unmarkierten Prozesses X^0. In der Herleitung haben wir die Unabhängigkeit der Markierung und den Campbellschen Satz (für X^0) benutzt. Also ist (4.12) für den Partikelprozeß X äquivalent mit

$$\int_{\mathbb{R}^n} T_{X_0}(C - x)\, d\vartheta(x) < \infty \qquad \text{für } C \in \mathcal{C}'. \qquad (4.26)$$

Ist $\tilde{X}$ zusätzlich stationär, so ist dies wieder gleichwertig mit (4.25). Ist $\tilde{X}$ ein unabhängig markierter Punktprozeß und (4.26) erfüllt, so sprechen wir von einem *unabhängigen Keim-Korn-Prozeß* $\tilde{X}$.

Ist bei einem unabhängigen Keim-Korn-Prozeß $\tilde{X}$ der Keimprozeß X^0 ein Poissonprozeß, also $\tilde{X}$ nach Satz 3.4.7 ein Poissonprozeß in $\mathbb{R}^n \times \mathcal{C}'$ mit Intensitätsmaß $\vartheta \otimes \mathbb{Q}$, so ist der erzeugte Partikelprozeß X als Bild $X = \sigma(\tilde{X})$ von $\tilde{X}$ unter der Abbildung

$$\sigma: \quad \mathbb{R}^n \times \mathcal{C}' \quad \to \quad \mathcal{C}'$$
$$(x, C) \quad \mapsto \quad x + C$$

ebenfalls ein Poissonprozeß (mit Intensitätsmaß $\Theta = \sigma(\vartheta \otimes \mathbb{Q})$). Die dazu notwendige Atomfreiheit von Θ folgt aus der Atomfreiheit von ϑ.

Wir setzen diese Betrachtungen im nächsten Abschnitt fort mit der Behandlung der ZAM, die aus unabhängigen Keim-Korn-Prozessen als Vereinigungsmengen der erzeugten Partikelprozesse entstehen.

Nun übertragen wir die Sätze von Abschnitt 3.4 auf Partikelprozesse, wobei wir einige der Aussagen zusammenfassen.

4.3.4 Satz. *Sei X ein stationärer Partikelprozeß im $\mathbb{R}^n$ mit Intensität $\gamma > 0$, und sei z eine verallgemeinerte Zentrumsfunktion. Dann gibt es ein (eindeutig bestimmtes) W-Maß $\mathbb{P}^0$ auf $\mathcal{B}(\mathcal{C}') \otimes \mathcal{N}_e(\mathcal{C}')$, so daß*

$$\gamma \mathbb{P}^0(\mathcal{A}) = \mathbb{E} \sum_{C \in X} \mathbf{1}_B(z(C, X)) \mathbf{1}_{\mathcal{A}}(C - z(C, X), X - z(C, X))$$

für alle $\mathcal{A} \in \mathcal{B}(\mathcal{C}') \otimes \mathcal{N}_e(\mathcal{C}')$ und alle $B \in \mathcal{B}(\mathbb{R}^n)$ mit $\lambda(B) = 1$ gilt.

Ist $f : \mathbb{R}^n \times \mathcal{C}' \times \mathsf{N}_e(\mathcal{C}') \to \mathbb{R}$ eine nichtnegative meßbare Funktion, so ist $\sum_{C \in X} f(z(C, X), C - z(C, X), X)$ meßbar, und es gilt

$$\mathbb{E} \sum_{C \in X} f(z(C, X), C - z(C, X), X)$$

$$= \gamma \int_{\mathbb{R}^n} \int_{\mathcal{C}' \times \mathsf{N}_e(\mathcal{C}')} f(x, C, \eta + x) \, d\mathbb{P}^0(C, \eta) \, d\lambda(x).$$

Der Beweis ergibt sich, indem man zunächst Satz 3.4.2 anwendet auf den markierten Punktprozeß X_{z} mit Markenraum $\mathcal{C}'$, und zwar zu gegebenem $\mathcal{A} \in \mathcal{B}(\mathcal{C}') \otimes \mathcal{N}_e(\mathcal{C}')$ auf die Menge $\tilde{\mathcal{A}} := (\mathrm{id} \times \psi)(\mathcal{A})$, wobei $\psi : \mathsf{N}_e(\mathcal{C}') \to \mathsf{N}_e(\mathbb{R}^n \times \mathcal{C}')$ durch

$$\psi(\eta) := \sum \delta_{(z(C_i, \eta), C_i - z(C_i, \eta))}, \qquad \text{wenn } \eta = \sum \delta_{C_i},$$

erklärt ist. Bezeichnet man das nach Satz 3.4.2 existierende Maß mit $\tilde{\mathbb{P}}^0$, so ist dann $\mathbb{P}^0(\mathcal{A}) = \tilde{\mathbb{P}}^0(\tilde{\mathcal{A}})$. Der zweite Teil von Satz 4.3.4 ergibt sich aus Satz 3.4.3.

Für Zentrumsfunktionen z können wir noch mehr aussagen.

4.3.5 Satz. *Sei X ein stationärer Partikelprozeß im $\mathbb{R}^n$ mit Intensität $\gamma > 0$, sei z eine Zentrumsfunktion, also $X_{(z)}$ ein stationärer markierter Punktprozeß mit Markenraum*

$$\mathcal{C}_{z,0} := \{C \in \mathcal{C}' : z(C) = 0\}.$$

Sei $\mathbb{Q}$ die Markenverteilung von $X_{(z)}$. Dann gibt es eine ($\mathbb{Q}$-f.s. eindeutig bestimmte) reguläre Familie $(\mathbb{P}^{0,C})_{C \in \mathcal{C}_{z,0}}$ von W-Maßen auf $\mathcal{N}_e(\mathcal{C}')$ mit

$$\mathbb{P}^0(A \times \mathcal{A}) = \int_A \mathbb{P}^{0,C}(\mathcal{A}) \, d\mathbb{Q}(C)$$

für $A \in \mathcal{B}(\mathcal{C}_{z,0})$, $\mathcal{A} \in \mathcal{N}_e(\mathcal{C}')$.

Ist $f : \mathbb{R}^n \times \mathcal{C}_{z,0} \times \mathsf{N}_e(\mathcal{C}') \to \mathbb{R}$ eine nichtnegative meßbare Funktion, so ist $\sum_{C \in X} f(z(C), C - z(C), X)$ meßbar, und es gilt

$$\mathbb{E} \sum_{C \in X} f(z(C), C - z(C), X)$$

$$= \gamma \int_{\mathbb{R}^n} \int_{\mathcal{C}_{z,0}} \int_{\mathsf{N}_e(\mathcal{C}')} f(x, C, \eta + x) \, d\mathbb{P}^{0,C}(\eta) \, d\mathbb{Q}(C) \, d\lambda(x).$$

Zum Beweis wird Satz 3.4.2 angewendet auf $X_{(z)}$; das danach existierende Maß sei $\tilde{\mathbb{P}}^0$. Nach Satz 3.4.4 gibt es dann eine ($\mathbb{Q}$-f.s. eindeutig bestimmte) reguläre Familie $(\tilde{\mathbb{P}}^{0,C})_{C \in \mathcal{C}_{z,0}}$ von W-Maßen auf $\mathcal{N}_e(\mathbb{R}^n \times \mathcal{C}_{z,0})$ mit

$$\tilde{\mathbb{P}}^0(A \times \mathcal{A}) = \int_A \tilde{\mathbb{P}}^{0,C}(\mathcal{A}) \, d\mathbb{Q}(C)$$

für alle $A \in \mathcal{B}(\mathcal{C}_{z,0})$, $\mathcal{A} \in \mathcal{N}_e(\mathbb{R}^n \times \mathcal{C}_{z,0})$. Definiert man dann $\mathbb{P}^{0,C}$ als das Bildmaß von $\tilde{\mathbb{P}}^{0,C}$ unter der Abbildung

$$\mathsf{N}(\mathbb{R}^n \times \mathcal{C}_{z,0}) \quad \to \quad \mathsf{N}_e(\mathcal{C}'),$$

$$\tilde{\eta} \quad \mapsto \quad \sum_{(x,C) \in \tilde{\eta}} \delta_{x+C}$$

so ergibt sich die Behauptung.

Wir betrachten nun wieder Schnitte mit einer festen k-dimensionalen Ebene $S \in \mathcal{L}_k^n$. Es sei $\tilde{X}$ ein stationärer, aber ansonsten beliebiger Keim-Korn-Prozeß im $\mathbb{R}^n$. Ihm kann in natürlicher Weise der Schnittprozeß

$$\tilde{X} \cap S := \sum_{(x,C) \in \tilde{X}, (x+C) \cap S \neq \emptyset} \delta_{(x_S, (x^S+C) \cap S)}$$

zugeordnet werden. Dabei ist $x = x_S + x^S$ mit $x_S \in S$ und $x^S \in S^\perp$ die orthogonale Zerlegung. Die Keime von $\tilde{X} \cap S$ entstehen also, indem diejenigen Keime von $\tilde{X}$, deren zugehöriges Korn nichtleeren Durchschnitt mit S hat, orthogonal auf S projiziert werden. Man beachte, daß

$$(x + C) \cap S = x_S + [(x^S + C) \cap S] \tag{4.27}$$

gilt. Nehmen wir zusätzlich an, daß $\tilde{X} \cap S$ einfach ist und die (3.9) entsprechende Bedingung erfüllt, so ist $\tilde{X} \cap S$ ein Keim-Korn-Prozeß im Raum S (den wir mit $\mathbb{R}^k$ identifizieren können) mit Markenraum $\mathcal{C}'(S)$; der markierte Prozeß $\tilde{X} \cap S$ ist stationär in S. Für den von $\tilde{X}$ erzeugten Partikelprozeß

$$X := \sum_{(x,C) \in \tilde{X}} \delta_{x+C}$$

ist der Schnittprozeß $X \cap S$ bereits in Abschnitt 3.5 erklärt worden. Wegen (4.27) stimmt $X \cap S$ überein mit dem von $\tilde{X} \cap S$ erzeugten Partikelprozeß.

Seien nun γ die Intensität und $\mathbb{Q}$ die Markenverteilung von $\tilde{X}$, und seien $\gamma_{\tilde{X} \cap S}$, $\mathbb{Q}_{\tilde{X} \cap S}$ die entsprechenden Parameter für den Schnittprozeß $\tilde{X} \cap S$. Dann gilt für $B \in \mathcal{B}(S)$ und $\mathcal{A} \in \mathcal{B}(\mathcal{C}'(S))$ nach Satz 3.4.1 und dem Campbellschen Satz

$$\gamma_{\tilde{X} \cap S} \lambda_S(B) \mathbb{Q}_{\tilde{X} \cap S}(\mathcal{A})$$

$$= \mathbb{E} \sum_{(x,C) \in \tilde{X}} \mathbf{1}_B(x_S) \mathbf{1}_{\mathcal{A}}((x^S + C) \cap S)$$

$$= \gamma \int_{\mathcal{C}'} \int_{\mathbb{R}^n} \mathbf{1}_B(x_S) \mathbf{1}_{\mathcal{A}}((x^S + C) \cap S) \, d\lambda(x) \, d\mathbb{Q}(C)$$

$$= \gamma \int_{\mathcal{C}'} \int_{S^\perp} \int_S \mathbf{1}_B(y) \mathbf{1}_{\mathcal{A}}((z + C) \cap S) \, d\lambda_S(y) \, d\lambda_{S^\perp}(z) \, d\mathbb{Q}(C)$$

$$= \gamma \lambda_S(B) \int_{\mathcal{C}'} \int_{S^\perp} \mathbf{1}_{\mathcal{A}}((z + C) \cap S) \, d\lambda_{S^\perp}(z) \, d\mathbb{Q}(C).$$

Mit

$$M_S(\mathcal{A}) := \int_{\mathcal{C}'} \int_{S^\perp} \mathbf{1}_{\mathcal{A}}((z + C) \cap S) \, d\lambda_{S^\perp}(z) \, d\mathbb{Q}(C)$$

gilt also

$$\gamma_{\tilde{X} \cap S} = \gamma M_S(\mathcal{C}'(S)) = \gamma \int_{\mathcal{C}'} \lambda_{S^\perp}(C|S^\perp)\, d\mathbb{Q}(C), \qquad (4.28)$$

wo $C|S^\perp$ das Bild von C unter der Orthogonalprojektion auf $S^\perp$ bezeichnet, und

$$\mathbb{Q}_{\tilde{X} \cap S}(\mathcal{A}) = M_S(\mathcal{A})/M_S(\mathcal{C}'(S)), \qquad (4.29)$$

falls $M_S(\mathcal{C}'(S)) \neq 0$. Die Markenverteilung des Schnittprozesses hängt also nur von der Markenverteilung des Ausgangsprozesses ab. Explizitere Resultate für $\gamma_{\tilde{X} \cap S}$ erhält man für stationäre und isotrope Prozesse konvexer Partikel (ein allgemeineres Ergebnis dieser Art ist Satz 5.3.7).

Wir beschließen diesen Abschnitt mit einer Aufgabe der Stochastischen Geometrie, bei der sich die Verwendung markierter Punktprozesse in natürlicher Weise anbietet. Es sei X ein stationärer Kugelprozeß im $\mathbb{R}^n$, das heißt ein stationärer Partikelprozeß, dessen Intensitätsmaß auf der Menge der Kugeln (mit positivem Radius) konzentriert ist. Die *Durchmesserverteilung* $\mathbb{D}$ von X kann erklärt werden durch

$$\mathbb{D}(A) := \frac{1}{\gamma} \mathbb{E} \sum_{K \in X} \mathbf{1}_B(c(K)) \mathbf{1}_A(D(K)) \qquad (4.30)$$

für $B \in \mathcal{B}$ mit $\lambda(B) = 1$ und $A \in \mathcal{B}(\mathbb{R}^+)$, wo $c(K)$ der Mittelpunkt und $D(K)$ der Durchmesser der Kugel K ist und γ die Intensität von X bezeichnet. Es soll ein Zusammenhang hergestellt werden zwischen der Durchmesserverteilung von X und der Durchmesserverteilung des Schnittprozesses $X \cap S$ mit einem k-dimensionalen linearen Unterraum $S \in \mathcal{L}_k^n$ ($k \in \{1, \ldots, n-1\}$). Ein Vergleich von (4.30) mit (3.10) legt es nahe, den markierten Punktprozeß

$$\tilde{X} := \sum_{K \in X} \delta_{(c(K), D(K))}$$

auf $\mathbb{R}^n$ mit Markenraum $\mathbb{R}^+$ zu betrachten; dann ist die Durchmesserverteilung von X gerade die Markenverteilung von $\tilde{X}$.

Für $x \in \mathbb{R}^n$ verwenden wir wieder die orthogonale Zerlegung $x = x_S + x^S$ mit $x_S \in S$ und $x^S \in S^\perp$. Die euklidische Norm in $\mathbb{R}^n$ werde mit $\|\cdot\|$ bezeichnet. Für eine Kugel $K \subset \mathbb{R}^n$ ist $K \cap S$ eine Kugel in S mit Durchmesser $\sqrt{D(K)^2 - 4\|c(K)^S\|^2}$, wenn $2\|c(K)^S\| < D(K)$ ist. Dem Schnittprozeß $X \cap S$ ordnen wir daher den (hier als einfach angenommenen) markierten Punktprozeß

$$\tilde{X}_S := \sum_{K \in X,\, 2\|c(K)^S\| < D(K)} \delta_{\left(c(K)_S,\, \sqrt{D(K)^2 - 4\|c(K)^S\|^2}\right)}$$

in S mit Markenraum $\mathbb{R}^+$ zu; er ist stationär in S. Die Durchmesserverteilung $\mathbb{D}_S$ des Schnittprozesses $X \cap S$ ist dann die Markenverteilung von $\tilde{X}_S$. Die Intensität $\gamma_{X \cap S}$ von $X \cap S$ ist auch die Intensität von $\tilde{X}_S$. Nach Satz 3.4.1 ist das Intensitätsmaß von $\tilde{X}$ gegeben durch $\gamma \lambda \otimes \mathbb{D}$, und das Intensitätsmaß von $\tilde{X}_S$ ist gegeben durch $\gamma_{X \cap S} \lambda_S \otimes \mathbb{D}_S$. Für $B \in \mathcal{B}(S)$ und $A \in \mathcal{B}(\mathbb{R}^+)$ gilt daher

$$\gamma_{X \cap S} \lambda_S(B) \mathbb{D}_S(A)$$

$$= \mathbb{E} \sum_{(x,a) \in \tilde{X}_S} 1_{B \times A}(x, a)$$

$$= \mathbb{E} \sum_{(x,a) \in \tilde{X}} 1_{B \times A}\left(x_S, \sqrt{\max\{0, a^2 - 4\|x^S\|^2\}}\right)$$

$$= \gamma \int_{\mathbb{R}^+} \int_{\mathbb{R}^n} 1_B(x_S) 1_A\left(\sqrt{\max\{0, a^2 - 4\|x^S\|^2\}}\right) d\lambda(x) \, d\mathbb{D}(a)$$

$$= \gamma \lambda_S(B) \int_{\mathbb{R}^+} \int_{S^\perp} 1_{[0,a/2)}(\|z\|) 1_A\left(\sqrt{a^2 - 4\|z\|^2}\right) d\lambda_{S^\perp}(z) \, d\mathbb{D}(a)$$

$$= \gamma \lambda_S(B) \int_{S^\perp} \int_{\mathbb{R}^+} 1_{(2\|z\|,\infty)}(a) 1_A\left(\sqrt{a^2 - 4\|z\|^2}\right) d\mathbb{D}(a) \, d\lambda_{S^\perp}(z)$$

$$= \gamma \lambda_S(B) \frac{(n-k)\kappa_{n-k}}{2^{n-k}} \int_0^\infty \int_t^\infty 1_A\left(\sqrt{a^2 - t^2}\right) d\mathbb{D}(a) t^{n-k-1} \, dt.$$

Speziell für $A = [x, \infty)$ mit $x > 0$ ergibt sich

$$\gamma_{X \cap S} \mathbb{D}_S([x, \infty)) = \frac{(n-k)\kappa_{n-k}}{2^{n-k}} \gamma \int_0^\infty \mathbb{D}\left(\left[\sqrt{x^2 + t^2}, \infty\right)\right) t^{n-k-1} \, dt. \quad (4.31)$$

Mit $x \to 0$ folgt

$$\gamma_{X \cap S} = \frac{\kappa_{n-k}}{2^{n-k}} \gamma M_{n-k},$$

wo M_{n-k} das $(n-k)$-te Moment der Durchmesserverteilung $\mathbb{D}$ ist.

Unter dem *Wicksellschen Korpuskelproblem* versteht man in der Stereologie die Aufgabe, im Fall $n = 3$, $k = 2$ die Verteilung $\mathbb{D}$ zu bestimmen aus der Verteilung $\mathbb{D}_S$. Bezeichnen D_V und D_A (mit in der Stereologie üblicher Notation) die Verteilungsfunktion von $\mathbb{D}$ bzw. $\mathbb{D}_S$ und ist d_V das erste Moment von $\mathbb{D}$, so ist (4.31) für $n = 3$, $k = 2$ gleichwertig mit

$$D_A(r) = 1 - \frac{1}{d_V} \int_0^\infty \left(1 - D_V\left(\sqrt{r^2 + x^2}\right)\right) dx \qquad \text{für } r > 0.$$

Zur Bestimmung von D_V aus D_A ist also (neben der Bestimmung von d_V) eine Integralgleichung zu lösen. In der Praxis, wo D_A nur geschätzt wird, führt dieses inverse Problem zu erheblichen Schwierigkeiten.

4.4 Keim-Korn-Modelle

In Satz 3.5.3 hatten wir festgestellt, daß für einen Punktprozeß X in $\mathcal{F}'$ die Vereinigungsmenge

$$Z_X := \bigcup_{F \in X} F$$

eine ZAM ist, und wir hatten in Satz 3.5.4 die Z_X charakterisiert, bei denen X poissonartig ist. Nun wollen wir ZAM studieren, die als Vereinigungsmenge Z_X eines Partikelprozesses X entstehen. Dabei interessieren uns besonders solche ZAM, die sich aus speziellen Keim-Korn-Prozessen ergeben.

Es ist leicht zu sehen, daß eine ZAM Z sich immer als Vereinigungsmenge eines Partikelprozesses X darstellen läßt. Wir geben im folgenden eine Konstruktion an, die auch die Invarianzeigenschaften von Z auf X überträgt. Ist Z eine zufällige $\mathcal{S}$-Menge, so lassen sich die Partikel von Z sogar als konvexe Körper wählen. Um die lokale Endlichkeit des Intensitätsmaßes von X zu sichern, benötigen wir hier aber eine Integrabilitätsbedingung an die zufällige $\mathcal{S}$-Menge Z. Dazu setzen wir

$$N(K) := \min \left\{ m \in \mathbb{N} : K = \bigcup_{i=1}^{m} K_i,\, K_i \in \mathcal{K} \right\} \qquad \text{für } K \in \mathcal{R} \setminus \{\emptyset\}$$

und $N(\emptyset) := 0$.

4.4.1 Lemma. $N : \mathcal{R} \to \mathbb{N}_0$ *ist meßbar.*

Beweis. Wegen Satz 1.3.2 genügt der Nachweis, daß N bezüglich der Hausdorff-Metrik halbstetig ist. Zu zeigen ist also für $M_j, M \in \mathcal{R}$ mit $M_j \to M$ (in der Hausdorff-Metrik), daß

$$N(M) \leq \liminf N(M_j) \qquad (4.32)$$

gilt. Angenommen, das wäre falsch. Dann gilt o.B.d.A. (nach Übergang zu einer Teilfolge, für eine Zahl $m \in \mathbb{N}$)

$$N(M_j) = m < N(M), \qquad j \in \mathbb{N}.$$

Also ist

$$M_j = \bigcup_{i=1}^{m} K_j^{(i)} \qquad \text{mit } K_j^{(i)} \in \mathcal{K}.$$

Da die M_j und damit auch die $K_j^{(i)}$ gleichmäßig beschränkt sind, existiert eine Teilfolge $(j_k)_{k \in \mathbb{N}}$, so daß

$$K_{j_k}^{(i)} \to K^{(i)}, \qquad i = 1, \ldots, m,$$

mit $K^{(i)} \in \mathcal{K}$ gilt. Nach Satz 1.2.3 folgt

$$M_{j_k} = \bigcup_{i=1}^{m} K_{j_k}^{(i)} \to \bigcup_{i=1}^{m} K^{(i)},$$

also $M = \bigcup_{i=1}^{m} K^{(i)}$. Somit ist $N(M) \le m$, ein Widerspruch. Also ist (4.32) erfüllt. ∎

Nun läßt sich der angekündigte Darstellungssatz zeigen.

4.4.2 Satz. *Zu jeder ZAM Z in $\mathbb{R}^n$ existiert ein einfacher Partikelprozeß X mit $Z = Z_X$ und derart, daß $X \sim gX$ für alle $g \in G_n$ gilt, die $Z \sim gZ$ erfüllen. Insbesondere ist X stationär (isotrop), falls Z stationär (isotrop) ist.*

Ist Z eine zufällige S-Menge mit $\mathbb{E}N(Z \cap C) < \infty$ für alle $C \in \mathcal{C}'$, so kann X überdies so gewählt werden, daß alle Partikel konvex sind.

Beweis. Die Zerlegung einer ZAM Z in kompakte Partikel ist einfacher als die einer zufälligen S-Menge Z in konvexe Körper. Wir beschränken uns deshalb im Beweis auf diese schwierigere Situation. Die Zerlegung in kompakte Partikel läßt sich formal analog erhalten, wenn die unten benutzte Abbildung ψ durch $\tilde{\psi} : C \mapsto \delta_C$, $C \in \mathcal{C}'$ (und $\tilde{\psi}(\emptyset) = 0$) ersetzt wird.

Aus Schneider & Weil [1992] (Beweis von Satz 7.2.1) folgt die Existenz einer meßbaren Abbildung $\psi : \mathcal{R} \to \mathsf{N}_e(\mathcal{K}')$ mit

$$\psi(C) = \sum_{i=1}^{N(C)} \delta_{K_i}, \qquad C = \bigcup_{i=1}^{N(C)} K_i,$$

für $C \neq \emptyset$ und $\psi(\emptyset) = 0$.

Wie im Beweis von Satz 4.2.2 sei C_0^n der halboffene Einheitswürfel. Für eine Abzählung $(z_k)_{k \in \mathbb{N}}$ von $\mathbb{Z}^n$ und $C_{0k}^n := C_0^n + z_k$ setzen wir

$$\Psi(Z) := \sum_{k=1}^{\infty} [\psi(\mathrm{cl}\,(Z \cap C_{0k}^n) - z_k) + z_k]. \tag{4.33}$$

Dann ist $\Psi(Z)$ ein einfacher Punktprozeß in $\mathcal{K}'$ mit lokalendlichem Intensitätsmaß. Es ist nämlich

$$\mathbb{E}\Psi(Z)(\mathcal{F}_C) \le p(C)\mathbb{E}N(Z \cap w(C)) < \infty$$

für $C \in \mathcal{C}'$, wo $p(C)$ die Anzahl der Würfel $C^n + z_k$, $k \in \mathbb{N}$, mit $C \cap (C^n + z_k) \neq \emptyset$ bezeichnet und $w(C)$ die Vereinigung dieser Würfel ist.

Offensichtlich ist $Z = \bigcup_{K \in \Psi(Z)} K$ und $t_{-z}\Psi(t_z Z) = \Psi(Z)$ für alle $z \in \mathbb{Z}^r$ (um diese Invarianz und die Einfachheit zu erzielen, wurde Ψ durch (4.33) definiert). Um die weiter geforderten Invarianzeigenschaften zu erhalten, müssen wir die angegebene Konstruktion noch etwas variieren. Für eine Bewegung $g \in G_n$ definieren wir $\Psi_g(Z) := g\Psi(g^{-1}Z)$. Wir setzen

$$G_n^0 := \{g = \vartheta t_x \in G_n : \vartheta \in SO_n, \, x \in C_0^n\}$$

und bezeichnen mit τ^0 das auf G_n^0 eingeschränkte und zu einem W-Maß normierte Haarsche Maß der Bewegungsgruppe G_n. Sei ξ eine von Z unabhängige zufällige Bewegung mit Verteilung τ^0. Wir definieren

$$X := \Psi_\xi(Z).$$

Wie oben gezeigt wurde, ist X ein Punktprozeß in $\mathcal{K}'$ mit $Z = Z_X$.

Nun gelte $Z \sim g_0 Z$ für ein $g_0 \in G_n$. Dann ist

$$g_0 X = g_0\xi\Psi(\xi^{-1}g_0^{-1}g_0 Z) = \Psi_{g_0\xi}(g_0 Z).$$

Für alle $\mathcal{A} \in \mathcal{N}_e(\mathcal{K}')$ gilt also

$$\mathbb{P}(g_0 X \in \mathcal{A}) = \int_{G_n^0} \mathbb{P}(\Psi_{g_0 g}(Z) \in \mathcal{A}) \, d\tau^0(g)$$

wegen der Unabhängigkeit von Z und ξ und der g_0-Invarianz von Z. Für $g_0 = \vartheta_0 t_{x_0}$, $g = \vartheta t_x$ ist

$$g_0 g = \vartheta_0\vartheta t_{x+\vartheta^{-1}x_0},$$

also

$$\mathbb{P}(g_0 X \in \mathcal{A}) = \int_{SO_n} \int_{C_0^n} \mathbb{P}(\Psi_{\vartheta_0\vartheta t_{x+\vartheta^{-1}x_0}}(Z) \in \mathcal{A}) \, d\lambda(x) \, d\nu(\vartheta)$$

(zur verwendeten Zerlegung des Haarschen Maßes auf G_n sehe man etwa Schneider & Weil [1992], S. 24). Sei $\vartheta \in SO_n$ fest, dann existiert zu jedem $x \in C_0^n$ eine eindeutige Zerlegung

$$x + \vartheta^{-1}x_0 = y(x) + z(x)$$

mit $y(x) \in C_0^n$ und $z(x) \in \mathbb{Z}^n$. Wenn x in C_0^n variiert, bleibt die Norm von $z(x)$ beschränkt, daher nimmt $z(x)$ nur endlich viele Werte $z_1, \ldots, z_r \in \mathbb{Z}^n$ an. Für $D_i := \{x \in C_0^n : z(x) = z_i\}$, $i = 1, \ldots, r$, gilt dann

$$C_0^n = \bigcup_{i=1}^r D_i,$$

und die D_i sind paarweise disjunkt. Wir betrachten die Abbildung $\varphi : x \mapsto y(x)$ auf C_0^n. Auf jedem D_i ist sie eine Translation. Für $x, x' \in C_0^n$ mit $y(x) = y(x')$ folgt $x - x' = z(x) - z(x') \in \mathbb{Z}^n$, also $x = x'$. Daher ist φ

injektiv. Die Abbildung φ ist auch surjektiv, weil zu jedem $y \in C_0^n$ eine Zerlegung $y - \vartheta^{-1}x_0 = x - z$, $x \in C_0^n$, $z \in \mathbb{Z}^n$ existiert. Dann ist aber $x + \vartheta^{-1}x_0 = y + z$, also $y = y(x)$. Insgesamt ist φ eine Bijektion auf C_0^n, die λ invariant läßt. Damit erhalten wir

$$\int_{C_0^n} \mathbb{P}\left(\Psi_{\vartheta_0 \vartheta t_{x+\vartheta^{-1}x_0}}(Z) \in \mathcal{A}\right) d\lambda(x)$$

$$= \int_{C_0^n} \mathbb{P}\left(\Psi_{\vartheta_0 \vartheta t_{y(x)+z(x)}}(Z) \in \mathcal{A}\right) d\lambda(x)$$

$$= \int_{C_0^n} \mathbb{P}\left(\vartheta_0 \vartheta \Psi_{t_{y(x)+z(x)}}(\vartheta^{-1}\vartheta_0^{-1}Z) \in \mathcal{A}\right) d\lambda(x)$$

$$= \int_{C_0^n} \mathbb{P}\left(\vartheta_0 \vartheta \Psi_{t_{y(x)}}(\vartheta^{-1}\vartheta_0^{-1}Z) \in \mathcal{A}\right) d\lambda(x)$$

$$= \int_{C_0^n} \mathbb{P}\left(\vartheta_0 \vartheta \Psi_{t_x}(\vartheta^{-1}\vartheta_0^{-1}Z) \in \mathcal{A}\right) d\lambda(x)$$

$$= \int_{C_0^n} \mathbb{P}\left(\Psi_{\vartheta_0 \vartheta t_x}(Z) \in \mathcal{A}\right) d\lambda(x).$$

Wegen der Rotationsinvarianz von ν ergibt sich also

$$\mathbb{P}(g_0 X \in \mathcal{A}) = \int_{SO_n} \int_{C_0^n} \mathbb{P}(\Psi_{\vartheta t_x}(Z) \in \mathcal{A}) \, d\lambda(x) \, d\nu(\vartheta)$$

$$= \int_{G_n} \mathbb{P}(\Psi_g(Z) \in \mathcal{A}) \, d\tau^0(g)$$

$$= \mathbb{P}(X \in \mathcal{A}),$$

das heißt

$$g_0 X \sim X.$$

∎

Aufgrund dieses Satzes ist insbesondere jede stationäre ZAM Z auch Vereinigung eines stationären Keim-Korn-Prozesses $\tilde{X}$, bei dem im Fall einer S-Menge, die die Endlichkeitsbedingung aus Satz 4.4.2 erfüllt, sogar die Körner konvex sind. Hierbei ist die Vereinigungsmenge $Z_{\tilde{X}}$ eines Keim-Korn-Prozesses $\tilde{X}$ als die Vereinigungsmenge

$$Z_{\tilde{X}} := \bigcup_{(x,C) \in \tilde{X}} (x + C)$$

des von $\tilde{X}$ gemäß (4.24) erzeugten Partikelprozesses X erklärt. Um besser zugängliche Modelle zu erhalten, betrachten wir jetzt zufällige Mengen $Z =$

$Z_{\tilde{X}}$, die aus einem unabhängigen Keim-Korn-Prozeß $\tilde{X}$ entstehen. Eine solche ZAM nennen wir *Keim-Korn-Modell*. Ist die Markenverteilung von $\tilde{X}$ auf $\mathcal{K}'$ konzentriert, so sprechen wir von einem *Keim-Korn-Modell mit konvexen Körnern*. Für ein Keim-Korn-Modell Z läßt sich das Kapazitätsfunktional T_Z durch den Prozeß X^0 der Keime und das Kapazitätsfunktional des typischen Korns X_0 ausdrücken. Es gilt nämlich für $C \in \mathcal{C}$

$$T_Z(C) = 1 - \mathbb{E} \prod_{x \in X^0} (1 - T_{X_0}(C - x)).\tag{4.34}$$

Dies ergibt sich mit einer geeigneten Darstellung

$$\tilde{X} = \sum_{i=1}^{\tau} \delta_{(\xi_i, Z_i)}, \qquad \tau = \tilde{X}(\mathbb{R}^n \times \mathcal{C}'),$$

analog zur Herleitung von (4.26) aus

$$
\begin{aligned}
1 - T_Z(C) &= \mathbb{P}\left(\bigcup_{i=1}^{\tau} (\xi_i + Z_i) \cap C = \emptyset\right) \\
&= \mathbb{P}(\xi_i \notin C + Z_i^*, \ i = 1, \ldots, \tau) \\
&= \mathbb{P}\left(\prod_{i=1}^{\tau} \left(1 - \mathbf{1}_{C + Z_i^*}(\xi_i)\right) = 1\right) \\
&= \mathbb{E} \prod_{i=1}^{\tau} \left(1 - \mathbf{1}_{C + Z_i^*}(\xi_i)\right) \\
&= \mathbb{E} \prod_{i=1}^{\tau} \left(1 - \int_{\mathcal{C}'} \mathbf{1}_{C + K^*}(\xi_i)\, d\mathbb{Q}(K)\right) \\
&= \mathbb{E} \prod_{x \in X^0} (1 - T_{X_0}(C - x)).
\end{aligned}
$$

Besonders gut zu handhaben sind Keim-Korn-Modelle Z, bei denen der Keimprozeß ein Poissonprozeß ist. Sie heißen *Boolesche Modelle* (bzw. *Boolesche Modelle mit konvexen Körnern*, wenn der erzeugende Keim-Korn-Prozeß $\tilde{X}$ konvexe Körner hat). Diese ZAM stellen die für Anwendungen wichtigsten Modelle dar. Das Boolesche Modell

$$Z := \bigcup_{(x,C) \in \tilde{X}} (x + C)\tag{4.35}$$

ist (bis auf stochastische Äquivalenz) bestimmt durch das Intensitätsmaß ϑ des Poissonprozesses der Keime und durch die Verteilung $\mathbb{Q}$ des typischen Korns. Wir schreiben daher auch $Z =: Z(\vartheta, \mathbb{Q})$.

Sei nun insbesondere Z ein stationäres Boolesches Modell, also eine stationäre ZAM, die gemäß (4.35) von einem unabhängigen Keim-Korn-Prozeß $\tilde{X}$ mit Poissonschem Keimprozeß X^0 erzeugt wird. Der erzeugte Partikelprozeß

$$X := \sum_{(x,C)\in\tilde{X}} \delta_{x+C} \qquad (4.36)$$

ist dann, wie vor Satz 4.3.4 bemerkt, ebenfalls ein Poissonprozeß. Also ist Z die Vereinigungsmenge eines (nach Satz 3.5.5) stationären Poissonschen Partikelprozesses X. Nach Satz 4.3.3 erhalten wir davon auch eine Umkehrung und damit die folgende Aussage.

4.4.3 Satz. *Die stationären Booleschen Modelle sind genau die Vereinigungsmengen von stationären Poissonschen Partikelprozessen.*

Ist Z ein stationäres Boolesches Modell und X ein erzeugender Poissonscher Partikelprozeß, so ist das Intensitätsmaß von X nach Satz 3.5.4 und Lemma 2.3.2 eindeutig bestimmt durch die Verteilung von Z; es ist translationsinvariant, und nach Satz 4.2.2 sind die (als positiv vorausgesetzte) Intensität γ und die Formverteilung $\mathbb{P}_0$ von X eindeutig bestimmt. Damit ist nach Korollar 4.2.3 auch der zugehörige Partikelprozeß eindeutig bestimmt. Dies gilt aber nicht für die zugehörigen markierten Prozesse. Ist neben $Z = Z(\gamma\lambda, \mathbb{P}_0)$ auch $Z = Z(\gamma\lambda, \mathbb{Q})$, so ist $\mathbb{Q}$ im allgemeinen verschieden von der Formverteilung $\mathbb{P}_0$ von X. Dabei ist $\mathbb{P}_0$ jedoch das Bild von $\mathbb{Q}$ unter der Abbildung $\pi_c : C \mapsto C - c(C)$. Das folgt aus Korollar 4.3.2. Es ist also zu beachten, daß die Erzeugung eines stationären Booleschen Modells durch einen unabhängigen Keim-Korn-Prozeß mit Poissonschem Keimprozeß auf verschiedene Weisen möglich ist. Man kann jedoch stets zu dem „kanonischen" erzeugenden Prozeß $X_{(c)}$ übergehen.

Wird ein stationäres Boolesches Modell mit einer Ebene S geschnitten, so entsteht in S wieder ein (bezüglich S) stationäres Boolesches Modell. Für einen Poissonschen Partikelprozeß X ist nämlich der Schnittprozeß $X \cap S$ ebenfalls ein Poissonprozeß, wie unmittelbar aus (3.2) folgt.

Bei Punktprozessen X von niederdimensionalen Mengen lassen sich gewisse Größen von X an der Vereinigungsmenge Z ablesen. Im allgemeinen Fall ist das wegen möglicher Überlappungen aber schwierig. Insbesondere bei Poissonprozessen in $\mathcal{C}$, $\mathcal{R}$ oder $\mathcal{K}$ treten, wenn die Partikel volldimensional sind, wegen Satz 4.2.5 solche Überlappungen mit positiver Wahrscheinlichkeit auf. Andererseits ist bei einem stationären Booleschen Modell Z, das Vereinigungsmenge eines stationären Poissonschen Partikelprozesses X ist, dieser Prozeß X bereits eindeutig bestimmt, wie eben bemerkt wurde. Es müssen sich also alle charakteristischen Größen von X, wie etwa die Intensität, durch Größen von Z bestimmen lassen. Wir werden dieses für Anwendungen und für die Statistik von zufälligen Mengen wichtige Problem mit weiteren Aufgaben stereologischer Art im nächsten Kapitel ausführlicher behandeln.

Hier wollen wir zunächst zeigen, daß für stationäre Boolesche Modelle Z einige explizitere Berechnungen möglich sind. Insbesondere lassen sich Größen wie das Kapazitätsfunktional T_Z und die in Abschnitt 1.4 eingeführten Kontaktverteilungsfunktionen H_s und $H_l^{(u)}$ in geschlossener Form angeben.

Es sei jetzt Z ein stationäres Boolesches Modell, erzeugt als Vereinigungsmenge des stationären Poissonschen Partikelprozesses X. Es seien $\Theta, \gamma, \mathbb{P}_0$ das Intensitätsmaß, die Intensität und die Formverteilung von X. Wir werden dann γ und $\mathbb{P}_0$ auch als Intensität bzw. Formverteilung von Z bezeichnen. Wir setzen stets $\gamma > 0$ voraus.

Wie wir aus Satz 3.5.4 wissen, erfüllt das Boolesche Modell Z die Gleichung

$$T_Z(C) = 1 - e^{-\Theta(\mathcal{F}_C)} \tag{4.37}$$

für alle $C \in \mathcal{C}$. Nach (4.16) ist

$$\Theta(\mathcal{F}_C) = \gamma \int_{\mathcal{C}_0} V_n(K + C^*) \, d\mathbb{P}_0(K). \tag{4.38}$$

Dieses Integral läßt sich im allgemeinen nicht mehr vereinfachen. Falls aber Z ein Boolesches Modell mit konvexen Körnern ist und $C \in \mathcal{K}$ gilt, kann das Volumen $V_n(K + C^*)$ nach (7.20) in der Form

$$V_n(K + C^*) = \sum_{j=0}^{n} \binom{n}{j} V(K[j], C^*[n-j])$$

durch gemischte Volumina ausgedrückt werden. Für $C = rB^n$, $r > 0$ ist das die Steiner-Formel (7.1).

Die Kontaktverteilungsfunktion $H^{(M)}$ einer ZAM Z bezüglich des strukturierenden Elements $M \in \mathcal{K}'$ mit $0 \in M$ ist nach Abschnitt 1.4 gegeben durch

$$H^{(M)}(r) = 1 - \frac{\mathbb{P}(0 \notin Z + rM^*)}{\mathbb{P}(0 \notin Z)}$$

für $r \geq 0$, falls $\mathbb{P}(0 \notin Z) > 0$. Im Fall eines stationären Booleschen Modells Z mit erzeugendem poissonschen Partikelprozeß X ist aber stets

$$\mathbb{P}(0 \notin Z) = 1 - T_Z(\{0\}) = e^{-\overline{V}_n(X)} > 0 \tag{4.39}$$

nach (4.37) und (4.38).

4.4.4 Satz. *Sei Z ein stationäres Boolesches Modell mit Intensität γ und Formverteilung $\mathbb{P}_0$. Dann gilt*

$$T_Z(C) = 1 - \exp\left(-\gamma \int_{C_0} V_n(K + C^*)\, d\mathbb{P}_0(K)\right), \qquad C \in \mathcal{C},$$

und für das strukturierende Element $M \in \mathcal{K}'$ mit $0 \in M$ ist die Kontaktverteilungsfunktion gegeben durch

$$H^{(M)}(r) = 1 - \exp\left(-\gamma \int_{C_0} [V_n(K + rM^*) - V_n(K)]\, d\mathbb{P}_0(K)\right), \qquad r \geq 0.$$

Sei Z ein Boolesches Modell mit konvexen Körnern. Dann gilt für $M \in \mathcal{K}'$

$$T_Z(M) = 1 - \exp\left(-\gamma \sum_{k=0}^{n} \binom{n}{k} \int_{\mathcal{K}_0} V(M^*[k], K[n-k])\, d\mathbb{P}_0(K)\right)$$

und

$$H^{(M)}(r) = 1 - \exp\left(-\gamma \sum_{k=1}^{n} \binom{n}{k} r^k \int_{\mathcal{K}_0} V(M^*[k], K[n-k])\, d\mathbb{P}_0(K)\right).$$

Insbesondere ist die sphärische Kontaktverteilungsfunktion in diesem Fall gegeben durch

$$H_s(r) = 1 - \exp\left(-\sum_{k=1}^{n} \kappa_k r^k \overline{V}_{n-k}(X)\right), \qquad r \geq 0,$$

und für $u \in S^{n-1}$ gilt für die entsprechende lineare Kontaktverteilungsfunktion

$$H_l^{(u)}(r) = 1 - \exp\left(-\gamma r \int_{\mathcal{K}_0} V_{n-1}(K|u^\perp)\, d\mathbb{P}_0(K)\right), \qquad r \geq 0.$$

Ist ferner Z isotrop und $M \in \mathcal{K}'$, so gilt

$$T_Z(M) = 1 - \exp\left(-\sum_{k=0}^{n} \alpha_{n0k} V_k(M) \overline{V}_{n-k}(X)\right)$$

mit α_{n0k} gemäß (7.6).

In der Darstellung für $H_l^{(u)}$ ist $V_{n-1}(K|u^\perp)$ das $(n-1)$-dimensionale Volumen der Orthogonalprojektion von K auf $u^\perp$.

Beweis. Die ersten beiden Aussagen über das Kapazitätsfunktional haben wir schon bewiesen.

Die Formeln für $H^{(M)}(r)$ ergeben sich nun für $0 \in M$ wegen

$$H^{(M)}(r) = 1 - \frac{1 - T_Z(rM)}{1 - T_Z(\{0\})}, \qquad r \geq 0.$$

Die spezielle Gestalt von $H_s(r)$ im Falle konvexer Körner folgt für $M = B^n$ aus (7.23), und die Gestalt von $H_l^{(u)}(r)$ ergibt sich aus

$$V_n(K + r[0, u]) = V_n(K) + r V_{n-1}(K|u^\perp). \tag{4.40}$$

Jetzt sei $M \in \mathcal{K}'$, und Z sei außerdem isotrop, also $\mathbb{P}_0$ rotationsinvariant. In der Gleichung

$$\Theta(\mathcal{F}_M) = \gamma \int_{\mathcal{K}_0} \int_{\mathbb{R}^n} 1_{\mathcal{F}_M}(K + x) \, d\lambda(x) \, d\mathbb{P}_0(K)$$

können wir im Integranden K durch ϑK mit einer Drehung $\vartheta \in SO_n$ ersetzen, ohne das Integral zu ändern, weil $\mathbb{P}_0$ rotationsinvariant ist. Dann integrieren wir nach ϑ über die Drehgruppe mit dem invarianten Maß ν und wenden den Satz von Fubini sowie die kinematische Hauptformel (Satz 7.1.1) an. Das ergibt wegen der für $M, K' \in \mathcal{K}$ gültigen Gleichung $1_{\mathcal{F}_M}(K') = V_0(M \cap K')$ (Eulersche Charakteristik)

$$\begin{aligned}
\Theta(\mathcal{F}_M) &= \gamma \int_{SO_n} \int_{\mathcal{K}_0} \int_{\mathbb{R}^n} 1_{\mathcal{F}_M}(\vartheta K + x) \, d\lambda(x) \, d\mathbb{P}_0(K) \, d\nu(\vartheta) \\
&= \gamma \int_{\mathcal{K}_0} \int_{SO_n} \int_{\mathbb{R}^n} V_0(M \cap (\vartheta K + x)) \, d\lambda(x) \, d\nu(\vartheta) \, d\mathbb{P}_0(K) \\
&= \gamma \sum_{k=0}^{n} \alpha_{n0k} V_k(M) \int_{\mathcal{K}_0} V_{n-k}(K) \, d\mathbb{P}_0(K) \\
&= \sum_{k=0}^{n} \alpha_{n0k} V_k(M) \overline{V}_{n-k}(X).
\end{aligned}$$

■

4.5 Assoziierte Körper

Zu einem stationären Partikelprozeß X im $\mathbb{R}^n$ und einer geeigneten translationsinvarianten Funktion φ auf $\mathcal{C}_0$ haben wir in Abschnitt 4.2 durch die φ-Dichte $\overline{\varphi}$ erklärt. Diese Vorgehensweise ist nicht auf Funktionen φ mit Werten in $\mathbb{R}$ beschränkt. Insbesondere im Fall konvexer Partikel bieten sich einige geometrisch bedeutsame translationsinvariante Abbildungen von $\mathcal{K}$ in Funktionen- oder Maßräume an. Man wird auf diese Weise dazu geführt, dem Partikelprozeß neben reellwertigen Funktionaldichten als beschreibende Parameter auch Maße oder konvexe Körper zuzuordnen. Ähnliche Zuordnungen sind möglich für andere geometrische Prozesse, wie Ebenen-, Faser- und Flächenprozesse, und auch für gewisse ZAM. Ein Motiv hierfür ist, daß solche zugeordneten Maße oder konvexen Körper natürlich mehr Information enthalten als reellwertige Parameter, andererseits aber möglicherweise noch mit stereologischen Verfahren geschätzt werden können. Ferner zeigt sich, daß durch Anwendung von Resultaten der Konvexgeometrie auf zugeordnete Hilfskörper einige Extremalaufgaben behandelt werden können, die auf anderem Wege kaum zugänglich wären. Derartige Ergebnisse über konvexe Körper müssen wir in diesem Abschnitt ohne Beweise heranziehen; für die benötigten Definitionen sowie Literaturangaben verweisen wir auf den Anhang (Kapitel 7).

Wir betrachten zunächst einen stationären Prozeß X konvexer Partikel mit Intensität $\gamma > 0$ und Formverteilung $\mathbb{P}_0$.

Da ein konvexer Körper K durch seine Stützfunktion

$$h(K, u) := \max\{\langle x, u \rangle : x \in K\}, \qquad u \in \mathbb{R}^n,$$

festgelegt ist, liegt es nahe, hierzu eine Dichte zu erklären. Weil die Stützfunktion aber nicht translationsinvariant ist, führen wir die *reduzierte Stützfunktion* ein durch

$$h^*(K, u) := h(K, u) - \langle s(K), u \rangle = h(K - s(K), u),$$

wo $s(K)$ der Steinerpunkt von K ist (siehe Anhang, insbesondere (7.26)). Es gilt

$$h^*(K + x, \cdot) = h^*(K, \cdot)$$

für $x \in \mathbb{R}^n$. Aus (7.4) und (7.26) ergibt sich eine Abschätzung der Form $|h^*(K, u)| \leq c(n) V_1(K) \|u\|$ mit einer Konstanten $c(n)$. Wegen (4.17) und (7.1) ist $h^*(\cdot, u)$ also $\mathbb{P}_0$-integrierbar. Nun definieren wir

$$\overline{h}(X, u) := \gamma \int_{\mathcal{K}_0} h^*(K, u) \, d\mathbb{P}_0(K) \qquad \text{für } u \in \mathbb{R}^n.$$

Die Funktion $\overline{h}(X, \cdot)$ ist offenbar wieder konvex und positiv homogen, daher ist sie die Stützfunktion eines eindeutig bestimmten konvexen Körpers, den wir mit $M(X)$ bezeichnen und den *Mittelkörper* des Partikelprozesses X nennen.

In ähnlicher Weise können wir das Oberflächenmaß $S_{n-1}(K, \cdot)$ (siehe Anhang) verwenden. Für $A \in \mathcal{B}(S^{n-1})$ ist $S_{n-1}(\cdot, A)$ meßbar. Ferner ist $0 \leq S_{n-1}(K, \cdot) \leq S_{n-1}(K, S^{n-1}) = 2V_{n-1}(K)$. Wegen der $\mathbb{P}_0$-Integrierbarkeit von V_{n-1} können wir also

$$\overline{S}_{n-1}(X, A) := \gamma \int_{\mathcal{K}_0} S_{n-1}(K, A) \, d\mathbb{P}_0(K) \qquad (4.41)$$

für $A \in \mathcal{B}(S^{n-1})$ definieren. Nach dem Satz von der monotonen Konvergenz ist $\overline{S}_{n-1}(X, \cdot)$ ein Maß.

Wir deuten an, wie sich dieser maßwertige Parameter interpretieren läßt. Dazu nehmen wir der Einfachheit halber an, daß die Partikel des Prozesses X f.s. n-dimensional sind. Der Prozeß X induziert dann auch einen Hyperflächenprozeß, indem wir jedes Partikel durch seinen Rand ersetzen. Für einen solchen Hyperflächenprozeß ist ähnlich wie in Abschnitt 4.2 eine Richtungsverteilung erklärt. Im Gegensatz zum Fall $k = n - 1$ in Satz 4.2.8 betrachten wir aber jetzt eine orientierte Richtungsverteilung, das heißt wir berücksichtigen, daß man bei Rändern konvexer Körper zwischen äußeren und inneren Normalenrichtungen unterscheiden kann. Bei der Randhyperfläche $\operatorname{bd} K$ eines konvexen Körpers K ist es zweckmäßig, die Richtung einer Tangentialebene durch ihren äußeren Normalenvektor zu beschreiben. Für $\mathcal{H}^{n-1}$-fast alle $y \in \operatorname{bd} K$ ist der äußere Normaleneinheitsvektor $n_K(y)$ an K in y eindeutig bestimmt. Für eine Borelmenge $A \subset S^{n-1}$ ist $S_{n-1}(K, A) = \mathcal{H}^{n-1}(n_K^{-1}(A))$, nach Definition des Oberflächenmaßes. Für $A \in \mathcal{B}(S^{n-1})$ und $B \in \mathcal{B}(\mathbb{R}^n)$ mit $\lambda(B) < \infty$ ist die Abbildung $K \mapsto \mathcal{H}^{n-1}(B \cap n_K^{-1}(A))$ meßbar (wie aus Theorem 4.2.1 in Schneider [1993] folgt), und es ergibt sich aus dem Campbellschen Satz und (4.14)

$$\mathbb{E} \sum_{K \in X} \mathcal{H}^{n-1}(B \cap n_K^{-1}(A))$$

$$= \gamma \int_{\mathcal{K}_0} \int_{\mathbb{R}^n} \mathcal{H}^{n-1}(B \cap n_{K+x}^{-1}(A)) \, d\lambda(x) \, d\mathbb{P}_0(K)$$

$$= \gamma \int_{\mathcal{K}_0} \int_{\mathbb{R}^n} \mathcal{H}^{n-1}((B - x) \cap n_K^{-1}(A)) \, d\lambda(x) \, d\mathbb{P}_0(K)$$

$$= \gamma \int_{\mathcal{K}_0} \lambda(B) \mathcal{H}^{n-1}(n_K^{-1}(A)) \, d\mathbb{P}_0(K)$$

$$= \gamma \lambda(B) \int_{\mathcal{K}_0} S_{n-1}(K, A) \, d\mathbb{P}_0(K),$$

wobei Satz 1.2.7 in Schneider & Weil [1992] benutzt wurde. Für $B \in \mathcal{B}(\mathbb{R}^n)$ mit $\lambda(B) = 1$ gilt also

$$\overline{S}_{n-1}(X, A) = \mathbb{E} \sum_{K \in X} \mathcal{H}^{n-1}(B \cap n_K^{-1}(A)). \tag{4.42}$$

Aus diesem Grunde kann das normierte Maß $\overline{S}_{n-1}(X, \cdot)/2\overline{V}_{n-1}(X)$ interpretiert werden als die *Verteilung des Normalenvektors in einem typischen Randpunkt* des Partikelprozesses X. Das Maß $\overline{S}_{n-1}(X, \cdot)$ nennen wir das *mittlere Normalenmaß* von X.

Ausgehend von dem maßwertigen Parameter $\overline{S}_{n-1}(X, \cdot)$ ordnen wir nun dem Partikelprozeß X zwei konvexe Körper zu. Das erfordert zunächst noch eine Vorbetrachtung.

Für einen konvexen Körper K und für $u \in \mathbb{R}^n \setminus \{0\}$ bezeichne $V_{n-1}(K|u^\perp)$ das $(n-1)$-dimensionale Volumen der Orthogonalprojektion von K auf $u^\perp$. Die Dichte der Funktion $K \mapsto V_{n-1}(K|u^\perp)$ für den Partikelprozeß X bezeichnen wir mit $\overline{V}_{n-1}(X|u^\perp)$, also

$$\overline{V}_{n-1}(X|u^\perp) := \gamma \int_{\mathcal{K}_0} V_{n-1}(K|u^\perp) \, d\mathbb{P}_0(K).$$

Mit dem Satz von Fubini für Übergangskerne und (7.37) ergibt sich für Einheitsvektoren $u \in S^{n-1}$

$$\overline{V}_{n-1}(X|u^\perp) = \frac{\gamma}{2} \int_{\mathcal{K}_0} \int_{S^{n-1}} |\langle u, v \rangle| \, dS_{n-1}(K, v) \, d\mathbb{P}_0(K) \tag{4.43}$$

$$= \frac{1}{2} \int_{S^{n-1}} |\langle u, v \rangle| \, d\overline{S}_{n-1}(X, v). \tag{4.44}$$

Nach dem Campbellschen Satz 3.1.5 und Satz 4.2.2 ist für $r > 0$

$$\mathbb{E} \sum_{K \in X, \, c(K) \in rB^n} V_{n-1}(K|u^\perp)$$

$$= \gamma \int_{\mathcal{K}_0} \int_{\mathbb{R}^n} \mathbf{1}_{rB^n}(c(K + x)) V_{n-1}((K + x)|u^\perp) \, d\lambda(x) \, d\mathbb{P}_0(K)$$

$$= \kappa_n r^n \, \overline{V}_{n-1}(X|u^\perp).$$

Es gilt also $\overline{V}_{n-1}(X|u^\perp) = 0$ genau dann, wenn fast sicher

$$\sum_{K \in X} V_{n-1}(K|u^\perp) = 0$$

ist. Gibt es ein $u \in S^{n-1}$ mit dieser Eigenschaft, so wollen wir den Partikelprozeß X als *ausgeartet* bezeichnen.

Sei nun X nicht ausgeartet. Dann ist das Maß $\overline{S}_{n-1}(X, \cdot)$ nach (4.44) nicht auf einer Großsphäre konzentriert. Da

$$\int_{S^{n-1}} u \, dS_{n-1}(K, u) = 0$$

gilt, ist auch

$$\int_{S^{n-1}} u \, d\overline{S}_{n-1}(X, u) = 0.$$

Nach dem Satz von Minkowski (Satz 7.1.4) gibt es daher einen eindeutig bestimmten konvexen Körper $B(X)$ mit

$$S_{n-1}(B(X), \cdot) = \overline{S}_{n-1}(X, \cdot). \tag{4.45}$$

Wir nennen ihn den *Blaschke-Körper* des Partikelprozesses X. (Der Name rührt daher, daß die Addition von Oberflächenmaßen die sogenannte Blaschke-Addition der entsprechenden Körper induziert.)

Für einen konvexen Körper K bezeichnet Π_K den Projektionenkörper (siehe Anhang, insbesondere (7.36)). Den Projektionenkörper des Blaschke-Körpers, also

$$\Pi_X := \Pi_{B(X)}, \tag{4.46}$$

bezeichnen wir als das *assoziierte Zonoid* des Partikelprozesses X. (Der Name bezieht sich darauf, daß Projektionenkörper stets Zonoide sind, das heißt konvexe Körper, die durch Vektorsummen von Strecken approximiert werden können.) Nach (7.36), (7.37), (4.43) – (4.45) ist für $u \in S^{n-1}$

$$
\begin{aligned}
h(\Pi_X, u) &= \frac{1}{2} \int_{S^{n-1}} |\langle u, v \rangle| \, d\overline{S}_{n-1}(X, v) \tag{4.47} \\
&= \overline{V}_{n-1}(X|u^\perp) \\
&= \gamma \int_{\mathcal{K}_0} h(\Pi_K, u) \, d\mathbb{P}_0(K).
\end{aligned}
$$

Die Stützfunktion des assoziierten Zonoids hat also eine einfache geometrische Bedeutung: sie gibt für Einheitsvektoren die Dichte des Projektionsvolumens in Richtung des Vektors an. Ferner kann Π_X (bis auf einen Faktor) als mittlerer Projektionenkörper des Partikelprozesses X gedeutet werden.

Durch Integration der mit (4.47) äquivalenten Gleichung

$$h(\Pi_X, u) = \frac{\gamma}{2} \int_{\mathcal{K}_0} \int_{S^{n-1}} |\langle u, v \rangle| \, dS_{n-1}(K, v) \, d\mathbb{P}_0(K)$$

nach u über S^{n-1} mit dem sphärischen Lebesgue-Maß erhalten wir bei Beachtung von $S_{n-1}(K, S^{n-1}) = 2V_{n-1}(K)$ sowie (7.4) die Gleichung

$$V_1(\Pi_X) = 2\overline{V}_{n-1}(X). \tag{4.48}$$

Die mittlere Breite des assoziierten Zonoids ist also bis auf einen konstanten Faktor die Oberflächendichte des Prozesses X.

Wir wollen nun zeigen, wie weitere geometrische Größen des Partikelprozesses X mit dem assoziierten Zonoid Π_X zusammenhängen. Zunächst bestimmen wir die erwartete Anzahl

$$f(u) := \mathbb{E} \sum_{K \in X} \mathrm{card}\,([0, u] \cap \mathrm{bd}\,K)$$

der Punkte, in denen die Strecke mit Endpunkten 0 und $u \in \mathbb{R}^n \setminus \{0\}$ die Randflächen der Körper des Partikelprozesses trifft. Für einen Einheitsvektor u ist $f(u)$ also die Intensität $\gamma_{L(u)}$ des Punktprozesses, der durch Schnitt des von den Rändern der Partikel erzeugten Hyperflächenprozesses mit der Geraden $L(u)$ entsteht (ähnlich wie in Satz 4.2.9 für eine andere Klasse von Flächenprozessen betrachtet). Mit dem Satz von Campbell und der Zerlegung (4.13) ergibt sich

$$
\begin{aligned}
f(u) &= \gamma \int_{\mathcal{K}_0} \int_{\mathbb{R}^n} \mathrm{card}\,([0, u] \cap \mathrm{bd}\,(K + x))\, d\lambda(x)\, d\mathbb{P}_0(K) \\
&= 2\gamma \int_{\mathcal{K}_0} \|u\| V_{n-1}(K | u^\perp)\, d\mathbb{P}_0(K) \\
&= 2\|u\| \overline{V}_{n-1}(X | u^\perp) \\
&= 2h(\Pi_X, u).
\end{aligned}
$$

Wir haben also

$$h(\Pi_X, u) = \frac{1}{2}\mathbb{E} \sum_{K \in X} \mathrm{card}\,([0, u] \cap \mathrm{bd}\,K) = \frac{1}{2}\|u\|\gamma_{L(u)} \tag{4.49}$$

als weitere Deutung der Stützfunktion des assoziierten Zonoids. Insbesondere ergibt sich nach (4.47) für die Schnittdichte die Formel

$$\gamma_{L(u)} = \int_{S^{n-1}} |\langle u, v \rangle|\, d\overline{S}_{n-1}(X, v), \tag{4.50}$$

wobei $\overline{S}_{n-1}(X, \cdot)/2\overline{V}_{n-1}(X)$ ein Wahrscheinlichkeitsmaß ist. Diese Gleichung ist also analog zu (4.23). Es ist aber zu beachten, daß X in (4.23) ein Hyperflächenprozeß und in (4.50) ein Prozeß konvexer Partikel ist (für einen konvexen Körper K ist $2V_{n-1}(K)$ die Oberfläche).

Besonders nützlich ist das assoziierte Zonoid bei stationären Booleschen Modellen $Z = Z_X$ mit konvexen Körnern. Wir setzen daher jetzt zusätzlich voraus, daß X ein Poissonprozeß ist. Außerdem sei X weiterhin nicht ausgeartet, das heißt es gelte $\overline{V}_{n-1}(X|u^\perp) \neq 0$ für alle $u \in S^{n-1}$. In diesem Fall bezeichnen wir auch das Boolesche Modell $Z = Z_X$ als *nicht ausgeartet* (diese Eigenschaft hängt nur von Z ab, da Z den Partikelprozeß X bis auf Äquivalenz bestimmt). Ausgeartet ist das Boolesche Modell Z also genau dann, wenn es eine Richtung u gibt, so daß die Orthogonalprojektion von Z auf $u^\perp$ f.s. Lebesgue-Maß Null hat.

Für eine abgeschlossene Teilmenge $F \subset \mathbb{R}^n$ und einen Punkt $x \in \mathbb{R}^n$ sei

$$S_x(F) := \{y \in \mathbb{R}^n : [x,y] \cap F = \emptyset\}$$

der von x aus sichtbare Bereich außerhalb F; dabei stellt man sich F als undurchsichtig vor. Die Menge $S_x(F)$ ist offen und sternförmig bezüglich x; sie ist leer im Fall $x \in F$. Für das stationäre Boolesche Modell $Z = Z_X$ bezeichnen wir den bedingten Erwartungswert

$$\overline{V}_s(Z) := \mathbb{E}(V_n(S_0(Z)) \mid 0 \notin Z)$$

als das *mittlere sichtbare Volumen* außerhalb Z (man beachte, daß nach (4.39) stets $\mathbb{P}(0 \notin Z) > 0$ gilt). Die Meßbarkeit der Funktion $V_n(S_0(Z))$ sowie der unten benutzten Funktion $(u,\omega) \mapsto s_u(Z(\omega))$ ergibt sich aus der Meßbarkeit der Menge

$$\{(\omega, u, \alpha) \in \Omega \times S^{n-1} \times \mathbb{R}_0^+ : [0, \alpha u] \cap Z(\omega) = \emptyset\}.$$

Die Größe $\overline{V}_s(Z)$ ist ein weiterer einfacher Parameter, der neben Volumen- und Oberflächendichte zur Beschreibung eines Booleschen Modells dienen kann. (Volumen- und Oberflächendichte beziehen sich hier auf den zugrundeliegenden Partikelprozeß X; ein Zusammenhang mit entsprechenden Größen der Vereinigungsmenge Z_X wird später in Satz 5.3.2 hergestellt.)

Zunächst stellen wir fest, daß man auch den sichtbaren Bereich $S_0(Z)$ selbst in natürlicher Weise mitteln kann, nämlich durch Mittelung der Radiusfunktion $\rho(S_0(Z), \cdot)$. Für $u \in S^{n-1}$ ist

$$s_u(Z) := \rho(S_0(Z), u) = \sup\{\alpha \geq 0 : [0, \alpha u] \cap Z = \emptyset\}$$

die *Sichtweite* von 0 in Richtung u. Für $r \geq 0$ gilt

$$\mathbb{P}(s_u(Z) \leq r \mid 0 \notin Z) = H_l^{(u)}(r) = 1 - e^{-r\overline{V}_{n-1}(X|u^\perp)}$$

nach Satz 4.4.4. Die Sichtweite $s_u(Z)$ (unter der Bedingung $0 \notin Z$) ist also exponentialverteilt mit Parameter $\overline{V}_{n-1}(X|u^\perp)$ (er ist positiv, da X als nicht ausgeartet vorausgesetzt ist). Das k-te Moment der Sichtweite ist daher $k!\overline{V}_{n-1}(X|u^\perp)^{-k}$, insbesondere ist der Erwartungswert durch $\overline{V}_{n-1}(X|u^\perp)^{-1}$ gegeben. Wir definieren nun den *mittleren sichtbaren Bereich* $\overline{K}_s$ außerhalb Z als die sternförmige Menge mit der Radiusfunktion

$$\rho(\overline{K}_s, \cdot) = \mathbb{E}(\rho(S_0(Z), \cdot) \mid 0 \notin Z).$$

Es ist also

$$\overline{K}_s = \{\alpha u : u \in S^{n-1}, \ 0 \leq \alpha \leq \mathbb{E}(s_u(Z) \mid 0 \notin Z)\}.$$

Wegen

$$\rho(\overline{K}_s, u) = \overline{V}_{n-1}(X|u^\perp)^{-1} = h(\Pi_X, u)^{-1}$$

für $u \in S^{n-1}$ ist $\overline{K}_s$ gerade der Polarkörper des assoziierten Zonoids, den wir im folgenden mit Π_X^o bezeichnen. Insbesondere ist der mittlere sichtbare Bereich also konvex.

Das Volumen des sichtbaren Bereichs $S_0(Z)$ ist gegeben durch

$$V_n(S_0(Z)) = \frac{1}{n} \int_{S^{n-1}} s_u(Z)^n \, d\omega(u),$$

wo ω das sphärische Lebesgue-Maß bezeichnet. Das mittlere sichtbare Volumen außerhalb Z ergibt sich daher zu

$$\begin{aligned}
\overline{V}_s(Z) &= \mathbb{E}(V_n(S_0(Z)) \mid 0 \notin Z) \\
&= \frac{1}{n} \int_{S^{n-1}} \mathbb{E}(s_u(Z)^n \mid 0 \notin Z) \, d\omega(u) \\
&= (n-1)! \int_{S^{n-1}} \overline{V}_{n-1}(X|u^\perp)^{-n} \, d\omega(u) = n! V_n(\Pi_X^o).
\end{aligned}$$

Wir halten dies als Satz fest.

4.5.1 Satz. *Sei $Z = Z_X$ ein nicht ausgeartetes stationäres Boolesches Modell mit konvexen Körnern im $\mathbb{R}^n$. Der mittlere sichtbare Bereich außerhalb Z ist der Polarkörper Π_X^o des assoziierten Zonoids von X; das mittlere sichtbare Volumen außerhalb Z ist gegeben durch*

$$\overline{V}_s(Z) = (n-1)! \int_{S^{n-1}} \overline{V}_{n-1}(X|u^\perp)^{-n} \, d\omega(u) = n! V_n(\Pi_X^o). \tag{4.51}$$

Wir können nun einige scharfe Ungleichungen zwischen verschiedenen Parametern des Booleschen Modells Z_X bzw. des zugehörigen Partikelprozesses X aufstellen. Aus (4.48) und (7.43) folgt die Ungleichung

$$\overline{V}_s(Z) \geq n! \kappa_n \left(\frac{\kappa_{n-1}}{n \kappa_n} 2 \overline{V}_{n-1}(X) \right)^{-n}. \tag{4.52}$$

Gleichheit gilt hier genau dann, wenn das assoziierte Zonoid Π_X eine Kugel ist. Dies ist etwa dann der Fall, wenn die Dichte $\overline{S}_{n-1}(X, \cdot)$ des Oberflächenmaßes rotationsinvariant (also der Blaschke-Körper $B(X)$ eine Kugel) ist. Wir können also formulieren:

4.5.2 Satz. *Unter den Voraussetzungen von Satz 4.5.1 ist bei gegebener Oberflächendichte des Poissonschen Partikelprozesses X das mittlere sichtbare Volumen außerhalb des Booleschen Modells Z_X am kleinsten, wenn der Prozeß isotrop ist.*

Es stellt sich die Frage, ob auch eine obere Abschätzung des sichtbaren Volumens $\overline{V}_s(Z)$ durch eine Funktionaldichte von X möglich ist. Die Oberflächendichte kommt hierfür sicher nicht in Betracht, wie man sich an Beispielen klar machen kann. Geeignet für eine solche Abschätzung ist aber die Dichte $\overline{V_n^{1-1/n}}(X)$ des Funktionals $V_n^{1-1/n}$ (das vom selben Homogenitätsgrad ist wie die Oberfläche). Hierzu benutzen wir den Blaschke-Körper $B(X)$. Verwenden wir der Reihe nach (7.21), (4.45), (7.21) und (7.27), so erhalten wir

$$
\begin{aligned}
V_n(B(X)) &= \frac{1}{n} \int_{S^{n-1}} h(B(X), u)\, dS_{n-1}(B(X), u) \\[2mm]
&= \frac{\gamma}{n} \int_{\mathcal{K}_0} \int_{S^{n-1}} h(B(X), u)\, dS_{n-1}(K, u)\, d\mathbb{P}_0(K) \\[2mm]
&= \gamma \int_{\mathcal{K}_0} V(B(X), K, \ldots, K)\, d\mathbb{P}_0(K) \\[2mm]
&\geq V_n(B(X))^{1/n} \gamma \int_{\mathcal{K}_0} V_n(K)^{1-1/n}\, d\mathbb{P}_0(K),
\end{aligned}
$$

also

$$
V_n(B(X))^{1-1/n} \geq \overline{V_n^{1-1/n}}(X).
$$

Aus (4.51), (4.46) und (7.44) folgt also jetzt als Gegenstück zu (4.52) die Abschätzung

$$
\overline{V}_s(Z) \leq n! \left(\frac{\kappa_{n-1}}{\kappa_n} \overline{V_n^{1-1/n}}(X) \right)^{-n}. \tag{4.53}
$$

Hier gilt Gleichheit genau dann, wenn die Formverteilung $\mathbb{P}_0$ konzentriert ist auf einer Menge von homothetischen Ellipsoiden. Das ergibt sich aus den Informationen über die Gleichheitsfälle in den verwendeten Ungleichungen (7.27) und (7.44).

Als einen weiteren Parameter zur geometrischen Beschreibung des Partikelprozesses X führen wir die Schnittpunktdichte der Ränder ein. Für eine beschränkte Borelmenge $B \subset \mathbb{R}^n$ sei $s(X, B)$ die Anzahl der Punkte in B, die sich als Schnittpunkte der Ränder von je n verschiedenen Körpern des Prozesses ergeben. Die *Schnittpunktdichte* von X ist die Zahl $\gamma_n(X)$, für die

$$\mathbb{E}s(X, B) = \gamma_n(X)\lambda(B)$$

für alle beschränkten Borelmengen B gilt. Um ihre Existenz zu zeigen und sie zu berechnen, benutzen wir Korollar 3.1.6, Satz 3.2.3(c) und Satz 4.2.2 und erhalten

$$
\begin{aligned}
\mathbb{E}s(X, B) &= \frac{1}{n!}\mathbb{E} \sum_{(K_1,\dots,K_n)\in X_{\neq}^n} \operatorname{card}(B \cap \operatorname{bd} K_1 \cap \dots \cap \operatorname{bd} K_n) \\
&= \frac{1}{n!}\int_{\mathcal{K}^n} \operatorname{card}(B \cap \operatorname{bd} K_1 \cap \dots \cap \operatorname{bd} K_n)\, d\Lambda^{(n)}(K_1,\dots,K_n) \\
&= \frac{\gamma^n}{n!}\int_{\mathcal{K}_0} \cdots \int_{\mathcal{K}_0} I(K_1,\dots,K_n)\, d\mathbb{P}_0(K_1) \cdots d\mathbb{P}_0(K_n)
\end{aligned}
$$

mit

$$
\begin{aligned}
I(K_1,\dots,K_n) &:= \int_{\mathbb{R}^n} \cdots \int_{\mathbb{R}^n} \operatorname{card}(B \cap \operatorname{bd}(K_1 + x_1) \cap \dots \cap \operatorname{bd}(K_n + x_n)) \\
&\quad d\lambda(x_1) \cdots d\lambda(x_n).
\end{aligned}
$$

Zur Abkürzung setzen wir $B \cap \operatorname{bd}(K_1 + x) =: F_x$ und $\operatorname{bd} K_i =: F_i$ für $i = 2,\dots,n$. Mit (7.39) und (7.22) ergibt sich unter Verwendung des durch (7.38) definierten Körpers Π_{F_x}

$$
\begin{aligned}
I(K_1,\dots,K_n) &= \int_{\mathbb{R}^n} \cdots \int_{\mathbb{R}^n} \operatorname{card}(F_x \cap (F_2 + x_2) \cap \dots \cap (F_n + x_n)) \\
&\quad d\lambda(x_2) \cdots d\lambda(x_n)\, d\lambda(x) \\
&= n!\int_{\mathbb{R}^n} V(\Pi_{F_x}, \Pi_{K_2},\dots,\Pi_{K_n})\, d\lambda(x) \\
&= (n-1)!\int_{\mathbb{R}^n}\int_{S^{n-1}} h(\Pi_{F_x}, u)\, dS(\Pi_{K_2},\dots,\Pi_{K_n}, u)\, d\lambda(x) \\
&= (n-1)!\int_{S^{n-1}}\int_{\mathbb{R}^n} h(\Pi_{F_x}, u)\, d\lambda(x)\, dS(\Pi_{K_2},\dots,\Pi_{K_n}, u) \\
&= (n-1)!\int_{S^{n-1}} h(\Pi_{K_1}, u)\, dS(\Pi_{K_2},\dots,\Pi_{K_n}, u)\lambda(B) \\
&= n!V(\Pi_{K_1}, \Pi_{K_2},\dots,\Pi_{K_n})\lambda(B).
\end{aligned}
$$

Wir erhalten also

$$\mathbb{E}s(X, B) = \gamma^n \int_{\mathcal{K}_0} \cdots \int_{\mathcal{K}_0} V(\Pi_{K_1}, \Pi_{K_2},\dots,\Pi_{K_n})\, d\mathbb{P}_0(K_1) \cdots d\mathbb{P}_0(K_n)\lambda(B).$$

Hier ist mit (7.22) und (4.47)

$$\gamma \int_{\mathcal{K}_0} V(\Pi_{K_1}, \Pi_{K_2}, \ldots, \Pi_{K_n}) \, d\mathbb{P}_0(K_1)$$

$$= \frac{\gamma}{n} \int_{\mathcal{K}_0} \int_{S^{n-1}} h(\Pi_{K_1}, u) \, dS_{n-1}(\Pi_{K_2}, \ldots, \Pi_{K_n}, u) \, d\mathbb{P}_0(K_1)$$

$$= \frac{1}{n} \int_{S^{n-1}} h(\Pi_X, u) \, dS_{n-1}(\Pi_{K_2}, \ldots, \Pi_{K_n}, u)$$

$$= V(\Pi_X, \Pi_{K_2}, \ldots, \Pi_{K_n}).$$

Wiederholung dieses Verfahrens liefert

$$\mathbb{E}s(X, B) = V_n(\Pi_X)\lambda(B),$$

also die Existenz der Schnittpunktdichte $\gamma_n(X)$ und die Darstellung

$$\gamma_n(X) = V_n(\Pi_X). \tag{4.54}$$

Aus (4.54), (4.48) und (7.28) erhält man sofort eine scharfe Ungleichung zwischen der Schnittpunktdichte und der Oberflächendichte, nämlich

$$\gamma_n(X) \le \kappa_n \left(\frac{2\kappa_{n-1}}{n\kappa_n} \overline{V}_{n-1}(X) \right)^n. \tag{4.55}$$

Gleichheit gilt hier genau dann, wenn das assoziierte Zonoid Π_X eine Kugel ist, also insbesondere dann, wenn der Poissonsche Partikelprozeß X isotrop ist.

Intuitiv ist es plausibel, daß bei großer Schnittpunktdichte die Körper des Prozesses sich im Mittel stark überlappen und daher das mittlere sichtbare Volumen klein ausfällt. Dieser Zusammenhang ist insofern exakt, als das Produkt $\gamma_n(X)\overline{V}_s(Z)$ nicht von der Intensität des Prozesses abhängt. Für diese Größe lassen sich scharfe Ungleichungen aufstellen:

4.5.3 Satz. *Sei $Z = Z_X$ ein nicht ausgeartetes stationäres Boolesches Modell mit konvexen Körnern im $\mathbb{R}^n$. Für die Schnittpunktdichte $\gamma_n(X)$ und das mittlere sichtbare Volumen $\overline{V}_s(Z)$ gelten die Ungleichungen*

$$4^n \le \gamma_n(X)\overline{V}_s(Z) \le n!\kappa_n^2. \tag{4.56}$$

Rechts gilt Gleichheit, wenn der Prozeß X isotrop ist. Links gilt Gleichheit genau dann, wenn die Partikel von X fast sicher Parallelepipede mit denselben Kantenrichtungen sind.

Beweis. Die Ungleichungen ergeben sich aus (4.51), (4.54) und (7.45). Rechts gilt genau dann Gleichheit, wenn das assoziierte Zonoid Π_X ein Ellipsoid ist, insbesondere also dann, wenn der Prozeß isotrop ist. Links gilt Gleichheit genau dann, wenn Π_X ein Parallelepiped ist. Dies ist äquivalent damit, daß es n linear unabhängige Vektoren $v_1, \ldots, v_n \in S^{n-1}$ gibt, so daß das Maß $\overline{S}_{n-1}(X, \cdot)$ konzentriert ist auf $\{\pm v_i : i = 1, \ldots, n\}$. Wegen (4.41) ist dies dann und nur dann der Fall, wenn für $\mathbb{P}_0$-fast alle $K \in \mathcal{K}_0$ das Maß $S_{n-1}(K, \cdot)$ konzentriert ist auf $\{\pm v_i : i = 1, \ldots, n\}$, also K ein Parallelepiped mit Facetten-Normalenvektoren $\pm v_i$ ist. Wir können also folgern, daß in der linken Ungleichung (4.56) genau dann Gleichheit gilt, wenn die Partikel von X fast sicher Parallelepipede sind, deren Facetten-Normalen parallel sind zu n festen Richtungen. ∎

Wir wollen nun zeigen, daß auch bei Ebenenprozessen assoziierte Zonoide in verwandter Weise gebildet und mit Nutzen eingesetzt werden können. Wir beschreiben eine allgemeine Konstruktion, die nicht nur bei Ebenenprozessen, sondern etwa auch bei Faser- oder Flächenprozessen anwendbar ist. Dabei gehen wir aus von einem endlichen Borelmaß τ über dem Raum $\mathcal{L}_k^n$ der k-dimensionalen linearen Unterräume des $\mathbb{R}^n$, $k \in \{1, \ldots, n-1\}$. Es gibt einen konvexen Körper $\Pi^k(\tau)$ mit der Stützfunktion

$$h(\Pi^k(\tau), \cdot) = \frac{1}{2} \int_{\mathcal{L}_k^n} h(L^\perp \cap B^n, \cdot) \, d\tau(L). \qquad (4.57)$$

Daß dies in der Tat eine Stützfunktion ist, ist klar, weil der Integrand eine Stützfunktion ist. Da $L^\perp \cap B^n$ eine Kugel (der Dimension $n-k$) und damit ein Zonoid ist, ist auch $\Pi^k(\tau)$ ein Zonoid. Mit der in Abschnitt 4.1 eingeführten Stellungsgröße $[L, S]$ gilt $h(L^\perp \cap B^n, u) = [L^\perp, u^\perp] = [L, L(u)]$ für $u \in S^{n-1}$, also ist auch

$$h(\Pi^k(\tau), u) = \frac{1}{2} \int_{\mathcal{L}_k^n} [L, L(u)] \, d\tau(L), \qquad u \in S^{n-1}. \qquad (4.58)$$

Wir betrachten nun zunächst einen stationären Hyperebenenprozeß X im $\mathbb{R}^n$. Es sei $\gamma > 0$ seine Intensität und $\mathbb{P}_0$ seine Richtungsverteilung. Wir setzen

$$\Pi_X := \Pi^{n-1}(\gamma \mathbb{P}_0) \qquad (4.59)$$

und nennen Π_X das *assoziierte Zonoid* des Hyperebenenprozesses X. Nach (4.58) ist also

$$h(\Pi_X, u) = \frac{\gamma}{2} \int_{S^{n-1}} |\langle u, v \rangle| \, d\tilde{\mathbb{P}}(v), \qquad u \in \mathbb{R}^n, \qquad (4.60)$$

wo $\tilde{\mathbb{P}}$ die sphärische Richtungsverteilung von X bezeichnet. Durch Π_X ist nach dem Eindeutigkeitssatz 7.1.3 das Maß $\gamma\tilde{\mathbb{P}}$ eindeutig bestimmt, also sind auch die Intensität γ und die sphärische Richtungsverteilung $\tilde{\mathbb{P}}$ von X durch Π_X bestimmt. Insbesondere ist X genau dann isotrop, wenn Π_X eine Kugel ist. Aus Satz 4.1.5 folgt:

4.5.4 Satz. *Zu jedem zentrierten Zonoid $Z \subset \mathbb{R}^n$ gibt es (bis auf Äquivalenz) genau einen stationären Poissonschen Hyperebenenprozeß X mit assoziiertem Zonoid Z.*

Die Stützfunktion des assoziierten Zonoids hängt wieder mit Schnittintensitäten zusammen. Wie in Abschnitt 4.1 bezeichne $\gamma_{X \cap L(u)}$ die Intensität des Punktprozesses $X \cap L(u)$. Nach (4.60) und (4.9) gilt dann

$$2h(\Pi_X, u) = \|u\| \gamma_{X \cap L(u)} = \mathbb{E}X(\mathcal{F}_{[0,u]}) \qquad \text{für } u \in \mathbb{R}^n. \qquad (4.61)$$

An (4.61) sieht man unmittelbar, wie man das assoziierte Zonoid eines Schnittprozesses erhält. Für einen r-dimensionalen linearen Unterraum $S \in \mathcal{L}_r^n$ mit $r \in \{1, \ldots, n-1\}$ sei $X \cap S$ der Schnittprozeß (siehe Abschnitt 4.1). Sein assoziiertes Zonoid $\Pi_{X \cap S}$ ist als konvexer Körper in S definiert. Für $u \in S$ ist nach (4.61)

$$2h(\Pi_{X \cap S}, u) = \mathbb{E}(X \cap S)(\mathcal{F}_{[0,u]}) = \mathbb{E}X(\mathcal{F}_{[0,u]}) = 2h(\Pi_X, u).$$

Bezeichnet $\Pi_X|S$ das Bild von Π_X unter der Orthogonalprojektion auf S, so gilt $h(\Pi_X|S, u) = h(\Pi_X, u)$ für $u \in S$. Es ist also

$$\Pi_{X \cap S} = \Pi_X|S, \qquad (4.62)$$

das heißt, *das assoziierte Zonoid des Schnittprozesses $X \cap S$ ist die Orthogonalprojektion des assoziierten Zonoids von X auf den linearen Unterraum S.*

Nun setzen wir X insbesondere als einen stationären Poissonschen Hyperebenenprozeß mit Intensität $\gamma > 0$ voraus. Mit Hilfe des assoziierten Zonoids lassen sich dann Informationen erhalten über die Schnittprozesse höherer Ordnung von X. In Abschnitt 4.1 haben wir für $k \in \{2, \ldots, n\}$ den Schnittprozeß k-ter Ordnung von X erklärt als den $(n-k)$-Ebenenprozeß X_k, der sich ergibt, wenn man von je k Hyperebenen des Prozesses X, die in allgemeiner Lage sind, den Durchschnitt bildet. Ähnliche Schnittprozesse kann man allgemein für stationäre Flächenprozesse erklären. Als anderen Spezialfall haben wir oben die Schnittpunktdichte γ_n der Randhyperflächen eines stationären Prozesses konvexer Partikel betrachtet. Für den stationären

Poissonschen Hyperebenenprozeß X seien nun γ_k die Intensität und $\mathbb{P}_{0,k}$ die Richtungsverteilung des Schnittprozesses X_k. Nach Satz 4.1.9 gilt dann für $\mathcal{A} \in \mathcal{B}(\mathcal{L}_{n-k}^n)$

$$\gamma_k \mathbb{P}_{0,k}(\mathcal{A})$$

$$= \frac{\gamma^k}{k!} \int_{S^{n-1}} \cdots \int_{S^{n-1}} \mathbf{1}_{\mathcal{A}}(u_1^\perp \cap \ldots \cap u_k^\perp) \nabla_k(u_1, \ldots, u_k) \, d\tilde{\mathbb{P}}(u_1) \cdots d\tilde{\mathbb{P}}(u_k),$$

wo $\tilde{\mathbb{P}}$ die sphärische Richtungsverteilung von X ist. Das assoziierte Zonoid Π_X von X ist gegeben durch

$$h(\Pi_X, u) = \int_{S^{n-1}} |\langle u, v \rangle| \, d\rho(v) \qquad \text{für } u \in \mathbb{R}^n$$

mit $\rho := \gamma \tilde{\mathbb{P}}/2$. Ist also $\rho_{(k)}$ das durch (7.33) definierte k-te projektionserzeugende Maß von Π_X, so gilt für $\mathcal{A} \in \mathcal{B}(\mathcal{L}_{n-k}^n)$

$$\gamma_k \mathbb{P}_{0,k}(\mathcal{A}) = \kappa_k \int_{\mathcal{L}_k^n} \mathbf{1}_{\mathcal{A}}(L^\perp) \, d\rho_{(k)}(L) = \kappa_k \rho_{(k)}^\perp(\mathcal{A}),$$

wo $\rho_{(k)}^\perp$ das Bildmaß von $\rho_{(k)}$ unter der Abbildung $L \mapsto L^\perp$ von $\mathcal{L}_k^n$ auf $\mathcal{L}_{n-k}^n$ bezeichnet. Es ist also

$$\gamma_k \mathbb{P}_{0,k} = \kappa_k \rho_{(k)}^\perp; \tag{4.63}$$

das heißt *das Intensitätsmaß des Schnittprozesses k-ter Ordnung von X ist bestimmt durch das k-te projektionserzeugende Maß des assoziierten Zonoids Π_X.*

Die Intensität γ_k des Schnittprozesses k-ter Ordnung von X bezeichnen wir auch als *k-te Schnittdichte* von X. Dabei ist $\gamma_1 = \gamma$. Nach Definition der Schnittprozesse und nach Satz 4.1.4 ist die k-te Schnittdichte gegeben durch

$$\gamma_k = \frac{1}{\kappa_n k!} \mathbb{E} \sum_{(H_1, \ldots, H_k) \in X^k} \lambda_{n-k}^*(H_1 \cap \ldots \cap H_k \cap B^n).$$

Hier ist $\lambda_{n-k}^*(A)$ das $(n-k)$-dimensionale Volumen von A, falls $\dim A = n-k$, und gleich Null sonst. Für diese Schnittdichten lassen sich Ungleichungen aufstellen. Nach (4.63) ist nämlich $\gamma_k = \kappa_k \rho_{(k)}(\mathcal{L}_k^n)$ und daher nach (7.34)

$$\gamma_k = V_k(\Pi_X); \tag{4.64}$$

die k-te Schnittdichte ist also das k-te innere Volumen des assoziierten Zonoids. Insbesondere ist die n-te Schnittdichte, also die Dichte der von X erzeugten Schnittpunkte, gerade das Volumen des assoziierten Zonoids. Für $k = n$ drückt (4.54) einen analogen Sachverhalt aus; beide Gleichungen sind Spezialfälle einer entsprechenden Aussage für allgemeine stationäre Hyperflächenprozesse (wenn mit der k-Volumendichte anstelle von γ_k gearbeitet wird). Auch (4.55) und (4.56) lassen sich in diesem Sinne verallgemeinern. Nach (7.28) ergibt sich die Ungleichung

$$\left(\frac{\kappa_{n-j}}{\binom{n}{j}}\gamma_j\right)^k \geq \kappa_n^{k-j}\left(\frac{\kappa_{n-k}}{\binom{n}{k}}\gamma_k\right)^j \tag{4.65}$$

für $1 \leq j < k \leq n$. Im Fall $\gamma_j > 0$ gilt Gleichheit in (4.65) genau dann, wenn Π_X eine Kugel ist. Dies ist nach dem Eindeutigkeitssatz 7.1.3 genau dann der Fall, wenn die sphärische Richtungsverteilung $\tilde{\mathbb{P}}$ von X das normierte sphärische Lebesgue-Maß ist, also genau dann, wenn der Hyperebenenprozeß X isotrop ist. Der Fall $\gamma_j = 0$ liegt nach (4.64) genau dann vor, wenn $\dim \Pi_X < j$ ist, also genau dann, wenn die sphärische Richtungsverteilung $\tilde{\mathbb{P}}$ konzentriert ist auf $S^{n-1} \cap L$ für einen Unterraum $L \in \mathcal{L}_{j-1}^n$. Dies ist äquivalent damit, daß die Hyperebenen des Prozesses fast sicher ein Translat der $(n+1-j)$-dimensionalen Ebene $L^\perp$ enthalten.

Den Spezialfall $j = 1$ wollen wir als Satz festhalten.

4.5.5 Satz. *Die k-te Schnittdichte γ_k, $k \in \{2, \ldots, n\}$, eines stationären Poissonschen Hyperebenenprozesses der Intensität $\gamma > 0$ im $\mathbb{R}^n$ genügt der Ungleichung*

$$\gamma_k \leq \frac{\binom{n}{k}\kappa_{n-1}^k}{n^k \kappa_{n-k}\kappa_n^{k-1}}\gamma^k.$$

Gleichheit gilt genau dann, wenn der Prozeß isotrop ist.

Die isotropen Prozesse werden hier also gekennzeichnet durch eine Extremaleigenschaft isoperimetrischen Typs: bei gegebener Intensität haben sie die größten Schnittdichten.

Sind X_1 und X_2 stochastisch unabhängige stationäre Poissonsche Hyperebenenprozesse, so ist ihre Überlagerung $X_1 + X_2$ ebenfalls ein stationärer Poissonprozeß, und zwar mit Intensitätsmaß $\Theta_1 + \Theta_2$, wenn Θ_i das Intensitätsmaß von X_i ist. Es folgt, daß sich die assoziierten Zonoide addieren:

$$\Pi_{X_1+X_2} = \Pi_{X_1} + \Pi_{X_2}.$$

Bezeichnet $\gamma_k(X)$ die k-te Schnittdichte von X, so ergibt sich aus (4.64) und (7.29) die Ungleichung

$$\gamma_k(X_1 + X_2)^{1/k} \geq \gamma_k(X_1)^{1/k} + \gamma_k(X_2)^{1/k} \tag{4.66}$$

für $k = 2, \ldots, n$. Gleichheit gilt in (4.66) jedenfalls dann, wenn die Hyperebenenprozesse X_1 und X_2 dieselbe Richtungsverteilung haben, denn dann sind ihre assoziierten Zonoide homothetisch.

In Abschnitt 4.1 haben wir für k-Ebenenprozesse X auch die Schnittprozesse mit festen $(n-k)$-Ebenen S betrachtet. Insbesondere wurde erwähnt, daß ein stationärer Poissonscher k-Ebenenprozeß durch die Schnittintensitäten $\gamma_{X \cap S}$, $S \in \mathcal{L}^n_{n-k}$, in den Fällen $k = 1$ oder $n - 1$ eindeutig bestimmt ist (bis auf stochastische Äquivalenz), nicht jedoch für $1 < k < n - 1$. Für die Schnittprozesse k-ter Ordnung von stationären Poissonschen Hyperebenenprozessen gilt jedoch eine entsprechende Eindeutigkeitsaussage. In der Tat besteht sogar der im nachfolgenden Satz ausgedrückte allgemeinere Sachverhalt. Dabei ist zu beachten, daß

$$\gamma_{X_k \cap S} = \gamma_k(X \cap S)$$

ist. Wir bezeichnen einen stationären Hyperebenenprozeß als *nicht ausgeartet*, wenn die Hyperebenen des Prozesses nicht fast sicher parallel sind zu einer festen Geraden.

4.5.6 Satz. *Sei X ein nicht ausgearteter stationärer Poissonscher Hyperebenenprozeß der Intensität $\gamma > 0$ im $\mathbb{R}^n$, sei $r \in \{1, \ldots, n-1\}$ und $k \in \{1, \ldots, r\}$. Dann ist X durch die k-ten Schnittdichten $\gamma_k(X \cap S)$ der Schnittprozesse $X \cap S$, $S \in \mathcal{L}^n_r$, bis auf stochastische Äquivalenz eindeutig bestimmt.*

Beweis. Nach (4.64) und (4.62) ist

$$\gamma_k(X \cap S) = V_k(\Pi_{X \cap S}) = V_k(\Pi_X | S)$$

für $S \in \mathcal{L}^n_r$. Da X nicht ausgeartet ist, gilt $\dim \Pi_X \geq n$, wie oben schon bemerkt wurde. Nach einem Satz aus der Konvexgeometrie (Aleksandrovs Projektionssatz; siehe Gardner [1995], Theorem 3.3.6) ist der bezüglich 0 zentralsymmetrische konvexe Körper Π_X durch die inneren Volumina $V_k(\Pi_X | S)$, $S \in \mathcal{L}^n_r$, eindeutig bestimmt. Aus Satz 4.5.4 folgt die Behauptung. ∎

Nun wenden wir uns allgemeineren Ebenenprozessen zu. Es sei X ein stationärer k-Ebenenprozeß der Intensität $\gamma > 0$ im $\mathbb{R}^n$. Wir bringen einen konvexen Körper $K \in \mathcal{K}$ als „Testkörper" in das Feld zufälliger Ebenen und wollen auf verschiedene Weisen messen, in welchem Ausmaß er getroffen wird. Wir könnten zum Beispiel daran interessiert sein, welche Gestalt K bei gegebenem Volumen haben muß, um im Mittel von möglichst wenigen Ebenen getroffen zu werden. Messen wir die Stärke des Treffens durch das

k-dimensionale Volumen der Durchschnitte, so gibt Satz 4.1.4 die Antwort

$$\mathbb{E} \sum_{E \in X} V_k(K \cap E) = \gamma V_n(K),$$

das heißt die linke Seite hängt nicht von der Gestalt von K ab. Statt nach dem k-dimensionalen Volumen der Schnitte könnten wir auch nach der Anzahl der nichtleeren Durchschnitte fragen, oder allgemeiner nach

$$\mathbb{E} \sum_{E \in X} V_j(K \cap E) \tag{4.67}$$

für $j \in \{0, \ldots, k\}$. Die erwartete Anzahl der nichtleeren Schnitte ist hier für $j = 0$ mit erfaßt. Ist X zusätzlich isotrop, so gilt nach dem später zu beweisenden Satz 5.3.8

$$\mathbb{E} \sum_{E \in X} V_j(K \cap E) = \gamma \alpha_{njk} V_{n+j-k}(K)$$

mit gewissen Konstanten α_{njk}. Für $j < k$ wird diese Größe bei gegebenem Volumen $V_n(K) > 0$ genau dann minimal, wenn K eine Kugel ist (vgl. (7.28)). Die Voraussetzung der Isotropie ist hier nicht entbehrlich; ohne sie wird die Größe (4.67) nicht nur von dem inneren Volumen $V_{n+j-k}(K)$ abhängen, sondern die Gestalt von K wird eine wesentliche Rolle spielen. Um dies in einigen Fällen zu sehen, berechnen wir zunächst den Erwartungswert (4.67). Es sei Θ das Intensitätsmaß und $\mathbb{P}_0$ die Richtungsverteilung von X. Nach dem Campbellschen Satz und nach Satz 4.1.2 ist

$$\mathbb{E} \sum_{E \in X} V_j(K \cap E) = \int_{\mathcal{E}_k^n} V_j(K \cap E) \, d\Theta(E)$$

$$= \gamma \int_{\mathcal{L}_k^n} \int_{L^\perp} V_j(K \cap (L + x)) \, d\lambda_{L^\perp}(x) \, d\mathbb{P}_0(L).$$

Mit der integralgeometrischen Formel (7.24) folgt

$$\mathbb{E} \sum_{E \in X} V_j(K \cap E)$$

$$= \frac{\binom{n}{k-j}}{\kappa_{k-j}} \gamma \int_{\mathcal{L}_k^n} V(K[n+j-k], (L \cap B^n)[k-j]) \, d\mathbb{P}_0(L), \tag{4.68}$$

wo im Integranden ein gemischtes Volumen steht. Für $j = 0$ kommt man auch ohne (7.24) aus und findet direkt

$$\mathbb{E} \sum_{E \in X} V_0(K \cap E) = \gamma \int_{\mathcal{L}_k^n} V_{n-k}(K|L^\perp) \, d\mathbb{P}_0(L), \tag{4.69}$$

wo $K|L^\perp$ das Bild von K unter der Orthogonalprojektion auf $L^\perp$ bezeichnet.

Eine weitere Behandlung des Integrals in (4.68) ist bisher nur in Spezialfällen möglich. Betrachten wir zunächst den Fall $j = k - 1$, also die Oberfläche der k-dimensionalen Schnitte $K \cap E$. Bezeichnet $S_{n-1}(K, \cdot)$ das Oberflächenmaß von K, so gilt nach (7.21) und (4.57)

$$\int_{\mathcal{L}_k^n} V(K, \ldots, K, L \cap B^n)\, d\mathbb{P}_0(L)$$

$$= \frac{1}{n} \int_{\mathcal{L}_k^n} \int_{S^{n-1}} h(L \cap B^n, u)\, dS_{n-1}(K, u)\, d\mathbb{P}_0(L)$$

$$= \frac{1}{n} \int_{S^{n-1}} \int_{\mathcal{L}_k^n} h(L \cap B^n, u)\, d\mathbb{P}_0(L)\, dS_{n-1}(K, u).$$

Wir definieren nun ein Zonoid $\Pi_k(\mathbb{P}_0)$ durch

$$h(\Pi_k(\mathbb{P}_0), u) = \frac{1}{2} \int_{\mathcal{L}_k^n} h(L \cap B^n, u)\, d\mathbb{P}_0(L). \qquad (4.70)$$

Es ist also

$$\Pi_k(\mathbb{P}_0) = \Pi^{n-k}(\mathbb{P}_0^\perp),$$

wo $\mathbb{P}_0^\perp$ das Bildmaß von $\mathbb{P}_0$ unter der Abbildung $L \mapsto L^\perp$ von $\mathcal{L}_k^n$ auf $\mathcal{L}_{n-k}^n$ bezeichnet. Sodann setzen wir

$$\Pi^X := \gamma \Pi_k(\mathbb{P}_0). \qquad (4.71)$$

Damit ergibt sich

$$\int_{\mathcal{L}_k^n} V(K, \ldots, K, L \cap B^n)\, d\mathbb{P}_0(L)$$

$$= \frac{2}{n} \int_{S^{n-1}} h(\Pi_k(\mathbb{P}_0), u)\, dS_{n-1}(K, u)$$

$$= 2V(\Pi_k(\mathbb{P}_0), K, \ldots, K),$$

also

$$\mathbb{E} \sum_{E \in X} V_{k-1}(K \cap E) = nV(\Pi^X, K, \ldots, K). \qquad (4.72)$$

Aus der Minkowskischen Ungleichung (7.27) können wir nun auf die folgende Extremalaussage schließen.

4.5.7 Satz. *Sei X ein stationärer k-Ebenenprozeß der Intensität $\gamma > 0$ in* $\mathbb{R}^n$. *Der Erwartungswert*

$$\mathbb{E} \sum_{E \in X} V_{k-1}(K \cap E)$$

wird für konvexe Körper K mit gegebenem Volumen $V_n(K) > 0$ genau dann minimal, wenn K homothetisch ist zu dem durch den Prozeß X bestimmten Zonoid Π^X.

Im Fall eines Geradenprozesses ($k = 1$) ist $\mathbb{E} \sum_{E \in X} V_{k-1}(K \cap E)$ gerade die erwartete Anzahl der Geraden, die den Körper K treffen.

Über die erwartete Anzahl der treffenden Ebenen läßt sich auch im Fall $k = n - 1$ etwas aussagen. Sei also jetzt X ein stationärer Hyperebenenprozeß mit Intensität $\gamma > 0$ und sphärischer Richtungsverteilung $\tilde{\mathbb{P}}$. Er sei nicht ausgeartet, die Hyperebenen des Prozesses seien also nicht fast sicher parallel zu einer festen Geraden. Unter dieser Voraussetzung ist $\tilde{\mathbb{P}}$ nicht auf einer Großsphäre konzentriert, und es folgt $V_n(\Pi_X) > 0$. Da $\tilde{\mathbb{P}}$ ein gerades Maß ist, gibt es nach Satz 7.1.4 einen eindeutig bestimmten, zu 0 symmetrischen konvexen Körper $B(X)$ mit

$$S_{n-1}(B(X), \cdot) = \gamma \tilde{\mathbb{P}}.$$

Wir nennen $B(X)$ den *Blaschke-Körper* des Hyperebenenprozesses X. Nach (4.60) ist also

$$\Pi_X = \Pi_{B(X)},$$

in Analogie zu (4.46).

Nach (4.69) und (7.21) ist nun

$$
\begin{aligned}
\mathbb{E} \sum_{E \in X} V_0(K \cap E) &= \gamma \int_{\mathcal{L}_{n-1}^n} V_1(K | L^\perp) \, d\mathbb{P}_0(L) \\
&= \gamma \int_{S^{n-1}} [h(K, u) + h(K, -u)] \, d\tilde{\mathbb{P}}(u) \\
&= 2 \int_{S^{n-1}} h(K, u) \, dS_{n-1}(B(X), u) \\
&= 2n V(K, B(X), \ldots, B(X)).
\end{aligned}
\tag{4.73}
$$

Abermals kann man die Minkowskische Ungleichung (7.27) anwenden und auf die folgende Aussage schließen.

4.5.8 Satz. *Sei X ein nicht ausgearteter stationärer Hyperebenenprozeß der Intensität $\gamma > 0$ im $\mathbb{R}^n$, und sei K ein konvexer Körper mit gegebenem Volumen $V_n(K) > 0$. Die erwartete Anzahl der den Körper K treffenden Hyperebenen des Prozesses X ist genau dann minimal, wenn K homothetisch ist zum Blaschke-Körper des Prozesses X.*

Weitere Aussagen über erwartete Trefferzahlen sind möglich für die zuvor behandelten Schnittprozesse. Wir betrachten also wieder einen stationären Poissonschen Hyperebenenprozeß X mit Intensität $\gamma > 0$, sphärischer Richtungsverteilung $\hat{\mathbb{P}}$ und assoziiertem Zonoid Π_X. Für $k \in \{1, \ldots, n\}$ sei X_k der Schnittprozeß k-ter Ordnung (mit $X_1 = X$). Für einen konvexen Körper $K \in \mathcal{K}$ setzen wir

$$\delta_k(X, K) := \mathbb{E} \sum_{E \in X_k} V_0(K \cap E).$$

Nach (4.73) ist also

$$\delta_1(X, K) = 2nV(K, B(X), \ldots, B(X)), \tag{4.74}$$

und nach (4.64) ist

$$\delta_n(X, K) = V_n(K)V_n(\Pi_X). \tag{4.75}$$

Aus der Minkowskischen Ungleichung (7.27) erhalten wir nun:

4.5.9 Satz. *Sei X ein nicht ausgearteter stationärer Poissonscher Hyperebenenprozeß der Intensität $\gamma > 0$ im $\mathbb{R}^n$ und K ein konvexer Körper. Die erwartete Schnittpunktzahl $\delta_n(X, K)$ in K wird bei gegebener erwarteter Trefferzahl $\delta_1(X, K)$ genau dann maximal, wenn K homothetisch zum Blaschke-Körper $B(X)$ ist.*

Ferner läßt sich die erwartete Trefferzahl $\delta_{n-1}(X, K)$ des Geradenprozesses X_{n-1}, die nach (4.72) durch

$$\delta_{n-1}(X, K) = \delta_1(X_{n-1}, K) = nV(\Pi^{X_{n-1}}, K, \ldots, K)$$

gegeben ist, mit dem assoziierten Zonoid Π_X in Verbindung bringen. Mit (4.70), (4.71), (4.63), (7.35), (7.39) ergibt sich für $u \in S^{n-1}$

$$
\begin{aligned}
h(\Pi^{X_{n-1}}, u) &= \frac{1}{2} \int_{\mathcal{L}_1^n} h(L \cap B^n, u) \, d(\gamma_{n-1} \mathbb{P}_{0,n-1})(L) \\
&= \frac{\kappa_{n-1}}{2} \int_{\mathcal{L}_1^n} h(L \cap B^n, u) \, d\rho_{(n-1)}^{\perp}(L) \\
&= \frac{\kappa_{n-1}}{2} \int_{\mathcal{L}_{n-1}^n} h(L^{\perp} \cap B^n, u) \, d\rho_{(n-1)}(L) \\
&= \frac{1}{2} V_{n-1}(\Pi_X | u^{\perp}) \\
&= \frac{1}{2} h(\Pi_{\Pi_X}, u).
\end{aligned}
$$

Es ist also
$$\Pi^{X_{n-1}} = \frac{1}{2}\Pi_{\Pi_X}.$$
Damit ergibt sich aus (7.27) der folgende Satz.

4.5.10 Satz. *Sei X ein stationärer Poissonscher Hyperebenenprozeß der Intensität $\gamma > 0$ im $\mathbb{R}^n$, und sei K ein konvexer Körper mit gegebenem Volumen $V_n(K) > 0$. Die Trefferzahl $\delta_{n-1}(X, K)$ des Geradenprozesses X_{n-1} ist genau dann minimal, wenn K homothetisch ist zu Π_{Π_X}.*

Die betrachteten Schnittdichten von stationären Poissonschen Hyperebenenprozessen sind Beispiele für reelle Parameter, die das geometrische Verhalten eines solchen Prozesses beschreiben und die nicht allein durch die Intensität bestimmt sind. Wir wollen einen ähnlichen geometrischen Parameter für Geradenprozesse angeben; dabei können wir aber für $n \geq 3$ nicht mehr mit Schnitten arbeiten. Wir beschränken uns auf Poissonprozesse. Sei also X ein stationärer Poissonscher Geradenprozeß im $\mathbb{R}^n$ ($n \geq 3$). Der zu erklärende Parameter soll messen, wie nahe sich nichtparallele Geraden des Prozesses im Mittel kommen. (Ist die Richtungsverteilung von X atomfrei, so kommen nach Satz 4.1.6 f.s. überhaupt nur nichtparallele Geraden vor.) Sind $L_1, L_2 \in \mathcal{E}_1^n$ zwei nichtparallele Geraden, so gibt es zwei eindeutig bestimmte Punkte $x_1 \in L_1$ und $x_2 \in L_2$ mit

$$\|x_1 - x_2\| = r(L_1, L_2) := \inf\{\|y_1 - y_2\| : y_1 \in L_1, y_2 \in L_2\}.$$

Die (eventuell ausgeartete) Strecke mit Endpunkten x_1 und x_2 ist senkrecht zu L_1 und L_2 und heißt das *Gemeinlot* von L_1 und L_2; ihr Mittelpunkt werde mit $g(L_1, L_2)$ bezeichnet. Wir bilden in jeder Realisierung des Geradenprozesses X zu je zwei nichtparallelen Geraden L_1, L_2 mit Abstand $r(L_1, L_2) \leq 1$ ihren Gemeinlotmittelpunkt $g(L_1, L_2)$. (Der Einfachheit halber geben wir die Abstandsschranke 1 vor. Eine andere feste Schranke $a > 0$ würde lediglich in der Formel (4.76) einen Faktor a erzeugen.) Auf diese Weise wird ein stationärer Punktprozeß erhalten. Seine Intensität nennen wir die *Annäherungsdichte* des Geradenprozesses und bezeichnen sie mit $\alpha(X)$. (Dabei ist $\alpha(X) = 0$ möglich, nämlich wenn die Richtungsverteilung von X ausgeartet ist.)

4.5.11 Satz. *Die Annäherungsdichte des stationären Poissonschen Geradenprozesses X mit Intensität $\gamma > 0$ und sphärischer Richtungsverteilung $\tilde{\mathbb{P}}$ ist gegeben durch*

$$\alpha(X) = \kappa_{n-2}\gamma^2 \int_{S^{n-1}} \int_{S^{n-1}} |\sin \angle(u, v)| \, d\tilde{\mathbb{P}}(u) \, d\tilde{\mathbb{P}}(v). \tag{4.76}$$

Bei gegebener Intensität ist die Annäherungsdichte genau dann minimal, wenn der Prozeß isotrop ist.

Beweis. Um $\alpha(X)$ zu bestimmen, setzen wir für $L_1, L_2 \in \mathcal{E}_1^n$

$$f(L_1, L_2) := \begin{cases} 1, & \text{wenn } L_1, L_2 \text{ nicht parallel, } r(L_1, L_2) \leq 1, \ g(L_1, L_2) \in B^n, \\ 0 & \text{sonst.} \end{cases}$$

Sei Θ das Intensitätsmaß von X. Mit Korollar 3.1.6, Satz 3.2.3(c) und Satz 4.1.2 ergibt sich

$$\alpha(X) = \frac{1}{\kappa_n} \mathbb{E} \sum_{(L_1, L_2) \in X_{\neq}^2} f(L_1, L_2) = \frac{1}{\kappa_n} \int_{(\mathcal{E}_1^n)^2} f \, d\Lambda^{(2)}$$

$$= \frac{1}{\kappa_n} \int_{\mathcal{E}_1^n} \int_{\mathcal{E}_1^n} f(L_1, L_2) \, d\Theta(L_1) \, d\Theta(L_2)$$

$$= \frac{\gamma^2}{\kappa_n} \int_{S^{n-1}} \int_{S^{n-1}} \int_{u^\perp} \int_{v^\perp} f(L(u) + x, L(v) + y)$$

$$d\lambda_{v^\perp}(y) d\lambda_{u^\perp}(x) \, d\tilde{\mathbb{P}}(u) \, d\tilde{\mathbb{P}}(v).$$

Wir betrachten zunächst für nichtparallele Vektoren $u, v \in S^{n-1}$ das Integral

$$I(u, v) := \int_{u^\perp} \int_{v^\perp} f(L(u) + x, L(v) + y) \, d\lambda_{v^\perp}(y) \, d\lambda_{u^\perp}(x).$$

Sei $U := u^\perp \cap v^\perp$. Für jedes $x \in u^\perp$ enthält die Hyperebene

$$H_x := U + L(u) + x$$

das Gemeinlot der Geraden $L(u) + x$ und $L(v) + y$. Jedes $y \in v^\perp$ hat eine eindeutige Darstellung $y = z + \mu v$ mit $z \in H_x$ und $\mu \in \mathbb{R}$. Es gilt $L(v) + y = L(v) + z$ und

$$\int_{v^\perp} f(L(u) + x, L(v) + y) \, d\lambda_{v^\perp}(y)$$

$$= |\sin \angle(u, v)| \int_{H_x} f(L(u) + x, L(v) + z) \, d\lambda_{H_x}(z),$$

also

$$I(u, v) = |\sin \angle(u, v)| J(u, v)$$

mit

$$J(u, v) := \int_{u^\perp} \int_{H_x} f(L(u) + x, L(v) + z) \, d\lambda_{H_x}(z) \, d\lambda_{u^\perp}(x).$$

Die Hyperebene H_x und das innere Integral ändern sich nicht, wenn v so gedreht wird, daß $\text{lin}\,\{u,v\}$ ungeändert bleibt. Wir können daher bei der Berechnung von $J(u,v)$ annehmen, daß u und v orthogonal sind; dann ist $H_x = v^\perp + x$. Unter dieser Annahme ist $\mathbb{R}^n = U \oplus L(u) \oplus L(v)$ eine direkte orthogonale Summe. Wegen $u^\perp = U \oplus L(v)$ und $H_x = U \oplus L(u) + x$ ist

$$J(u,v) = \int_{\mathbb{R}} \int_{\mathbb{R}} K(t,s)\,ds\,dt$$

mit

$$K(t,s) := \int_U \int_U f(L(u) + x' + tv, L(v) + z' + su)\,d\lambda_U(z')\,d\lambda_U(x').$$

Der Abstand der Geraden $L(u)+x'+tv$ und $L(v)+z'+su$ wird in den Punkten $x'+tv+su$ und $z'+tv+su$ angenommen; der Gemeinlotmittelpunkt ist also $(x'+z')/2+tv+su$. Nach Definition der Funktion f gilt daher für $x', z' \in U$ genau dann

$$f(L(u) + x' + tv, L(v) + z' + su) = 1,$$

wenn

$$\|x' - z'\| \leq 1 \qquad \text{und} \qquad (x'+z')/2 + tv + su \in B^n \cap (v^\perp + tv)$$

ist. Setzen wir also

$$A := \{y \in U : \|y\| \leq 1\}, \qquad B := \{y \in v^\perp : \|y\| \leq \sqrt{1-t^2}\},$$

so ist

$$f(L(u) + x' + tv, L(v) + z' + su) = \mathbf{1}_A(x' - z')\mathbf{1}_B((x'+z')/2 + su).$$

Damit ergibt sich

$$
\begin{aligned}
K(t,s) &= \int_U \int_U \mathbf{1}_A(x' - z')\mathbf{1}_{B-su}((x'+z')/2)\,d\lambda_U(z')\,d\lambda_U(x')\\[2mm]
&= \int_U \int_U \mathbf{1}_A(w)\mathbf{1}_{B-su}(x' - w/2)\,d\lambda_U(x')\,d\lambda_U(w)\\[2mm]
&= \int_U \mathbf{1}_A(w)\lambda_U((B - su) \cap U)\,d\lambda_U(w)\\[2mm]
&= \lambda_U(A)\lambda_U((B - su) \cap U).
\end{aligned}
$$

Es folgt

$$
\begin{aligned}
J(u,v) &= \kappa_{n-2} \int_{-1}^{1} \int_{\mathbb{R}} \lambda_U((B - su) \cap U)\,ds\,dt\\[2mm]
&= \kappa_{n-2} \int_{-1}^{1} \lambda_{v^\perp + tv}(B^n \cap (v^\perp + tv))\,dt\\[2mm]
&= \kappa_{n-2}\kappa_n.
\end{aligned}
$$

Insgesamt erhalten wir

$$\alpha(X) = \kappa_{n-2}\gamma^2 \int_{S^{n-1}} \int_{S^{n-1}} |\sin \angle(u,v)| \, d\tilde{\mathbb{P}}(u) \, d\tilde{\mathbb{P}}(v).$$

Hier läßt sich ein Zusammenhang herstellen mit dem Zonoid

$$\Pi^X := \Pi_1(\gamma \mathbb{P}_0),$$

wo $\mathbb{P}_0$ die Richtungsverteilung des Geradenprozesses X bezeichnet. Nach (4.71) und (4.58) ist

$$h(\Pi^X, u) = \frac{\gamma}{2} \int_{S^{n-1}} |\langle u,v \rangle| \, d\tilde{\mathbb{P}}(v), \qquad u \in \mathbb{R}^n.$$

Nach (7.32) und wegen $\nabla_2(u,v) = |\sin \angle(u,v)|$ ist also

$$\alpha(X) = 2\kappa_{n-2}V_2(\Pi^X).$$

Wegen $V_1(\Pi^X) = \gamma$ ergibt sich aus (7.28) die behauptete Extremalaussage. ∎

Bemerkungen und Literaturhinweise zu Kapitel 4

Die verschiedenen Stationaritätsforderungen gestatten es, in den wichtigen Zerlegungssätzen 4.1.1 und 4.2.2 (wie auch schon in 3.3.3 und 3.4.1) bei der Darstellung von Intensitätsmaßen das Lebesgue-Maß als Faktor abzuspalten. Eine solche Faktorisierung von Maßen mit Invarianzeigenschaften auf (lokalen) Produkträumen, wobei ein Haarsches Maß als Faktor auftritt, ist von Ambartzumian [1990] (siehe auch Teil 1 in Ambartzumian, Mecke & Stoyan [1993]) zu einem grundlegenden Prinzip der Stochastischen Geometrie erhoben worden.

4.1 Ebenenprozesse, insbesondere Poissonsche, sind zuerst ausführlich von Miles [1070a, 1971a] und Matheron [1972, 1974, 1975] untersucht worden. In dem Buch von Matheron [1975] finden sich schon, wenn auch zum Teil mit anderen Beweisen, die meisten Tatsachen aus Abschnitt 4.1.

Im Anschluß an Satz 4.1.7 haben wir Matherons Ergebnis erwähnt, nach dem bei einem stationären Poissonschen k-Ebenenprozeß X im Fall $k = 1$ oder $n - 1$ die Verteilung $\mathbb{P}_X$ eindeutig durch die Schnittintensitäten $\gamma_{X \cap S}$, $S \in \mathcal{L}^n_{n-k}$, bestimmt ist. Daß eine analoge Aussage für $1 < k < n - 1$ nicht gilt, haben Goodey & Howard [1990a] gezeigt. Bei einer Schnittebene S der

Dimension $n - k + j$ mit $j \in \{1, \ldots, k - 1\}$ ergeben sich zumindest zwei Fragen, nämlich ob die Schnittintensitäten $\gamma_{X \cap S}$ oder ob die Intensitätsmaße von $X \cap S$, $S \in \mathcal{L}^n_{n-k+j}$, ausreichend sind, um die Verteilung des Poissonschen k-Ebenenprozesses X festzulegen. Diese Fragen sind in Goodey & Howard [1990a,b] teilweise und in Goodey, Howard & Reeder [1996] vollständig beantwortet worden.

4.2 Die Betrachtung der Richtungsverteilung (Richtungsrose) bei Faser- und Flächenprozessen wurde begonnen in Arbeiten von Mecke & Stoyan, ab [1980a]. Für ein wesentlich allgemeineres Modell von Faser- und Flächenprozessen (Hausdorff-rektifizierbare Mengen) verweisen wir auf M. Zähle [1982a].

4.3 und 4.4 Das Boolesche Modell ist, nach einigen Vorläufern (siehe Cressie [1993], S. 753), zunächst insbesondere von der Fontainebleau-Schule untersucht worden; dies hat in den Büchern von Matheron [1975] und Serra [1982] seinen Niederschlag gefunden. In Hall [1988] gibt es eine ausführliche Diskussion von qualitativen und quantitativen Eigenschaften des Booleschen und allgemeinerer Keim-Korn-Modelle, vor allem im Hinblick auf Überdeckungs- und Zusammenhangseigenschaften. Meesters & Roy [1996] betrachten Boolesche Modelle im Rahmen der Perkolationstheorie. Molchanov [1997] behandelt statistische Methoden für Boolesche Modelle.

Allgemeine Keim-Korn-Modelle sind von Hanisch [1981] eingeführt und u.a. von Heinrich [1992] weiter untersucht worden. Bei Hanisch steht z.B. die Formel (4.34).

Die Schnittformeln (4.28), (4.29) finden sich bei Stoyan [1982].

Das Wicksell-Problem wird schon seit den zwanziger Jahren in der Stochastischen Geometrie behandelt. Die Verwendung von markierten Punktprozessen zur Herleitung der Gleichung (4.31) geht auf Mecke & Stoyan [1980b] zurück. Ausführliche Hinweise zum Wicksell-Problem findet man in Stoyan, Kendall & Mecke [1995], Abschnitt 11.4; siehe auch Ripley [1981], Abschnitt 9.4.

Satz 4.4.2 wurde in Weil & Wieacker [1988] gezeigt.

4.5 Das assoziierte Zonoid eines stationären Prozesses X konvexer Partikel haben wir hier erklärt als den Projektionenkörper des Blaschke-Körpers von X; das ist äquivalent zur ursprünglichen Definition. Die Konstruktion des Blaschke-Körpers erfordert den Existenzsatz von Minkowski (Satz 7.1.4). Dieser Existenzsatz ist wohl zuerst in Schneider [1982b] angewendet worden, um einer Richtungsverteilung (dort von zufälligen Hyperebenen) einen konvexen Körper zuzuordnen und dann Aussagen der Konvexgeometrie zu benutzen. Ausführlichen Gebrauch von dieser Zuordnung im Fall zufälliger

Hyperflächen hat Wieacker [1986, 1989] gemacht. Der Blaschke-Körper $B(X)$ eines Partikelprozesses X ist in Weil [1997a] eingeführt worden; dort findet man auch Informationen über den Mittelkörper $M(X)$. In Weil [1997b] wurden Blaschke-Körper auch für ZAM mit Werten im erweiterten Konvexring vorgeschlagen und untersucht. Für Boolesche Modelle wurde dort u.a. ein Zusammenhang hergestellt zwischen Blaschke-Körper und Kontaktverteilungsfunktion. Für weitere Hinweise sehe man die Bemerkungen zu Kapitel 5.

Das assoziierte Zonoid eines stationären Poissonschen Hyperebenenprozesses ist von Matheron [1974, 1975] eingeführt worden, unter dem Namen "Steiner compact". In dem Buch von Matheron [1975] findet man bereits die Formeln (4.62), (4.64) und im Prinzip auch (4.63). Assoziierte Zonoide für zufällige Hyperebenen wurden auch in Schneider [1982a,b] benutzt. Die Verallgemeinerung und systematische Anwendung von assoziierten Zonoiden in translativer Integralgeometrie und stochastischer Geometrie erfolgte dann in Arbeiten von Wieacker [1984, 1986, 1989]; siehe auch die Abschnitte 6 und 7 in dem Übersichtsartikel von Weil & Wieacker [1993] sowie Abschnitt 6 in Schneider & Wieacker [1993]. Wieacker hat verschiedene Typen von assoziierten Zonoiden eingeführt und sie auf zufällige Flächen, Flächenprozesse, k-Ebenenprozesse, Partikelprozesse, zufällige Mosaike u.a. angewendet. In Wieacker [1986] finden sich zum Beispiel die Aussagen (4.48), (4.49), 4.5.1 (im wesentlichen), (4.52), (4.54), (4.55), (4.56) (rechte Ungleichung), sowie eine Verallgemeinerung von 4.5.5. Zu Ausdehnungen und Ergänzungen (wie (4.56) (links) und (4.53)) sehe man Schneider [1987a]; dort werden Poissonprozesse konvexer Zylinder behandelt, was als Spezialfälle Ebenenprozesse und Prozesse konvexer Partikel einschließt.

Die Sätze 4.5.7 und 4.5.8 sind Spezialfälle von wesentlich allgemeineren Aussagen in Wieacker [1989]. Dagegen sind die Sätze 4.5.6, 4.5.9 und 4.5.10 in der Literatur bisher nicht erwähnt worden.

Die Ungleichung (4.65) und damit Satz 4.5.5 stammen von Thomas [1984]. Verwandte Schlußweisen, aber mit unterschiedlichen Interpretationen, finden sich in Schneider [1982b, 1995]. Alternative Beweise für Spezialfälle hat Mecke [1983], [1986] angegeben.

Die Betrachtung von Schnittdichten ist auch sinnvoll für stationäre Poissonsche k-Ebenenprozesse X mit $k > n/2$. Je zwei k-Ebenen von X in allgemeiner Lage schneiden sich in einer $(2k-n)$-Ebene. Auf diese Weise entsteht ein stationärer $(2k-n)$-Ebenenprozeß; seine Intensität ist nach Definition die *Schnittdichte* von X. Es stellt sich die Frage, welche stationären Poissonschen k-Ebenenprozesse gegebener (positiver) Intensität die größte Schnittdichte haben. Für $k = n - 1$ sind das nach Satz 4.5.5 genau die isotropen Prozesse. Für $k < n - 1$ sind jedoch nicht mehr die isotropen Prozesse extremal, wie Mecke & Thomas [1986] (siehe auch Mecke [1991]) gefunden haben. Mecke

[1988a,b] hat im Fall $n = 2k$ alle extremalen Prozesse explizit bestimmt. Von Keutel [1991] stammt eine vollständige Lösung für den Fall, daß $k < n - 2$ und $n - k$ ein Teiler von n ist. Der allgemeine Fall ist noch offen.

Die Extremalaussage von Satz 4.5.11 geht im Prinzip auf Janson & Kallenberg [1981] zurück, wo allerdings anders vorgegangen wird. Eine Annäherungsdichte für Poissonsche k-Ebenenprozesse mit $1 \leq k \leq n/2$ wird in Schneider [1999] behandelt.

Kapitel 5

Funktionaldichten und Stereologie

Eine Hauptaufgabe der Stereologie, eines wichtigen Anwendungsgebiets der Stochastischen Geometrie, besteht darin, für zufällige Mengen X bzw. Partikelprozesse X charakteristische Größen von X zu schätzen, wenn nur ein Ausschnitt $X \cap W$ in einem „Fenster" W oder ein niederdimensionaler Schnitt $X \cap E$ mit einer k-Ebene $E \in \mathcal{E}_k^n$ beobachtet wird. Die bisher hergeleiteten Formeln erlauben dies nur teilweise bzw. in bestimmten Fällen. Beispiele dieser Art sind die Sätze 4.1.4, 4.1.7, 4.2.4, 4.2.6, 4.2.7 und 4.2.8. Um allgemeinere stereologische Formeln zu bekommen, zumindest für stationäre und isotrope zufällige Mengen und Partikelprozesse, müssen wir geeignete geometrische Funktionale betrachten. Besonders brauchbar sind hier die *inneren Volumina*, durch die Begriffe wie Volumen und Oberfläche verallgemeinert werden. Sie können für konvexe Körper durch die Steiner-Formel (7.1) und allgemeiner für endliche Vereinigungen konvexer Körper durch einen Fortsetzungsprozeß erklärt werden. Bei der Herleitung stereologischer Formeln werden wir uns der beiden Grundformeln der Integralgeometrie bedienen, der *kinematischen Hauptformel* und der *Crofton-Formel*. Beide werden im Anhang (Kapitel 7) kurz vorgestellt, mit Literaturangaben für Beweise. Geometrische Mittelwerte für translationsinvariante Funktionale φ haben wir bei stationären Partikelprozessen in einfacher Weise erklären können (φ-Dichten, siehe (4.19)). Für zufällige Mengen müssen wir eine geeignete Definition noch angeben. Sie erfordert einen Grenzübergang für „wachsende Fenster", der für additive Funktionale und stationäre zufällige $\mathcal{S}$-Mengen in Abschnitt 5.1 vollzogen wird. Er liefert uns insbesondere Dichten der inneren Volumina V_j (*Quermaßdichten*). In Abschnitt 5.2 wird ein ergodischer Zugang zu solchen Dichten erläutert. Im dritten Abschnitt werden dann die kinematischen Formeln auf Quermaßdichten angewandt und daraus stereologische Schnittformeln für zufällige Mengen und Partikelprozesse hergeleitet. In Abschnitt 5.4 setzen wir die Behandlung von Booleschen Modellen Z_X fort und zeigen, wie die Quermaßdichten von Z_X mit denen des zugrundeliegenden Poissonschen Partikelprozesses X zusammenhängen. Insbesondere zeigen wir, daß sich bei stationären und isotropen Booleschen Modellen Z_X die Intensität γ von X aus den Quermaßdichten von Z_X bestimmen läßt. Solche Schätzungen der Anzahldichte sind auch Gegenstand des fünften Abschnitts, wo wir uns weitgehend auf den ebenen Fall beschränken, dafür aber auf die Isotropie von Z_X und die Konvexität der Körner verzichten.

5.1 Dichten additiver Funktionale

Es ist naheliegend, zur quantitativen Beschreibung einer stationären ZAM Z im $\mathbb{R}^n$ neben der Volumendichte $p = \overline{V}_n(Z)$ auch andere Mittelwerte geometrischer Größen von Z zu betrachten, etwa die mittlere Oberfläche (pro Einheitsvolumen) oder Mittelwerte von anderen inneren Volumina. Damit diese Funktionale definiert sind, müssen wir die Mengenklasse einschränken. Wir betrachten deshalb im folgenden zufällige $\mathcal{S}$-Mengen Z. Diese Annahme ist für stationäre ZAM in Anbetracht von Satz 1.3.5 wohl die einfachste, die noch eine hinreichend allgemeine Mengenklasse zuläßt. Für $K \in \mathcal{R}$ ist dann stets auch $Z \cap K \in \mathcal{R}$. Der Konvexring $\mathcal{R}$ ist gegen endliche Vereinigungen und Durchschnitte abgeschlossen. Volumen und Oberfläche (und allgemeiner die inneren Volumina V_j) sind Funktionale auf $\mathcal{R}$, die *additiv* sind, also

$$\varphi(K \cup K') + \varphi(K \cap K') = \varphi(K) + \varphi(K')$$

für alle $K, K' \in \mathcal{R}$ und $\varphi(\emptyset) = 0$ erfüllen. Wir wollen in diesem Abschnitt allgemein für geeignete additive Funktionale $\varphi : \mathcal{R} \to \mathbb{R}$ die Existenz einer φ-Dichte $\overline{\varphi}(Z)$ von Z zeigen, also eines mittleren erwarteten φ-Wertes von Z pro Einheitsvolumen. Dazu benötigen wir die folgenden beiden Hilfssätze über additive Funktionale.

Zu dem Einheitswürfel $C^n = [0,1]^n$ sei wieder $\partial^+ C^n$ der in (4.15) erklärte „rechte obere Rand". (Man beachte, daß $\partial^+ C^n \in \mathcal{R}$ gilt.) $(C_i)_{i \in \mathbb{N}}$ sei die (beliebig numerierte) Folge der Würfel $C^n + z$, $z \in \mathbb{Z}^n$, und für $C_i = C^n + z$ sei $\partial^+ C_i := (\partial^+ C^n) + z$.

5.1.1 Lemma. *Ist $\varphi : \mathcal{R} \to \mathbb{R}$ additiv und $K \in \mathcal{R}$, so gilt*

$$\varphi(K) = \sum_{i \in \mathbb{N}} [\varphi(K \cap C_i) - \varphi(K \cap \partial^+ C_i)].$$

Beweis. Es sei Q die Menge der Seiten (der Dimensionen $0, \ldots, n$) aller Würfel C_i. Für $P \in Q$ definieren wir

$$\varphi(K, P) := \sum_{F \in Q, F \subset P} (-1)^{\dim P - \dim F} \varphi(K \cap F).$$

Für $G, P \in Q$ mit $G \subset P$ gilt die Relation

$$\sum_{F \in Q, G \subset F \subset P} (-1)^{\dim F} = 0 \qquad \text{für } G \neq P. \tag{5.1}$$

Dieser Spezialfall der Euler-Relation für Polytope ist im hier betrachteten Fall durch einfache Abzählung zu erhalten. Wir betrachten nun eine endliche Vereinigung $P = P_1 \cup \ldots \cup P_m$ mit $P_1, \ldots, P_m \in Q$ und zeigen die Relation

$$\sum_{F \in Q, F \subset P} \varphi(K, F) = \varphi(K \cap P) \tag{5.2}$$

durch Induktion nach m. Für $m = 1$ erhalten wir mit (5.1)

$$\sum_{F \in Q, F \subset P_1} \varphi(K, F) = \sum_{F \in Q, F \subset P_1} \sum_{G \in Q, G \subset F} (-1)^{\dim F - \dim G} \varphi(K \cap G)$$

$$= \sum_{G \in Q, G \subset P_1} \varphi(K \cap G)(-1)^{\dim G} \sum_{F \in Q, G \subset F \subset P_1} (-1)^{\dim F}$$

$$= \varphi(K \cap P_1),$$

also die Behauptung. Ist (5.2) für ein $m \geq 1$ bewiesen und ist $P = P_1 \cup \ldots \cup P_{m+1}$ ($P_i \in Q, i = 1, \ldots, m+1$), so ist wegen der Additivität von φ

$$\varphi(K \cap P) = \varphi\left(\left[K \cap \bigcup_{i=1}^{m} P_i\right] \cup [K \cap P_{m+1}]\right)$$

$$= \varphi\left(K \cap \bigcup_{i=1}^{m} P_i\right) + \varphi(K \cap P_{m+1}) - \varphi\left(K \cap \bigcup_{i=1}^{m} (P_i \cap P_{m+1})\right).$$

Anwendung der Induktionsannahme ergibt die Behauptung für P, also gilt (5.2) allgemein.

Zu jedem $F \in Q$ existiert genau ein i mit $F \subset C_i$ und $F \not\subset \partial^+ C_i$. Aus (5.2) folgt also (wenn wir zuerst ein P mit $K \subset \operatorname{int} P$ wählen),

$$\varphi(K) = \sum_{F \in Q} \varphi(K, F)$$

$$= \sum_{i} \left[\sum_{F \in Q, F \subset C_i} \varphi(K, F) - \sum_{F \in Q, F \subset \partial^+ C_i} \varphi(K, F) \right]$$

$$= \sum_{i} \left[\varphi(K \cap C_i) - \varphi(K \cap \partial^+ C_i) \right].$$

Damit ist die Behauptung bewiesen. ∎

Wir nennen eine Funktion $\varphi : \mathcal{R} \to \mathbb{R}$ *bedingt beschränkt*, wenn φ für jedes $K' \in \mathcal{K}$ auf der Menge $\{K \in \mathcal{K} : K \subset K'\}$ beschränkt ist. Ist φ translationsinvariant und additiv, so ist hierfür hinreichend, daß φ auf der Menge $\{K \in \mathcal{K} : K \subset C^n\}$ beschränkt ist.

5.1.2 Lemma. *Sei $\varphi : \mathcal{R} \to \mathbb{R}$ translationsinvariant, additiv und bedingt beschränkt. Dann gilt*

$$\lim_{r \to \infty} \frac{\varphi(rK)}{V_n(rK)} = \varphi(C^n) - \varphi(\partial^+ C^n)$$

für jedes $K \in \mathcal{K}$ mit $V_n(K) > 0$.

Beweis. Sei $K \in \mathcal{K}$ und o.B.d.A. $0 \in \mathrm{int}\, K$. Für $z \in \mathbb{R}^n$ setzen wir

$$\varphi(K, z) := \varphi(K \cap (C^n + z)) - \varphi(K \cap (\partial^+ C^n + z)). \qquad (5.3)$$

Nach Lemma 5.1.1 gilt dann

$$\varphi(rK) = \sum_{z \in \mathbb{Z}^n} \varphi(rK, z) \qquad \text{für } r > 0.$$

Sei

$$Z_r^1 := \{z \in \mathbb{Z}^n : (C^n + z) \cap rK \neq \emptyset, \ C^n + z \not\subset rK\}$$

und

$$Z_r^2 := \{z \in \mathbb{Z}^n : C^n + z \subset rK\}.$$

Dann gilt

$$\lim_{r \to \infty} \frac{|Z_r^1|}{V_n(rK)} = 0, \qquad \lim_{r \to \infty} \frac{|Z_r^2|}{V_n(rK)} = 1, \qquad (5.4)$$

wobei $|A|$ die Anzahl der Elemente der Menge A angibt. Man zeigt nämlich leicht die Existenz von Zahlen $r_0 > s, t > 0$ derart, daß

$$C^n + z \subset (r + s)K \setminus (r - s)K,$$

$$(r - t)K \subset \bigcup_{z \in Z_r^2} (C^n + z)$$

für $z \in Z_r^1$ und $r \geq r_0$ gilt. Hieraus folgt (5.4).

Nach Voraussetzung ist

$$|\varphi(rK, z)| = |\varphi(rK - z, 0)| \leq b,$$

wo b eine von z, K und r unabhängige Konstante ist. Also ergibt sich

$$\frac{1}{V_n(rK)} \left| \sum_{z \in Z_r^1} \varphi(rK, z) \right| \le b \frac{|Z_r^1|}{V_n(rK)} \to 0 \qquad \text{für } r \to \infty.$$

Damit erhalten wir

$$\lim_{r \to \infty} \frac{\varphi(rK)}{V_n(rK)} = \lim_{r \to \infty} \frac{1}{V_n(rK)} \sum_{z \in \mathbb{Z}^n} \varphi(rK, z)$$

$$= \lim_{r \to \infty} \frac{1}{V_n(rK)} \sum_{z \in Z_r^2} \varphi(rK, z)$$

$$= [\varphi(C^n) - \varphi(\partial^+ C^n)] \lim_{r \to \infty} \frac{|Z_r^2|}{V_n(rK)}$$

$$= \varphi(C^n) - \varphi(\partial^+ C^n).$$

$\blacksquare$

Für additive Funktionale φ auf $\mathcal{R}$ benutzen wir im folgenden wiederholt die *Einschließungs-Ausschließungs-Formel* (kurz *E-A-Formel*)

$$\varphi \left(\bigcup_{i=1}^m C_i \right) = \sum_{k=1}^m (-1)^{k-1} \sum_{1 \le i_1 < \dots < i_k \le m} \varphi(C_{i_1} \cap \dots \cap C_{i_k}).$$

Sie gilt für $m \in \mathbb{N}$, $C_1, \dots, C_m \in \mathcal{R}$ und ergibt sich unter Verwendung der Additivität durch Induktion.

Da wir nicht nur positive Funktionale φ betrachten werden, benötigen wir neben einer Beschränktheitseigenschaft von φ auch eine Integrabilitätsbedingung für die zugelassenen zufälligen S-Mengen. Für die darin auftretende Größe N verweisen wir auf die Erklärung vor Lemma 4.4.1.

5.1.3 Satz. *Sei Z eine stationäre ZAM im $\mathbb{R}^n$ mit Werten in S und mit*

$$\mathbb{E} \, 2^{N(Z \cap C^n)} < \infty.$$

Sei $\varphi : \mathcal{R} \to \mathbb{R}$ translationsinvariant, additiv, meßbar und bedingt beschränkt. Dann existiert

$$\overline{\varphi}(Z) := \lim_{r \to \infty} \frac{\mathbb{E} \varphi(Z \cap rK)}{V_n(rK)}$$

für jedes $K \in \mathcal{K}$ mit $V_n(K) > 0$, und es gilt

$$\overline{\varphi}(Z) = \mathbb{E} \left[\varphi(Z \cap C^n) - \varphi(Z \cap \partial^+ C^n) \right].$$

Also ist $\overline{\varphi}(Z)$ unabhängig von K.

Beweis. Sei $K \in \mathcal{K}$ und $V_n(K) > 0$. Wir können o.B.d.A. $K \subset C^n$ annehmen. Für $\omega \in \Omega$ gibt es eine Darstellung

$$Z(\omega) \cap K = \bigcup_{i=1}^{N_K(\omega)} K_i(\omega), \qquad K_i(\omega) \in \mathcal{K},$$

wobei $N_K(\omega) := N(Z(\omega) \cap K)$ gesetzt ist. Nach der E-A-Formel ist

$$\varphi(Z(\omega) \cap K) = \sum_{k=1}^{N_K(\omega)} (-1)^{k-1} \sum_{1 \leq i_1 < \ldots < i_k \leq N_K(\omega)} \varphi(K_{i_1}(\omega) \cap \ldots \cap K_{i_k}(\omega)),$$

daher ergibt sich

$$\mathbb{E}\,|\varphi(Z \cap K)| \;\leq\; \left(\sup_{K' \in \mathcal{K},\, K' \subset C^n} |\varphi(K')| \right) \mathbb{E} \sum_{k=1}^{N_K} \binom{N_K}{k}$$

$$\leq\; \left(\sup_{K' \in \mathcal{K},\, K' \subset C^n} |\varphi(K')| \right) \mathbb{E}\, 2^{N_K}. \tag{5.5}$$

Nach Voraussetzung (und wegen $N_K \leq N_{C^n}$) ist die rechte Seite endlich, also ist $\varphi(Z \cap K)$ integrierbar. Für $M \in \mathcal{R}$ folgt dann die Integrierbarkeit von $\varphi(Z \cap M)$ aus der Additivität, analog zu der oben verwendeten E-A-Formel. Daher existieren alle im Satz vorkommenden Erwartungswerte und sind endlich. Wir können damit ein Funktional $\phi : \mathcal{R} \to \mathbb{R}$ durch $\phi(M) := \mathbb{E}\,\varphi(Z \cap M)$, $M \in \mathcal{R}$, erklären. Dann ist ϕ additiv, (wegen der Stationarität) translationsinvariant und wegen (5.5) bedingt beschränkt. Damit folgt die Aussage des Satzes aus Lemma 5.1.2. ∎

Der Satz gilt natürlich mit geeigneten Voraussetzungen an φ und Z auch für allgemeine stationäre ZAM mit Werten in $\mathcal{F}$. Allerdings sind alle brauchbaren Funktionale φ auf $\mathcal{R}$, die die Bedingungen des Satzes erfüllen, bis auf das Volumen nicht in sinnvoller Weise auf ganz $\mathcal{C}$ fortsetzbar, so daß die Beschränkung auf den Konvexring angebracht erscheint.

Für $\varphi = V_n$ ist die Dichte bereits in Abschnitt 1.4 erklärt und in (1.8) zum Beispiel durch

$$\overline{V}_n(Z) = \frac{\mathbb{E}V_n(Z \cap rK)}{V_n(rK)}$$

dargestellt worden. Zur Erklärung der Volumendichte ist also kein Grenzübergang erforderlich, und die Aussage von Satz 5.1.3 ist wegen $V_n(Z \cap \partial^+ C^n) = 0$ in diesem Fall trivial.

Die Größe $\overline{\varphi}(Z)$ aus Satz 5.1.3 heißt φ-*Dichte* von Z. Als wichtigste Funktionale φ betrachten wir die aus der Konvexgeometrie geläufigen *Quermaßintegrale* oder *inneren Volumina* (oder *Minkowski-Funktionale*) $V_0, \ldots, V_{n-1}$ (siehe Kapitel 7). Wir bezeichnen die Dichte $\overline{V}_j(Z)$ auch als die j-*te Quermaßdichte* von Z. Insbesondere ist also $2\overline{V}_{n-1}(Z)$ die *Oberflächendichte* von Z.

Für kleine Dimensionen sind, insbesondere in der stereologischen Literatur, andere Bezeichnungen für die Quermaßintegrale üblich. Wir stellen sie hier zusammen und werden sie ebenfalls benutzen, wenn wir allgemeine Ergebnisse auf die Dimensionen 2 und 3 spezialisieren:

$n = 2$	V_2	Fläche A
	$2V_1$	Randlänge (Umfang) U
	V_0	Eulersche Charakteristik χ
$n = 3$	V_3	Volumen V
	$2V_2$	Oberfläche S
	$\frac{1}{2}V_1$	mittlere Breite b (nur für konvexe Körper)
	V_0	Eulersche Charakteristik χ

Wir bemerken, daß wir jetzt die in Satz 4.1.4 gegebene Deutung der Intensität eines stationären k-Ebenenprozesses in neuer Weise interpretieren können. Es sei Z_X die Vereinigungsmenge des stationären k-Ebenenprozesses X mit Intensität γ. Für $r > 0$ und $K \in \mathcal{K}$ mit $V_n(K) > 0$ ist wegen der Additivität von V_k

$$\frac{1}{V_n(rK)}\mathbb{E}V_k(Z_X \cap rK) = \frac{1}{V_n(rK)}\mathbb{E}\sum_{E \in X} \lambda_E(rK) = \gamma$$

nach Satz 4.1.4. Die linke Seite hängt also nicht von r ab und konvergiert daher für $r \to \infty$ auch ohne die Integrierbarkeitsvoraussetzung des Satzes 5.1.3 gegen $\overline{V}_k(Z_X)$. Es ist also

$$\gamma = \overline{V}_k(Z_X). \tag{5.6}$$

Für Partikelprozesse X hatten wir bereits in Abschnitt 4.2 eine φ-Dichte $\overline{\varphi}(X)$ eingeführt und dafür in Satz 4.2.6 verschiedene Darstellungen angegeben. Ihnen lassen sich für additive Funktionale in Analogie zu Satz 5.1.3 weitere an die Seite stellen. Für stationäre Partikelprozesse X in $\mathcal{R}$ benötigen wir für die weiteren Aussagen die Bedingung

$$\int_{\mathcal{R}_n} 2^{N(C)} V_n(C + B^n)\, d\mathbb{P}_0(C) < \infty \tag{5.7}$$

an die Formverteilung $\mathbb{P}_0$ von X. Sind die Partikel f.s. konvex, so geht (5.7) in die ursprüngliche Bedingung (4.17) über.

5.1.4 Satz. *Sei X ein stationärer Partikelprozeß im $\mathbb{R}^n$ mit Partikeln in $\mathcal{R}$ und mit Formverteilung $\mathbb{P}_0$, die (5.7) erfüllt. Sei $\varphi : \mathcal{R} \to \mathbb{R}$ translationsinvariant, additiv, meßbar und bedingt beschränkt. Dann ist φ $\mathbb{P}_0$-integrierbar, und es gilt*

$$\overline{\varphi}(X) = \lim_{r \to \infty} \frac{1}{V_n(rK)} \mathbb{E} \sum_{C \in X} \varphi(C \cap rK)$$

für alle $K \in \mathcal{K}$ mit $V_n(K) > 0$. Ferner gilt

$$\overline{\varphi}(X) = \mathbb{E} \sum_{C \in X} [\varphi(C \cap C^n) - \varphi(C \cap \partial^+ C^n)].$$

Beweis. Für gegebenes $C \in \mathcal{R}_0$ sei

$$Z := \{z \in \mathbb{Z}^n : C \cap (C^n + z) \neq \emptyset\}.$$

Für $z \in Z$ gilt $C^n + z \subset C + \sqrt{n} B^n$, also ist

$$|Z| = \lambda \left(\bigcup_{z \in Z} (C^n + z) \right) \leq V_n(C + \sqrt{n} B^n) \leq k V_n(C + B^n), \qquad (5.8)$$

wenn k so gewählt ist, daß $\sqrt{n} B^n$ durch k Einheitskugeln überdeckt werden kann.

Sei $K \in \mathcal{K}$ und $r > 0$. Durch

$$\varphi_x(M) := \varphi((M + x) \cap rK), \qquad M \in \mathcal{R},$$

ist für gegebenes $x \in \mathbb{R}^n$ ein additives Funktional φ_x definiert. Nach Lemma 5.1.1 gilt also mit Verwendung der Bezeichnung (5.3)

$$\varphi((C + x) \cap rK) = \varphi_x(C) = \sum_{z \in Z} \varphi_x(C, z). \qquad (5.9)$$

Wegen der Additivität und Translationsinvarianz von φ erhält man wie im Beweis von Satz 5.1.3 eine Abschätzung

$$|\varphi_x(C, z)| \leq b 2^{N(C)} \qquad (5.10)$$

mit

$$b := c(n) \sup_{K' \in \mathcal{K}, K' \subset C^n} |\varphi(K')| < \infty,$$

wo $c(n)$ nur von n abhängt. Mit (5.8), (5.9) und (5.10) ergibt sich

$$|\varphi((C+x)\cap rK)| \le kb2^{N(C)}V_n(C+B^n).$$

Da die rechte Seite $\mathbb{P}_0$-integrierbar ist, folgt hieraus (mit $x = 0$ und $r \to \infty$) die $\mathbb{P}_0$-Integrierbarkeit von φ. Weiter erhalten wir

$$\int_{\mathbb{R}^n} |\varphi((C+x)\cap rK)|\,d\lambda(x) \le \sum_{z\in Z}\int_{\mathbb{R}^n}|\varphi_x(C,z)|\,d\lambda(x)$$

$$\le |Z|b2^{N(C)}V_n(rK+C^n)$$

$$\le kbV_n(rK+C^n)2^{N(C)}V_n(C+B^n)$$

und daher

$$\int_{\mathcal{R}_0}\int_{\mathbb{R}^n}|\varphi((C+x)\cap rK)|\,d\lambda(x)\,d\mathbb{P}_0(C) < \infty.$$

Wir können daher den Campbellschen Satz 3.1.5 (auf Positivteil und Negativteil von φ) anwenden und erhalten mit Satz 4.2.2

$$\mathbb{E}\sum_{C\in X}\varphi(C\cap rK) = \gamma\int_{\mathcal{R}_0}\int_{\mathbb{R}^n}\varphi((C+x)\cap rK)\,d\lambda(x)\,d\mathbb{P}_0(C).$$

Dabei ist

$$\int_{\mathbb{R}^n}\varphi((C+x)\cap rK)\,d\lambda(x) = I_1(r) + I_2(r)$$

mit

$$I_\nu(r) := \sum_{z\in Z}\int_{A_r^\nu-z}\varphi_x(C,z)\,d\lambda(x), \qquad \nu=1,2,$$

$$A_r^1 := \{x\in\mathbb{R}^n : (C^n+x)\cap rK \ne \emptyset, \ C^n+x \not\subset rK\},$$

$$A_r^2 := \{x\in\mathbb{R}^n : C^n+x\subset rK\}.$$

Es gilt

$$\lim_{r\to\infty}\frac{\lambda(A_r^1)}{V_n(rK)} = 0, \qquad \lim_{r\to\infty}\frac{\lambda(A_r^2)}{V_n(rK)} = 1.$$

Mit (5.10) folgt

$$|I_1(r)| \le |Z|b2^{N(C)}\lambda(A_r^1)$$

und daher

$$\lim_{r\to\infty}\frac{I_1(r)}{V_n(rK)} = 0.$$

Ferner ist

$$I_2(r) = \sum_{z\in Z}\varphi(C,z)\lambda(A_r^2) = \varphi(C)\lambda(A_r^2)$$

nach Lemma 5.1.1 und daher

$$\lim_{r \to \infty} \frac{I_2(r)}{V_n(rK)} = \varphi(C).$$

Damit ergibt sich

$$\frac{|I_1(r) + I_2(r)|}{V_n(rK)} \leq kb2^{N(C)} V_n(C + B^n) \frac{\lambda(A_r^1)}{V_n(rK)} + |\varphi(C)|.$$

Wegen (5.7) und der $\mathbb{P}_0$-Integrierbarkeit von φ folgt jetzt mit dem Satz von der beschränkten Konvergenz

$$\lim_{r \to \infty} \frac{1}{V_n(rK)} \mathbb{E} \sum_{C \in X} \varphi(C \cap rK) = \gamma \int_{\mathcal{R}_0} \varphi(C) \, d\mathbb{P}_0(C) = \overline{\varphi}(X),$$

also die erste Behauptung des Satzes.

Wir setzen

$$\phi(K) := \mathbb{E} \sum_{C \in X} \varphi(C \cap K) \qquad \text{für } K \in \mathcal{K}.$$

Für $K \in \mathcal{K}$ ist $\sum_{C \in X} \varphi(C \cap K)$, wie gezeigt, integrierbar, wegen der Additivität also auch für $K \in \mathcal{R}$. Das Funktional ϕ ist additiv, translationsinvariant und bedingt beschränkt. Aus Lemma 5.1.2 folgt also die zweite Aussage des Satzes. ∎

5.2 Ergodische Dichten

In Satz 5.1.3 haben wir für geeignete ZAM Z und Funktionen φ die Dichte $\overline{\varphi}$ erklärt durch

$$\overline{\varphi}(Z) := \lim_{r \to \infty} \frac{\mathbb{E}\varphi(Z \cap rK)}{V_n(rK)}.$$

Es ist eine naheliegende Frage, ob hier der Grenzübergang auch punktweise, das heißt ohne den Erwartungswert, möglich ist. Genauer gesagt ist es von Interesse, unter welchen Voraussetzungen

$$\overline{\varphi}(Z, \omega) := \lim_{r \to \infty} \frac{\varphi(Z(\omega) \cap rK)}{V_n(rK)}$$

für fast alle $\omega \in \Omega$ existiert. Im Falle der Existenz ist $\overline{\varphi}(Z, \cdot)$ natürlich eine Zufallsvariable, von der wir erwarten, daß sie

$$\mathbb{E}\overline{\varphi}(Z, \cdot) = \overline{\varphi}(Z)$$

erfüllt. Besonders interessant sind ZAM Z, für die $\overline{\varphi}(Z, \cdot)$ $\mathbb{P}$-f.s. konstant ist, die also

$$\overline{\varphi}(Z, \cdot) = \overline{\varphi}(Z) \qquad \mathbb{P}\text{-f.s.}$$

erfüllen. Für eine solche ZAM Z kann nämlich die φ-Dichte $\overline{\varphi}(Z)$ schon bei einer einzigen vorliegenden Realisierung $Z(\omega)$ durch Bestimmung von

$$\frac{\varphi(Z(\omega) \cap W)}{V_n(W)}$$

in einem „großen Fenster" W geschätzt werden. Aussagen vom Typ

$$\overline{\varphi}(Z) = \lim_{r \to \infty} \frac{\varphi(Z \cap rK)}{V_n(rK)}, \tag{5.11}$$

wo links eine Konstante, rechts ein Grenzwert von Zufallsvariablen steht, nennt man Ergodensätze. Genauer spricht man von individuellen Ergodensätzen, wenn die Gleichheit $\mathbb{P}$-f.s. gilt, und von statistischen Ergodensätzen, wenn rechts die L^p-Konvergenz (mit geeignetem p) betrachtet wird. Wir beschränken uns hier auf den individuellen Ergodensatz. Eine solche Ergodenaussage gilt dann für ZAM Z mit gewissen Unabhängigkeitseigenschaften, zum Beispiel für ergodische ZAM, wie unten erläutert wird. Wenn die Dichte $\overline{\varphi}(Z)$ in der Form (5.11) erhalten werden kann, spricht man auch von einer ergodischen Dichte. Das somit vorgestellte Programm soll nun präzisiert werden. Dabei geben wir allerdings keine vollständigen Beweise, sondern werden uns bei einem entscheidenden Satz auf die Literatur stützen. Damit die Aussagen nicht nur auf zufällige Mengen, sondern auch auf Punktprozesse anwendbar sind, geben wir den folgenden Betrachtungen einen etwas allgemeineren Rahmen.

Es sei wieder $(\Omega, \mathbf{A}, \mathbb{P})$ der zugrundeliegende W-Raum. Eine bijektive Abbildung $T : \Omega \to \Omega$, für die T und T^{-1} meßbar sind und das W-Maß $\mathbb{P}$ invariant lassen (es soll also $\mathbb{P}(TA) = \mathbb{P}(T^{-1}A) = \mathbb{P}(A)$ für alle $A \in \mathbf{A}$ gelten), heiße *Automorphismus*. Wir setzen voraus, daß auf $(\Omega, \mathbf{A}, \mathbb{P})$ eine Menge $\mathcal{T} = \{T_x : x \in \mathbb{Z}^n\}$ von Automorphismen mit $T_x T_y = T_{x+y}$ für $x, y \in \mathbb{Z}^n$ gegeben ist; die Menge $\mathcal{T}$ mit der Komposition ist dann eine abelsche Gruppe. Wir bezeichnen mit $\mathbf{T} \subset \mathbf{A}$ die σ-Algebra der unter $\mathcal{T}$ invarianten Ereignisse, also

$$\mathbf{T} := \{A \in \mathbf{A} : T_x A = A \text{ für alle } x \in \mathbb{Z}^n\}.$$

Eine Familie $(\xi_K)_{K \in \mathcal{R}}$ von reellen Zufallsvariablen auf $(\Omega, \mathbf{A})$ heißt *stochastischer Prozeß mit Parameterraum* $\mathcal{R}$. Da der Parameter $K \in \mathcal{R}$ hier die Rolle der Zeit (bei stochastischen Prozessen mit stetiger Zeit) übernimmt, spricht man auch von einem „räumlichen Prozeß". Der räumliche Prozeß $(\xi_K)_{K \in \mathcal{R}}$ heißt *additiv*, wenn für $K, K' \in \mathcal{R}$ fast sicher

$$\xi_{K \cup K'} + \xi_{K \cap K'} = \xi_K + \xi_{K'}$$

und außerdem $\xi_\emptyset = 0$ gilt. Er heißt $\mathcal{T}$-*kovariant*, wenn für jedes $K \in \mathcal{R}$ und jedes $x \in \mathbb{Z}^n$ die Gleichung

$$\xi_{K+x}(T_x \omega) = \xi_K(\omega)$$

für fast alle $\omega \in \Omega$ gilt. Ferner heißt $(\xi_K)_{K \in \mathcal{R}}$ *beschränkt*, wenn es eine integrierbare Zufallsvariable $\eta \geq 0$ gibt mit

$$|\xi_K| \leq \eta \quad \mathbb{P}\text{-f.s. für alle } K \in \mathcal{K} \text{ mit } K \subset C^n. \tag{5.12}$$

Im folgenden Satz bezeichnet $\mathbb{E}(\cdot \mid \mathbf{T})$ die bedingte Erwartung bezüglich der σ-Algebra $\mathbf{T}$ der $\mathcal{T}$-invarianten Ereignisse.

5.2.1 Satz. *Sei $(\xi_K)_{K \in \mathcal{R}}$ ein additiver, $\mathcal{T}$-kovarianter und beschränkter stochastischer Prozeß mit Parameterraum $\mathcal{R}$. Dann gilt für $K \in \mathcal{K}$ mit $V_n(K) > 0$*

$$\lim_{r \to \infty} \frac{\xi_{rK}}{V_n(rK)} = \mathbb{E}(\xi_{C^n} - \xi_{\partial + C^n} \mid \mathbf{T}) \qquad \mathbb{P}\text{-}f.s.$$

Beweis. Wir gehen zunächst wie im Beweis von Lemma 5.1.2 vor und verwenden auch die dortigen Bezeichnungen. Sei $K \in \mathcal{K}$ und o.B.d.A. $0 \in \text{int } K$ und $K \subset C^n$. Für $z \in \mathbb{Z}^n$ setzen wir

$$\xi_{K,z} := \xi_{K \cap (C^n + z)} - \xi_{K \cap (\partial + C^n + z)}.$$

Dann gilt nach Lemma 5.1.1 für $r > 0$

$$\begin{aligned}
\xi_{rK}(\omega) &= \sum_{z \in \mathbb{Z}^n} \xi_{rK,z}(\omega) \\
&= \sum_{z \in Z_r^1} \xi_{rK,z}(\omega) + \sum_{z \in Z_r^2} \xi_{rK,z}(\omega) \\
&= \sum_{z \in Z_r^1} \xi_{rK,z}(\omega) + \sum_{z \in Z_r^2} [\xi_{C^n}(T_{-z}\omega) - \xi_{\partial + C^n}(T_{-z}(\omega))].
\end{aligned}$$

Gilt (5.12), so erhalten wir wie im Beweis von Satz 5.1.3

$$|\xi_{rK,z}| \leq \left| \xi_{rK \cap (C^n+z)} \right| + \left| \xi_{rK \cap (\partial + C^n + z)} \right| \leq c_n \eta \circ T_{-z},$$

mit einer Konstanten c_n, also

$$\left| \sum_{z \in Z_r^1} \xi_{rK,z}(\omega) \right| \leq c_n \sum_{z \in Z_r^1} \eta(T_{-z}\omega).$$

Nun wenden wir eine Version des individuellen Ergodensatzes an, für die wir auf Tempel'man [1972] (Satz 6.1) verweisen. Ist ζ eine integrierbare Zufallsvariable auf Ω und $(Z_k)_{k \in \mathbb{N}}$ eine aufsteigende Folge von Mengen $Z_k \subset \mathbb{Z}^n$, die gewissen Voraussetzungen genügt, so gilt

$$\lim_{k \to \infty} \frac{1}{|Z_k|} \sum_{z \in Z_k} \zeta(T_{-z}\omega) = \mathbb{E}(\zeta \mid \mathbf{T})(\omega)$$

für $\mathbb{P}$-fast alle $\omega \in \Omega$.

Wir wenden diesen Satz zum einen an auf $\zeta = \eta$ und $Z_k = Z_{r_k}^1 \cup Z_{r_k}^2$ bzw. $Z_k = Z_{r_k}^2$, wo $(r_k)_{k \in \mathbb{N}}$ eine monoton wachsende reelle Folge mit $r_k \to \infty$ ist. Die erforderlichen Voraussetzungen an die Folge $(Z_k)_{k \in \mathbb{N}}$ sind dann jeweils erfüllt. Unter Beachtung von (5.4) erhalten wir

$$\lim_{k \to \infty} \frac{1}{V_n(r_k K)} \sum_{z \in Z_{r_k}^1} \eta(T_{-z}\omega) = 0$$

für $\mathbb{P}$-fast alle ω, also auch

$$\lim_{k \to \infty} \frac{1}{V_n(r_k K)} \sum_{z \in Z_{r_k}^1} \xi_{r_k K,z}(\omega) = 0.$$

Zum anderen ergibt sich für $\zeta = \xi_{C^n} - \xi_{\partial + C^n}$ und $Z_k = Z_{r_k}^2$ und mit dem gerade Bewiesenen

$$\lim_{k \to \infty} \frac{\xi_{r_k K}(\omega)}{V_n(r_k K)} = \lim_{k \to \infty} \frac{1}{V_n(r_k K)} \sum_{z \in Z_{r_k}^2} [\xi_{C^n}(T_{-z}\omega) - \xi_{\partial + C^n}(T_{-z}\omega)]$$

$$= \mathbb{E}(\xi_{C^n} - \xi_{\partial + C^n} \mid \mathbf{T})(\omega)$$

für $\mathbb{P}$-fast alle ω. Damit folgt die Behauptung, und zwar auch für den Grenzübergang $r \to \infty$ (vgl. Tempel'man, *loc. cit.* §8). ∎

Das Quadrupel $(\Omega, \mathbf{A}, \mathbb{P}, \mathcal{T})$, das unseren Überlegungen zugrundeliegt, wird auch als ein *dynamisches System* bezeichnet. Das System heißt *ergodisch*, wenn $\mathbb{P}(A) \in \{0, 1\}$ für alle $A \in \mathbf{T}$ gilt. Im ergodischen Fall gilt

$$\mathbb{E}(\xi_{C^n} - \xi_{\partial + C^n} \mid \mathbf{T}) = \mathbb{E}(\xi_{C^n} - \xi_{\partial + C^n}) \qquad \mathbb{P}\text{-f.s.},$$

der Grenzwert in Satz 5.2.1 ist also fast sicher konstant. Das System $(\Omega, \mathbf{A}, \mathbb{P}, \mathcal{T})$ heißt *mischend*, wenn die Automorphismen $T_x \in \mathcal{T}$ die asymptotische Unabhängigkeitseigenschaft

$$\lim_{\|x\| \to \infty} \mathbb{P}(A \cap T_x B) = \mathbb{P}(A)\mathbb{P}(B) \tag{5.13}$$

für alle $A, B \in \mathbf{A}$ haben. Jedes mischende System ist ergodisch, denn aus (5.13) folgt für $A \in \mathbf{T}$ mit $B = A$ die Gleichung $\mathbb{P}(A) = \mathbb{P}(A)^2$. Das folgende Lemma zeigt, daß man (5.13) nicht für alle $A, B \in \mathbf{A}$ nachprüfen muß.

5.2.2 Lemma. *Das dynamische System* $(\Omega, \mathbf{A}, \mathbb{P}, \mathcal{T})$ *ist mischend, wenn es eine Semialgebra* $\mathbf{A}_0 \subset \mathbf{A}$ *gibt, die* $\mathbf{A}$ *erzeugt, so daß*

$$\lim_{\|x\| \to \infty} \mathbb{P}(A \cap T_x B) = \mathbb{P}(A)\mathbb{P}(B) \tag{5.14}$$

für alle $A, B \in \mathbf{A}_0$ *gilt.*

Beweis. Es gebe eine solche Semialgebra $\mathbf{A}_0$. Die von ihr erzeugte Algebra $\mathbf{A}_1$ besteht aus allen endlichen disjunkten Vereinigungen von Mengen aus $\mathbf{A}_0$. Daher gilt (5.14) auch für $A, B \in \mathbf{A}_1$. Seien nun $A, B \in \mathbf{A}$. Zu $\epsilon > 0$ gibt es dann (Gänssler-Stute [1977], 1.4.12) Elemente $A', B' \in \mathbf{A}_1$ mit $\mathbb{P}(A \triangle A') \leq \epsilon$, $\mathbb{P}(B \triangle B') \leq \epsilon$. Wegen $\mathbb{P}((A \cap B) \triangle (A' \cap B')) \leq \mathbb{P}(A \triangle A') + \mathbb{P}(B \triangle B')$ und der $\mathcal{T}$-Invarianz von $\mathbb{P}$ folgt

$$\mathbb{P}((A \cap T_x B) \triangle (A' \cap T_x B')) \leq 2\epsilon$$

für alle $x \in \mathbb{Z}^n$. Damit ergibt sich

$$|\mathbb{P}(A \cap T_x B) - \mathbb{P}(A)\mathbb{P}(B)| \leq |\mathbb{P}(A' \cap T_x B') - \mathbb{P}(A')\mathbb{P}(B')| + 4\epsilon$$

und hieraus die Behauptung. ∎

Die vorstehenden Betrachtungen wollen wir nun auf konkretere Situationen anwenden. Es sei Z eine stationäre ZAM in $\mathbb{R}^n$. Wir können $(\mathcal{F}, \mathcal{B}(\mathcal{F}), \mathbb{P}_Z)$ als kanonischen Grundraum $(\Omega, \mathbf{A}, \mathbb{P})$ und $\mathcal{T}$ als die Gruppe der gewöhnlichen Gittertranslationen des $\mathbb{R}^n$ wählen. Dabei ist $T_x F := F + x$ für $F \in \mathcal{F}$ und $T_x \in \mathcal{T}$. Wegen der Stationarität von Z ist das W-Maß $\mathbb{P}_Z$ unter allen Translationen $T_x \in \mathcal{T}$ invariant. Wir werden die ZAM Z *mischend* bzw. *ergodisch* nennen, wenn das dynamische System $(\mathcal{F}, \mathcal{B}(\mathcal{F}), \mathbb{P}_Z, \mathcal{T})$ diese Eigenschaft hat. Der folgende Satz drückt die Mischungseigenschaft von Z durch das Kapazitätsfunktional T_Z aus.

5.2.3 Satz. *Die stationäre ZAM* Z *in* $\mathbb{R}^n$ *ist genau dann mischend, wenn*

$$\lim_{\|x\| \to \infty} (1 - T_Z(C_1 \cup T_x C_2)) = (1 - T_Z(C_1))(1 - T_Z(C_2)) \tag{5.15}$$

für alle $C_1, C_2 \in \mathcal{C}$ *gilt.*

Beweis. Das System

$$\mathbf{A}_0 := \left\{ \mathcal{F}_{C_1,\ldots,C_k}^{C_0} : C_0, \ldots, C_k \in \mathcal{C}, k \in \mathbb{N}_0 \right\}$$

ist nach Lemma 2.2.2 eine Semialgebra, die nach Lemma 1.3.1 die σ-Algebra $\mathcal{B}(\mathcal{F})$ erzeugt.

Seien $A, B \in \mathbf{A}_0$, etwa

$$A = \mathcal{F}_{C_1,\ldots,C_p}^{C_0}, \quad B = \mathcal{F}_{D_1,\ldots,D_q}^{D_0}.$$

Zunächst sei $p, q \geq 1$. Mit (2.2) und (2.1) ergibt sich

$$\mathbb{P}_Z(A \cap T_x B)$$

$$= \mathbb{P}_Z \left(\mathcal{F}_{C_1,\ldots,C_p,T_xD_1,\ldots,T_xD_q}^{C_0 \cup T_xD_0} \right)$$

$$= \sum_{r=0}^{p} \sum_{s=0}^{q} (-1)^{r+s-1} \sum_{\substack{0=i_0<i_1<\ldots<i_r\leq p \\ 0=j_0<j_1<\ldots<j_s\leq q}} T_Z \left(\bigcup_{\nu=0}^{r} C_{i_\nu} \cup \bigcup_{\mu=0}^{s} T_x D_{j_\mu} \right)$$

$$= \sum_{r=0}^{p} \sum_{s=0}^{q} (-1)^{r+s} \sum_{\substack{0=i_0<i_1<\ldots<i_r\leq p \\ 0=j_0<j_1<\ldots<j_s\leq q}} \left(1 - T_Z \left(\bigcup_{\nu=0}^{r} C_{i_\nu} \cup T_x \bigcup_{\mu=0}^{s} D_{j_\mu} \right) \right).$$

Gilt also (5.15), so folgt

$$\lim_{\|x\|\to\infty} \mathbb{P}_Z(A \cap T_x B)$$

$$= \sum_{r=0}^{p} \sum_{s=0}^{q} (-1)^{r+s} \sum_{\substack{0=i_0<i_1<\ldots<i_r\leq p \\ 0=j_0<j_1<\ldots<j_s\leq q}} \left(1 - T_Z \left(\bigcup_{\nu=0}^{r} C_{i_\nu} \right) \right) \left(1 - T_Z \left(\bigcup_{\mu=0}^{s} D_{j_\mu} \right) \right)$$

$$= \mathbb{P}_Z(A) \mathbb{P}_Z(B).$$

Analog schließt man, wenn $p = 0$ oder $q = 0$ ist, wobei z.B. $\mathbb{P}(\mathcal{F}^{C_0}) = 1 - T_Z(C_0)$ zu benutzen ist. Aus Lemma 5.2.2 folgt jetzt, daß Z mischend ist. Die Umkehrung ist klar. ∎

Wir bemerken, daß sich Satz 5.2.3 und sein Beweis wörtlich übertragen lassen wenn $\mathbb{R}^n$ durch $E = \mathcal{F}'(\mathbb{R}^n)$ als Grundraum ersetzt wird und die Operation von $\mathcal{T}$ auf $\mathcal{F}(E)$ erklärt wird durch $T_x F := F + x$ (mit $F + x := \{A + x$ $A \in F\}$).

Nun wenden wir Satz 5.2.1 auf die in Satz 5.1.3 vorliegende Situation an. Es sei also Z eine stationäre ZAM mit Werten in $\mathcal{S}$. Ist $\varphi : \mathcal{R} \to \mathbb{R}$ translationsinvariant, additiv, meßbar und bedingt beschränkt und erfüllt Z die Integrierbarkeitsbedingung aus Satz 5.1.3, so ist durch

$$\varphi_K(Z) := \varphi(Z \cap K), \qquad K \in \mathcal{R},$$

ein additiver, $\mathcal{T}$-kovarianter und beschränkter stochastischer Prozeß mit Parameterraum $\mathcal{R}$ gegeben. Die $\mathcal{T}$-Kovarianz von $(\varphi_K)_{K \in \mathcal{R}}$ ergibt sich aus der Translationsinvarianz von φ, und die Beschränktheit folgt aus der Integrierbarkeitsbedingung an Z und weil φ bedingt beschränkt ist. Wir erhalten somit aus Satz 5.2.1 das folgende Resultat.

5.2.4 Satz. *Sei Z eine stationäre ZAM mit Werten in $\mathcal{S}$ und mit*

$$\mathbb{E}\, 2^{N(Z \cap C^n)} < \infty.$$

Sei $\varphi : \mathcal{R} \to \mathbb{R}$ translationsinvariant, additiv, meßbar und bedingt beschränkt. Für $K \in \mathcal{K}$ mit $V_n(K) > 0$ existiert dann

$$\overline{\varphi}(Z, \omega) := \lim_{r \to \infty} \frac{\varphi(Z(\omega) \cap rK)}{V_n(rK)}$$

für $\mathbb{P}$-fast alle $\omega \in \Omega$, und dieser Grenzwert ist unabhängig von K. Ferner gilt

$$\overline{\varphi}(Z, \cdot) = \mathbb{E}_Z(\tilde{\varphi} \mid \mathbf{T}) \qquad \mathbb{P}\text{-f.s.,}$$

wo $\tilde{\varphi}(S) := \varphi(S \cap C^n) - \varphi(S \cap \partial^+ C^n)$ für $S \in \mathcal{S}$ und $\mathbb{E}_Z(\tilde{\varphi} \mid \mathbf{T})$ die bedingte Erwartung von $\tilde{\varphi}$ bezüglich $\mathbb{P}_Z$ ist.

Ist Z ergodisch, so gilt

$$\overline{\varphi}(Z, \cdot) = \overline{\varphi}(Z) \qquad \mathbb{P}\text{-f.s.}$$

Die letzte Behauptung folgt daraus, daß im ergodischen Fall $\mathbb{P}$-f.s.

$$\overline{\varphi}(Z, \cdot) = \mathbb{E}_Z(\tilde{\varphi}) = \mathbb{E}[\varphi(Z \cap C^n) - \varphi(Z \cap \partial^+ C^n)]$$

gilt und dies nach Satz 5.1.3 gerade $\overline{\varphi}(Z)$ ist.

Auch auf die in Satz 5.1.4 vorliegende Situation läßt sich Satz 5.2.1 anwenden. Es sei X ein stationärer Partikelprozeß im $\mathbb{R}^n$, also ein stationärer Punktprozeß in $\mathcal{F}'$, der auf $\mathcal{C}'$ konzentriert ist. Wir betrachten das dynamische System $(\mathsf{N}, \mathcal{N}, \mathbb{P}_X, \mathcal{T})$ mit $\mathsf{N} = \mathsf{N}(\mathcal{F}'(\mathbb{R}^n))$, $\mathcal{N} = \mathcal{N}(\mathcal{F}'(\mathbb{R}^n))$, wo $\mathbb{P}_X$ die Verteilung von X und $\mathcal{T} = \{T_x : x \in \mathbb{Z}^n\}$ erklärt ist durch $(T_x\eta)(A) := \eta(A - x)$ für $A \in \mathcal{B}(\mathcal{F}')$ und $\eta \in \mathbb{N}$. Wegen der Stationarität von X ist $\mathbb{P}_X$ invariant unter den Abbildungen $T_x \in \mathcal{T}$. Der Partikelprozeß X wird *mischend* bzw. *ergodisch* genannt, wenn das dynamische System $(\mathbb{N}, \mathcal{N}, \mathbb{P}_X, \mathcal{T})$ diese Eigenschaft hat.

Jetzt mögen X und das Funktional φ die Voraussetzungen in Satz 5.1.4 erfüllen. Dann wird durch

$$\varphi_K(X) := \sum_{C \in X} \varphi(C \cap K), \qquad K \in \mathcal{R},$$

ein additiver, $\mathcal{T}$-kovarianter und beschränkter stochastischer Prozeß mit Parameterraum $\mathcal{R}$ erklärt. Dies folgt ähnlich wie oben, ebenso das folgende Ergebnis.

5.2.5 Satz. *Sei X ein stationärer Partikelprozeß im $\mathbb{R}^n$ mit Partikeln in $\mathcal{R}$ und mit Formverteilung $\mathbb{P}_0$, die (5.7) erfüllt. Sei $\varphi : \mathcal{R} \to \mathbb{R}$ translationsinvariant, additiv, meßbar und bedingt beschränkt. Für $K \in \mathcal{K}$ mit $V_n(K) > 0$ existiert dann*

$$\overline{\varphi}(X, \omega) := \lim_{r \to \infty} \frac{1}{V_n(rK)} \sum_{C \in X(\omega)} \varphi(C \cap rK)$$

für $\mathbb{P}$-fast alle $\omega \in \Omega$, und dieser Grenzwert ist unabhängig von K. Ferner gilt

$$\overline{\varphi}(X, \cdot) = \mathbb{E}_X(\check{\varphi} \mid \mathbf{T}) \qquad \mathbb{P}\text{-f.s.,}$$

wo $\check{\varphi}$ die durch

$$\check{\varphi}(\eta) := \sum_{C \in \operatorname{supp} \eta} [\varphi(C \cap C^n) - \varphi(C \cap \partial^+ C^n)], \qquad \eta \in \mathbb{N},$$

erklärte Funktion und $\mathbb{E}_X(\check{\varphi} \mid \mathbf{T})$ die bedingte Erwartung von $\check{\varphi}$ bezüglich $\mathbb{P}_X$ ist.

Ist X ergodisch, so gilt

$$\overline{\varphi}(X, \cdot) = \overline{\varphi}(X) \qquad \mathbb{P}\text{-f.s.}$$

Wir wollen nun zumindest für die wichtigsten Beispiele von stationären zufälligen Mengen bzw. Partikelprozessen zeigen, daß sie mischend und damit ergodisch sind.

5.2.6 Satz. *Stationäre Boolesche Modelle sind mischend.*

Beweis. Für das stationäre Boolesche Modell Z mit Intensität γ und Formverteilung $\mathbb{P}_0$ ist das Kapazitätsfunktional nach Satz 4.4.4 gegeben durch

$$1 - T_Z(C) = e^{-\gamma \int_{C_0} V_n(K^* + C)\, d\mathbb{P}_0(K)}, \qquad C \in \mathcal{C}.$$

Für $C_1, C_2 \in \mathcal{C}$ gilt

$$V_n(K^* + (C_1 \cup T_x C_2)) = V_n((K^* + C_1) \cup (K^* + C_2 + x)).$$

Für gegebenes $K \in \mathcal{C}_0$ und genügend großes $\|x\|$ ist $(K^* + C_1) \cap (K^* + C_2 + x) = \emptyset$, also gilt

$$\lim_{\|x\| \to \infty} V_n(K^* + (C_1 \cup T_x C_2)) = V_n(K^* + C_1) + V_n(K^* + C_2).$$

Ferner ist

$$V_n(K^* + (C_1 \cup T_x C_2)) \le V_n(K^* + C_1) + V_n(K^* + C_2).$$

Mit dem Satz von der beschränkten Konvergenz folgt nun (5.15) und damit die Behauptung. ∎

Insbesondere können jetzt für ein stationäres Boolesches Modell Z mit Körnern in $\mathcal{R}$ die Quermaßdichten als ergodische Dichten gedeutet werden. Dabei ist im Falle konvexer Körner die Integrierbarkeitsvoraussetzung in Satz 5.2.4 sogar automatisch erfüllt, denn für den Z erzeugenden Poissonschen Partikelprozeß X gilt für $K \in \mathcal{K}$

$$\mathbb{E}\, 2^{N(Z \cap K)} \le \mathbb{E}\, 2^{X(\mathcal{F}_K)} = \sum_{k=0}^{\infty} 2^k e^{-\Theta(\mathcal{F}_K)} \frac{\Theta(\mathcal{F}_K)^k}{k!} = e^{\Theta(\mathcal{F}_K)} < \infty.$$

Für jeden konvexen Körper $K \in \mathcal{K}$ mit $V_n(K) > 0$ und für $j = 0, \dots, n$ ergibt sich also aus den Sätzen 5.2.4 und 5.2.6

$$\overline{V}_j(Z) = \lim_{r \to \infty} \frac{V_j(Z \cap rK)}{V_n(rK)} \qquad \mathbb{P}\text{-f.s.} \tag{5.16}$$

Ein Gegenstück zu Satz 5.2.6 gilt auch für Partikelprozesse.

5.2.7 Satz. *Stationäre Poissonsche Partikelprozesse im $\mathbb{R}^n$ sind mischend.*

Beweis. Zu dem stationären Poissonschen Partikelprozeß X betrachten wir wie vor Satz 5.2.5 das dynamische System $(\mathsf{N}(E), \mathcal{N}(E), \mathbb{P}_X, \mathcal{T})$ mit dem

Grundraum $E = \mathcal{F}'(\mathbb{R}^n)$. Nach Satz 3.1.2 wird durch $Z := \operatorname{supp} X$ eine lokalendliche ZAM in E definiert. Für $T_x \in \mathcal{T}$ und $F \in \mathcal{F}(E)$ erklären wir $T_x F := F + x$ (mit $F + x := \{A + x : A \in F\}$). Wir zeigen, daß das dynamische System $(\mathcal{F}(E), \mathcal{B}(\mathcal{F}(E)), \mathbb{P}_Z, \mathcal{T})$ mischend ist. Da die Operationen von $\mathcal{T}$ auf $\mathsf{N}(E)$ bzw. $\mathcal{F}(E)$ mit der Abbildung $i : \eta \mapsto \operatorname{supp} \eta$ aus Satz 3.1.2 vertauschbar sind, folgt daraus, daß auch $(\mathsf{N}(E), \mathcal{N}(E), \mathbb{P}_X, \mathcal{T})$ mischend ist, also die Behauptung.

Wie nach dem Beweis von Satz 5.2.3 bemerkt, gilt dieser Satz auch für $\mathcal{F}'(\mathbb{R}^n)$ statt $\mathbb{R}^n$. In dieser Form wird er im folgenden benutzt.

Das Kapazitätsfunktional der ZAM Z ist gegeben durch

$$T_Z(C) = \mathbb{P}(C \cap \operatorname{supp} X \neq \emptyset) = \mathbb{P}(X(C) \neq 0)$$

für $C \in \mathcal{C}(E)$. Bezeichnet Θ das Intensitätsmaß des Poissonprozesses X, so ist also

$$1 - T_Z(C) = e^{-\Theta(C)}. \tag{5.17}$$

Um damit (5.15) (in der verallgemeinerten Form) nachzuweisen, seien $C_1, C_2 \in \mathcal{C}(E)$, also kompakte Teilmengen von $\mathcal{F}'(\mathbb{R}^n)$. Es gibt (nach dem Beweis von Lemma 2.3.2) kompakte Teilmengen K_1, K_2 von $\mathbb{R}^n$ mit $C_i \subset \mathcal{F}_{K_i}$, $i = 1, 2$. Für $x \in \mathbb{Z}^n$ ist $T_x C_2 \subset \mathcal{F}_{K_2 + x}$, also

$$\Theta(C_1 \cap T_x C_2) \leq \Theta(\mathcal{F}_{K_1, K_2 + x})$$
$$= \gamma \int_{\mathcal{C}_0} \int_{\mathbb{R}^n} \mathbf{1}_{\mathcal{F}_{K_1, K_2 + x}}(C + t)\, d\lambda(t)\, d\mathbb{P}_0(C)$$

nach Satz 4.2.2. Für gegebenes $C \in \mathcal{C}_0$ und genügend großes $\|x\|$ gibt es kein t mit $(C + t) \cap K_1 \neq \emptyset$ und $(C + t) \cap (K_2 + x) \neq \emptyset$. Es gilt also

$$\lim_{\|x\| \to \infty} \int_{\mathbb{R}^n} \mathbf{1}_{\mathcal{F}_{K_1, K_2 + x}}(C + t)\, d\lambda(t) = 0.$$

Ferner ist

$$\int_{\mathbb{R}^n} \mathbf{1}_{\mathcal{F}_{K_1, K_2 + x}}(C + t)\, d\lambda(t) \leq V_n(K_1 + C^*),$$

und die Funktion $C \mapsto V_n(K_1 + C^*)$ ist $\mathbb{P}_0$-integrierbar nach (4.17). Mit dem Satz von der beschränkten Konvergenz folgt

$$\lim_{\|x\| \to \infty} \Theta(C_1 \cap T_x C_2) = 0$$

und daher

$$\lim_{\|x\| \to \infty} e^{-\Theta(C_1 \cup T_x C_2)} = e^{-\Theta(C_1)} e^{-\Theta(C_2)}.$$

Aus (5.17) und Satz 5.2.3 folgt jetzt die Behauptung. ∎

Ist X speziell ein stationärer Poissonscher Partikelprozeß in $\mathcal{R}$, der (5.7) erfüllt, so ergibt sich für $K \in \mathcal{K}$ mit $V_n(K) > 0$

$$\overline{V}_j(X) = \lim_{r \to \infty} \frac{1}{V_n(rK)} \sum_{C \in X} V_j(C \cap rK) \qquad \mathbb{P}\text{-f.s.} \qquad (5.18)$$

5.3 Stereologische Schnittformeln

In diesem Abschnitt geht es um Fragen der folgenden Art. Die Realisierungen $Z(\omega)$ einer stationären zufälligen $\mathcal{S}$-Menge Z mögen in einem „Fenster", d.h. einer kompakten konvexen Menge K mit $V_n(K) > 0$, beobachtet werden. Die gemessenen Werte $V_k(Z(\omega) \cap K)/V_n(K)$ sollen dann zur Schätzung der Quermaßdichte $\overline{V}_j(Z)$ benutzt werden, $k, j \in \{0, \ldots, n\}$. Es ist offensichtlich, daß $V_j(Z \cap K)/V_n(K)$ im allgemeinen von K abhängen wird, also kein erwartungstreuer Schätzer für $\overline{V}_j(Z)$ sein kann. Im Hinblick auf erwartungstreue Schätzer ergibt sich zunächst die Aufgabe, den Erwartungswert von $V_j(Z \cap K)$ zu bestimmen. Wenn wir zusätzlich noch die Isotropie fordern, ist das mit den kinematischen Formeln der Integralgeometrie möglich. Aus der erhaltenen Serie von Erwartungswerten lassen sich dann auch erwartungstreue Schätzer für die Quermaßdichten gewinnen. Analoge Probleme und Aussagen ergeben sich für Schnitte mit niederdimensionalen Ebenen und für Partikelprozesse.

Zunächst übertragen wir die kinematische Hauptformel (Satz 7.1.1) auf eine stationäre und isotrope ZAM mit Werten in $\mathcal{S}$. Die in der Integrierbarkeitsbedingung des folgenden Satzes auftretende Größe N wurde vor Lemma 4.4.1 erklärt.

5.3.1 Satz. *Sei Z eine stationäre und isotrope ZAM im $\mathbb{R}^n$ mit Werten in $\mathcal{S}$, und sei*

$$\mathbb{E}\, 2^{N(Z \cap C^n)} < \infty.$$

Dann gilt

$$\mathbb{E} V_j(Z \cap K) = \sum_{k=j}^{n} \alpha_{njk} V_k(K) \overline{V}_{n+j-k}(Z)$$

für $j \in \{0, \ldots, n\}$ und $K \in \mathcal{K}$. (Die Koeffizienten α_{njk} sind durch (7.6) gegeben.)

Beweis. Sei $K \in \mathcal{K}$ und $j \in \{0, \ldots, n\}$. Die Funktion

$$\mathbb{R}^n \times SO_n \times \Omega \quad \to \qquad\qquad \mathbb{R}$$
$$(x, \vartheta, \omega) \quad \mapsto \quad V_j(Z(\omega) \cap K \cap (\vartheta B^n + x))$$

ist integrierbar in bezug auf das Produktmaß $\lambda \otimes \nu \otimes \mathbb{P}$. Wegen $\mathbb{E}2^{N(Z \cap C^n)} < \infty$ ergibt sich das zunächst unter der Voraussetzung $K \subset C^n$ wie im Beweis von Satz 5.1.3. Für allgemeines $K \in \mathcal{K}$ folgt es dann unter Verwendung der E-A-Formel aus

$$\int \int \int |V_j(Z(\omega) \cap K \cap (C^n + z) \cap (\vartheta B^n + x)|\, d\lambda(x)\, d\nu(\vartheta)\, d\mathbb{P}(\omega)$$

$$= \int \int \int |V_j(Z(\omega) \cap (K - z) \cap C^n \cap (\vartheta B^n + x - z)|\, d\lambda(x)\, d\nu(\vartheta)\, d\mathbb{P}(\omega)$$

$$= \int \int \int |V_j(Z(\omega) \cap (K - z) \cap C^n \cap (\vartheta B^n + x)|\, d\lambda(x)\, d\nu(\vartheta)\, d\mathbb{P}(\omega)$$

$$< \infty.$$

Wegen der Bewegungsinvarianz von V_j und der Stationarität und Isotropie von Z ist für $\vartheta \in SO_n$, $x \in \mathbb{R}^n$ und $r > 0$

$$\mathbb{E}V_j(Z \cap K \cap (\vartheta r B^n + x))$$

$$= \mathbb{E}V_j(\vartheta^{-1}(Z - x) \cap \vartheta^{-1}(K - x) \cap r B^n)$$

$$= \mathbb{E}V_j(Z \cap \vartheta^{-1}(K - x) \cap r B^n).$$

Mit dem Satz von Fubini (und den Invarianzeigenschaften von λ und ν) erhalten wir

$$\mathbb{E} \int_{SO_n} \int_{\mathbb{R}^n} V_j(Z \cap K \cap (\vartheta r B^n + x))\, d\lambda(x)\, d\nu(\vartheta)$$

$$= \mathbb{E} \int_{SO_n} \int_{\mathbb{R}^n} V_j(Z \cap (\vartheta K + x) \cap r B^n)\, d\lambda(x)\, d\nu(\vartheta).$$

Anwendung der kinematischen Hauptformel (Satz 7.1.1) auf beide Seiten ergibt

$$\sum_{k=j}^{n} \alpha_{njk} \mathbb{E}V_k(Z \cap K) V_{n+j-k}(r B^n) = \sum_{k=j}^{n} \alpha_{njk} V_k(K) \mathbb{E}V_{n+j-k}(Z \cap r B^n).$$

Wir dividieren beide Seiten durch $V_n(r B^n)$. Mit $r \to \infty$ konvergiert dann wegen $V_m(r B^n) = r^m V_m(B^n)$ (und $\alpha_{njj} = 1$) die linke Seite gegen

$$\mathbb{E}V_j(Z \cap K),$$

die rechte Seite nach Satz 5.1.3 gegen

$$\sum_{k=j}^{n} \alpha_{njk} V_k(K) \overline{V}_{n+j-k}(Z).$$

∎

Ist in Satz 5.3.1 das Fenster K eine Kugel, so können wir auf die Isotropie von Z verzichten. Es ist nämlich für stationäres Z

$$\mathbb{E} V_j(Z \cap B^n \cap (\vartheta r B^n + x)) = \mathbb{E} V_j(Z \cap (\vartheta B^n - x) \cap r B^n),$$

und wir können wie oben weiterschließen. Wir wollen das Resultat als Korollar festhalten. Es kann noch mit der Formel (7.5), also

$$V_k(B^n) = \binom{n}{k} \frac{\kappa_n}{\kappa_{n-k}}, \qquad k = 0, \ldots, n,$$

vereinfacht werden.

5.3.2 Korollar. *Ist Z eine stationäre ZAM im $\mathbb{R}^n$ mit Werten in S und mit*

$$\mathbb{E}\, 2^{N(Z \cap C^n)} < \infty,$$

so gilt

$$\mathbb{E} V_j(Z \cap B^n) = \sum_{k=j}^n \alpha_{njk} V_k(B^n) \overline{V}_{n+j-k}(Z)$$

für $j \in \{0, \ldots, n\}$.

Für $j = n$ reduziert sich die Aussage von Satz 5.3.1 auf die Gleichung

$$\mathbb{E} V_n(Z \cap K) = V_n(K) \overline{V}_n(Z), \tag{5.19}$$

die nach (1.8) für beliebige stationäre ZAM gilt.

Im Fall $j = n - 1$ erhalten wir die für Anwendungen wichtige Formel

$$\mathbb{E} V_{n-1}(Z \cap K) = V_{n-1}(K) \overline{V}_n(Z) + V_n(K) \overline{V}_{n-1}(Z) \tag{5.20}$$

für die *Oberflächendichte*, denn $2V_{n-1}$ ist auf dem Konvexring die Oberfläche (in dem in Kapitel 7 erläuterten Sinn). Diese Gleichung läßt sich, da auch auf dem Konvexring noch $V_{n-1} \geq 0$ gilt, ebenfalls unter schwächeren Voraussetzungen zeigen; dabei ergibt sich auch die Existenz der (möglicherweise unendlichen) Oberflächendichte ohne Integrierbarkeitsvoraussetzungen.

5.3.3 Satz. *Sei Z eine stationäre ZAM im $\mathbb{R}^n$ mit Werten in S. Dann existiert (in $\mathbb{R} \cup \{\infty\}$) der Grenzwert*

$$\overline{V}_{n-1}(Z) := \lim_{r \to \infty} \frac{\mathbb{E} V_{n-1}(Z \cap r M)}{V_n(r M)}$$

für alle konvexen Körper $M \in \mathcal{K}$ mit $V_n(M) > 0$, und für $K \in \mathcal{K}$ mit $V_n(K) > 0$ gilt

$$\mathbb{E}V_{n-1}(Z \cap K) = V_{n-1}(K)\overline{V}_n(Z) + V_n(K)\overline{V}_{n-1}(Z).$$

Beweis. Da die Funktion $(\omega, x) \mapsto V_{n-1}(Z(\omega) \cap K \cap (M + x))$ meßbar und nichtnegativ ist, gilt wegen der Translationsinvarianz von V_{n-1} und der Stationarität von Z mit dem Satz von Fubini

$$\mathbb{E} \int_{\mathbb{R}^n} V_{n-1}(Z \cap K \cap (M + x)) \, d\lambda(x)$$

$$= \mathbb{E} \int_{\mathbb{R}^n} V_{n-1}(Z \cap (K + x) \cap M) \, d\lambda(x).$$

Anwendung der translativen Integralformel (7.10) auf beide Seiten ergibt

$$\mathbb{E}V_n(Z \cap K)V_{n-1}(M) + \mathbb{E}V_{n-1}(Z \cap K)V_n(M)$$

$$= V_{n-1}(K)\mathbb{E}V_n(Z \cap M) + V_n(K)\mathbb{E}V_{n-1}(Z \cap M)$$

$$= V_{n-1}(K)V_n(M)\overline{V}_n(Z) + V_n(K)\mathbb{E}V_{n-1}(Z \cap M)$$

nach (5.19). Wir ersetzen M durch rM, $r > 0$, und dividieren beide Seiten durch $V_n(rM)$. Für $r \to \infty$ konvergiert die linke Seite gegen $\mathbb{E}V_{n-1}(Z \cap K)$. Daraus folgen die Behauptungen des Satzes. ∎

Wir werden noch eine Verallgemeinerung von Satz 5.3.3 für lokale Oberflächendichten beweisen, allerdings erst später (Satz 5.3.10), um die Behandlung der Quermaßdichten nicht zu unterbrechen.

Wir kommen nun zur Interpretation von Satz 5.3.1. Dieser Satz gibt den Fehler an, den man macht, wenn man Z in einem Fenster $K \in \mathcal{K}$ mit $V_n(K) > 0$ beobachtet und $\overline{V}_j(Z)$ durch $V_j(Z(\omega) \cap K)/V_n(K)$ schätzt. Wegen

$$\frac{\mathbb{E}V_j(Z \cap K)}{V_n(K)} = \overline{V}_j(Z) + \frac{1}{V_n(K)} \sum_{k=j}^{n-1} \alpha_{njk} V_k(K)\overline{V}_{n+j-k}(Z)$$

geht der mittlere Fehler für große K gegen 0, der Schätzer

$$V_j(Z(\omega) \cap K)/V_n(K)$$

ist also asymptotisch erwartungstreu. Man erhält aber aus Satz 5.3.1 auch einen erwartungstreuen Schätzer, indem man das Gleichungssystem

$$\mathbb{E}V_j(Z \cap K) = \sum_{k=j}^{n} \alpha_{njk} V_k(K)\overline{V}_{n+j-k}(Z), \qquad j = 0, \dots, n,$$

nach $\overline{V}_0(Z), \ldots, \overline{V}_n(Z)$ auflöst. Da die Koeffizientenmatrix Dreiecksgestalt hat, ist dies einfach. Aus

$$\overline{V}_i(Z) = \sum_{m=i}^{n} \beta_{nim}(K)\mathbb{E}V_m(Z \cap K) = \mathbb{E}\left(\sum_{m=i}^{n} \beta_{nim}(K)V_m(Z \cap K)\right)$$

erhält man den erwartungstreuen Schätzer

$$\sum_{m=i}^{n} \beta_{nim}(K)V_m(Z \cap K).$$

Zum Beispiel ergibt sich im Fall $n = 2$:

$$\begin{aligned}
\mathbb{E}A(Z \cap K) &= A(K)\overline{A}(Z), \\
\mathbb{E}U(Z \cap K) &= A(K)\overline{U}(Z) + U(K)\overline{A}(Z), \\
\mathbb{E}\chi(Z \cap K) &= A(K)\overline{\chi}(Z) + \frac{1}{2\pi}U(K)\overline{U}(Z) + \chi(K)\overline{A}(Z)
\end{aligned}$$

(wo $\chi(K) = 1$ ist), also

$$\begin{aligned}
\overline{A}(Z) &= \mathbb{E}\frac{A(Z \cap K)}{A(K)}, \\
\overline{U}(Z) &= \mathbb{E}\left[\frac{U(Z \cap K)}{A(K)} - \frac{U(K)A(Z \cap K)}{A(K)^2}\right], \\
\overline{\chi}(Z) &= \mathbb{E}\left[\frac{\chi(Z \cap K)}{A(K)} - \frac{1}{2\pi}\frac{U(K)U(Z \cap K)}{A(K)^2} \right. \\
&\qquad \left. + \left(\frac{1}{2\pi}\frac{U(K)^2}{A(K)^3} - \frac{1}{A(K)^2}\right)A(Z \cap K)\right].
\end{aligned}$$

Der angegebene Schätzer für $\overline{U}(Z)$ kann auch negative Werte annehmen.

Aus Satz 5.3.1 erhalten wir auch sofort eine Crofton-Formel für zufällige Mengen. In den folgenden Sätzen kommen mehrmals ZAM und Partikelprozesse in einem affinen Unterraum E vor. Stationarität und Isotropie beziehen sich dann auf E, und die Quermaßdichten $\overline{V}_j$ sind in E zu berechnen.

5.3.4 Satz. *Sei Z eine stationäre und isotrope ZAM im $\mathbb{R}^n$ mit Werten in $\mathcal{S}$, und sei*

$$\mathbb{E}\,2^{N(Z \cap C^n)} < \infty.$$

Sei $E \in \mathcal{E}_k^n$, $k \in \{0,\ldots,n-1\}$ und $j \in \{0,\ldots,k\}$. Dann ist $Z \cap E$ bezüglich E eine stationäre und isotrope ZAM, und es gilt

$$\overline{V}_j(Z \cap E) = \alpha_{njk} \overline{V}_{n+j-k}(Z).$$

Beweis. Es ist zunächst klar, daß $Z \cap E$ bezüglich E wieder eine stationäre und isotrope ZAM (mit Werten in $\mathcal{S}$) ist und daß $Z \cap E$ die Integrabilitätsbedingung erfüllt, so daß $\overline{V}_j(Z \cap E)$ existiert. Sei nun $K \in \mathcal{K}$, $K \subset E$, $V_k(K) > 0$. Nach Satz 5.3.1 gilt dann

$$\mathbb{E}V_j(Z \cap K) = \sum_{m=j}^{k} \alpha_{njm} V_m(K) \overline{V}_{n+j-m}(Z), \qquad (5.21)$$

wobei m wegen $V_m(K) = 0$ für $m > k$ nur bis k läuft. Wegen der Stationarität von Z können wir $0 \in E$, also $rK \subset E$ für $r > 0$, annehmen. Wir ersetzen in (5.21) K durch rK und dividieren die Gleichung durch $V_k(rK)$. Für $r \to \infty$ ergibt sich auf der linken Seite wegen $V_j(Z \cap rK) = V_j(Z \cap E \cap rK)$ (und da die inneren Volumina nicht von der Dimension des umgebenden Raumes abhängen) nach Definition die Dichte $\overline{V}_j(Z \cap E)$; die rechte Seite konvergiert gegen $\alpha_{njk} \overline{V}_{n+j-k}(Z)$. ∎

Die Interpretation dieses Satzes ist einfach. Im Anschluß an Satz 5.3.3 hatten wir gesehen, wie die Quermaßdichten einer ZAM asymptotisch erwartungstreu oder sogar erwartungstreu geschätzt werden können. Wird eine ZAM Z in einem niederdimensionalen Schnitt $Z \cap E$ beobachtet, so erhalten wir also Schätzer von $\overline{V}_j(Z \cap E)$. Diese sind aber nach Satz 5.3.4 zugleich erwartungstreue bzw. asymptotisch erwartungstreue Schätzer der n-dimensionalen Größe $\alpha_{njk} \overline{V}_{n+j-k}(Z)$.

Wir betrachten als Beispiel den Fall $n = 3$, $k = 2$. Für die dreidimensionalen Größen $\overline{V}$ (Volumendichte), $\overline{S}$ (Oberflächendichte), $\overline{b}$ (Dichte der mittleren Breite) und die zweidimensionalen Größen $\overline{A}$ (Flächendichte), $\overline{U}$ (Randlängendichte), $\overline{\chi}$ (Dichte der Eulerschen Charakteristik) ergeben sich die Gleichungen:

$$\overline{A}(Z \cap E) = \overline{V}(Z), \qquad (5.22)$$

$$\overline{U}(Z \cap E) = \frac{\pi}{4}\overline{S}(Z), \qquad (5.23)$$

$$\overline{\chi}(Z \cap E) = \overline{b}(Z). \qquad (5.24)$$

Natürlich kann man weiter gehen und $\overline{A}(Z \cap E)$ wieder durch $\overline{L}(Z \cap E \cap G) = \overline{L}(Z \cap G)$, G Gerade (in E), schätzen, usw. Man beachte aber, daß $\overline{\chi}(Z)$ mittels der Crofton-Formel nicht geschätzt werden kann!

Nun betrachten wir Partikelprozesse. Dabei beschränken wir uns auf konvexe Partikel, obwohl die Ergebnisse bei passenden Integrierbarkeitsvoraussetzungen auch für Punktprozesse im Konvexring $\mathcal{R}$ gelten. Im Fall konvexer Partikel können wir aber auf Integrierbarkeitsbedingungen, die über (4.17) hinausgehen, verzichten.

5.3.5 Satz. *Sei X ein stationärer und isotroper Prozeß konvexer Partikel im $\mathbb{R}^n$, sei $j \in \{0, \ldots, n\}$ und $K \in \mathcal{K}$. Dann gilt*

$$\mathbb{E} \sum_{M \in X} V_j(M \cap K) = \sum_{k=j}^{n} \alpha_{njk} V_k(K) \overline{V}_{n+j-k}(X). \qquad (5.25)$$

Beweis. Mit dem Campbellschen Satz 3.1.5 und Satz 4.2.2 erhalten wir

$$\mathbb{E} \sum_{M \in X} V_j(M \cap K) = \gamma \int_{\mathcal{K}_0} \int_{\mathbb{R}^n} V_j((M+x) \cap K) \, d\lambda(x) \, d\mathbb{P}_0(M),$$

wo γ und $\mathbb{P}_0$ die Intensität bzw. Formverteilung von X bezeichnen. Hier können wir (wie im Beweis des letzten Teils von Satz 4.4.4) M durch ϑM ersetzen und dann nach ϑ über SO_n mit dem invarianten Maß ν integrieren. Mit dem Satz von Fubini und der kinematischen Hauptformel (Satz 7.1.1) ergibt sich

$$\mathbb{E} \sum_{M \in X} V_j(M \cap K)$$

$$= \gamma \int_{\mathcal{K}_0} \int_{SO_n} \int_{\mathbb{R}^n} V_j((\vartheta M + x) \cap K) \, d\lambda(x) \, d\nu(\vartheta) \, d\mathbb{P}_0(M)$$

$$= \sum_{k=j}^{n} \alpha_{njk} V_k(K) \gamma \int_{\mathcal{K}_0} V_{n+j-k}(M) \, d\mathbb{P}_0(M)$$

$$= \sum_{k=j}^{n} \alpha_{njk} V_k(K) \overline{V}_{n+j-k}(X). \qquad \blacksquare$$

Wir bemerken, daß man aus (5.25) für $V_n(K) > 0$ die Relation

$$\overline{V}_j(X) = \lim_{r \to \infty} \frac{1}{V_n(rK)} \mathbb{E} \sum_{M \in X} V_j(M \cap rK) \qquad (5.26)$$

erhält. Nach Satz 5.1.4 (wo sich für konvexe Partikel die Integrierbarkeitsvoraussetzung auf (4.17) reduziert) gilt sie sogar für allgemeinere Funktionale.

Für $j = n$ und $j = n - 1$ erhalten wir in Analogie zu (5.19) und (5.20) die Gleichungen

$$\mathbb{E} \sum_{M \in X} V_n(M \cap K) = V_n(K)\overline{V}_n(X) \qquad (5.27)$$

und

$$\mathbb{E} \sum_{M \in X} V_{n-1}(M \cap K) = V_{n-1}(K)\overline{V}_n(X) + V_n(K)\overline{V}_{n-1}(X). \qquad (5.28)$$

Da hierbei (7.9) und (7.10) verwendet werden können, genügt die Forderung der Stationarität; Isotropie ist also nicht erforderlich. Der Beweis verläuft wie oben, wobei die Integration über die Drehgruppe entfällt. Gleichung (5.27) läßt sich noch verallgemeinern. Bei einem stationären Prozeß X konvexer Partikel wird durch

$$\mu(B) := \mathbb{E} \sum_{M \in X} \lambda(M \cap B) \qquad \text{für } B \in \mathcal{B}(\mathbb{R}^n)$$

ein translationsinvariantes Maß μ erklärt. Wegen (5.27) und $\overline{V}_n(X) < \infty$ ist μ lokalendlich, und es gilt $\mu = \overline{V}_n(X)\lambda$. In Analogie zu (1.8) gilt also

$$\overline{V}_n(X) = \frac{\mathbb{E} \sum_{M \in X} \lambda(M \cap B)}{\lambda(B)}$$

für jede Borelmenge $B \in \mathcal{B}(\mathbb{R}^n)$ mit $0 < \lambda(B) < \infty$.

Wie im Beweis von Satz 5.3.5 ersichtlich, kann die zusätzliche Integration über die Drehgruppe SO_n auch erfolgen, wenn statt der Isotropie von X die Rotationsinvarianz der Menge K gefordert wird, wenn also K eine Kugel ist. In Analogie zu Satz 5.3.2 erhält man so die folgende Aussage.

5.3.6 Korollar. *Sei X ein stationärer Prozeß konvexer Partikel im $\mathbb{R}^n$ und $j \in \{0, \ldots, n-1\}$. Dann gilt*

$$\mathbb{E} \sum_{M \in X} V_j(M \cap B^n) = \sum_{k=j}^{n} \alpha_{njk} V_k(B^n)\overline{V}_{n+j-k}(X),$$

insbesondere ist

$$\overline{V}_j(X) = \lim_{r \to \infty} \frac{1}{r^n \kappa_n} \mathbb{E} \sum_{M \in X} V_j(M \cap rB^n). \qquad (5.29)$$

Analog zu Satz 5.3.4 gilt die folgende Crofton-Formel für Partikelprozesse. Um den für Partikelprozesse bisher gewählten Rahmen nicht zu verlassen, müssen die sich ergebenden Schnittprozesse $X \cap E$ als einfach vorausgesetzt werden. Die Aussage läßt sich aber leicht auf den allgemeinen Fall übertragen.

5.3.7 Satz. *Sei X ein stationärer und isotroper Prozeß konvexer Partikel im $\mathbb{R}^n$; sei $E \in \mathcal{E}_k^n$, $k \in \{0, \ldots, n-1\}$ und $j \in \{0, \ldots, k\}$. Dann ist $X \cap E$ bezüglich E ein stationärer und isotroper Prozeß konvexer Partikel, und es gilt*

$$\overline{V}_j(X \cap E) = \alpha_{njk}\overline{V}_{n+j-k}(X).$$

Beweis. Zunächst ist wieder klar, daß $X \cap E$ bezüglich E ein stationärer und isotroper Prozeß konvexer Partikel ist. Sei $K \in \mathcal{K}$, $K \subset E$, $V_k(K) > 0$ und o.B.d.A. $0 \in K$. Nach Satz 5.3.5 und wegen $V_m(K) = 0$ für $m > k$ gilt

$$\mathbb{E} \sum_{M' \in X \cap E} V_j(M' \cap K) = \mathbb{E} \sum_{M \in X} V_j(M \cap K)$$

$$= \sum_{m=j}^k \alpha_{njm} V_m(K)\overline{V}_{n+j-m}(X).$$

Wir ersetzen K durch rK mit $r > 0$ und dividieren durch $V_k(rK)$. Mit $r \to \infty$ konvergiert die linke Seite nach (5.26) (in E angewandt) gegen $\overline{V}_j(X \cap E)$, die rechte Seite gegen $\alpha_{njk}\overline{V}_{n+j-k}(X)$. ∎

Speziell für einen Streckenprozeß X im $\mathbb{R}^n$ ergibt sich mit $E \in \mathcal{E}_{n-1}^n$

$$\overline{\chi}(X \cap E) = \alpha_{n0(n-1)}\overline{V}_1(X).$$

Setzen wir $E =: v^\perp$, $\gamma(v) := \overline{\chi}(X \cap E)$ und beachten $\alpha_{n0(n-1)} = 2\kappa_{n-1}/n\kappa_n$, so erhalten wir

$$\gamma(v) = \frac{2\kappa_{n-1}}{n\kappa_n}\overline{V}_1(X),$$

eine Formel, die sich auch aus (4.22) ergibt, weil im isotropen Fall

$$\tilde{\mathbb{P}} = \frac{1}{\omega(S^{n-1})}\,\omega = \frac{1}{n\kappa_n}\,\omega$$

ist (mit dem sphärischen Lebesgue-Maß ω) und

$$\int_{S^{n-1}} |\langle u, v \rangle|\,d\omega(u) = 2\kappa_{n-1}$$

gilt.

Wir können schließlich Satz 5.3.5 auch auf k-Ebenenprozesse übertragen.

5.3.8 Satz. *Sei X ein stationärer und isotroper k-Ebenenprozeß der Intensität γ im $\mathbb{R}^n$, sei $k \in \{1, \ldots, n-1\}$, $j \in \{0, \ldots, k\}$ und $K \in \mathcal{K}$. Dann gilt*

$$\mathbb{E} \sum_{E \in X} V_j(E \cap K) = \gamma \alpha_{njk} V_{n+j-k}(K).$$

Beweis. Wegen der Isotropie ist $\mathbb{P}_0 = \nu_k$, deshalb gilt nach dem Campbellschen Satz 3.1.5 und nach Korollar 4.1.2

$$\mathbb{E} \sum_{E \in X} V_j(E \cap K)$$

$$= \gamma \int_{\mathcal{L}_k^n} \int_{L^\perp} V_j(K \cap (L+x)) \, d\lambda_{L^\perp}(x) \, d\nu_k(L)$$

$$= \gamma \int_{\mathcal{L}_k^n} \int_{SO_n} \int_{(\vartheta L)^\perp} V_j(K \cap (\vartheta L + x)) \, d\lambda_{(\vartheta L)^\perp}(x) \, d\nu(\vartheta) \, d\nu_k(L)$$

$$= \gamma \int_{\mathcal{L}_k^n} \int_{SO_n} \int_{L^\perp} V_j(K \cap \vartheta(L+x)) \, d\lambda_{L^\perp}(x) \, d\nu(\vartheta) \, d\nu_k(L)$$

$$= \gamma \alpha_{njk} \int_{\mathcal{L}_k^n} V_{n+j-k}(K) \, d\nu_k(L)$$

$$= \gamma \alpha_{njk} V_{n+j-k}(K),$$

wobei die Crofton-Formel (Satz 7.1.2) benutzt wurde. ∎

Damit erhalten wir $k+1$ Interpretationen der Intensität γ, nämlich für $V_{n+j-k}(K) \neq 0$

$$\gamma = \frac{1}{\alpha_{njk} V_{n+j-k}(K)} \mathbb{E} \sum_{E \in X} V_j(E \cap K), \qquad j = 0, \ldots, k.$$

Statt der Isotropie von X können wir auch wieder die Drehinvarianz von K voraussetzen.

5.3.9 Korollar. *Sei X ein stationärer k-Ebenenprozeß der Intensität γ im $\mathbb{R}^n$, sei $k \in \{1, \ldots, n-1\}$ und $j \in \{0, \ldots, k\}$. Dann gilt*

$$\mathbb{E} \sum_{E \in X} V_j(E \cap B^n) = \gamma \alpha_{njk} V_{n+j-k}(B^n),$$

also

$$\gamma = \delta_{njk} \mathbb{E} \sum_{E \in X} V_j(E \cap B^n), \qquad j = 0, \ldots, k,$$

mit

$$\delta_{njk} = \frac{j!\kappa_j(k-j)!\kappa_{k-j}}{k!\kappa_k\kappa_{n+j-k}}.$$

Im Fall $j = 0$ ist dies gerade wieder die Gleichung (4.4).

Wir kommen noch einmal zurück zur Erklärung der Quermaßdichten und der für sie gültigen Schnittformeln. Eine weitere Möglichkeit zur Einführung dieser Quermaßdichten besteht darin, Erwartungswerte von Krümmungsmaßen zu betrachten, die im stationären Fall translationsinvariante signierte Maße und damit bei lokaler Endlichkeit Vielfache des Lebesgue-Maßes definieren. Wir erläutern dies nur an dem einfacheren Fall der Oberflächendichte.

Das $(n - 1)$-te Krümmungsmaß $\Phi_{n-1}(K, \cdot)$ (vgl. Kapitel 7) beschreibt im folgenden Sinne lokal die Oberfläche der Menge $K \in \mathcal{R}$. Ist K die abgeschlossene Hülle seines Inneren und ist $B \in \mathcal{B}(\mathbb{R}^n)$ eine Borelmenge, so ist $2\Phi_{n-1}(K, B)$ die Oberfläche (das $(n - 1)$-dimensionale Hausdorff-Maß) von $B \cap \operatorname{bd} K$. Sei Z eine stationäre ZAM im $\mathbb{R}^n$ mit Werten in $\mathcal{S}$, für die $\overline{V}_{n-1}(Z) < \infty$ ist. Dann ist $\Phi_{n-1}(Z, B)$ für eine beschränkte Borelmenge B wohldefiniert (etwa durch $\Phi_{n-1}(Z, B) := \Phi_{n-1}(Z \cap K, B)$ mit $K \in \mathcal{K}$ und $B \subset \operatorname{int} K$), meßbar und nichtnegativ. Man kann also $\mathbb{E}\Phi_{n-1}(Z, B)$ bilden. Auf diese Weise wird ein Maß $\mathbb{E}\Phi_{n-1}(Z, \cdot)$ definiert, das translationsinvariant und lokalendlich ist. Es ist also ein Vielfaches des Lebesgue-Maßes, und der folgende Satz zeigt, daß der Faktor gerade die Dichte $\overline{V}_{n-1}$ ist.

5.3.10 Satz. *Sei Z eine stationäre ZAM im $\mathbb{R}^n$ mit Werten in $\mathcal{S}$ und mit $\overline{V}_{n-1}(Z) < \infty$. Dann gilt für konvexe Körper $K \in \mathcal{K}$ und beschränkte Borelmengen $A \in \mathcal{B}(\mathbb{R}^n)$*

$$\mathbb{E}\Phi_{n-1}(Z \cap K, A) = \overline{V}_n(Z)\Phi_{n-1}(K, A) + \overline{V}_{n-1}(Z)\lambda(K \cap A),$$

insbesondere ist

$$\mathbb{E}\Phi_{n-1}(Z, A) = \overline{V}_{n-1}(Z)\lambda(A).$$

Beweis. Wir wählen noch $M \in \mathcal{K}$ und eine beschränkte Borelmenge $B \in \mathcal{B}(\mathbb{R}^n)$. Die Funktion $(\omega, x) \mapsto \Phi_{n-1}(Z(\omega) \cap K \cap (M + x), A \cap (B + x))$ ist meßbar und nichtnegativ. Mit dem Satz von Fubini, der Translationsinvarianz von Φ_{n-1} und der Stationarität von Z ergibt sich also

$$\mathbb{E}\int_{\mathbb{R}^n} \Phi_{n-1}(Z \cap K \cap (M + x), A \cap (B + x))\, d\lambda(x)$$

$$= \mathbb{E}\int_{\mathbb{R}^n} \Phi_{n-1}(Z \cap (K + x) \cap M, (A + x) \cap B)\, d\lambda(x).$$

Anwendung der Integralformel (7.15) auf beide Seiten liefert

$$\mathbb{E}\Phi_{n-1}(Z \cap K, A)\lambda(M \cap B) + \mathbb{E}\lambda(Z \cap K \cap A)\Phi_{n-1}(M, B)$$

$$= \mathbb{E}\Phi_{n-1}(Z \cap M, B)\lambda(K \cap A) + \overline{V}_n(Z)\lambda(M \cap B)\Phi_{n-1}(K, A),$$

wobei wir $\mathbb{E}\lambda(Z \cap M \cap B)$ gemäß (1.8) durch $\overline{V}_n(Z)\lambda(M \cap B)$ ausgedrückt haben. Wir ersetzen nun sowohl M als auch B durch rM mit $r > 0$, dividieren beide Seiten durch $V_n(rM)$ und lassen $r \to \infty$ gehen. Wegen $\Phi_{n-1}(Z \cap rM, rM) = V_{n-1}(Z \cap rM)$ und Satz 5.3.3 folgt die erste Behauptung. Die zweite Behauptung ergibt sich, wenn für K ein konvexer Körper mit $A \subset$ int K gewählt wird. ∎

5.4 Formeln für Boolesche Modelle

In Abschnitt 4.4 haben wir bereits gesehen, daß Boolesche Modelle Z_X mit konvexen Körnern besondere Eigenschaften haben. Diese Betrachtung führen wir nun weiter. Wir werden sehen, daß die starken Unabhängigkeitseigenschaften des Poissonprozesses X es ermöglichen, einen Zusammenhang zwischen den Quermaßdichten $\overline{V}_j(Z_X)$ der Vereinigungsmenge und $\overline{V}_j(X)$ des Partikelprozesses herzustellen. Zunächst zeigen wir eine Formel für allgemeine Funktionale φ.

5.4.1 Satz. *Sei X ein stationärer Poissonprozeß konvexer Partikel im $\mathbb{R}^n$ mit Intensität γ und Formverteilung $\mathbb{P}_0$. Ist $\varphi : \mathcal{R} \to \mathbb{R}$ additiv, meßbar und bedingt beschränkt und ist $K \in \mathcal{K}'$, so ist $\varphi(Z_X \cap K)$ integrierbar, und es gilt*

$$\mathbb{E}\,\varphi(Z_X \cap K)$$

$$= \sum_{k=1}^{\infty} \frac{(-1)^{k-1}}{k!}\gamma^k \int_{\mathcal{K}_0} \cdots \int_{\mathcal{K}_0} \Phi(K, K_1, \ldots, K_k)\, d\mathbb{P}_0(K_1)\cdots d\mathbb{P}_0(K_k)$$

mit

$$\Phi(K, K_1, \ldots, K_k)$$

$$:= \int_{\mathbb{R}^n} \cdots \int_{\mathbb{R}^n} \varphi(K \cap (K_1 + x_1) \cap \ldots \cap (K_k + x_k))\, d\lambda(x_1)\cdots d\lambda(x_k).$$

Beweis. Wir setzen $X(\mathcal{F}_K) =: m$. Sind es in der Realisierung $X(\omega)$ die Körper $M_1(\omega), \ldots, M_{m(\omega)}(\omega)$, die K treffen, so gilt wegen der Additivität von φ nach der E-A-Formel

$$\varphi(Z_{X(\omega)} \cap K) = \varphi \left(\bigcup_{M \in X(\omega)} (M \cap K) \right)$$

$$= \sum_{k=1}^{m(\omega)} (-1)^{k-1} \sum_{1 \leq i_1 < ... < i_k \leq m(\omega)} \varphi(K \cap M_{i_1}(\omega) \cap ... \cap M_{i_k}(\omega))$$

$$= \sum_{k=1}^{m(\omega)} \frac{(-1)^{k-1}}{k!} \sum_{(K_1,...,K_k) \in X_{\neq}^k(\omega)} \varphi(K \cap K_1 \cap ... \cap K_k).$$

Da φ bedingt beschränkt ist, gibt es eine Zahl $c(K)$ mit $|\varphi(L)| \leq c(K)$ für alle $L \in \mathcal{K}$ mit $L \subset K$. Daher folgt

$$\left| \sum_{k=1}^{m(\omega)} \frac{(-1)^{k-1}}{k!} \sum_{(K_1,...,K_k) \in X_{\neq}^k(\omega)} \varphi(K \cap K_1 \cap ... \cap K_k) \right|$$

$$\leq \sum_{k=1}^{m(\omega)} \frac{1}{k!} \sum_{(K_1,...,K_k) \in X_{\neq}^k(\omega)} |\varphi(K \cap K_1 \cap ... \cap K_k)|$$

$$\leq \sum_{k=1}^{m(\omega)} \binom{m(\omega)}{k} c(K) \leq c(K) 2^{m(\omega)} = c(K) 2^{X(\omega)(\mathcal{F}_K)}.$$

Nun gilt

$$\mathbb{E} \, 2^{X(\mathcal{F}_K)} = \sum_{k=0}^{\infty} 2^k \, \mathbb{P}(X(\mathcal{F}_K) = k)$$

$$= e^{-\Theta(\mathcal{F}_K)} \sum_{k=0}^{\infty} 2^k \frac{\Theta(\mathcal{F}_K)^k}{k!}$$

$$= e^{-\Theta(\mathcal{F}_K)} e^{2\Theta(\mathcal{F}_K)} = e^{\Theta(\mathcal{F}_K)} < \infty,$$

wo Θ das Intensitätsmaß von X bezeichnet. Nach dem Satz von der beschränkten Konvergenz können wir daher Erwartungswert und Summation vertauschen und erhalten dann mit Korollar 3.1.6 und Satz 3.2.3(c)

$$\mathbb{E} \, \varphi(Z_X \cap K)$$

$$= \sum_{k=1}^{\infty} \frac{(-1)^{k-1}}{k!} \mathbb{E} \sum_{(K_1,...,K_k) \in X_{\neq}^k} \varphi(K \cap K_1 \cap ... \cap K_k)$$

$$= \sum_{k=1}^{\infty} \frac{(-1)^{k-1}}{k!} \int_{\mathcal{K}} \cdots \int_{\mathcal{K}} \varphi(K \cap K_1 \cap ... \cap K_k) \, d\Theta(K_1) \cdots d\Theta(K_k).$$

Die weiteren Aussagen des Satzes ergeben sich nun wegen der Stationarität aus Satz 4.2.2. ∎

Explizitere Formen des Resultats von Satz 5.4.1 ergeben sich für solche Funktionale φ, für die sich das k-fache Translationsintegral auswerten läßt. Das ist bei stationären Prozessen außer für das Volumen auch für die Oberfläche der Fall, so daß sich die einfachen Gleichungen von Satz 5.4.2 ergeben. Wir erinnern an den Hinweis aus Abschnitt 4.2 (vor Satz 4.2.6), demzufolge in die Funktionaldichte $\overline{\varphi}(X)$ eines Partikelprozesses X auch dessen Intensität eingearbeitet ist. Das ist beim Vergleich der Formeln im Rest dieses Abschnitts mit entsprechenden Gleichungen aus der Literatur zu beachten.

Für einen stationären Poissonprozeß X konvexer Partikel und für $K \in \mathcal{K}'$ gilt, wie wir nach (1.8) und (4.39) wissen,

$$\mathbb{E}V_n(Z_X \cap K) = V_n(K)\left(1 - e^{-\overline{V}_n(X)}\right)$$

und

$$\overline{V}_n(Z_X) = 1 - e^{-\overline{V}_n(X)}. \tag{5.30}$$

Der folgende Satz gibt analoge Aussagen für die Oberflächendichte an.

5.4.2 Satz. *Sei X ein stationärer Poissonprozeß konvexer Partikel im $\mathbb{R}^n$. Dann gilt*

$$\mathbb{E}V_{n-1}(Z_X \cap K) = V_n(K)\overline{V}_{n-1}(X)e^{-\overline{V}_n(X)} + V_{n-1}(K)\left(1 - e^{-\overline{V}_n(X)}\right)$$

für $K \in \mathcal{K}'$ und daher

$$\overline{V}_{n-1}(Z_X) = \overline{V}_{n-1}(X)e^{-\overline{V}_n(X)}. \tag{5.31}$$

Beweis. Nach (7.14) mit $K_0 := K$ ist

$$\int_{\mathbb{R}^n} \cdots \int_{\mathbb{R}^n} V_{n-1}(K \cap (K_1 + x_1) \cap \ldots \cap (K_k + x_k))\, d\lambda(x_1) \cdots d\lambda(x_k)$$

$$= \sum_{i=0}^{k} V_n(K_0) \cdots V_n(K_{i-1})V_{n-1}(K_i)V_n(K_{i+1}) \cdots V_n(K_k).$$

Mit Satz 5.4.1 erhält man

$$\mathbb{E}V_{n-1}(Z_X \cap K)$$

$$= \sum_{k=1}^{\infty} \frac{(-1)^{k-1}}{k!} \left[V_{n-1}(K)\overline{V}_n(X)^k + kV_n(K)\overline{V}_{n-1}(X)\overline{V}_n(X)^{k-1}\right]$$

$$= V_n(K)\overline{V}_{n-1}(X) \sum_{k=1}^{\infty} \frac{(-\overline{V}_n(X))^{k-1}}{(k-1)!} + V_{n-1}(K)\left(1 - e^{-\overline{V}_n(X)}\right)$$

$$= V_n(K)\overline{V}_{n-1}(X)e^{-\overline{V}_n(X)} + V_{n-1}(K)\left(1 - e^{-\overline{V}_n(X)}\right).$$

Die Gleichung (5.31) ergibt sich nach Ersetzung von K durch rK mit $r > 0$ und $V_n(K) > 0$, Division durch $V_n(rK)$ und Grenzübergang $r \to \infty$ unter Beachtung von Satz 5.3.3. ∎

Für ein stationäres Boolesches Modell Z_X mit konvexen Körnern läßt sich eine einfache Deutung der Oberflächendichte folgern, in Form eines Zusammenhangs mit der sphärischen Kontaktverteilungsfunktion $H_s(r)$ von Z_X. Für diese ergibt sich nämlich aus der in Satz 4.4.4 angegebenen Formel

$$H_s'(0) = 2\overline{V}_{n-1}(X).$$

Zusammen mit (5.30) und (5.31) liefert das

$$2\overline{V}_{n-1}(Z_X) = (1 - \overline{V}_n(Z_X))H_s'(0). \tag{5.32}$$

Für die übrigen Quermaßdichten lassen sich zu (5.30) und (5.31) analoge Formeln erhalten, wenn von dem Partikelprozeß zusätzlich Isotropie verlangt wird.

5.4.3 Satz. *Sei X ein stationärer und isotroper Poissonprozeß konvexer Partikel im $\mathbb{R}^n$. Dann gilt für $j = 0, \ldots, n$ und für $K \in \mathcal{K}'$*

$$\mathbb{E}V_j(Z_X \cap K) = V_j(K)\left(1 - e^{-\overline{V}_n(X)}\right) - e^{-\overline{V}_n(X)} \sum_{m=j+1}^{n} c_j^m V_m(K)$$

$$\times \sum_{s=1}^{m-j} \frac{(-1)^s}{s!} \sum_{\substack{m_1, \ldots, m_s = j \\ m_1 + \ldots + m_s = sn + j - m}}^{n-1} \prod_{i=1}^{s} c_n^{m_i} \overline{V}_{m_i}(X)$$

mit

$$c_j^m := \frac{m!\kappa_m}{j!\kappa_j}.$$

Daher ist

$$\overline{V}_j(Z_X) = e^{-\overline{V}_n(X)} \left[\overline{V}_j(X) - \sum_{s=2}^{n-j} \frac{(-1)^s}{s!} \sum_{\substack{m_1, \ldots, m_s = j+1 \\ m_1 + \ldots + m_s = (s-1)n+j}}^{n-1} \prod_{i=1}^{s} c_n^{m_i} \overline{V}_{m_i}(X) \right]$$

für $j = 0, \ldots, n-1$ *und*

$$\overline{V}_n(Z_X) = 1 - e^{-\overline{V}_n(X)}.$$

Beweis. Im isotropen Fall können wir wieder (wie in den Beweisen von 4.4.4 und 5.3.5) Integrationen über die Drehgruppe einfügen und den Satz von Fubini anwenden. So erhalten wir für $\varphi = V_j$

$$\int_{\mathcal{K}_0} \cdots \int_{\mathcal{K}_0} \Phi(K, K_1, \ldots, K_k)\, d\mathbb{P}_0(K_1) \cdots d\mathbb{P}_0(K_k)$$

$$= \int_{\mathcal{K}_0} \cdots \int_{\mathcal{K}_0} \int_{SO_n} \int_{\mathbb{R}^n} \cdots \int_{SO_n} \int_{\mathbb{R}^n} V_j(K \cap (\vartheta_1 K_1 + x_1) \cap \ldots$$

$$\cap (\vartheta_k K_k + x_k))d\lambda(x_1)\, d\nu(\vartheta_1) \cdots d\lambda(x_k)\, d\nu(\vartheta_k)\, d\mathbb{P}_0(K_1) \cdots d\mathbb{P}_0(K_k)$$

$$= \int_{\mathcal{K}_0} \cdots \int_{\mathcal{K}_0} \sum_{\substack{m_0,\ldots,m_k=j \\ m_0+\ldots+m_k=kn+j}}^{n} c^{(j)}_{m_0,\ldots,m_k} V_{m_0}(K) V_{m_1}(K_1) \cdots V_{m_k}(K_k)$$

$$d\mathbb{P}_0(K_1) \cdots d\mathbb{P}_0(K_k),$$

wo die iterierte kinematische Hauptformel (7.8) verwendet wurde. Nach Satz 5.4.1 ist also

$$\mathbb{E}V_j(Z_X \cap K)$$

$$= \sum_{k=1}^{\infty} \frac{(-1)^{k-1}}{k!} \sum_{\substack{m_0,\ldots,m_k=j \\ m_0+\ldots+m_k=kn+j}}^{n} c^{m_0}_j V_{m_0}(K) \prod_{i=1}^{k} c^{m_i}_n \overline{V}_{m_i}(X)$$

$$= \sum_{k=1}^{\infty} \frac{(-1)^{k-1}}{k!} \sum_{m=j}^{n} c^{m}_j V_m(K) \sum_{\substack{m_1,\ldots,m_k=j \\ m_1+\ldots+m_k=kn+j-m}}^{n} \prod_{i=1}^{k} c^{m_i}_n \overline{V}_{m_i}(X)$$

$$= V_j(K) \left(1 - e^{-\overline{V}_n(X)}\right)$$

$$+ \sum_{m=j+1}^{n} c^{m}_j V_m(K) \sum_{k=1}^{\infty} \frac{(-1)^{k-1}}{k!} \sum_{\substack{m_1,\ldots,m_k=j \\ m_1+\ldots+m_k=kn+j-m}}^{n} \prod_{i=1}^{k} c^{m_i}_n \overline{V}_{m_i}(X).$$

Die letzten beiden Summen sortieren wir um nach den Paaren (r, s), für die r der Indizes $m_1, \ldots, m_k$ gleich n und $s = k - r$ der Indizes kleiner als n sind. Das ergibt

$$\sum_{k=1}^{\infty} \frac{(-1)^{k-1}}{k!} \sum_{\substack{m_1,\ldots,m_k=j \\ m_1+\ldots+m_k=kn+j-m}}^{n} \prod_{i=1}^{k} c^{m_i}_n \overline{V}_{m_i}(X)$$

$$= \sum_{s=1}^{m-j} \sum_{r=0}^{\infty} \binom{r+s}{r} \frac{(-1)^{r+s-1}}{(r+s)!} \overline{V}_n(X)^r \sum_{\substack{m_1,\dots,m_s=j \\ m_1+\dots+m_s=sn+j-m}}^{n-1} \prod_{i=1}^{s} c_n^{m_i} \overline{V}_{m_i}(X)$$

$$= -e^{-\overline{V}_n(X)} \sum_{s=1}^{m-j} \frac{(-1)^s}{s!} \sum_{\substack{m_1,\dots,m_s=j \\ m_1+\dots+m_s=sn+j-m}}^{n-1} \prod_{i=1}^{s} c_n^{m_i} \overline{V}_{m_i}(X).$$

Hieraus ergibt sich die erste Behauptung des Satzes. Die zweite Behauptung folgt dann wie im Beweis von Satz 5.4.2. ∎

Die Spezialfälle der Ebene und des gewöhnlichen Raumes wollen wir gesondert notieren. Dabei ist zu beachten, daß im Fall eines Prozesses X mit konvexen Partikeln $\overline{\chi}(X) = \gamma$ gilt.

5.4.4 Korollar. *Sei X ein stationärer und isotroper Poissonprozeß konvexer Partikel im $\mathbb{R}^2$. Für $K \in \mathcal{K}'$ gilt dann*

$$\mathbb{E}A(Z_X \cap K) = A(K)\left(1 - e^{-\overline{A}(X)}\right),$$

$$\mathbb{E}U(Z_X \cap K) = A(K)\overline{U}(X)e^{-\overline{A}(X)} + U(K)\left(1 - e^{-\overline{A}(X)}\right),$$

$$\mathbb{E}\chi(Z_X \cap K) = A(K)e^{-\overline{A}(X)}\left(\gamma - \frac{1}{4\pi}\overline{U}(X)^2\right)$$

$$+ \frac{1}{2\pi}U(K)\overline{U}(X)e^{-\overline{A}(X)} + 1 - e^{-\overline{A}(X)}.$$

Ferner gilt

$$\overline{A}(Z_X) = 1 - e^{-\overline{A}(X)},$$

$$\overline{U}(Z_X) = e^{-\overline{A}(X)}\overline{U}(X),$$

$$\overline{\chi}(Z_X) = e^{-\overline{A}(X)}\left(\gamma - \frac{1}{4\pi}\overline{U}(X)^2\right).$$

In der zweiten Formelgruppe stehen links die Flächendichte, die Randlängendichte und die Dichte der Eulerschen Charakteristik für die Vereinigungsmenge Z_X. Diese Größen können, wie früher (nach Satz 5.3.3) beschrieben wurde, erwartungstreu geschätzt werden, wenn die Größen $A(Z_{X(\omega)} \cap K)$, $U(Z_{X(\omega)} \cap K)$ und $\chi(Z_{X(\omega)} \cap K)$ in einem „Fenster" K gemessen werden. Dazu muß man die Fläche, den Umfang, die Anzahl der Zusammenhangskomponenten und die Anzahl der Löcher von $Z_{X(\omega)} \cap K$ bestimmen. Aus dem geschätzten Wert $\hat{p}$ für die Flächendichte $p = \overline{A}(Z_X)$ erhält man mit der obigen ersten Formel einen Schätzer für $e^{-\overline{A}(X)}$, daraus mit der zweiten Gleichung und dem Schätzwert $\hat{U}(Z_X)$ für $\overline{U}(Z_X)$ einen Schätzer für $\overline{U}(X)$. Die letzte Gleichung liefert schließlich mit dem geschätzten Wert $\hat{\chi}(Z_X)$ für $\overline{\chi}(Z_X)$ einen Schätzer $\hat{\gamma}$ für die Anzahldichte γ. Auf diese Weise kann also aus den Messungen an Z_X auf die mittlere Teilchenzahl γ von X (und damit auch auf die Mittelwerte $\int U \, d\mathbb{P}_0$ und $\int A \, d\mathbb{P}_0$) geschlossen werden. Durch Auflösen der Gleichungen nach $\int A \, d\mathbb{P}_0$, $\int U \, d\mathbb{P}_0$ und γ können die Schätzer in geschlossener Form dargestellt werden. So ist etwa

$$\hat{\gamma} = \frac{1}{1-\hat{p}}\left(\hat{\chi}(Z_X) + \frac{1}{4\pi(1-\hat{p})^2}\hat{U}(Z_X)^2\right).$$

Man sieht, daß die so entstehenden Schätzer natürlich nicht mehr erwartungstreu sind.

Für $n = 3$ geben wir nur die Beziehungen zwischen den Quermaßdichten von Z_X und X an. Dabei drücken wir das innere Volumen V_1 statt durch die mittlere Breite b durch M, das „Integral der mittleren Krümmung", aus; für $n = 3$ ist

$$V_1 = 2b = \frac{1}{\pi}M.$$

5.4.5 Korollar. *Für einen stationären und isotropen Poissonprozeß X konvexer Partikel im $\mathbb{R}^3$ gilt*

$$\overline{V}(Z_X) = 1 - e^{-\overline{V}(X)},$$

$$\overline{S}(Z_X) = e^{-\overline{V}(X)}\overline{S}(X),$$

$$\overline{M}(Z_X) = e^{-\overline{V}(X)}\left(\overline{M}(X) - \frac{\pi^2}{32}\overline{S}(X)^2\right),$$

$$\overline{\chi}(Z_X) = e^{-\overline{V}(X)}\left(\gamma - \frac{1}{4\pi}\overline{M}(X)\overline{S}(X) + \frac{\pi}{384}\overline{S}(X)^3\right).$$

Auch hier lassen sich, wie im zweidimensionalen Fall, die Formeln zur Schätzung der Intensität γ verwenden.

Obwohl wir die Resultate dieses Abschnitts nur für konvexe Partikel hergeleitet haben, gelten sie in analoger Weise auch für Poissonsche Partikelprozesse X in $\mathcal{R}$. Man benötigt dabei aber, wie in Satz 5.1.4, eine Integrierbarkeitsvoraussetzung an X, um die Existenz der Quermaßdichten $\overline{V}_j(X)$, $j = 0, \ldots, n$, zu sichern. Die Korollare 5.4.4 und 5.4.5 gelten dann analog, wobei in den Gleichungen für die Eulersche Charakteristik auf der rechten Seite der Term

γ durch $\overline{\chi}(X)$ zu ersetzen ist, es sei denn, die Partikel $C \in X$ erfüllen f.s. $\chi(C) = 1$. In der Ebene ist dies etwa der Fall, wenn die Partikel einfach zusammenhängend sind. Unter dieser Voraussetzung kann man dann also auch im Fall nicht-konvexer Partikel durch Messungen an der Vereinigungsmenge Z_X auf die mittlere Teilchenzahl γ von X schließen.

5.5 Dichteschätzung im stationären Fall

Die allgemeinen Formeln des letzten Abschnitts erlauben es, für stationäre und isotrope Boolesche Modelle $Z = Z_X$ mit konvexen Körnern im $\mathbb{R}^n$ die Quermaßdichten von X durch die von Z_X auszudrücken. Damit kann insbesondere die Intensität γ durch Messungen an der Vereinigungsmenge Z_X geschätzt werden. Wir haben dies an den Fällen $n = 2$ und $n = 3$ demonstriert. Die Schätzung der Intensität ist ein grundlegendes statistisches Problem bei der Beobachtung von überlappenden zufälligen Systemen von Partikeln. Sie ist aber auch die erste Aufgabe, die bei der Anpassung eines geeigneten Booleschen Modells an vorliegende Realisierungen einer ZAM Z zu lösen ist (die zweite, ungleich schwierigere Fragestellung ist dann die Schätzung der Formverteilung $\mathbb{P}_0$). Wir wollen deshalb hier dieses Problem noch einmal in größerer Allgemeinheit diskutieren, indem wir auf die Isotropie und zum Teil auch auf die Konvexität der Körner verzichten. Dafür konzentrieren wir uns jetzt aber weitgehend auf den ebenen Fall, zum einen, weil er für die Anwendungen am wichtigsten ist, zum andern, weil sich einige der Methoden (noch) nicht auf höhere Dimensionen ausdehnen lassen.

Zunächst sei die Dimension n noch beliebig, und $Z = Z_X$ sei ein stationäres Boolesches Modell mit konvexen Körnern. Dann kann man statt auf den Satz 5.4.1 auch auf Satz 4.4.4 zurückgreifen. Danach gilt für die sphärische Kontaktverteilungsfunktion

$$H_s(r) = 1 - \prod_{k=1}^{n} e^{-\kappa_k r^k \overline{V}_{n-k}(X)}, \qquad r \geq 0,$$

also

$$f(r) := -\ln(1 - H_s(r)) = \sum_{k=1}^{n} c_k r^k$$

mit $c_k := \kappa_k \overline{V}_{n-k}(X)$. Da sich $H_s(r)$ durch die Volumendichten p von Z und $p(r)$ von $Z + rB^n$ ausdrücken läßt (siehe Abschnitt 1.4), kann die Funktion f recht einfach geschätzt werden. Die Anpassung eines Polynoms n-ten Grades an die (geschätzten) Funktionswerte von f ergibt dann Schätzer der Koeffizienten c_k, $k = 1, \ldots, n$. Hierbei ist $c_n = \gamma$.

Eine andere Methode, die in allgemeinen Dimensionen anwendbar ist, wollen wir hier nur im ebenen Fall vorstellen. Sie verwendet den in Abschnitt 4.3 eingeführten linken unteren Tangentenpunkt $\tilde{z}(K), K \in X$. Da $\tilde{z}$ eine Zentrumsfunktion ist, bilden die Punkte $\tilde{z}(K), K \in X$, einen stationären Poissonprozeß $\tilde{X}$ im $\mathbb{R}^2$ mit Intensität γ. Wegen $\tilde{z}(K) \in \text{bd}\, K$ liegen einige der Punkte von $\tilde{X}$ im Rand des Booleschen Modells Z, andere im Inneren. Sei X' der Prozeß der in der Vereinigungsmenge Z beobachtbaren Punkte von $\tilde{X}$; das sind die linken unteren Tangentenpunkte, die von keinem anderen Partikel überdeckt werden (der Fall, daß ein linker unterer Tangentenpunkt $\tilde{z}(K)$ eines Partikels $K \in X$ im Rand eines weiteren Partikels $M \in X \setminus \{K\}$ liegt, hat Wahrscheinlichkeit 0). Wegen $X' = \tilde{X} \cap \text{cl}\, Z^c$ ist der gewöhnliche Punktprozeß X' stationär. Wir bezeichnen seine Intensität in Anlehnung an die in der Stereologie übliche Notation mit $\overline{\chi}^+(Z_X)$.

5.5.1 Satz. *Sei X ein stationärer Poissonprozeß konvexer Partikel im $\mathbb{R}^2$ mit Intensität γ. Dann gilt*

$$\overline{\chi}^+(Z_X) = \gamma e^{-\overline{A}(X)}.$$

Beweis. Für $K \in \mathcal{K}'$ und $\eta \in \mathsf{N}_e(\mathcal{K}')$ setzen wir

$$Z(K, \eta) := \bigcup_{C \in \eta \setminus \{K\}} C$$

und

$$f(x, K, \eta) := \frac{1}{\pi} \mathbf{1}_{B^2 \cap Z(K,\eta)^c}(x).$$

Wir wenden Satz 4.3.5 an auf die Zentrumsfunktion $\tilde{z}$. Dabei sei $\mathbb{Q}$ die zugehörige Markenverteilung auf dem Markenraum $\tilde{\mathcal{K}} := \{K \in \mathcal{K}' : \tilde{z}(K) = 0\}$ und $(\mathbb{P}^{0,K})_{K \in \tilde{\mathcal{K}}}$ die nach dem Satz existierende reguläre Familie. Ferner wenden wir auf den stationären markierten Poissonprozeß $X_{(\tilde{z})}$ den Satz von Slivnyak in der Form von Satz 3.4.9 an (man beachte die Vereinbarung vor Satz 3.4.9). Aufgrund der Definition von $\mathbb{P}^{0,K}$ (vgl. Beweis von Satz 4.3.5) gilt dann für $\mathcal{A} \in B(\mathcal{F}(\mathcal{K}'))$ und fast alle $K \in \tilde{\mathcal{K}}$

$$\mathbb{P}^{0,K}(\mathcal{A}) = \mathbb{P}(X \cup \{K\} \in \mathcal{A}),$$

also

$$\int_{\mathsf{N}_e(\mathcal{K}')} g(\eta)\, d\mathbb{P}^{0,K}(\eta) = \int_{\mathsf{N}_e(\mathcal{K}')} g(\eta + \delta_K)\, d\mathbb{P}_X(\eta)$$

für nichtnegative meßbare Funktionen g. Damit ergibt sich nach Definition

$$\overline{\chi}^+(Z_X) \;=\; \mathbb{E}\sum_{K\in X} f(\tilde{z}(K), K, X)$$

$$=\; \gamma \int_{\mathbb{R}^2}\int_{\tilde{K}}\int_{\mathsf{N}_e(\mathcal{K}')} f(x, K+x, \eta+x)\, d\mathbb{P}^{0,K}(\eta)\, d\mathbb{Q}(K)\, d\lambda(x)$$

$$=\; \frac{\gamma}{\pi} \int_{\mathbb{R}^2}\int_{\tilde{K}}\int_{\mathsf{N}_e(\mathcal{K}')} \mathbf{1}_{B^2}(x)\mathbf{1}_{Z(K,\eta)^c}(0)\, d\mathbb{P}^{0,K}(\eta)\, d\mathbb{Q}(K)\, d\lambda(x)$$

$$=\; \gamma \int_{\tilde{K}}\int_{\mathsf{N}_e(\mathcal{K}')} \mathbf{1}_{Z(K,\eta)^c}(0)\, d\mathbb{P}^{0,K}(\eta)\, d\mathbb{Q}(K)$$

$$=\; \gamma \int_{\mathsf{N}_e(\mathcal{K}')}\int_{\tilde{K}} \mathbf{1}_{Z(K,\eta)^c}(0)\, d\mathbb{Q}(K)\, d\mathbb{P}_X(\eta)$$

$$=\; \gamma \int_{\mathsf{N}_e(\mathcal{K}')} \mathbf{1}_{Z_\eta^c}(0)\, d\mathbb{P}_X(\eta)$$

$$=\; \gamma\, \mathbb{P}(0 \notin Z_X)$$

$$=\; \gamma e^{-\overline{A}(X)}.$$

■

Wegen Satz 5.4.2 erhält man also aus den beiden für Z_X beobachtbaren Größen $\overline{A}(Z_X)$ und $\overline{\chi}^+(Z_X)$ einen Schätzer für die Intensität γ.

Ab jetzt sei $n = 2$, aber die Partikel dürfen nun nicht-konvex sein. Zunächst betrachten wir sogar ein stationäres ebenes Boolesches Modell $Z = Z_X$ mit kompakten Körnern beliebiger Form. Wir setzen aber voraus, daß die Partikel zusammenhängend sind und daß ihr Umkugelradius nach oben durch r_0 beschränkt ist. Das folgende Verfahren nutzt aus, daß für das Intensitätsmaß Θ von X nach Satz 3.5.4 die Gleichung

$$\mathbb{P}(Z \cap C = \emptyset) = 1 - T_Z(C) = e^{-\Theta(\mathcal{F}_C)}$$

für $C \in \mathcal{C}$ besteht.

Es sei $\epsilon > 0$ und $C_1 := [0, 2r_0 + \epsilon] \times [0, \epsilon]$, $C_2 := [0, \epsilon] \times [0, 2r_0 + \epsilon]$, sowie $C_0 := ([0, 2r_0 + \epsilon] \times \{0\}) \cup (\{0\} \times [0, 2r_0 + \epsilon])$. Dann gilt

$$\ln \frac{\mathbb{P}(Z \cap (C_0 \cup C_1 \cup C_2) = \emptyset)\, \mathbb{P}(Z \cap C_0 = \emptyset)}{\mathbb{P}(Z \cap (C_0 \cup C_1) = \emptyset)\, \mathbb{P}(Z \cap (C_0 \cup C_2) = \emptyset)}$$

$$= \Theta(\mathcal{F}_{C_0 \cup C_1}) + \Theta(\mathcal{F}_{C_0 \cup C_2}) - \Theta(\mathcal{F}_{C_0 \cup C_1 \cup C_2}) - \Theta(\mathcal{F}_{C_0})$$

$$= \Theta(\mathcal{F}_{C_0, C_2}^{C_0}).$$

Um $\Theta(\mathcal{F}^{C_0}_{C_1,C_2})$ zu berechnen, verwenden wir Satz 4.3.1 mit der linken untere Ecke z' als Zentrumsfunktion. Die zugehörige Markenverteilung sei $\mathbb{Q}$. Nac unseren Voraussetzungen gilt für $\mathbb{Q}$-fast alle $C \in \mathcal{C}_{z',0} := \{C \in \mathcal{C}' : z'(C) =$ $0\}$, daß $r(C) \leq r_0$ ist. Daher ist für $C \in \mathcal{C}_{z',0}$ und $x \in \mathbb{R}^2$ die Bedingun $C + x \in \mathcal{F}^{C_0}_{C_1,C_2}$ gleichwertig mit $x \in (0, \epsilon]^2$. Damit erhalten wir

$$\Theta(\mathcal{F}^{C_0}_{C_1,C_2}) = \gamma \int_{\mathcal{C}_{z',0}} \int_{\mathbb{R}^2} \mathbf{1}_{(0,\epsilon]^2}(x)\, d\lambda(x)\, d\mathbb{Q}(C) = \gamma\epsilon^2.$$

Da ϵ bekannt ist, ergibt sich so also ein Schätzer für γ. Hierbei ist zu beachter daß $\mathbb{P}(Z \cap C = \emptyset) = 1 - \mathbb{P}(0 \in Z + C^*)$ ist. Es müssen also die Flächendichte von $Z + C_0^*$, $Z + (C_0 \cup C_1)^*$, $Z + (C_0 \cup C_2)^*$ und $Z + (C_1 \cup C_2)^*$ geschätzt werder Der sich ergebende Schätzer ist aber nur sinnvoll, wenn die beobachtete Flächendichten kleiner als 1 und hinreichend von 1 entfernt sind; andernfal ist der Schätzer nicht definiert oder sehr instabil. Das bedeutet, daß di Teilchen $C \in X$ wegen der Bedingung $r(C) \leq r_0$ sehr klein im Vergleich zur Beobachtungsfenster sein müssen und daß andererseits auch die Intensitä nicht zu groß sein darf. Diese Bedingungen machen das Verfahren in viele Fällen unbrauchbar.

Das letzte Verfahren, das wir behandeln wollen, hat diese Nachteile nicht; di Größe der Teilchen unterliegt keinen Beschränkungen. Dafür setzen wir abe Partikel $C \in \mathcal{R}$ voraus und werden später noch verlangen, daß die Partike fast sicher $\chi(C) = 1$ erfüllen.

Für ein ebenes stationäres Boolesches Modell $Z = Z_X$ mit Körnern in 7 betrachten wir die Quermaßdichten $\overline{A}(Z_X)$, $\overline{U}(Z_X)$ und $\overline{\chi}(Z_X)$ von Z_X sowi $\overline{A}(X)$, $\overline{U}(X)$ und $\overline{\chi}(X)$ von X.

Damit sie existieren, genügt hier die Bedingung

$$\int_{\mathcal{R}_0} N(C)^2 A(C + B^2)\, d\mathbb{P}_0(C) < \infty, \qquad (5.33$$

die schwächer ist als (5.7). Mit ihr gilt nämlich für $K \in \mathcal{K}$ mit $V_2(K) >$ und für $j = 0, 1, 2$

$$\mathbb{E}|V_j(Z_X \cap K)| = \sum_{k=0}^{\infty} \mathbb{E}(|V_j(Z_X \cap K)| \mid X(\mathcal{F}_K) = k)\, \mathbb{P}(X(\mathcal{F}_K) = k)$$

$$= \sum_{k=0}^{\infty} e^{-\Theta(\mathcal{F}_K)} \frac{\Theta(\mathcal{F}_K)^k}{k!} \mathbb{E}\left|V_j\left(\bigcup_{i=1}^{k} Z_i \cap K\right)\right|,$$

wo $Z_1, Z_2, \ldots$ unabhängige ZAM sind mit Verteilung

$$\tilde{\mathbb{P}} := \frac{\Theta \, \llcorner \, \mathcal{F}_K}{\Theta(\mathcal{F}_K)}.$$

Mit (7.47) erhalten wir

$$\mathbb{E}\left|V_j\left(\bigcup_{i=1}^{k} Z_i \cap K\right)\right| \leq V_j(K)\mathbb{E}\left(N\left(\bigcup_{i=1}^{k} Z_i \cap K\right)\right)^{2-j}$$

$$\leq V_j(K)\mathbb{E}(N(Z_1) + \ldots + N(Z_k))^{2-j}$$

$$\leq V_j(K)k^{2-j}\mathbb{E}N(Z_1)^{2-j},$$

also

$$\mathbb{E}|V_j(Z_X \cap K)| \leq e^{-\Theta(\mathcal{F}_K)}V_j(K)\sum_{k=0}^{\infty}\frac{\Theta(\mathcal{F}_K)^k}{k!}k^{2-j}\mathbb{E}N(Z_1)^{2-j}$$

$$\leq c_1 \int_{\mathcal{R}_0} N(C)^2 A(C + K^*) \, d\mathbb{P}_0(C)$$

$$\leq c_2 \int_{\mathcal{R}_0} N(C)^2 A(C + B^2) \, d\mathbb{P}_0(C) < \infty$$

mit Konstanten c_1, c_2. Ebenso erhält man

$$\mathbb{E}\sum_{C \in X} |V_j(C \cap K)| = \gamma \int_{\mathcal{R}_0} \int_{\mathbb{R}^2} |V_j((C + x) \cap K)| \, d\lambda(x) \, d\mathbb{P}_0(C)$$

$$\leq \gamma V_j(K) \int_{\mathcal{R}_0} N(C)^2 A(C + K^*) \, d\mathbb{P}_0(C)$$

$$\leq c_3 \int_{\mathcal{R}_0} N(C)^2 A(C + B^2) \, d\mathbb{P}_0(C) < \infty$$

mit einer Konstanten c_3. Damit zeigt man die Existenz von $\overline{V}_j(Z_X)$ wie am Ende des Beweises von Satz 5.1.3, und auch Satz 5.1.4 überträgt sich entsprechend.

Für die Flächendichte erhalten wir wieder

$$\overline{A}(Z_X) = 1 - e^{-\overline{A}(X)},$$

und für die Dichte des Umfangs gilt wie in Satz 5.4.2

$$\overline{U}(Z_X) = e^{-\overline{A}(X)}\overline{U}(X).$$

Wir wollen zunächst eine lokale Version dieser zweiten Gleichung herleiten. Dazu benutzen wir, für $K \in \mathcal{R}$, das (additiv fortgesetzte) Oberflächenmaß $S(K, \cdot) := S_1(K, \cdot)$ (siehe (7.16)). $S(K, \cdot)$ ist ein endliches (nicht-negatives) Borelmaß auf der Sphäre S^1, das

$$\int_{S^1} u \, dS(K, u) = 0$$

erfüllt. Für jede Borelmenge $A \subset S^2$ ist das Funktional $\varphi : K \mapsto S(K, A)$ translationsinvariant, additiv, meßbar und bedingt beschränkt. Nach Satz 5.1.3 (in dem die Integrabilitätsbedingung jetzt durch (5.33) ersetzt werden kann) existiert die Dichte $\overline{\varphi}(Z) = \overline{S}(Z, A)$ von φ. Mittels monotoner Konvergenz folgt, daß $\overline{S}(Z, \cdot)$ wieder ein endliches (nicht-negatives) Borelmaß auf S^2 ist; wir nennen es das *mittlere Normalenmaß* von Z. Es erfüllt

$$\int_{S^1} u \, d\overline{S}(Z, u) = 0$$

und ist damit nach Satz 7.1.4 das Oberflächenmaß eines eindeutig bestimmten konvexen Körpers $B(Z) \in \mathcal{K}_0$. Auf die in Satz 7.1.4 enthaltene Bedingung an den Träger des Maßes kann im ebenen Fall verzichtet werden; ist $\overline{S}(Z, \cdot)$ auf zwei Punkten $u, -u \in S^1$ konzentriert, so ist $B(Z)$ eine Strecke der Länge $\overline{S}(Z, \{u\})$ senkrecht zu u. Ist $\overline{S}(Z, \cdot) = 0$, so ist $B(Z) = \{0\}$.

Für Partikelprozesse X in $\mathcal{K}$ hatten wir eine entsprechende Größe schon in (4.41) eingeführt. Die Übertragung auf Prozesse in $\mathcal{R}$ ist wegen $S(K, \cdot) \geq 0$ einfach; wir setzen also

$$\overline{S}(X, \cdot) := \gamma \int_{\mathcal{R}_0} S(K, \cdot) \, d\mathbb{P}_0(K).$$

Auch hier ergibt sich nach Satz 7.1.4 (mit den obigen Zusatzbemerkungen) ein eindeutig bestimmter konvexer Körper $B(X) \in \mathcal{K}_0$, der $\overline{S}(X, \cdot) = S(B(X), \cdot)$ erfüllt.

Da sich Satz 5.4.1 auf das oben definierte Funktional φ anwenden läßt, ergibt sich aus (7.17) und analog zum Beweis von Satz 5.4.2 die Gleichung

$$\mathbb{E}S(Z_X \cap K, \cdot) = A(K)\overline{S}(X, \cdot)e^{-\overline{A}(X)} + S(K, \cdot)\left(1 - e^{-\overline{A}(X)}\right)$$

für alle $K \in \mathcal{K}'$. Wie am Ende des Beweises von Satz 5.4.2 erhalten wir daraus die folgende Relation für das mittlere Normalenmaß.

5.5.2 Satz. *Sei X ein stationärer Poissonscher Partikelprozeß im $\mathbb{R}^2$ mit Partikeln in $\mathcal{R}$, und sei (5.33) erfüllt. Dann gilt*

$$\overline{S}(Z_X, \cdot) = e^{-\overline{A}(X)}\overline{S}(X, \cdot).$$

Man kann diesen Satz auch in der äquivalenten Form

$$B(Z_X) = e^{-\overline{A}(X)}B(X)$$

schreiben. $B(Z_X)$ und $B(X)$ werden die *Blaschke-Körper* von Z_X bzw. X genannt. Sind die Körner konvex, so stimmt $B(X)$ mit dem in Abschnitt

4.5 eingeführten Mittelkörper $M(X)$ von X überein (weil im ebenen Fall die Addition der Oberflächenmaße äquivalent zur Addition der konvexen Körper ist).

Um nun ein Resultat für die Dichte der Euler-Charakteristik zu erhalten, benutzen wir den gemischten Flächeninhalt $A(K, L)$ (siehe Kapitel 7). Hierbei betrachten wir gleich die additive Fortsetzung von A in jeder der beiden Komponenten, so daß $K, L \in \mathcal{R}$ zugelassen ist. Aus der Multilinearität des gemischten Volumens ergibt sich (mit $M^* := -M$)

$$A(B(X), B(X)^*) = \gamma^2 \int_{\mathcal{R}_0} \int_{\mathcal{R}_0} A(K, M^*) \, d\mathbb{P}_0(K) \, d\mathbb{P}_0(M)$$

(zunächst für konvexe Partikel wegen $B(X) = M(X)$ und dann für Partikel in $\mathcal{R}$ durch additive Fortsetzung). Man beachte, daß der Integrand rechts nichtnegativ und integrierbar ist, weil der gemischte Flächeninhalt links endlich ist. Nun gilt für die Euler-Charakteristik die translative Integralformel

$$\int_{\mathbb{R}^2} \chi(K \cap (L + x)) \, d\lambda(x) = A(K)\chi(L) + A(L)\chi(K) + 2A(K, L^*)$$

für $K, L \in \mathcal{R}$ (ein Spezialfall von (7.23)). Die Ausdehnung auf den Konvexring erfolgt dabei wieder aufgrund der Additivität. Nach (7.25) gilt

$$\int_{\mathbb{R}^2} A(K \cap (L + x), M) \, d\lambda(x) = A(K)A(L, M) + A(L)A(K, M)$$

für $K, L, M \in \mathcal{R}$. Damit ergibt sich die iterierte Formel (mit $K_0 := K$)

$$\int_{\mathbb{R}^2} \cdots \int_{\mathbb{R}^2} \chi(K \cap (K_1 + x_1) \cap \ldots \cap (K_k + x_k)) \, d\lambda(x_1) \cdots d\lambda(x_k)$$

$$= \sum_{j=0}^{k} \chi(K_j) \prod_{\substack{i=0 \\ i \neq j}}^{k} A(K_i) + 2 \sum_{0 \leq i < j \leq k} A(K_i, K_j^*) \prod_{\substack{l=0 \\ l \neq i, l \neq j}}^{k} A(K_l).$$

Verwenden wir diese Formel mit Satz 5.4.1, so erhalten wir für $K \in \mathcal{K}'$

$$\mathbb{E}\,\chi(Z_X \cap K)$$

$$= A(K) \sum_{k=1}^{\infty} \frac{(-1)^{k-1}}{k!} \gamma^k \int_{\mathcal{K}_0} \cdots \int_{\mathcal{K}_0} \left[\sum_{j=1}^{k} \chi(K_j) \prod_{\substack{i=1 \\ i \neq j}}^{k} A(K_i) \right.$$

$$\left. + 2 \sum_{1 \leq i < j \leq k} A(K_i, K_j^*) \prod_{\substack{l=1 \\ l \neq i, l \neq j}}^{k} A(K_l) \right] d\mathbb{P}_0(K_1) \cdots d\mathbb{P}_0(K_k)$$

$$+2 \sum_{k=1}^{\infty} \frac{(-1)^{k-1}}{k!} \gamma^k \int_{\mathcal{K}_0} \cdots \int_{\mathcal{K}_0} \sum_{j=1}^{k} A(K, K_j^*) \prod_{\substack{i=1 \\ i \neq j}}^{k} A(K_i)$$

$$d\mathbb{P}_0(K_1) \cdots d\mathbb{P}_0(K_k)$$

$$+\chi(K) \sum_{k=1}^{\infty} \frac{(-1)^{k-1}}{k!} \gamma^k \int_{\mathcal{K}_0} \cdots \int_{\mathcal{K}_0} \prod_{i=1}^{k} A(K_i) \, d\mathbb{P}_0(K_1) \cdots d\mathbb{P}_0(K_k)$$

$$= A(K) \sum_{k=1}^{\infty} \frac{(-1)^{k-1}}{k!} \left[k \, \overline{\chi}(X) \overline{A}(X)^{k-1} \right.$$

$$\left. +2 \binom{k}{2} A(B(X), B(X)^*) \overline{A}(X)^{k-2} \right]$$

$$+2 \, A(K, B(X)^*) \sum_{k=1}^{\infty} \frac{(-1)^{k-1}}{k!} \, k \overline{A}(X)^{k-1}$$

$$+\chi(K) \sum_{k=1}^{\infty} \frac{(-1)^{k-1}}{k!} \, \overline{A}(X)^k$$

$$= A(K) e^{-\overline{A}(X)} \left(\overline{\chi}(X) - A(B(X), B(X)^*) \right) +$$

$$2 \, A(K, B(X)^*) e^{-\overline{A}(X)} + 1 - e^{-\overline{A}(X)}.$$

Wie im Beweis von Satz 5.4.2 ergibt sich daraus das folgende Ergebnis.

5.5.3 Satz. *Sei X ein stationärer Poissonscher Partikelprozeß im $\mathbb{R}^2$ mit Partikeln in $\mathcal{R}$, der (5.33) erfüllt. Dann gilt*

$$\overline{\chi}(Z_X) = e^{-\overline{A}(X)} \left(\overline{\chi}(X) - A(B(X), B(X)^*) \right).$$

Nun setzen wir zusätzlich voraus, daß $\chi(K) = 1$ für $\mathbb{P}_0$-fast alle $K \in \mathcal{R}_0$ gilt (das ist zum Beispiel der Fall, wenn die Partikel fast sicher einfach zusammenhängend sind). Dann können wir die drei Gleichungen aus den Sätzen 5.4.2, 5.5.2 und 5.5.3 wie folgt zusammenfassen

$$\overline{A}(Z_X) = 1 - e^{-\overline{A}(X)},$$

$$B(Z_X) = e^{-\overline{A}(X)} B(X),$$

$$\overline{\chi}(Z_X) = e^{-\overline{A}(X)} \left(\gamma - A(B(X), B(X)^*) \right).$$

Damit wird klar, daß durch Schätzungen der linken Seiten nacheinander $e^{-\overline{A}(X)}$ (also die Flächendichte $\overline{A}(X)$), der Blaschke-Körper $B(X)$ und schließlich die Intensität γ geschätzt werden können. Zur (erwartungstreuen) Schätzung von $\overline{A}(Z_X)$ und $\overline{\chi}(Z_X)$ sei auf die Bemerkungen in Abschnitt 5.4 verwiesen. Allerdings muß hierbei beachtet werden, daß Z_X nicht notwendig isotrop ist. Der Gleichungssystem-Schätzer aus Abschnitt 5.3 ist also nur anwendbar, wenn das Beobachtungsfenster ein Kreis ist.

Der Blaschke-Körper $B(Z_X)$ ist durch das mittlere Normalenmaß $\overline{S}(Z_X, \cdot)$ festgelegt. Zur Schätzung von $\overline{S}(Z_X, \cdot)$ kann man (7.17) verwenden und erhält wie im Beweis von Satz 5.3.3

$$\mathbb{E}S(Z_X \cap K, \cdot) = A(K)\overline{S}(Z_X, \cdot) + S(K, \cdot)\overline{A}(Z_X).$$

Hat man also $\overline{A}(Z_X)$ und $\overline{\chi}(Z_X)$ geschätzt, so ergibt sich nach Auswertung von $S(Z_X(\omega) \cap K, \cdot)$ (für mehrere Realisierungen) ein Schätzer für $\overline{S}(Z_X, \cdot)$, wenn die Größen $A(K)$ und $S(K, \cdot)$ des Beobachtungsfensters K bekannt sind. Die Bestimmung von $S(Z_X(\omega) \cap K, \cdot)$ ist einfach, wenn $Z_X(\omega)$ und K polygonal berandet sind. Allerdings tritt auch hier der Effekt auf, daß der so entstehende Schätzer $\hat{S}(Z_X, \cdot)$ für $\overline{S}(Z_X, \cdot)$ ein signiertes Maß sein kann. In diesem Fall kann man keinen zugehörigen konvexen Körper angeben, aber dem Maß $\hat{S}(Z_X, \cdot)$ durch Zerlegung in Positiv- und Negativteil eine „Differenz" von zwei konvexen Körpern zuordnen. Es sei $\hat{h}(Z_X, \cdot)$ die zugehörige Differenz der Stützfunktionen. Mittels der Beziehung aus Satz 5.5.2 ergeben sich entsprechende Schätzer $\hat{S}(X, \cdot)$ (für $\overline{S}(X, \cdot)$) und $\hat{h}(X, \cdot)$. Damit erhalten wir einen Schätzwert für $A(B(X), B(X)^*)$, wenn wir etwa auf die Gleichung

$$A(B(X), B(X)^*) = \frac{1}{2}\int_{S^1} h(B(X), -u)\, dS(B(X), u)$$

zurückgreifen und entsprechend

$$\hat{A}(X, X^*) := \frac{1}{2}\int_{S^1} \hat{h}(X, -u)\, d\hat{S}(X, u)$$

als Schätzer benutzen.

Bemerkungen und Literaturhinweise zu Kapitel 5

Die Erklärung von Funktionaldichten für zufällige $\mathcal{S}$-Mengen und für Partikelprozesse, die stereologischen Schnittformeln aus Abschnitt 5.3 und die Formeln für Boolesche Modelle in Abschnitt 5.4 finden sich in unterschiedlicher Allgemeinheit, zum Teil unter speziellen Voraussetzungen oder auch mit heuristischen Argumenten, in verschiedenen Quellen. Hier sind zu nennen: Matheron [1975], Davy [1976, 1978], Miles [1976], Miles & Davy [1976],

Stoyan [1979], A.M. Kellerer [1983, 1985], H.G. Kellerer [1984], Weil [1984], Wieacker [1982], Weil & Wieacker [1984], Zähle [1986]. Wir sind in 5.1 und 5.4 im wesentlichen dem Vorgehen in der Arbeit von Weil & Wieacker [1984] gefolgt.

In den Lemmas 5.1.1 und 5.1.2 wird im Prinzip ausgenutzt, daß ein additives Funktional auf konvexen Polytopen sich additiv fortsetzen läßt auf endliche Vereinigungen von relativ offenen Polytopen (vgl. Schneider [1987b]).

Ergodensätze sind in der Stochastischen Geometrie zuerst von Miles [1961], siehe auch [1970, 1971], verwendet worden. Er hat in speziellen Situationen eine Reihe von Konvergenzsätzen für „wachsende Beobachtungsfenster" bewiesen. Eine einheitliche und allgemeine Behandlung solcher Konvergenzsätze erfolgte durch Nguyen & Zessin [1979], gestützt auf die Arbeit von Tempel'man [1972]. Wir haben uns hier an ihrem Vorgehen orientiert. Nguyen und Zessin erwähnen bei ihrer Anwendung auf Boolesche Modelle allerdings nicht, daß die als Grenzfunktion erhaltene bedingte Erwartung fast sicher konstant ist, wie es sich hier aus der Mischungseigenschaft und damit Ergodizität stationärer Poisson-Prozesse ergibt. Auf die Bedeutung der Mischungseigenschaft in der Stochastischen Geometrie hat Cowan [1978, 1980] hingewiesen. Einen einfachen Beweis für die Mischungseigenschaft stationärer Boolescher Modelle hat Wieacker [1982] gegeben. In der Benutzung des Kapazitätsfunktionals beim Nachweis von Mischungseigenschaften sind wir hier Heinrich [1992] gefolgt (mit einer kleinen Vereinfachung beim Beweis von 5.2.3); dort finden sich auch weitergehende Aussagen über Keim-Korn-Modelle.

Den kurzen Beweis von Satz 5.3.1, der einen aufwendigeren ersetzt hat, verdanken wir Herrn Markus Kiderlen.

In Verallgemeinerung von Satz 5.3.10 gilt für stationäre ZAM mit Werten in S

$$\mathbb{E}\Phi_j(Z, A) = \overline{V}_j(Z)\lambda(A)$$

für beschränkte Borelmengen $A \in \mathcal{B}(\mathbb{R}^n)$ und $j = 0, \ldots, n$. Hierbei sind $\Phi_0(Z, \cdot), \ldots, \Phi_n(Z, \cdot)$ die (additiv auf $\mathcal{R}$ und lokal auf S) fortgesetzten Krümmungsmaße. Für stationäre Partikelprozesse X in $\mathcal{K}$ erhält man analog

$$\mathbb{E} \sum_{K \in X} \Phi_j(K, A) = \overline{V}_j(X)\lambda(A), \qquad j = 0, \ldots, n.$$

Diese Aussagen wurden zuerst in Weil [1984, 1987] gezeigt. Die beiden Gleichungen sind von Interesse, weil sich damit weitere erwartungstreue Schätzer für die Quermaßdichten $\overline{V}_j(Z)$ bzw. $\overline{V}_j(X)$ ergeben (ohne Voraussetzung der Isotropie).

Die (in kleinen Dimensionen) ursprünglich aus der praktischen Stereologie stammenden Schnittformelsysteme des Abschnitts 5.3 haben wir hier theoretisch fundiert und in allgemeiner Form behandelt, wobei wir stationäre zufällige Mengen bzw. Partikelprozesse als Modelle zugrundegelegt haben. Ein alternativer Ansatz besteht darin, von deterministischen (und beschränkten) Strukturen auszugehen und diese mittels zufälliger Schnitte zu untersuchen. Die hierzu zur Verfügung stehenden Verteilungen der Schnittebenen werden in den Kapiteln 5 und 6 des Integralgeometrie-Bandes (Schneider & Weil [1992]) diskutiert. Eine Darstellung stereologischer Probleme und Formeln aus geometrischer Sicht findet sich in Weil [1983]. Den Leser, der sich für die praktische Seite interessiert, verweisen wir auf das zweibändige Werk von Weibel [1980]. Neuere Entwicklungen in der Stereologie für nichtstationäre Strukturen sind in dem Buch von Jensen [1998] dargestellt.

Anwendungen Boolescher Modelle auf unterschiedliche Fragen der statistischen Physik (Perkolation, komplexe Flüssigkeiten, Struktur des Universums) hat K. Mecke [1994, 1998] vorgeschlagen und untersucht. Er verwendet Quermaßdichten (dort als Mittelwerte von Minkowski-Funktionalen bezeichnet) als morphologische Parameter zur Beschreibung räumlicher Strukturen und benutzt u.a. Formeln wie 5.3.1 und 5.4.5.

Quermaßdichten für nichtstationäre zufällige Mengen und Partikelprozesse sind von Fallert [1992, 1996] eingeführt und untersucht worden.

Die Schätzung der Parameter beim Booleschen Modell (mit oder ohne Isotropie) wird in Serra [1982], Cressie [1991], Stoyan, Kendall & Mecke [1995] und insbesondere in Molchanov [1997] diskutiert. Die Anpassung eines Polynoms an die aus der sphärischen Kontaktverteilung durch Logarithmieren entstehende Funktion f wird auch als *Minimum-Kontrast-Methode* bezeichnet. Als Variante kann man bei ebenen isotropen Booleschen Modellen die Kontaktverteilungsfunktion $H^{(M)}(1)$ nacheinander für strukturierende Elemente M betrachten, die 0-dimensional (Punkt), 1-dimensional (Strecke) bzw. 2-dimensional (z.B. Quadrat) sind. Die resultierenden drei Gleichungen lassen sich dann nach γ auflösen. Auf diese Art und Weise kann man ein Schätzverfahren für γ angeben, bei dem nur die vom Booleschen Modell Z_X nicht angeschnittenen Zellen, Kanten und Knoten eines quadratischen Gitters gezählt werden müssen (Hall [1985]).

Die Formel für die unteren Tangentenpunkte aus Satz 5.5.1 findet sich wohl zuerst bei Serra [1983]. Die Schätzung der Flächendichte von X bzw. Z_X kann dabei umgangen werden, wenn das Innere von $Z_X(\omega) \cap K_0$ aus dem Beobachtungsfenster K_0 herausgenommen wird und die resultierende Menge so nach „links" transformiert wird, daß die „Lücken geschlossen werden" (genauer wird im $(x^{(1)}, x^{(2)})$-Koordinatensystem jede Menge

$$I(x^{(2)}) := \{(x^{(1)}, x^{(2)}) : (x^{(1)}, x^{(2)}) \notin \text{int } Z_X(\omega)\}, \qquad x^{(2)} \text{ fest,}$$

die ja aus endlich vielen Intervallen besteht, durch ein Intervall der Form

$$I'(x^{(2)}) := \{x^{(1)}, x^{(2)}) : 0 \le x^{(1)} \le c(\omega)\}$$

ersetzt, wo $c(\omega)$ die Gesamtlänge von $I(x^{(2)})$ bezeichnet). Die so transformierten unteren Tangentenpunkte bilden dann einen Ausschnitt eines stationären Poissonprozesses X' im $\mathbb{R}^2$ mit Intensität γ. Eine diesbezügliche Aussage über die auch als Laslett-Transformation bezeichnete Abbildung findet sich in Abschnitt 9.5.3 von Cressie [1997].

Das in Abschnitt 5.5 beschriebene Verfahren zur Schätzung von γ, das auf dem Kapazitätsfunktional aufbaut und beliebige Formen zuläßt, stammt von Schmitt [1991]. Es läßt sich auch in geeigneter Weise auf nichtstationäre Boolesche Modelle übertragen (Schmitt [1997]).

Das auf Korollar 5.4.4 bzw. 5.4.5 aufbauende Verfahren, die Intensität γ im isotropen Fall mittels der Quermaßdichten von Z_X zu schätzen, wird auch als *Momentenmethode* bezeichnet (Molchanov [1997]). Dahinter steht, daß man nicht nur die Intensität γ, sondern auch die Quermaßdichten $\overline{V}_j(X)$, und damit die Mittelwerte

$$\int_{\mathcal{K}_0} V_j(K) \, d\mathbb{P}_0(K), \qquad j = 1, \ldots, n,$$

erhält. Sind die Partikel f.s. Kugeln, so liefern diese Mittelwerte gerade die ersten n Momente der Radienverteilung. Die Ausdehnung der Momentenmethode auf ebene stationäre Boolesche Modelle ohne Isotropievoraussetzung stammt aus Weil [1995], wobei auf Vorarbeiten aus Weil [1994] zurückgegriffen wurde. Eine Ausdehnung der Resultate auf dreidimensionale Boolesche Modelle ist möglich (Weil [1999a]), wobei Formeln für die Volumendichte $\overline{V}(Z_X)$, den Blaschke-Körper $B(Z_X)$, den Mittelkörper $M(Z_X)$ und die Dichte der Euler-Charakteristik $\overline{\chi}(Z_X)$ herangezogen werden. Dabei ist der Mittelkörper nur im Fall konvexer Partikel immer konvex, er ist dann durch die Stützfunktion

$$h(M(Z_X), \cdot) := \lim_{r \to \infty} \frac{\mathbb{E}h^*(Z_X \cap rK, \cdot)}{V_n(rK)}$$

$$= \mathbb{E}[h^*(Z_X \cap C^n, \cdot) - h^*(Z_X \cap \partial^+ C^n, \cdot)]$$

definiert, wo

$$h^*(M, \cdot) := h(M, \cdot) - \langle s(M), \cdot \rangle$$

für $M \in \mathcal{R}'$ und $h^*(\emptyset, \cdot) := 0$ gesetzt wird und rechts die additiven Fortsetzungen von h und s (Steinerpunkt; vgl. Kap. 7) betrachtet werden.

Eine allgemeine, Satz 5.4.3 entsprechende Darstellung der Quermaßdichten $\overline{V}_j(Z_X)$, $j = 0, \ldots, n$, für beliebiges n und stationäre Boolesche Modelle mit konvexen Körnern, aber ohne Isotropievoraussetzung, wird in Weil [1990a] angegeben. Hierbei treten auf der rechten Seite Dichten von gemischten Funktionalen auf, die bei der translativen Version der Gleichung (7.8) entstehen. Diese gemischten Funktionale werden in Weil [1989, 1990b, 1999b] weiter untersucht.

Aus Satz 5.5.3 ergeben sich Aussagen vom isoperimetrischen Typ für ebene Boolesche Modelle. Ist zum Beispiel die Formverteilung $\mathbb{P}_0$ spiegelungsinvariant, so gilt $B(X) = B(X)^*$, also

$$A(B(X), B(X)^*) = A(B(X)) \leq \frac{1}{4\pi} U(B(X))^2 = \frac{1}{4\pi} \overline{U}(X)^2$$

nach der isoperimetrischen Ungleichung. Also haben unter allen Booleschen Modellen Z_X mit symmetrischem $\mathbb{P}_0$ und festen Parametern $\gamma, \overline{A}(X)$ und $\overline{U}(X)$ die isotropen Booleschen Modelle die größte Dichte $\overline{\chi}(Z_X)$ der Euler-Charakteristik (siehe Weil [1988]). Dies bedeutet insbesondere, daß bei einem stationären Booleschen Modell mit symmetrischer Formverteilung die Anzahl der Zusammenhangskomponenten erhöht oder die Anzahl der „Löcher" vermindert wird, wenn die Partikel noch unabhängigen und uniformen Drehungen unterworfen werden. Dies gilt nicht mehr, wenn auf die Symmetrie von $\mathbb{P}_0$ verzichtet wird. Wie in Betke & Weil [1991] gezeigt wird, wird das Maximum von $\overline{\chi}(Z_X)$ (bei festen Werten für $\gamma, \overline{A}(X), \overline{U}(X)$) angenommen, wenn X ein Poissonprozeß homothetischer gleichseitiger Dreiecke ist.

Für die Schätzung des mittleren Oberflächenmaßes $\overline{S}(Z_X, \cdot)$ (und damit des Blaschkekörpers $B(Z_X)$) hat Rataj [1996] eine Methode diskutiert, die auf der Bestimmung von $\overline{A}(X+K)$ für geeignete, genügend kleine Testkörper $K \in \mathcal{K}'$ beruht.

Im Falle konvexer Partikel liefert das am Ende von Abschnitt 5.5 beschriebene Verfahren eine Schätzung für den konvexen Körper

$$\overline{K} := \frac{1}{\gamma} B(X) = \frac{1}{\gamma} M(X).$$

$\overline{K}$ stimmt (bis auf Translation) mit dem mengenwertigen Erwartungswert von $\mathbb{P}_0$ überein, kann also als *mittlere Form* des Booleschen Modells bezeichnet werden. (Eine Diskussion solcher mittlerer Formen für zufällige Mengen findet sich in Vitale [1988]). Den symmetrisierten Blaschke-Körper

$$\frac{1}{2}(B(X) + B(X)^*)$$

von X erhält man auch (und zwar in allen Dimensionen n) aus der linearen Kontaktverteilungsfunktion $H_l^{(u)}$ von Z_X, wenn $u \in S^{n-1}$ variiert. Nach Satz 4.4.4 gilt ja

$$
\begin{aligned}
H_l^{(u)}(r) &= 1 - \exp\left(-\gamma r \int_{\mathcal{K}_0} V_{n-1}(K|u^\perp)\, d\mathbb{P}_0(K)\right) \\
&= 1 - \exp\left(-\gamma \frac{r}{2} \int_{\mathcal{K}_0} \int_{S^{n-1}} |\langle u,v\rangle|\, dS_{n-1}(K,v)\, d\mathbb{P}_0(K)\right) \\
&= 1 - \exp\left(-\frac{r}{2} \int_{S^{n-1}} |\langle u,v\rangle|\, dS_{n-1}(B(X),v)\right) \\
&= 1 - \exp\left(-r h(\Pi_{B(X)}, u)\right),
\end{aligned}
$$

wobei wir (7.37) und (7.36) benutzt haben. Aus Satz 7.1.3 folgt, daß der Projektionenkörper $\Pi_{B(X)}$ den symmetrisierten Blaschke-Körper $\frac{1}{2}(B(X) + B(X)^*)$ eindeutig bestimmt. Dieser Zusammenhang ist in Molchanov [1996] und Weil [1997b] beschrieben worden.

Im Fall eines isotropen Booleschen Modells sind die Mittelkörper $M(X)$ und $B(X)$ Kugeln, geben also keinen Aufschluß über die Form der Partikel. Möglichkeiten, hier geeignete andere mittlere Formen einzusetzen, werden in Stoyan & Molchanov [1997] diskutiert (siehe auch Stoyan [1998]).

Der Punktprozeß X' der linken unteren Tangentenpunkte von Z_X enthält weitergehende Informationen über den Poissonprozeß X. Wie in Molchanov [1995] und Molchanov & Stoyan [1994] gezeigt wurde, ist die Formverteilung $\mathbb{P}_0$ durch alle höheren faktoriellen Momentenmaße von X' und durch die Kovarianzfunktion k von Z_X eindeutig bestimmt. Praktikable Schätzmethoden für $\mathbb{P}_0$ sind aber nur in speziellen Fällen bekannt (deterministisches Korn, sphärische Körner). Die Situation wird eingehender in Molchanov [1997] diskutiert.

Kapitel 6

Zufällige Mosaike

Unter einem Mosaik verstehen wir ein System von konvexen Polytopen im $\mathbb{R}^n$, die den Raum überdecken und paarweise keine inneren Punkte gemeinsam haben. Zufällige Mosaike werden in der Stochastischen Geometrie intensiv untersucht, weil sie für viele Anwendungen von Bedeutung sind. Man kann ein zufälliges Mosaik wahlweise als zufällige abgeschlossene Menge (die durch die Ränder der Zellen des Mosaiks gebildet wird) oder als speziellen Punktprozeß konvexer Polytope beschreiben. Die k-dimensionalen Seiten dieser Polytope erzeugen selbst wieder Punktprozesse k-dimensionaler Mengen, so daß zu einem zufälligen Mosaik in offensichtlicher Weise $n + 1$ Partikelprozesse gehören (Eckenprozeß, Kantenprozeß, ..., Zellenprozeß). Diese besondere Struktur und die vielfältigen Beziehungen zwischen den Intensitäten und Quermaßdichten der verschiedenen Seitenprozesse machen zufällige Mosaike für die mathematische Behandlung besonders ergiebig. Dabei ist der ebene Fall am intensivsten untersucht worden, und auch für dreidimensionale zufällige Mosaike liegen umfassende Ergebnisse vor. Wir wollen in diesem Kapitel im bisherigen allgemeinen Rahmen bleiben und zufällige Mosaike im $\mathbb{R}^n$ behandeln, werden uns aber an einigen Stellen auf den zwei- bzw. dreidimensionalen Fall beschränken, wenn allgemeinere Resultate nicht vorliegen oder zu aufwendig wären.

Nach allgemeinen Aussagen über zufällige Mosaike in Abschnitt 6.1 werden wir zwei spezielle Typen zufälliger Mosaike genauer untersuchen, die Voronoi-Mosaike (und die daraus durch eine Dualität entstehenden Delaunay-Mosaike) und die Hyperebenenmosaike.

Ein zufälliges Voronoi-Mosaik X entsteht aus einem gewöhnlichen Punktprozeß $\tilde{X}$ im $\mathbb{R}^n$, indem zu jedem Punkt $x \in \tilde{X}$ die Voronoi-Zelle

$$C(x, \tilde{X}) := \{z \in \mathbb{R}^n : \tilde{d}(z, \tilde{X}) = \tilde{d}(z, x)\}$$

(bezüglich der euklidischen Metrik $\tilde{d}$) gebildet wird. Unter geeigneten Voraussetzungen an $\tilde{X}$ (z.B. im stationären Fall) ist $C(x, \tilde{X})$ beschränkt, also ein konvexes Polytop. Ist $\tilde{X}$ insbesondere ein stationärer Poissonprozeß, so sind alle Mittelwerte von X durch die Intensität von $\tilde{X}$ festgelegt. Einige Formeln dieser Art werden in Abschnitt 6.2 bewiesen. Entsprechende Resultate für Delaunay-Mosaike ergeben sich durch Dualität.

Die zweite besondere Klasse von Mosaiken, die wir (in Abschnitt 6.3) betrachten wollen, sind die Hyperebenenmosaike. Ein solches Mosaik X entsteht aus den Zellen, die durch einen stationären Hyperebenenprozeß $\hat{X}$ im $\mathbb{R}^n$ induziert werden, wobei durch geeignete Voraussetzungen an $\hat{X}$ sicher zu stellen ist, daß die Zellen beschränkt sind. Die Poissonschen Hyperebenenmosaike werden wieder eine besondere Rolle spielen.

Abschließend befassen wir uns (in Abschnitt 6.4) mit Mischungseigenschaften von Mosaiken.

6.1 Mosaike als Punktprozesse

Von einem Mosaik im $\mathbb{R}^n$ kann man allgemein sprechen, wenn der Raum als Vereinigung von n-dimensionalen abgeschlossenen Mengen (den Zellen des Mosaiks) dargestellt ist, die paarweise höchstens Randpunkte gemeinsam haben. Im Prinzip kann man hierbei unbeschränkte, nichtkonvexe und sogar mehrfach zusammenhängende Zellen zulassen und unter geeigneten Voraussetzungen trotzdem einige Teile der Theorie entwickeln. Wir wollen uns aber im folgenden auf Mosaike beschränken, die durch lokalendliche Systeme kompakter, konvexer Zellen gegeben werden. Wir definieren daher hier ein *Mosaik* im $\mathbb{R}^n$ als ein abzählbares System m von Teilmengen, das die folgenden Bedingungen erfüllt:

(a) Es gilt $m \in \mathcal{F}_{le}(\mathcal{F}')$.

(b) Die Mengen $K \in m$ sind kompakt, konvex und haben innere Punkte.

(c) Es gilt

$$\bigcup_{K \in m} K = \mathbb{R}^n.$$

(d) Für alle $K, K' \in m$ mit $K \neq K'$ gilt $\operatorname{int} K \cap \operatorname{int} K' = \emptyset$.

Ein Mosaik ist also ein spezielles Element der Menge

$$\mathcal{F}_{lek}(\mathcal{F}') := \mathcal{F}_{le}(\mathcal{F}') \cap \mathcal{F}(\mathcal{K}').$$

Auf der hier auftretenden Teilmenge $\mathcal{K}' \subset \mathcal{F}$ der nichtleeren konvexen Körper im $\mathbb{R}^n$ stimmen die von $\mathcal{F}$ induzierte Topologie und die Topologie

der Hausdorff-Metrik überein (das folgt aus Satz 1.2.1, Korollar 1.2.2, Satz
1.1.2 und der Tatsache, daß konvexe Körper zusammenhängend sind). Der
Raum $\mathcal{K}'$ ist lokalkompakt. Die Elemente von $\mathcal{F}_{lek}(\mathcal{F}')$ sind Mengen konvexer Körper und zugleich lokalendliche Teilmengen von $\mathcal{F}'$; in jeder solchen
Menge konvexer Körper treffen also nur endlich viele eine gegebene kompakte
Teilmenge von $\mathbb{R}^n$.

Die Elemente des Mosaiks m nennen wir auch die *Zellen* von m. Für eine
weitere Forderung, die wir stellen wollen, benötigen wir zunächst die folgende
Aussage.

6.1.1 Lemma. *Die Zellen eines Mosaiks sind konvexe Polytope.*

Beweis. Sei m ein Mosaik und $K \in$ m. Wegen der lokalen Endlichkeit von
m gibt es nur endlich viele Zellen $K_1, \ldots, K_k \in$ m $\setminus \{K\}$ mit $K_i \cap K \neq \emptyset$.
Wegen $\mathbb{R}^n = \bigcup_{K' \in \text{m}} K'$ ist dann

$$\text{bd}\, K = \bigcup_{i=1}^{k} (K_i \cap K).$$

Wegen int $K \cap$ int $K_i = \emptyset$ können die konvexen Körper K und K_i durch
eine Hyperebene H_i getrennt werden, das heißt, die von H_i berandeten abgeschlossenen Halbräume H_i^+ und H_i^- erfüllen etwa $K \subset H_i^+$ und $K_i \subset H_i^-$
($i = 1, \ldots, k$). Wir behaupten, daß dann

$$K = \bigcap_{i=1}^{k} H_i^+ \tag{6.1}$$

gilt. Die Inklusion $K \subset \bigcap_{i=1}^{k} H_i^+$ ist trivial. Sei $x \in \bigcap_{i=1}^{k} H_i^+$. Angenommen,
es wäre $x \notin K$. Es gibt einen Punkt $y \in$ int $K \subset$ int $\bigcap_{i=1}^{k} H_i^+$. Auf der
Strecke zwischen y und x gibt es einen Randpunkt x' von K. Wegen $x' \neq x$
ist $x' \in$ int $\bigcap_{i=1}^{k} H_i^+$. Andererseits ist $x' \in K_j$ für ein $j \in \{1, \ldots, k\}$, ein
Widerspruch. Also gilt (6.1), und als beschränkter Durchschnitt von endlich
vielen abgeschlossenen Halbräumen ist K ein Polytop. ∎

Der Rand eines n-dimensionalen Polytops P besteht aus niederdimensionalen
Polytopen, den *Seiten* von P. Eine Seite S von P heißt *k-Seite*, wenn sie
k-dimensional ist, $k \in \{0, \ldots, n-1\}$. Die 0-Seiten heißen *Ecken* (hierbei
identifizieren wir wieder $\{x\}$ mit x), die 1-Seiten heißen *Kanten*, und die
$(n-1)$-Seiten heißen *Facetten*. Ist das Polytop P wie in (6.1) als Durchschnitt
von endlich vielen Halbräumen dargestellt, so ist jede k-Seite von P der
Durchschnitt von P mit geeigneten $n-k$ der zugehörigen Hyperebenen H_i.
Jeder Randpunkt von P ist relativ innerer Punkt einer eindeutig bestimmten

Seite von P. Zur Vervollständigung einiger Aussagen ist es nützlich, P selbst als n-Seite von sich aufzufassen. Wir bezeichnen mit $\mathcal{S}_k(P)$ die Menge aller k-Seiten von P und setzen $\mathcal{S}(P) := \bigcup_{k=0}^{n} \mathcal{S}_k(P)$.

Bei einem Mosaik können sich Seiten verschiedener Zellen überlappen; es kann z.B. eine Ecke einer Zelle P relativ innerer Punkt einer Facette einer anderen (benachbarten) Zelle P' sein. Wir wollen dieses Phänomen im folgenden ausschließen und betrachten daher nur Mosaike m, die Zellkomplexe sind, also

$$P \cap P' \in (\mathcal{S}(P) \cap \mathcal{S}(P')) \cup \{\emptyset\} \qquad \text{für alle } P, P' \in \text{m} \qquad (6.2)$$

erfüllen. Ein Mosaik m, das der Bedingung (6.2) genügt, nennen wir auch *seitentreu*. Für ein solches Mosaik setzen wir

$$\mathcal{S}_k(\text{m}) := \bigcup_{P \in \text{m}} \mathcal{S}_k(P) \qquad \text{für } k = 0, \dots, n.$$

Wir bezeichnen die Menge aller Mosaike im $\mathbb{R}^n$ mit $\mathcal{M}$ und die Teilmenge der seitentreuen Mosaike mit $\mathcal{M}_s$. Daß wir uns bei der Behandlung zufälliger Mosaike auf seitentreue Mosaike beschränken, geschieht der Einfachheit halber; bei den in 6.2 und 6.3 betrachteten, in besonderer Weise erzeugten Mosaiken ist diese Bedingung ohnehin erfüllt.

Wir nennen ein Mosaik m *normal*, wenn es seitentreu ist und wenn jede k-Seite von m im Rand von genau $n-k+1$ Zellen liegt, $k = 0, \dots, n-1$. Für $k = n-1$ ist diese Bedingung stets erfüllt; jede Facette eines Mosaiks gehört zu zwei benachbarten Zellen. Die anderen Bedingungen sind aber etwa für ein Hyperebenenmosaik nicht erfüllt. Im ebenen Fall ($n = 2$) bedeutet die Normalität, daß jede Ecke e von m in 3 Zellen liegt, so daß also von e auch 3 Kanten ausgehen. Allgemeiner liegt bei einem normalen Mosaik jede j-Seite in genau

$$\binom{n-j+1}{k-j} \quad k - \text{Seiten}, \qquad 0 \le j \le k \le n.$$

Für die Einführung und Behandlung zufälliger Mosaike benötigen wir Meßbarkeitsaussagen.

6.1.2 Lemma. *Die Menge $\mathcal{M}$ der Mosaike und die Menge $\mathcal{M}_s$ der seitentreuen Mosaike im $\mathbb{R}^n$ sind Borelmengen in $\mathcal{F}(\mathcal{F}')$. Die Abbildung*

$$\varphi_k: \quad \mathcal{M}_s \quad \to \quad \mathcal{F}(\mathcal{F}')$$
$$\text{m} \quad \mapsto \quad \mathcal{S}_k(\text{m})$$

ist meßbar, $k = 0, \dots, n-1$.

Beweis. Wegen Satz 3.1.2 ist $\mathcal{F}_{lek}(\mathcal{F}')$ eine Borelmenge in $\mathcal{F}(\mathcal{F}')$. Für $r \in \mathbb{N}$ ist die Menge $\mathcal{K}_r^{(n-1)} := \{K \in \mathcal{K}' : \dim K \leq n-1, \ K \subset rB^n\}$ abgeschlossen in $\mathcal{F}'$. Es gilt

$$\mathcal{M} = \left\{ \mathsf{m} \in \mathcal{F}_{lek}(\mathcal{F}') : \bigcup_{K \in \mathsf{m}} K = \mathbb{R}^n \right\} \cap$$

$$\bigcap_{r=1}^{\infty} \left\{ \mathsf{m} \in \mathcal{F}_{lek}(\mathcal{F}') : \mathsf{m} \cap \mathcal{K}_r^{(n-1)} = \emptyset, \ \sum_{K \in \mathsf{m}} V_n(K \cap rB^n) = V_n(rB^n) \right\}.$$

Durch $\mathsf{m} \mapsto \bigcup_{K \in \mathsf{m}} K$ ist eine meßbare Abbildung von $\mathcal{F}_{lek}(\mathcal{F}')$ in $\mathcal{F}'$ gegeben, wie sich aus dem Beweis von Satz 3.5.3 ergibt. Die Abbildung $\mathsf{m} \mapsto \mathsf{m} \cap \mathcal{K}_r^{(n-1)}$ ist meßbar nach Satz 2.1.4, und die Meßbarkeit der Abbildung $\mathsf{m} \mapsto \sum_{K \in \mathsf{m}} V_n(K \cap rB^n)$ ergibt sich wie im Beweis von Satz 3.1.5. Daraus folgt, daß $\mathcal{M}$ eine Borelmenge in $\mathcal{F}(\mathcal{F}')$ ist.

Die Menge $\mathcal{P}$ der nichtleeren konvexen Polytope des $\mathbb{R}^n$ ist eine Borelmenge in $\mathcal{F}'$. Wir behaupten, daß die Abbildung

$$\psi_k : \ \mathcal{P} \ \rightarrow \ \mathcal{F}(\mathcal{F}')$$
$$P \ \mapsto \ \mathcal{S}_k(P)$$

meßbar ist. Hierzu betrachten wir zunächst für $r, s, t \in \mathbb{N}$ die Menge $\mathcal{P}_{r,s,t} \subset \mathcal{P}$ der Polytope P mit folgenden Eigenschaften: $P \subset rB^n$, P hat genau s Ecken, für $q \in \{1, \ldots, n\}$ und je $q+1$ Ecken $x_1, \ldots, x_{q+1}$ von P gilt entweder $V_q(\text{conv}\{x_1, \ldots, x_{q+1}\}) = 0$ oder $V_q(\text{conv}\{x_1, \ldots, x_{q+1}\}) \geq 1/t$. Es ist dann unschwer nachzuweisen, daß $\mathcal{P}_{r,s,t}$ abgeschlossen und die Einschränkung von ψ_k auf $\mathcal{P}_{r,s,t}$ stetig ist. Wegen $\bigcup_{r,s,t \in \mathbb{N}} \mathcal{P}_{r,s,t} = \mathcal{P}$ folgt die Meßbarkeit von ψ_k.

Insbesondere ist damit auch die Abbildung $\psi : P \mapsto \mathcal{S}(P)$ meßbar. Daher ist die Menge

$$\mathcal{A} := \{(P,Q) \in \mathcal{P} \times \mathcal{P} : P \cap Q = \emptyset \ \text{oder} \ P \cap Q \in \mathcal{S}(P) \cap \mathcal{S}(Q)\}$$

$$= \{(P,Q) \in \mathcal{P} \times \mathcal{P} : P \cap Q = \emptyset \ \text{oder} \ \psi(P) \cap \psi(Q) = \psi(P \cap Q)\}$$

eine Borelmenge. Zu $\mathsf{m} \in \mathcal{M}$ bezeichne η_{m} das einfache Zählmaß über $\mathcal{F}'$ mit Träger m. Nach Satz 3.1.2 ist die Abbildung $\mathsf{m} \mapsto \eta_{\mathsf{m}}$ meßbar. Wegen

$$\mathcal{M}_s = \{\mathsf{m} \in \mathcal{M} : \eta_{\mathsf{m}} \otimes \eta_{\mathsf{m}}(\mathcal{F}' \times \mathcal{F}' \setminus \mathcal{A}) = 0\}$$

folgt die Meßbarkeit von $\mathcal{M}_s$.

Sei $k \in \{0, \ldots, n-1\}$. Für ein Polytop P bezeichne $\eta_{P,k}$ das einfache Zählmaß über $\mathcal{F}'$ mit Träger $\psi_k(P) = \mathcal{S}_k(P)$. Nach Satz 3.1.2 ist die Abbildung $P \mapsto \eta_{P,k}$ meßbar. Für $\mathsf{m} \in \mathcal{M}_s$ hat das (nicht einfache) Zählmaß

$$\nu_{\mathsf{m},k} := \sum_{P \subset \mathsf{m}} \eta_{P,k}$$

den Träger $\mathcal{S}_k(\mathsf{m})$, und die Abbildung $\mathsf{m} \mapsto \nu_{\mathsf{m},k}$ von $\mathcal{M}_s$ in $\mathsf{N}(\mathcal{F}')$ ist nach dem Satz von Campbell meßbar (man beachte, daß die Meßbarkeit von $\mathsf{m} \mapsto \nu_{\mathsf{m},k}$ äquivalent ist mit der Meßbarkeit von $\mathsf{m} \mapsto \nu_{\mathsf{m},k}(\mathcal{A})$ für alle Borelmengen $\mathcal{A} \in \mathcal{B}(\mathcal{F}')$). Aus Satz 3.1.2 ergibt sich die Meßbarkeit der Abbildung φ_k. ∎

Unter einem *zufälligen Mosaik* im $\mathbb{R}^n$ verstehen wir nun einen Partikelprozeß X im $\mathbb{R}^n$, der f.s. $X \in \mathcal{M}_s$ erfüllt. Ein zufälliges Mosaik ist also ein Punktprozeß konvexer Polytope, die sich paarweise nicht überlappen, den Raum überdecken und dabei die Voraussetzung (6.2) erfüllen. Das zufällige Mosaik X heißt *normal*, wenn $\mathbb{P}$-fast alle Realisierungen von X normal sind.

Für ein zufälliges Mosaik X wird durch $X^{(k)} := \mathcal{S}_k(X)$, $k \in \{0, \ldots, n\}$, (mit $X^{(n)} = X$) ein Partikelprozeß definiert, genauer ein Punktprozeß k-dimensionaler Polytope. Die Meßbarkeit ergibt sich aus Lemma 6.1.2. Die lokale Endlichkeit von $X^{(k)}(\omega)$ folgt aus der entsprechenden Eigenschaft von $X(\omega)$. Das Intensitätsmaß von $X^{(k)}$ bezeichnen wir mit $\Theta^{(k)}$. Die lokale Endlichkeit von $\Theta^{(n)}$ impliziert i.a. nicht die lokale Endlichkeit der Intensitätsmaße $\Theta^{(k)}$ für $k < n$ (vgl. die Bemerkungen am Ende dieses Kapitels). Wir machen daher für die in diesem Abschnitt behandelten zufälligen Mosaike X die **generelle Voraussetzung**, daß ihre Seitenprozesse $X^{(k)}$, $k = 0, \ldots, n$, lokalendliche Intensitätsmaße haben.

Wir betrachten ab jetzt nur noch stationäre zufällige Mosaike X. Dann sind natürlich auch die Seitenprozesse $X^{(k)}$, $k = 0, \ldots, n$, stationär. Mit $\gamma^{(k)}$ bezeichnen wir die Intensität und mit

$$d_j^{(k)} := \overline{V}_j(X^{(k)}), \qquad j = 0, \ldots, k,$$

die Quermaßdichten von $X^{(k)}$ (es ist also $\gamma^{(k)} = d_0^{(k)}$). Ferner sei $\mathbb{P}_0^{(k)}$ die Formverteilung von $X^{(k)}$. Auch die Intensität und Formverteilung des Partikelprozesses X wollen wir also nicht, wie früher, mit γ und $\mathbb{P}_0$ bezeichnen, sondern der Deutlichkeit halber mit $\gamma^{(n)}$ und $\mathbb{P}_0^{(n)}$. Statt $X^{(n)}$ schreiben wir aber weiterhin X, auch weil wir mit dem Mosaik X, unabhängig von seiner Definition als Zellenprozeß, die Vorstellung verbinden, daß es die ganze Kollektion $X^{(n)}, \ldots, X^{(0)}$ repräsentiert.

Ein zufälliges Polytop Z_k mit der Verteilung $\mathbb{P}_0^{(k)}$ nennt man auch die *typische k-Seite* (*typische Zelle* für $k = n$) von X. In diesem Sinne ist also

$$\mathbb{E}V_j(Z_k) = \frac{d_j^{(k)}}{\gamma^{(k)}} = \int_{\mathcal{K}_0} V_j(K) \, d\mathbb{P}_0^{(k)}(K) \qquad (6.3)$$

das mittlere j-te innere Volumen der typischen k-Seite Z_k von X. Die typische Zelle wird meist mit Z bezeichnet.

Die Volumendichte $d_n^{(n)}$ scheint zunächst nicht von Interesse zu sein, weil sich aus Satz 5.1.4 ergibt, daß $\overline{V}_n(X) = 1$ ist. Wir erhalten daraus aber wegen (4.20) die Gleichung

$$\mathbb{E}V_n(Z) = \frac{1}{\gamma^{(n)}}, \qquad (6.4)$$

also die Information, daß das mittlere Volumen der typischen Zelle eines stationären Mosaiks X der Kehrwert der Intensität von X ist.

Zur Motivation der nachfolgenden Betrachtungen stellen wir zunächst einige einfache geometrische Überlegungen an, die dann verallgemeinert werden. Für weitere Untersuchungen der Quermaßdichten $d_j^{(k)}$ können wir die Darstellung

$$V_j(P) = \sum_{S \in \mathcal{S}_j(P)} \gamma(S, P) V_j(S)$$

für das innere Volumen $V_j(P)$ eines Polytops P ($j \in \{0, \ldots, n\}$) benutzen (siehe (7.50)). Hierbei ist $\gamma(S, P)$ der äußere Winkel des Polytops P an der Seite S. Nach Satz 5.1.4 gilt

$$d_j^{(k)} = \lim_{r \to \infty} \frac{1}{r^n} \mathbb{E} \sum_{K \in X^{(k)}} V_j(K \cap rC^n). \qquad (6.5)$$

Für jedes Polytop K gilt

$$V_j(K \cap rC^n) \geq \sum_{S \in \mathcal{S}_j(K)} \gamma(S, K) V_j(S \cap rC^n).$$

Aus der Monotonie von V_j auf $\mathcal{K}$ folgt

$$V_j(K \cap rC^n) - \sum_{S \in \mathcal{S}_j(K)} \gamma(S, K) V_j(S \cap rC^n) \leq V_j(K \cap rC^n) \leq r^j V_j(C^n).$$

Damit ergibt sich für $j \leq k$

$$\begin{aligned}
d_j^{(k)} &= \lim_{r \to \infty} \frac{1}{r^n} \mathbb{E} \sum_{K \in X^{(k)}} \sum_{S \in \mathcal{S}_j(K)} \gamma(S, K) V_j(S \cap rC^n) \\
&= \lim_{r \to \infty} \frac{1}{r^n} \mathbb{E} \sum_{S \in X^{(j)}} V_j(S \cap rC^n) \sum_{K \in X^{(k)}} \gamma(S, K).
\end{aligned}$$

Die hierbei benutzte Meßbarkeit zeigt man mit den im Beweis von Lemma 6.1.2 verwendeten Methoden. Ferner haben wir von der Tatsache Gebrauch gemacht, daß die Gesamtheit der j-Seiten von $X^{(k)}$ gleich $X^{(j)}$ ist.

Im Fall $k = n$, $j = n-1$ ist $\gamma(S, K) = \frac{1}{2}$, also $\sum_{K \in X} \gamma(S, K) = 1$. Es folgt

$$d_{n-1}^{(n)} = \lim_{r \to \infty} \frac{1}{r^n} \mathbb{E} \sum_{S \in X^{(n-1)}} V_{n-1}(S \cap rC^n) = d_{n-1}^{(n-1)} \qquad (6.6)$$

nach (6.5), eine auch intuitiv sofort einleuchtende Gleichung.

Im Fall $k = 1$, $j = 0$ ist ebenfalls $\gamma(S, K) = \frac{1}{2}$, also ist $2 \sum_{K \in X^{(1)}} \gamma(S, K)$ die Anzahl $N_1(S, X)$ der von der Ecke S ausgehenden Kanten von X. Es ergibt sich

$$\gamma^{(1)} = \lim_{r \to \infty} \frac{1}{2r^n} \mathbb{E} \sum_{S \in X^{(0)}} V_0(S \cap rC^n) N_1(S, X). \tag{6.7}$$

Bei einem normalen Mosaik ist $N_1(S, X) = n + 1$, also erhalten wir in diesem Fall

$$\gamma^{(1)} = \frac{n+1}{2} \gamma^{(0)}. \tag{6.8}$$

Diese Überlegungen legen es nahe, bei zufälligen Mosaiken neben den Quermaßdichten der Seitenprozesse noch weitere Größen zu betrachten, zum Beispiel die mittlere Anzahl n_{01} der von einer (typischen) Ecke ausgehenden Kanten. Allgemeiner betrachten wir in einem Mosaik die Gesamtheit der mit einer gegebenen j-Seite inzidenten k-Seiten.

Mit $\mathcal{F}_e(\mathcal{K}')$ bezeichnen wir das System der endlichen Mengen nichtleerer konvexer Körper im $\mathbb{R}^n$. Für $j, k \in \{0, \ldots, n\}$ definieren wir einen (j, k)-*Seitenstern* als ein Paar $(T, \mathcal{S}) \in \mathcal{K}' \times \mathcal{F}_e(\mathcal{K}')$, das aus einem j-dimensionalen Polytop T und einer endlichen Menge $\mathcal{S}$ von k-dimensionalen Polytopen besteht und die folgenden Bedingungen erfüllt. Für $j \geq k$ soll $\mathcal{S} = \mathcal{S}_k(T - c(T))$ sein. Für $j < k$ wird $T - c(T) \in \mathcal{S}_j(S)$ für alle $S \in \mathcal{S}$ verlangt.

Ist nun $\mathsf{m} \in \mathcal{M}_s$ ein seitentreues Mosaik und T eine j-Seite von m, $j \in \{0, \ldots, n\}$, so setzen wir für $j \geq k$

$$\mathcal{S}_k(T, \mathsf{m}) := \mathcal{S}_k(T - c(T))$$

und für $j < k$

$$\mathcal{S}_k(T, \mathsf{m}) := \{S - c(T) : S \in \mathcal{S}_k(\mathsf{m}), T \subset S\}.$$

Dann ist $(T, \mathcal{S}_k(T, \mathsf{m}))$ ein (j, k)-Seitenstern im oben definierten Sinn. Wir nennen ihn einen (j, k)-*Seitenstern des Mosaiks* m und bezeichnen mit

$$\mathcal{T}_{jk}(\mathsf{m}) := \{(T, \mathcal{S}_k(T, \mathsf{m})) : T \in \mathcal{S}_j(\mathsf{m})\}$$

die Menge aller (j, k)-Seitensterne von m.

Wir benötigen wieder eine Meßbarkeitsaussage.

6.1.3 Lemma. *Die Abbildung*

$$\varphi_{jk} : \quad \mathcal{M}_s \quad \to \quad \mathcal{F}(\mathcal{K}' \times \mathcal{F}(\mathcal{K}'))$$

$$\mathsf{m} \quad \mapsto \quad \mathcal{T}_{jk}(\mathsf{m})$$

ist meßbar, $j, k = 0, \ldots, n$.

Beweis. Ist $f : \mathcal{K}' \times \mathcal{F}(\mathcal{K}') \to \mathbb{R} \cup \{\infty\}$ nichtnegativ und meßbar, so wird durch

$$\mathsf{m} \mapsto \sum_{T \in \mathcal{S}_j(\mathsf{m})} f(T, \mathsf{m}), \qquad \mathsf{m} \in \mathcal{M}_s,$$

eine meßbare Funktion erklärt. Zum Beweis kann man sich auf Funktionen $f = \mathbf{1}_{\mathcal{A}_1 \times \mathcal{A}_2}$ mit $\mathcal{A}_1 \in \mathcal{B}(\mathcal{K}')$ und $A_2 \in \mathcal{B}(\mathcal{F}(\mathcal{K}'))$ beschränken und dann Lemma 6.1.2 sowie Satz 3.1.2 anwenden.

Zunächst sei nun $j \geq k$. Für $T \in \mathcal{K}'$ ist

$$\mathcal{K}_\subset(T) := \{K \in \mathcal{K}' : K \subset T\}$$

abgeschlossen. Die Abbildung $T \mapsto \mathcal{K}_\subset(T)$ von $\mathcal{K}'$ in $\mathcal{F}(\mathcal{K}')$ ist stetig und daher meßbar.

Für $\mathcal{A} \in \mathcal{B}(\mathcal{K}' \times \mathcal{F}(\mathcal{K}'))$ definieren wir nun

$$\rho_{jk}(\mathsf{m}, \mathcal{A}) := \sum_{T \in \mathcal{S}_j(\mathsf{m})} \mathbf{1}_{\mathcal{A}}\left(T, [\mathcal{S}_k(\mathsf{m}) \cap \mathcal{K}_\subset(T)] - c(T)\right) \qquad \text{für } \mathsf{m} \in \mathcal{M}_s.$$

Dann gilt $\rho_{jk}(\mathsf{m}, \{(K, \mathcal{S})\}) > 0$ genau dann, wenn $(K, \mathcal{S}) \in \mathcal{T}_{jk}(\mathsf{m})$ ist. Nach den vorhergehenden beiden Feststellungen und Lemma 6.1.2 ist die Abbildung $\rho_{jk}(\cdot, \mathcal{A})$ meßbar. Für jedes $\mathsf{m} \in \mathcal{M}_s$ ist $\rho_{jk}(\mathsf{m}, \cdot)$ ein Zählmaß über $\mathcal{K}' \times \mathcal{F}(\mathcal{K}')$. Die Abbildung $\mathcal{M}_s \to \mathsf{N}(\mathcal{K}' \times \mathcal{F}(\mathcal{K}'))$, $\mathsf{m} \mapsto \rho_{jk}(\mathsf{m}, \cdot)$, ist meßbar. Wegen

$$\mathcal{T}_{jk}(\mathsf{m}) = \operatorname{supp} \rho_{jk}(\mathsf{m}, \cdot)$$

und Satz 3.1.2 folgt jetzt die Meßbarkeit von φ_{jk}.

Im Fall $j < k$ schließt man analog, wobei die in $\mathcal{K}'$ abgeschlossene Menge

$$\mathcal{K}_\supset(T) := \{K \in \mathcal{K}' : K \supset T\}$$

zu verwenden ist. Die Abbildung $T \mapsto \mathcal{K}_\supset(T)$ von $\mathcal{K}'$ in $\mathcal{F}(\mathcal{K}')$ ist ebenfalls stetig. ∎

Bei einem stationären zufälligen Mosaik X definiert für $j, k \in \{0, \ldots, n\}$ die Menge

$$\mathcal{X}^{(j,k)} := \mathcal{T}_{jk}(X)$$

aller (j, k)-Seitensterne des Mosaiks nach Lemma 6.1.3 einen Punktprozeß im Raum $\mathcal{K}' \times \mathcal{F}(\mathcal{K}')$; er ist auf $\mathcal{K}' \times \mathcal{F}_e(\mathcal{K}')$ konzentriert. Hierbei können wir $\mathcal{X}^{(j,j)}$ mit $X^{(j)}$ identifizieren. Der Prozeß $\mathcal{X}^{(j,k)}$ ist ein stationärer markierter Partikelprozeß (im Sinne von S. 122 – 123) in $\mathcal{K}'$ mit Markenraum $\mathcal{F}(\mathcal{K}')$. Die Intensität von $\mathcal{X}^{(j,k)}$ ist $\gamma^{(j)}$. Die Form-Markenverteilung $\mathbb{P}_o^{(j,k)}$ können wir als Wahrscheinlichkeitsmaß auf $\mathcal{K}_0 \times \mathcal{F}_e(\mathcal{K}')$ betrachten. Sie ist konzentriert auf den (j,k)-Seitensternen in $\mathcal{K}_0 \times \mathcal{F}_e(\mathcal{K}')$, und zwar auf solchen, die in seitentreuen Mosaiken vorkommen.

Die Randverteilung der Form-Markenverteilung $\mathbb{P}_0^{(j,k)}$ bezüglich der Projektion auf den ersten Faktor von $\mathcal{K}_0 \times \mathcal{F}_e(\mathcal{K}')$ ist gerade die Formverteilung $\mathbb{P}_0^{(j)}$ des Seitenprozesses $X^{(j)}$; für jede nichtnegative meßbare Funktion f auf $\mathcal{K}_0$ gilt also

$$\int_{\mathcal{K}_0 \times \mathcal{F}_e(\mathcal{K}')} f(T) \, d\mathbb{P}_0^{(j,k)}(T,\mathcal{S}) = \int_{\mathcal{K}_0} f \, d\mathbb{P}_0^{(j)}. \tag{6.9}$$

Das ergibt sich wegen $\mathbb{E}X^{(j,k)}(\cdot \times \mathcal{F}_e(\mathcal{K}')) = \mathbb{E}X^{(j)}$ aus den Definitionen der Verteilungen $\mathbb{P}_0^{(j,k)}$ und $\mathbb{P}_0^{(j)}$. Insbesondere folgt für jede nichtnegative, meßbare Funktion $f : \mathcal{K} \times \mathcal{K}_0 \to \mathbb{R}$ und für $0 \leq k \leq j \leq n$ die Gleichheit

$$\int_{\mathcal{K}_0 \times \mathcal{F}_e(\mathcal{K}')} \sum_{S \in \mathcal{S}} f(S,T) \, d\mathbb{P}_0^{(j,k)}(T,\mathcal{S}) = \int_{\mathcal{K}_0} \sum_{S \in \mathcal{S}_k(T)} f(S,T) \, d\mathbb{P}_0^{(j)}(T). \tag{6.10}$$

Für den Prozeß $\mathcal{X}^{(j,k)}$ der (j,k)-Seitensterne des zufälligen stationären Mosaiks X können wir Größen analog zu den Quermaßdichten definieren. Dazu setzen wir für $i = 0, \ldots, n$ und $\mathcal{S} \in \mathcal{F}_e(\mathcal{K}')$

$$V_i(\mathcal{S}) := \sum_{S \in \mathcal{S}} V_i(S)$$

und

$$v_i^{(j,k)} := \int_{\mathcal{K}_0 \times \mathcal{F}_e(\mathcal{K}')} V_i(\mathcal{S}) \, d\mathbb{P}_0^{(j,k)}(T,\mathcal{S}),$$

$$d_i^{(j,k)} := \gamma^{(j)} v_i^{(j,k)}.$$

Für manche dieser Größen benutzen wir im folgenden spezielle Bezeichnungen. So sei etwa $N_k(\mathcal{S}) := V_0(\mathcal{S})$ die Anzahl der k-Seiten in einem (j,k)-Seitenstern $(T,\mathcal{S})$, und es sei $n_{jk} := v_0^{(j,k)}$. (Für ein konvexe Polytop P bezeichnet $N_k(P)$ die Anzahl der k-Seiten von P.) Dann ist n_{jk} der Erwartungswert von N_k bezüglich $\mathbb{P}_0^{(j,k)}$, also die mittlere Anzahl der k-Seiten des typischen (j,k)-Seitensterns $(n_{jj} = 1)$. Für $j > k$ ist n_{jk} damit die mittlere Anzahl der k-Seiten der typischen j-Seite des zufälligen Mosaiks X.

Zwischen diesen Anzahlen bestehen vielfältige Beziehungen, von denen wir einige unmittelbar notieren können.

Zunächst läßt sich die oben erhaltene Gleichung (6.7) in der Form

$$\gamma^{(0)} n_{01} = 2\gamma^{(1)} \tag{6.11}$$

schreiben (hierzu beachte man die Bemerkung nach dem Beweis von Satz 4.2.6, die auf den markierten Partikelprozeß $\mathcal{X}^{(0,1)}$ anzuwenden ist). Intuitiv ist die Gleichung (6.11) einleuchtend; sie wird erhalten, indem man die inzidenten Paare (Ecke, Kante) auf zwei verschiedene Weisen „abzählt", einmal über die Ecken und das andere Mal über die Kanten summierend. Dieses Prinzip wird unten ausgebaut. Analog ist für

$$l_{01} := v_1^{(0,1)},$$

die mittlere Länge des typischen Kantensterns ((0,1)-Seitensterns), auch die Relation

$$\gamma^{(0)} l_{01} = 2d_1^{(1)} \tag{6.12}$$

plausibel. Sie kann wie oben bewiesen werden.

Wir verwenden (6.10) für $f \equiv 1$, $j \in \{0,\dots,n\}$ und $k \in \{0,\dots,j\}$. Für einen (j,k)-Seitenstern $(T,\mathcal{S})$ ist dann $\sum_{S\in\mathcal{S}} f(S,T) = N_k(\mathcal{S}) = N_k(T)$ (mit der in (7.48) verwendeten Bezeichnung) die Anzahl der k-Seiten des j-Polytops T. Mit der Euler-Relation (7.48) ergibt sich daher

$$\sum_{k=0}^{j}(-1)^k n_{jk} = \sum_{k=0}^{j}(-1)^k \int_{\mathcal{K}_0\times\mathcal{F}_e(\mathcal{K}')} \sum_{S\in\mathcal{S}} f(S,T)\, d\mathbb{P}_0^{(j,k)}(T,\mathcal{S})$$

$$= \sum_{k=0}^{j}(-1)^k \int_{\mathcal{K}_0} \sum_{S\in\mathcal{S}_k(T)} f(S,T)\, d\mathbb{P}_0^{(j)}(T)$$

$$= \int_{\mathcal{K}_0} \sum_{k=0}^{j}(-1)^k N_k(T)\, d\mathbb{P}_0^{(j)}(T) = 1,$$

also

$$\sum_{k=0}^{j}(-1)^k n_{jk} = 1 \tag{6.13}$$

für $j = 0,\dots,n$. Die Spezialfälle $j = 1$ und $j = 2$ lauten

$$n_{10} = 2, \tag{6.14}$$

$$n_{20} = n_{21}. \tag{6.15}$$

Ein Gegenstück zu (6.13) ist die Relation

$$\sum_{k=j}^{n}(-1)^{n-k} n_{jk} = 1 \tag{6.16}$$

für $j = 0,\dots,n$, mit den Spezialfällen

$$n_{n-1,n} = 2, \tag{6.17}$$

$$n_{\ldots,\ldots} = n_{\ldots,\ldots}. \tag{6.18}$$

Sie ergibt sich unter Verwendung der Limes-Darstellungen der Dichten (S. 130) und von (7.49) aus

$$\gamma^{(j)} \sum_{k=j}^{n} (-1)^{n-k} n_{jk} = \sum_{k=j}^{n} (-1)^{n-k} \lim_{r \to \infty} \frac{1}{V_n(rB^n)} \mathbb{E} \sum_{(T,S) \in \mathcal{X}^{(j,k)}, T \subset rB^n} V_0(\mathcal{S})$$

$$= \lim_{r \to \infty} \frac{1}{V_n(rB^n)} \mathbb{E} \sum_{k=j}^{n} (-1)^{n-k} \sum_{T \in X^{(j)}, T \subset rB^n} N_k(\mathcal{S}_k(T,X))$$

$$= \lim_{r \to \infty} \frac{1}{V_n(rB^n)} \mathbb{E} \sum_{T \in X^{(j)}, T \subset rB^n} 1$$

$$= \gamma^{(j)}.$$

Wir wollen nun allgemeinere Beziehungen der Art (6.11) und (6.12) herleiten.

6.1.4 Satz. *Sei X ein stationäres zufälliges Mosaik im $\mathbb{R}^n$, und sei $f : \mathcal{K} \times \mathcal{K} \to \mathbb{R}$ eine translationsinvariante (d.h. $f(K+x, L+x) = f(K,L)$ für $x \in \mathbb{R}^n$ erfüllende), nichtnegative meßbare Funktion. Dann gilt für $j, k \in \{0, \ldots, n\}$*

$$\gamma^{(j)} \int_{\mathcal{K}_0 \times \mathcal{F}_e(\mathcal{K}')} \sum_{S \in \mathcal{S}} f(S,T) \, d\mathbb{P}_0^{(j,k)}(T,\mathcal{S})$$

$$= \gamma^{(k)} \int_{\mathcal{K}_0 \times \mathcal{F}_e(\mathcal{K}')} \sum_{T \in \mathcal{T}} f(S,T) \, d\mathbb{P}_0^{(k,j)}(S,\mathcal{T}).$$

Man beachte, daß eine Seite der Gleichung mittels (6.10) vereinfacht werden kann.

Beweis. Für $s > 0$ sei $f_s(S,T) := f(S,T)$, falls die Durchmesser von S und T nicht größer als s sind, und $f_s(S,T) := 0$ sonst. Weil $\sum_{S \in \mathcal{S}} f_s(S,T)$ für $s \to \infty$ monoton wachsend gegen $\sum_{S \in \mathcal{S}} f(S,T)$ konvergiert (und analog $\sum_{T \in \mathcal{T}} f_s(S,T)$ gegen $\sum_{T \in \mathcal{T}} f(S,T)$), genügt es, die Aussage für die Funktion f_s zu beweisen.

Wir wenden die Ausdehnung von Satz 4.2.6 (vergleiche die Bemerkung nach dem Beweis von Satz 4.2.6) auf den markierten Partikelprozeß $\mathcal{X}^{(j,k)}$ an. Durch

$$\varphi(T,\mathcal{S}) := \sum_{S \in \mathcal{S}} f_s(S + c(T), T)$$

wird eine in der ersten Variablen translationsinvariante Funktion erklärt, für die wir die Limes-Beziehungen von S. 130 benutzen können. Das ergibt

$$\gamma^{(j)} \int_{\mathcal{K}_0 \times \mathcal{F}_e(\mathcal{K}')} \sum_{S \in \mathcal{S}} f_s(S,T) \, d\mathbb{P}_0^{(j,k)}(T,\mathcal{S})$$

$$= \lim_{r\to\infty} \frac{1}{V_n(rB^n)} \mathbb{E} \sum_{T\in X^{(j)},\, T\subset rB^n} \sum_{S\in \mathcal{S}_k(T,X)} f_s(S+c(T),T)$$

$$\leq \lim_{r\to\infty} \frac{1}{V_n(rB^n)} \mathbb{E} \sum_{S\in X^{(k)},\, S\subset (r+s)B^n} \sum_{T\in \mathcal{S}_j(S,X)} f_s(S,T+c(S))$$

$$= \gamma^{(k)} \int_{\mathcal{K}_0\times\mathcal{F}_e(\mathcal{K}')} \sum_{T\in\mathcal{T}} f_s(S,T)\, d\mathbb{P}_0^{(k,j)}(S,\mathcal{T}),$$

wobei wir

$$\{(S+c(T),T) : T\in\mathcal{S}_j(\mathsf{m}), S\in\mathcal{S}_k(T,\mathsf{m})\}$$

$$= \{(S,T+c(S)) : S\in\mathcal{S}_k(\mathsf{m}), T\in\mathcal{S}_j(S,\mathsf{m})\}$$

für $\mathsf{m}\in\mathcal{M}_s$ benutzt haben. Analog folgt die Ungleichung

$$\gamma^{(k)} \int_{\mathcal{K}_0\times\mathcal{F}_e(\mathcal{K}')} \sum_{T\in\mathcal{T}} f_s(S,T)\, d\mathbb{P}_0^{(k,j)}(S,\mathcal{T})$$

$$\leq \gamma^{(j)} \int_{\mathcal{K}_0\times\mathcal{F}_e(\mathcal{K}')} \sum_{S\in\mathcal{S}} f_s(S,T)\, d\mathbb{P}_0^{(j,k)}(T,\mathcal{S})$$

und damit die Behauptung.   ∎

Die Beziehung (6.11) ist der Spezialfall $j=0$, $k=1$, $f\equiv 1$ des Satzes, und (6.12) folgt, wenn wir $f(S,T) := V_1(S)$ setzen. Die Wahl $f(S,T) := V_i(S)V_l(T)$ ergibt Relationen für Erwartungswerte von Produkten innerer Volumina. Wir notieren nur den Spezialfall $l=0$, also $f(S,T):=V_i(S)$. Dann erhalten wir die folgende Aussage.

6.1.5 Korollar. *Für ein stationäres zufälliges Mosaik im $\mathbb{R}^n$ und für $i,j,k\in \{0,\dots,n\}$ gilt*

$$d_i^{(j,k)} = \gamma^{(k)} \int_{\mathcal{K}_0\times\mathcal{F}_e(\mathcal{K}')} V_i(S)N_j(\mathcal{T})\, d\mathbb{P}_0^{(k,j)}(S,\mathcal{T})$$

und speziell im Fall $i=0$

$$\gamma^{(j)}n_{jk} = \gamma^{(k)}n_{kj}.$$

Für eine weitere Folgerung aus Satz 6.1.4 verwenden wir den inneren Winkel $\beta(F,P)$ eines Polytops P an einer Seite F.

6.1.6 Satz. *Sei X ein stationäres zufälliges Mosaik im $\mathbb{R}^n$, sei $g : \mathcal{K} \to \mathbb{R}$ eine translationsinvariante, nichtnegative meßbare Funktion, und sei $j \in \{0, \dots, n\}$. Dann gilt*

$$\gamma^{(n)} \int_{\mathcal{K}_0} \sum_{S \in \mathcal{S}_j(P)} \beta(S, P) g(S) \, d\mathbb{P}_0^{(n)}(P) = \gamma^{(j)} \int_{\mathcal{K}_0} g \, d\mathbb{P}_0^{(j)},$$

speziell also mit $g \equiv 1$

$$\gamma^{(j)} = \gamma^{(n)} \int_{\mathcal{K}_0} \sum_{S \in \mathcal{S}_j(P)} \beta(S, P) \, d\mathbb{P}_0^{(n)}(P).$$

Ferner gilt

$$\sum_{i=0}^{n} (-1)^i \gamma^{(i)} = 0. \tag{6.19}$$

Beweis. In Satz 6.1.4 wählen wir $k = n$ und $f(S, T) := \beta(T, S)g(T)$ (mit $\beta(T, S) := 0$, falls nicht S ein n-Polytop und T Seite von S ist). Die Meßbarkeit der Funktion f kann man mit den im Beweis von Lemma 6.1.2 verwendeten Methoden zeigen. Die (j, n)-Seitensterne $(T, \mathcal{S})$, auf denen die Verteilung $\mathbb{P}_0^{(j,n)}$ konzentriert ist, rühren von seitentreuen Mosaiken her und erfüllen daher $\sum_{S \in \mathcal{S}} \beta(T, S) = 1$. Deshalb ergibt sich

$$\gamma^{(j)} \int_{\mathcal{K}_0 \times \mathcal{F}_e(\mathcal{K}')} g(T) \, d\mathbb{P}_0^{(j,n)}(T, \mathcal{S})$$

$$= \gamma^{(n)} \int_{\mathcal{K}_0 \times \mathcal{F}_e(\mathcal{K}')} \sum_{T \in \mathcal{S}_j(S)} \beta(T, S) g(T) \, d\mathbb{P}_0^{(n,j)}(S, T)$$

und somit wegen (6.9) und (6.10) die erste Gleichung des Satzes. Aus der zweiten Gleichung für $j = 0, \dots, n$ und der Gramschen Relation (7.51) folgt dann die dritte Gleichung. ∎

Gleichung (6.19) ist der Spezialfall $j = 0$ der im folgenden Satz angegebenen allgemeineren Relation für die Quermaßdichten.

6.1.7 Satz. *Sei X ein stationäres zufälliges Mosaik im $\mathbb{R}^n$, und sei $j \in \{0, \dots, n-1\}$. Dann gilt*

$$\sum_{i=j}^{n} (-1)^i d_j^{(i)} = 0. \tag{6.20}$$

Beweis. Wir betrachten zunächst ein festes Mosaik m. Seien $S_1, \dots, S_p$ die verschiedenen Zellen von m, die die Kugel B^n treffen. Sei $j \in \{0, \dots, n-1\}$.

Weil das innere Volumen V_j auf dem Konvexring additiv ist, gilt nach der Einschließungs-Ausschließungs-Formel

$$
V_j(B^n) \;=\; V_j\left(B^n \cap \bigcup_{i=1}^{p} S_i\right)
$$

$$
=\; \sum_{r=1}^{p}(-1)^{r-1}\sum_{i_1<\ldots<i_r} V_j(S_{i_1}\cap\ldots\cap S_{i_r}\cap B^n)
$$

$$
=\; \sum_{i=j}^{n}\sum_{F\in S_i(\mathsf{m})} V_j(F\cap B^n)\sum_{r=1}^{p}(-1)^{r-1}\nu(F,r).
$$

Hier bezeichnet $\nu(F,r)$ die Anzahl der r-Tupel $(S_{i_1},\ldots,S_{i_r})$ mit $S_{i_1}\cap\ldots\cap S_{i_r}=F$. Wir haben benutzt, daß jeder nichtleere Durchschnitt $S_{i_1}\cap\ldots\cap S_{i_r}$ eine Seite von m ist und daß jede Seite von m, die B^n trifft, von dieser Form ist. Ferner ist $V_j(F)=0$ für $\dim F<j$ zu beachten.

Im Fall $F=\{x\}$ gilt

$$
\sum_{r=1}^{p}(-1)^{r-1}\nu(\{x\},r)=(-1)^n. \tag{6.21}
$$

Zum Beweis seien $T_1,\ldots,T_q$ die Zellen von m, die x enthalten. Wir wählen ein n-dimensionales konvexes Polytop P mit $x\in\operatorname{int}P$ und derart, daß P keine von $T_1,\ldots,T_q$ verschiedene Zelle von m trifft. Dann gilt

$$
\chi(T_{i_1}\cap\ldots\cap T_{i_r}\cap\operatorname{bd}P)=\begin{cases}0, & \text{wenn } T_{i_1}\cap\ldots\cap T_{i_r}=\{x\},\\ 1 & \text{sonst}\end{cases}
$$

und daher

$$
\sum_{r=1}^{p}(-1)^{r-1}\nu(\{x\},r) \;=\; \sum_{r=1}^{q}(-1)^{r-1}\sum_{i_1<\ldots<i_r}[1-\chi(T_{i_1}\cap\ldots\cap T_{i_r}\cap\operatorname{bd}P)]
$$

$$
=\; 1-\chi(\operatorname{bd}P)=1-(1-(-1)^n)=(-1)^n.
$$

Ist nun $\dim F>0$, so folgt, indem man (6.21) statt im $\mathbb{R}^n$ in einer passenden zu F komplementären Schnittebene anwendet, die Gleichung

$$
\sum_{r=1}^{p}(-1)^{r-1}\nu(F,r)=(-1)^{n-\dim F}.
$$

Damit ergibt sich

$$
V_j(B^n)=\sum_{i=j}^{n}(-1)^{n-i}\sum_{F\in S_i(\mathsf{m})} V_j(F\cap B^n). \tag{6.22}
$$

Nun sei X ein stationäres zufälliges Mosaik. Dann gilt also

$$\sum_{i=j}^{n}(-1)^{n-i}\sum_{F\in\mathcal{S}_i(X)}V_j(F\cap B^n)=V_j(B^n) \qquad \text{f.s.} \qquad (6.23)$$

Wegen $V_j(F\cap B^n)\leq V_j(B^n)\chi(F\cap B^n)$ und der generell vorausgesetzten lokalen Endlichkeit des Intensitätsmaßes von $X^{(i)}$ gilt $\mathbb{E}\sum_{F\in\mathcal{S}_i(X)}V_j(F\cap B^n)<\infty$. Hier und in (6.23) kann B^n durch rB^n mit $r>0$ ersetzt werden. Wegen $j<n$ folgt

$$\begin{aligned}
0 &= \lim_{r\to\infty}\frac{V_j(rB^n)}{V_n(rB^n)}\\
&= \lim_{r\to\infty}\frac{1}{V_n(rB^n)}\mathbb{E}\sum_{i=j}^{n}(-1)^{n-i}\sum_{F\in X^{(i)}}V_j(F\cap rB^n)\\
&= \sum_{i=j}^{n}(-1)^{n-i}\overline{V}_j(X^{(i)})\\
&= \sum_{i=j}^{n}(-1)^{n-i}d_j^{(i)}
\end{aligned}$$

nach Satz 5.1.4. Dessen Integrierbarkeitsvoraussetzung ist erfüllt, weil der Prozeß $X^{(i)}$ konvexe Partikel hat und sein Intensitätsmaß nach Voraussetzung lokalendlich ist. ∎

Für normale Mosaike erhalten wir noch weitere Beziehungen zwischen den Intensitäten.

6.1.8 Satz. *Sei X ein stationäres, normales zufälliges Mosaik im $\mathbb{R}^n$, und sei $k\in\{1,\ldots,n\}$. Dann gilt*

$$(1-(-1)^k)\gamma^{(k)}=\sum_{j=0}^{k-1}(-1)^j\binom{n+1-j}{k-j}\gamma^{(j)}.$$

Beweis. Bei einem normalen Mosaik liegt für $j\leq k$ jede j-Seite in genau $\binom{n+1-j}{k-j}$ k-Seiten. Für X gilt also

$$n_{jk}=\binom{n+1-j}{k-j}.$$

Korollar 6.1.5 ergibt daher

$$\sum_{j=0}^{k}(-1)^{j}\binom{n+1-j}{k-j}\gamma^{(j)} = \sum_{j=0}^{k}(-1)^{j}\gamma^{(j)}n_{jk} = \gamma^{(k)}\sum_{j=0}^{k}(-1)^{j}n_{kj}$$

$$= \gamma^{(k)}\int_{\mathcal{K}_0}\sum_{j=0}^{k}(-1)^{j}N_{j}(Q)\,d\mathbb{P}_0^{(k)}(Q)$$

$$= \gamma^{(k)},$$

wobei zuletzt die Euler-Relation (7.48) für k-dimensionale Polytope benutzt
wurde.   ■

Für $k = 1$ ergibt sich wieder die Gleichung (6.8).

Wir wollen die erhaltenen Resultate für die Dimensionen 2 und 3 gesondert
zusammenstellen, umformen und ergänzen. Dabei benutzen wir, in Anlehnung an frühere Bezeichnungen, eine besondere Notation. Sei zunächst $n = 2$.
Dann schreiben wir

$$d_2^{(2)} = \overline{V}_2(X) =: \gamma^{(2)}a, \quad d_1^{(2)} = \overline{V}_1(X) =: \frac{1}{2}\gamma^{(2)}u,$$

$$d_1^{(1)} = \overline{V}_1(X^{(1)}) =: \gamma^{(1)}l_1$$

und stellen die Interpretationen der eingeführten Größen in der folgenden
Liste zusammen.

$\gamma^{(2)}, \gamma^{(1)}, \gamma^{(0)}$	Intensitäten (Zellenintensität, Kantenintensität, Eckenintensität),
a, u	mittlere Fläche, mittlerer Umfang der typischen Zelle,
l_1, l_{01}	mittlere Länge der typischen Kante, des typischen Kantensterns,
$n_{20} = n_{21}$	mittlere Eckenzahl (= mittlere Kantenzahl) der typischen Zelle,
$n_{01} = n_{02}$	mittlere Kantenzahl des typischen Kantensterns (= mittlere Zellenzahl des typischen $(0,2)$-Sterns).

Größen n_{ij}, die nicht aufgeführt sind, ergeben sich aus (6.14), (6.15), (6.17),
(6.18).

Der folgende Satz gibt die wichtigsten Beziehungen zwischen diesen Größen
an. Er zeigt insbesondere, daß man im ebenen Fall alle betrachteten Parame-
ter von X durch die Intensitäten $\gamma^{(0)}$ und $\gamma^{(2)}$ sowie die mittlere Kantenlänge
l_1 ausdrücken kann.

6.1.9 Satz. *Für ein stationäres, ebenes zufälliges Mosaik X gilt*

(a) $$\gamma^{(1)} = \gamma^{(0)} + \gamma^{(2)},$$

(b) $$n_{02} = 2 + 2\frac{\gamma^{(2)}}{\gamma^{(0)}}, \quad n_{20} = 2 + 2\frac{\gamma^{(0)}}{\gamma^{(2)}},$$

(c) $$l_{01} = 2\frac{\gamma^{(1)}}{\gamma^{(0)}}l_1,$$

(d) $$a = \frac{1}{\gamma^{(2)}}, \quad u = 2\frac{\gamma^{(1)}}{\gamma^{(2)}}l_1,$$

(e) $$3 \le n_{02}, n_{20} \le 6.$$

Ist X normal, so gilt überdies $n_{02} = 3$ und $n_{20} = 6$.

Beweis. (a) ist die Gleichung (6.19) für $n = 2$. Die Gleichungen (b) folgen aus (a) und den Gleichungen

$$n_{02} = n_{01} = 2\frac{\gamma^{(1)}}{\gamma^{(0)}}, \quad n_{20} = 2\frac{\gamma^{(1)}}{\gamma^{(2)}},$$

die sich aus Korollar 6.1.5 zusammen mit (6.14), (6.15), (6.17), (6.18) ergeben. (c) ist nur eine Umformulierung von (6.12). Die erste Gleichung in (d) ist (6.4) für $n = 2$, die zweite ergibt sich aus (6.6) oder (6.20).

Trivialerweise liegt jede Ecke eines ebenen Mosaiks in mindestens 3 Zellen, und jede Zelle hat mindestens 3 Ecken, so daß die zugehörigen Mittelwerte mindestens 3 sind. Aus (b) folgt

$$\frac{1}{n_{02}} + \frac{1}{n_{20}} = \frac{1}{2}$$

und daraus die zweite Ungleichung in (e). Für normale Mosaike gilt $n_{02} = 3$ nach Definition und daher $n_{20} = 6$ nach der letzten Gleichung. ∎

Wir bemerken noch, daß sich aus (b) und (e) die Ungleichungen

$$\frac{1}{2}\gamma^{(2)} \le \gamma^{(0)} \le 2\gamma^{(2)} \tag{6.24}$$

ergeben. Hier gilt Gleichheit rechts für normale Mosaike und links für Dreiecks-Mosaike.

Nun sei $n = 3$. Wir betrachten nur eine Auswahl der vielen möglichen Parameter und setzen

$$d_3^{(3)} = \overline{V}_3(X) =: \gamma^{(3)}v, \quad d_2^{(3)} = \overline{V}_2(X) =: \frac{1}{2}\gamma^{(3)}s, \quad d_1^{(3)} = \overline{V}_1(X) =: \frac{1}{\pi}\gamma^{(3)}m,$$

$$d_2^{(2)} = \overline{V}_2(X^{(2)}) =: \gamma^{(2)}a_2, \quad d_1^{(2)} = \overline{V}_1(X^{(2)}) =: \frac{1}{2}\gamma^{(2)}u_2,$$

$$d_1^{(1)} = \overline{V}_1(X^{(1)}) =: \gamma^{(1)}l_1,$$

$$v_1^{(3,1)} =: l_{31}, \quad v_1^{(0,1)} =: l_{01}, \quad v_2^{(0,2)} =: a_{02}, \quad v_2^{(1,2)} =: a_{12}.$$

Die Interpretationen stellen wir wieder in einer Liste zusammen.

$\gamma^{(3)}, \gamma^{(2)}, \gamma^{(1)}, \gamma^{(0)}$	Intensitäten (Zellenintensität, Facettenintensität, Kantenintensität, Eckenintensität),
v, s, m, l_{31}	mittleres Volumen, mittlere Oberfläche, mittleres Integral der mittleren Krümmung, mittlere Kantenlängensumme der typischen Zelle,
a_2, u_2	mittlere Fläche, mittlerer Umfang der typischen Facette
l_1, l_{01}	mittlere Länge der typischen Kante, des typischen Kantensterns
a_{02}, a_{12}	mittlere Fläche des typischen (0,2)-Sterns, des typischen (1,2)-Sterns,
n_{32}, n_{02}, n_{12}	mittlere Facettenzahl der typischen Zelle, des typischen (0,2)-Sterns, des typischen (1,2)-Sterns,
n_{31}, n_{21}, n_{01}	mittlere Kantenzahl der typischen Zelle, der typischen Facette, des typischen Kantensterns,
n_{30}, n_{03}	mittlere Eckenzahl der typischen Zelle, mittlere Zellenzahl des typischen (0,3)-Sterns

Größen n_{ij}, die nicht aufgeführt sind, ergeben sich wieder aus (6.14), (6.15), (6.17), (6.18).

Außerdem betrachten wir noch die gewichteten Mittelwerte

$$w_{1i} := \int_{\mathcal{K}_0 \times \mathcal{F}_e(\mathcal{K}')} V_1(S)N_i(T)\, d\mathbb{P}_0^{(1,i)}(S, T), \qquad i = 2, 3,$$

$$w_{2i} := \int_{\mathcal{K}_0 \times \mathcal{F}_e(\mathcal{K}')} V_2(S)N_i(T)\, d\mathbb{P}_0^{(2,i)}(S, T), \qquad i = 0, 1.$$

Es gilt $w_{12} = w_{13}$ und $w_{20} = w_{21}$, wie man leicht mit der Darstellung der Dichten von S. 130 einsieht. Danach gilt zum Beispiel

$$\gamma^{(1)} w_{1i} = \lim_{r \to \infty} \frac{1}{V(rB^3)} \mathbb{E} \sum_{(S,T) \in \mathcal{X}^{(1,i)}, S \subset rB^3} V_1(S) N_i(T).$$

Der folgende Satz stellt die wichtigsten Beziehungen zwischen diesen Größen zusammen. Auf eine Auszeichnung von gewissen Grundparametern, wie wir sie im zweidimensionalen Fall vorgenommen haben, verzichten wir hier aber.

6.1.10 Satz. *Für ein stationäres, zufälliges Mosaik X im $\mathbb{R}^3$ gilt*

(a) $$\gamma^{(1)} + \gamma^{(3)} = \gamma^{(0)} + \gamma^{(2)},$$

(b) $$\gamma^{(0)} n_{01} = 2\gamma^{(1)}, \quad \gamma^{(3)} n_{32} = 2\gamma^{(2)}, \quad \gamma^{(0)} n_{03} = \gamma^{(3)} n_{30},$$

$$\gamma^{(0)} n_{02} = \gamma^{(1)} n_{12} = \gamma^{(2)} n_{21} = \gamma^{(3)} n_{31},$$

(c) $$n_{01} - n_{02} + n_{03} = 2, \quad n_{30} - n_{31} + n_{32} = 2,$$

$$2n_{02} = n_{01} n_{12}, \quad 2n_{31} = n_{21} n_{32}, \quad n_{02} n_{30} = n_{03} n_{31},$$

(d) $$\gamma^{(0)} l_{01} = 2\gamma^{(1)} l_1,$$

$$\gamma^{(2)} u_2 = \gamma^{(1)} w_{13} = \gamma^{(3)} l_{31}, \quad \gamma^{(0)} a_{02} = \gamma^{(2)} w_{21} = \gamma^{(1)} a_{12},$$

(e) $$v = \frac{1}{\gamma^{(3)}}, \quad s = 2\frac{\gamma^{(2)}}{\gamma^{(3)}} a_2, \quad m = \frac{\pi}{2} \frac{\gamma^{(2)}}{\gamma^{(3)}} u_2 - \pi \frac{\gamma^{(1)}}{\gamma^{(3)}} l_1.$$

Ist X normal, so gilt überdies $n_{01} = n_{03} = 4$, $n_{12} = 3$ und $n_{02} = 6$.

Beweis. Die Gleichung (a) ist (6.19) für $n = 3$. Die Gleichungen (b) ergeben sich aus Korollar 6.1.5 in Verbindung mit (6.14), (6.15), (6.17), (6.18). Die ersten beiden Gleichungen in (c) sind Spezialfälle von (6.13) und (6.16). Die restlichen Gleichungen in (c) ergeben sich, wenn man aus jeweils zwei Gleichungen in (b) die Intensitäten eliminiert.

Die erste Gleichung in (d) ist nur eine Umformulierung von (6.12).

In Satz 6.1.4 wählen wir $n = 3$, $j = 1$, $k = 2$, $f(S,T) := V_1(T)$. Dann ergibt sich

$$\gamma^{(2)} u_2 = \gamma^{(1)} w_{12} = \gamma^{(1)} w_{13} = \gamma^{(3)} v_1^{(3,1)} = \gamma^{(3)} l_{31}$$

nach Korollar 6.1.5 und damit die zweite Gleichung in (d).

Die dritte Gleichung in (d) erhält man aus Satz 6.1.4 mit $n = 3$, $j = 2$, $k = 1$, $f(S,T) := V_2(S)$. Das ergibt

$$\gamma^{(1)}a_{12} = \gamma^{(2)}w_{21} = \gamma^{(2)}w_{20} = \gamma^{(0)}v_2^{(0,2)} = \gamma^{(0)}a_{02},$$

wobei wieder Korollar 6.1.5 benutzt wurde.

Die erste Gleichung in (e) ist (6.4) für $n = 3$, die beiden anderen ergeben sich aus Umformulierungen von (6.20).

Die Aussage über normale Mosaike ist eine einfache Folgerung aus der Definition. ∎

Nun wollen wir für ein stationäres Mosaik X im $\mathbb{R}^n$ Beziehungen zwischen der typischen Zelle und der Nullpunktszelle herleiten. Als *typische Zelle Z* von X haben wir ein zufälliges Polytop bezeichnet, das die Verteilung $\mathbb{P}_0^{(n)}$ hat. Die *Nullpunktszelle Z_0* von X ist durch $Z_0 := \bigcup_{K \in X} \mathbf{1}_{\operatorname{int} K}(0)K$ erklärt (wegen der Stationarität gibt es f.s. ein $K \in X$ mit $0 \in \operatorname{int} K$). Sie ist ebenfalls ein zufälliges Polytop, das f.s. innere Punkte hat.

6.1.11 Satz. *Sei X ein stationäres zufälliges Mosaik im $\mathbb{R}^n$ mit typischer Zelle Z und Nullpunktszelle Z_0. Ist $f : \mathcal{K} \to \mathbb{R}$ eine translationsinvariante, nichtnegative meßbare Funktion, so gilt*

$$\mathbb{E}f(Z_0) = \gamma^{(n)}\mathbb{E}[f(Z)V_n(Z)].$$

Man kann dies auch so ausdrücken, daß bis auf Translation die Verteilung der Nullpunktszelle die Volumen-gewichtete Verteilung der typischen Zelle ist. Genauer gesagt: die Verteilung von $Z_0 - c(Z_0)$ hat bezüglich der Verteilung von Z eine Radon-Nikodym-Dichte, die durch $\gamma^{(n)}V_n = V_n/\mathbb{E}V_n(Z)$ gegeben ist.

Beweis. Mit dem Campbellschen Satz ergibt sich

$$\begin{aligned}
\mathbb{E}f(Z_0) &= \mathbb{E}\sum_{K \in X} f(K)\mathbf{1}_{\operatorname{int} K}(0) \\
&= \gamma^{(n)}\int_{\mathcal{K}_0}\int_{\mathbb{R}^n} f(K+x)\mathbf{1}_{\operatorname{int}(K+x)}(0)\, d\lambda(x)\, d\mathbb{P}_0^{(n)}(K) \\
&= \gamma^{(n)}\int_{\mathcal{K}_0} f(K)V_n(K)\, d\mathbb{P}_0^{(n)}(K) \\
&= \gamma^{(n)}\mathbb{E}[f(Z)V_n(Z)].
\end{aligned}$$

Unter den Voraussetzungen von Satz 6.1.11 gilt nach Satz 4.2.6 für $B \in \mathcal{B}(\mathbb{R}^n)$ mit $0 < \lambda(B) < \infty$

$$\mathbb{E}f(Z) = \frac{1}{\gamma^{(n)}\lambda(B)} \mathbb{E} \sum_{K \in X, c(K) \in B} f(K).$$

Dieser Darstellung des Erwartungswertes $\mathbb{E}f(Z)$ für die typische Zelle Z läßt sich mit Satz 6.1.11 eine entsprechende Darstellung des Erwartungswertes $\mathbb{E}f(Z_0)$ für die Nullpunktszelle Z_0 gegenüberstellen. Zu $x \in \mathbb{R}^n$ sei Z_x die f.s. eindeutig bestimmte Zelle von X mit $x \in Z_x$. Dann gilt

$$\mathbb{E}f(Z_0) = \frac{1}{\lambda(B)} \mathbb{E} \int_B f(Z_x) \, d\lambda(x). \tag{6.25}$$

Dies ergibt sich mit dem Satz von Campbell folgendermaßen:

$$\mathbb{E} \int_B f(Z_x) \, d\lambda(x)$$

$$= \mathbb{E} \sum_{K \in X} \lambda(K \cap B) f(K)$$

$$= \gamma^{(n)} \int_{\mathcal{K}_0} \int_{\mathbb{R}^n} \lambda((K + x) \cap B) f(K + x) \, d\lambda(x) \, d\mathbb{P}_0^{(n)}(K)$$

$$= \gamma^{(n)} \int_{\mathcal{K}_0} f(K) V_n(K) \lambda(B) \, d\mathbb{P}_0^{(n)}(K)$$

$$= \lambda(B) \gamma^{(n)} \mathbb{E}[f(Z) V_n(Z)]$$

$$= \lambda(B) \mathbb{E}f(Z_0).$$

Aus Satz 6.1.11 erhält man beispielsweise auch, daß die Nullpunktszelle Z_0 stochastisch ein größeres Volumen hat als die typische Zelle Z. Genauer formulieren wir eine derartige Aussage für die Verteilungsfunktionen von $V_n(Z)$ und von $V_n(Z_0)$.

6.1.12 Satz. *Sei X ein stationäres zufälliges Mosaik im $\mathbb{R}^n$ mit typischer Zelle Z und Nullpunktszelle Z_0, und sei F die Verteilungsfunktion von $V_n(Z)$ und F_0 die Verteilungsfunktion von $V_n(Z_0)$. Dann gilt*

$$F_0(x) \leq F(x) \qquad \text{für } 0 \leq x < \infty.$$

Beweis. Für $x \geq 0$ gilt

$$\int_0^x (F(x) - F(t)) \, dt = \int_0^x [\mathbb{P}(V_n(Z) \leq x) - \mathbb{P}(V_n(Z) \leq t)] \, dt$$

$$= \int_0^x \mathbb{E}[\mathbf{1}_{[0,x]}(V_n(Z)) - \mathbf{1}_{[0,t]}(V_n(Z))]\, dt$$

$$= \mathbb{E} \int_0^x [\mathbf{1}_{[0,x]}(V_n(Z)) - \mathbf{1}_{[0,t]}(V_n(Z))]\, dt$$

$$= \mathbb{E}[V_n(Z)\mathbf{1}_{[0,x]}(V_n(Z))]$$

$$= (\gamma^{(n)})^{-1}\, \mathbb{E}\mathbf{1}_{[0,x]}(V_n(Z_0))$$

$$= F_0(x)\mathbb{E}V_n(Z)$$

nach Satz 6.1.11 und (6.4). Nun ist

$$\mathbb{E}V_n(Z) = \int_0^\infty (1 - F(x))\, dx,$$

woraus sich

$$F_0(x)\mathbb{E}V_n(Z)$$

$$= \int_0^x (F(x) - F(t))\, dt$$

$$= F(x)\int_0^x (1 - F(t))\, dt - (1 - F(x))\int_0^x F(t)\, dt$$

$$= F(x)\mathbb{E}V_n(Z) - F(x)\int_x^\infty (1 - F(t))\, dt - (1 - F(x))\int_0^x F(t)\, dt,$$

also

$$(F(x) - F_0(x))\mathbb{E}V_n(Z)$$

$$= F(x)\int_x^\infty (1 - F(t))\, dt + (1 - F(x))\int_0^x F(t)\, dt$$

$$\geq 0$$

ergibt.   ∎

6.1.13 Korollar. *Sei X ein stationäres zufälliges Mosaik im $\mathbb{R}^n$ mit typischer Zelle Z und Nullpunktszelle Z_0. Dann gilt für alle $k \in \mathbb{N}$*

$$\mathbb{E}V_n^k(Z_0) \geq \mathbb{E}V_n^k(Z).$$

Beweis. Die Aussage folgt aus Satz 6.1.12 mit den Beziehungen

$$\mathbb{E}V_n^k(Z_0) = k \int_0^\infty x^{k-1}(1 - F_0(x))\, dx$$

und

$$\mathbb{E}V_n^k(Z) = k \int_0^\infty x^{k-1}(1 - F(x))\, dx,$$

die allgemein für die k-ten Momente von reellen Zufallsvariablen gelten, $k \in \mathbb{N}$. ∎

Abschließend in diesem Abschnitt gehen wir kurz auf die Schnitte eines zufälligen Mosaiks mit festen Ebenen ein. Es sei X ein stationäres und isotropes zufälliges Mosaik im $\mathbb{R}^n$ und $E \in \mathcal{E}_s^n$ eine feste s-dimensionale Ebene, $s \in \{1, \dots, n-1\}$. Dann ist $X \cap E$ ein zufälliges Mosaik in E, das bezüglich E stationär und isotrop ist. Für $k \in \{n-s, \dots, n\}$ können wir Satz 5.3.7 auf den Prozeß $X^{(k)}$ der k-Seiten von X anwenden und erhalten

$$\overline{V}_j(X^{(k)} \cap E) = \alpha_{njs}\overline{V}_{n+j-s}(X^{(k)}) \tag{6.26}$$

für $j \in \{0, \dots, k+s-n\}$. Fast sicher sind die nichtleeren Schnitte von E mit $X^{(k)}$ genau die $(k+s-n)$-Seiten des Mosaiks $X \cap E$. Bezeichnen wir also mit Z_k die typische k-Seite von X, mit Z_m^E die typische m-Seite von $X \cap E$ und mit $\gamma_E^{(m)}$ die Intensität des Prozesses der m-Seiten von $X \cap E$, so läßt sich (6.26) in der Form

$$\gamma_E^{(k+s-n)}\mathbb{E}V_j(Z_{k+s-n}^E) = \alpha_{njs}\gamma^{(k)}\mathbb{E}V_{n+j-s}(Z_k)$$

schreiben. Insbesondere gilt

$$\gamma_E^{(k+s-n)} = \alpha_{n0s}\gamma^{(k)}\mathbb{E}V_{n-s}(Z_k) \tag{6.27}$$

und

$$\mathbb{E}V_j(Z_{k+s-n}^E) = \frac{\alpha_{njs}\mathbb{E}V_{n+j-s}(Z_k)}{\alpha_{n0s}\mathbb{E}V_{n-s}(Z_k)}. \tag{6.28}$$

6.2 Voronoi- und Delaunay-Mosaike

Sei A eine lokalendliche Menge im $\mathbb{R}^n$. Zu jedem $x \in A$ bilden wir die Menge

$$C(x, A) := \{z \in \mathbb{R}^n : \tilde{d}(z, A) = \tilde{d}(z, x)\}$$

aller Punkte, für die x der nächste Punkt aus A ist. Bezeichnet $H_y^+(x)$ für $x \neq y$ den x enthaltenden abgeschlossenen Halbraum, der berandet wird von der zu $y - x$ senkrechten Hyperebene durch den Punkt $(x+y)/2$, also

$$H_y^+(x) = \left\{z \in \mathbb{R}^n : \langle z, y-x \rangle \leq \frac{1}{2}\left(\|y\|^2 - \|x\|^2\right)\right\},$$

so läßt sich $C(x, A)$ auch in der Form

$$C(x, A) = \bigcap_{y \in A, y \neq x} H_y^+(x)$$

schreiben. Daraus wird klar, daß $C(x, A)$ eine abgeschlossene konvexe Menge mit inneren Punkten ist. Wir nennen sie die *Voronoi-Zelle* von x (bezüglich A). Die Kollektion $\mathsf{m} := \{C(x, A) : x \in A\}$ ist auch wieder lokalendlich. Es gelte nämlich $C(x_i, A) \cap rB^n \neq \emptyset$ für $i \in I$ (Indexmenge). Zu jedem $i \in I$ gibt es dann ein $y_i \in C(x_i, A) \cap rB^n$, und es folgt $\|x_i\| \leq \|x_i - y_i\| + \|y_i\| \leq \|x_1 - y_i\| + \|y_i\| \leq \|x_1\| + 2\|y_i\| \leq \|x_1\| + 2r$, also $x_i \in (\|x_1\| + 2r)B^n$; daher ist I endlich.

Damit hat m die Eigenschaften (a), (c) und (d) (S. 233), die wir von einem Mosaik verlangen. Die Bedingung (b) ist allerdings im allgemeinen nicht erfüllt, weil die Zellen $C(x, A)$ nicht beschränkt sein müssen. Eine hinreichende (aber nicht notwendige) Bedingung für die Beschränktheit der Voronoi-Zellen ist, daß $\operatorname{conv} A = \mathbb{R}^n$ gilt. Sei nämlich $\operatorname{conv} A = \mathbb{R}^n$, und sei eine Voronoi-Zelle $C(x, A)$ unbeschränkt. Wegen der Konvexität von $C(x, A)$ existiert dann eine Richtung $u \in S^{n-1}$, so daß der Strahl $S := \{x + \alpha u : \alpha \geq 0\}$ in $C(x, A)$ enthalten ist. Für jedes $\alpha > 0$ enthält die Kugel um $x + \alpha u$ mit Radius α den Punkt x auf dem Rand und keinen weiteren Punkt von A im Inneren. Mit $\alpha \to \infty$ erhalten wir die Existenz eines offenen Halbraums, der keinen Punkt aus A enthält, im Widerspruch zu $\operatorname{conv} A = \mathbb{R}^n$.

6.2.1 Satz. *Sei $A \subset \mathbb{R}^n$ lokalendlich, und die zugehörigen Voronoi-Zellen $C(x, A)$, $x \in A$, seien beschränkt. Dann ist $\mathsf{m} := \{C(x, A) : x \in A\}$ ein seitentreues Mosaik.*

Beweis. Zu zeigen ist nur noch die Seitentreue. Ist diese nicht erfüllt, dann gibt es zwei Zellen $C_1 := C(x_1, A)$ und $C_2 := C(x_2, A)$ derart, daß $S := C_1 \cap C_2 \neq \emptyset$, aber keine Seite von C_1 ist. Daher enthält die affine Hülle von S einen Punkt $z \in C_1$ mit $z \notin S$. Diese affine Hülle liegt wie S in der Mittelebene $H_{x_2}^+(x_1) \cap H_{x_1}^+(x_2)$ von x_1 und x_2, also gilt

$$\langle z, x_2 - x_1 \rangle = \frac{1}{2} \left(\|x_2\|^2 - \|x_1\|^2 \right). \tag{6.29}$$

Wegen $z \notin C_2$ gibt es ein $y \in A$ mit $z \notin H_y^+(x_2)$, also mit

$$\langle z, y - x_2 \rangle > \frac{1}{2} \left(\|y\|^2 - \|x_2\|^2 \right).$$

Wegen $z \in C_1$ ist

$$\langle z, y - x_1 \rangle \leq \frac{1}{2} \left(\|y\|^2 - \|x_1\|^2 \right).$$

Diese beiden Ungleichungen widersprechen (6.29), woraus die Seitentreue folgt. ∎

Generelle Voraussetzung. Die im folgenden vorkommenden stationären gewöhnlichen Punktprozesse sollen positive Intensität haben.

6.2.2 Korollar. *Sei $\tilde{X}$ ein stationärer, gewöhnlicher Punktprozeß im $\mathbb{R}^n$ und $X := \{C(x, \tilde{X}) : x \in \tilde{X}\}$ die Kollektion der zugehörigen Voronoi-Zellen. Dann ist X ein stationäres (und seitentreues) zufälliges Mosaik.*

Beweis. Nach Satz 1.3.5 gilt conv $X = \mathbb{R}^n$ fast sicher, also sind die Mengen $C(x, \tilde{X}(\omega))$, $x \in \tilde{X}(\omega)$, für fast alle Realisierungen $\tilde{X}(\omega)$ beschränkt. Nach Satz 6.2.1 ist X daher ein zufälliges (seitentreues) Mosaik; die Stationarität ist offensichtlich. ∎

Das durch Korollar 6.2.2 definierte Mosaik X heißt *Voronoi-Mosaik* (zum Punktprozeß $\tilde{X}$). Die Intensität γ des erzeugenden Punktprozesses $\tilde{X}$ ist natürlich die Zellenintensität $\gamma^{(n)}$ von X. Das Mosaik X muß nicht normal sein. So ist bei einer $\mathbb{Z}^n$-gitterförmigen Anordnung der Punkte von $\tilde{X}$ das zugehörige Voronoi-Mosaik ebenfalls gitterförmig. Die Zellen sind dabei Würfel, von denen sich jeweils 2^n in einer Ecke treffen. Wir werden jetzt aber sehen, daß X normal ist, wenn der zugrundeliegende stationäre Punktprozeß $\tilde{X}$ ein Poissonprozeß ist. Wir nennen X in diesem Fall ein *Poisson-Voronoi-Mosaik*.

Im folgenden wird es eine Rolle spielen, daß bei einem stationären Poissonprozeß die Punkte f.s. in allgemeiner Lage sind, d.h. daß je $k + 1$ der Punkte nicht in einer $(k - 1)$-dimensionalen Ebene liegen, $k = 1, \ldots, n + 1$. Zu $m \in \{1, \ldots, n\}$ und $m + 1$ Punkten $x_0, \ldots, x_m \in \mathbb{R}^n$ in allgemeiner Lage gibt es eine eindeutig bestimmte m-dimensionale Kugel $B^m(x_0, \ldots, x_m)$, in deren Rand diese Punkte liegen. Sei $z(x_0, \ldots, x_m)$ der Mittelpunkt dieser Kugel, und sei $F(x_0, \ldots, x_m)$ der $(n - m)$-dimensionale affine Unterraum durch $z(x_0, \ldots, x_m)$ und senkrecht zu $B^m(x_0, \ldots, x_m)$. Ist $A \subset \mathbb{R}^n$ und sind $x_0, \ldots, x_m \in A$ in allgemeiner Lage, so definieren wir

$$S(x_0, \ldots, x_m; A)$$
$$:= \{y \in F(x_0, \ldots, x_m) : \{x \in A : \|y - x\| < \|y - x_0\|\} = \emptyset\}.$$

Sind $x_0, \ldots, x_m$ nicht in allgemeiner Lage, so setzen wir $z(x_0, \ldots, x_m) := 0$ und $S(x_0, \ldots, x_m; A) := \emptyset$.

Ist nun X das Poisson-Voronoi-Mosaik zum Punktprozeß $\tilde{X}$ und ist $(x_0, \ldots, x_m) \in \tilde{X}_{\neq}^{m+1}$, so ist der affine Unterraum $F(x_0, \ldots, x_m)$ genau dann die affine Hülle einer $(n - m)$-Seite S von X, wenn $S(x_0, \ldots, x_m; \tilde{X}) \neq \emptyset$ gilt.

In diesem Fall ist $S = S(x_0, \ldots, x_m; \tilde{X})$, und jede $(n - m)$-Seite S von X entsteht auf diese Weise.

6.2.3 Satz. *Ein Poisson-Voronoi-Mosaik X im $\mathbb{R}^n$ ist normal.*

Beweis. Sei S eine k-Seite von X, $k \in \{0, \ldots, n - 2\}$. Die Zellen von X, in deren Rand S liegt, seien $C(x_0, \tilde{X}), \ldots, C(x_m, \tilde{X})$. Die affine Hülle aff S von S ist dann nach Definition die Menge aller Punkte $y \in \mathbb{R}^n$, die von $x_0, \ldots, x_m$ gleichen Abstand haben. Da f.s. je $n + 2$ Punkte von $\tilde{X}$ nicht in einer Sphäre liegen, gilt $m \leq n$. Nun folgt aff $S = F(x_0, \ldots, x_m)$, also $k = n - m$. ∎

Ein stationärer Poissonprozeß $\tilde{X}$ ist durch seine Intensität γ festgelegt. Also müssen sich alle Verteilungsgrößen des zugehörigen Poisson-Voronoi-Mosaiks X durch γ ausdrücken lassen. Wir geben explizite Formeln für die Dichten $d_k^{(j,k)}$ der (j,k)-Seitensterne von X mit $k \leq j$ an. Insbesondere ergibt sich daraus, daß alle Seitenprozesse von X lokalendliche Intensitätsmaße haben.

6.2.4 Satz. *Sei X ein Poisson-Voronoi-Mosaik im $\mathbb{R}^n$ zur Intensität γ. Dann gilt für $k \in \{0, \ldots, n\}$*

$$d_k^{(k)} = \frac{2^{n-k+1}\pi^{\frac{n-k}{2}}}{n(n-k+1)!} \frac{\Gamma\left(\frac{n^2-kn+k+1}{2}\right)\Gamma\left(1+\frac{n}{2}\right)^{n-k+\frac{k}{n}}\Gamma\left(n-k+\frac{k}{n}\right)}{\Gamma\left(\frac{n^2-kn+k}{2}\right)\Gamma\left(\frac{n+1}{2}\right)^{n-k}\Gamma\left(\frac{k+1}{2}\right)} \gamma^{\frac{n-k}{n}}$$

und

$$d_k^{(j,k)} = \binom{n-k+1}{j-k} d_k^{(k)} \tag{6.30}$$

für $j \in \{k, \ldots, n\}$.

Beweis. Nach Definition, dem Campbellschen Satz und Satz 6.2.3 gilt

$$
\begin{aligned}
d_k^{(j,k)} &= \frac{1}{\kappa_n}\mathbb{E}\sum_{T \in \mathcal{S}_j(X)}\sum_{S \in \mathcal{S}_k(T)} V_k(S \cap B^n) \\
&= \frac{1}{\kappa_n}\binom{n-k+1}{j-k}\mathbb{E}\sum_{S \in X^{(k)}} V_k(S \cap B^n),
\end{aligned}
$$

also gilt (6.30). Wegen der Ausführungen vor Satz 6.2.3 ergibt sich

$$d_k^{(k)} = \frac{1}{\kappa_n(n-k+1)!}\mathbb{E}\sum_{(x_0,\ldots,x_{n-k})\in\tilde{X}^{n-k+1}} V_k(S(x_0,\ldots,x_{n-k};\tilde{X}) \cap B^n).$$

Wir wenden den verfeinerten Campbellschen Satz 3.3.5 und den Satz von Slivnyak 3.3.6 auf den Poissonprozeß $\tilde{X}$ an und erhalten

$$\mathbb{E} \sum_{(x_0,\ldots,x_{n-k})\in\tilde{X}^{n-k+1}} V_k(S(x_0,\ldots,x_{n-k};\tilde{X})\cap B^n)$$

$$= \gamma \int_{\mathbb{R}^n} \int_{\mathsf{N}} \sum_{(x_1,\ldots,x_{n-k})\in((\eta+x_0)\setminus\{x_0\})^{n-k}} V_k(S(x_0,x_1,\ldots,x_{n-k};\eta+x_0)\cap B^n)$$

$$d\mathbb{P}^0(\eta)\,d\lambda(x_0)$$

$$= \gamma \int_{\mathbb{R}^n} \int_{\mathsf{N}} \sum_{(x_1,\ldots,x_{n-k})\in(\eta\setminus\{x_0\})^{n-k}} V_k(S(x_0,x_1,\ldots,x_{n-k};\eta)\cap B^n)$$

$$d\mathbb{P}^{x_0}(\eta)\,d\lambda(x_0)$$

$$= \gamma \int_{\mathbb{R}^n} \int_{\mathsf{N}} \sum_{(x_1,\ldots,x_{n-k})\in\eta^{n-k}} V_k(S(x_0,x_1,\ldots,x_{n-k};\eta\cup\{x_0\})\cap B^n)$$

$$d\mathbb{P}_{\tilde{X}}(\eta)\,d\lambda(x_0)$$

$$= \gamma \int_{\mathbb{R}^n} \mathbb{E} \sum_{(x_1,\ldots,x_{n-k})\in\tilde{X}^{n-k}} V_k(S(x_0,x_1,\ldots,x_{n-k};\tilde{X}\cup\{x_0\})\cap B^n)\,d\lambda(x_0).$$

Durch Iteration ergibt sich so

$$\mathbb{E} \sum_{(x_0,\ldots,x_{n-k})\in\tilde{X}^{n-k+1}} V_k(S(x_0,\ldots,x_{n-k};\tilde{X})\cap B^n)$$

$$= \gamma^{n-k+1} \int_{\mathbb{R}^n} \cdots \int_{\mathbb{R}^n} \mathbb{E} V_k(S(x_0,\ldots,x_{n-k};\tilde{X}\cup\{x_0,\ldots,x_{n-k}\})\cap B^n)$$

$$d\lambda(x_0)\cdots d\lambda(x_{n-k}).$$

Nun gilt für Punkte $x_0,\ldots,x_{n-k}\in\mathbb{R}^n$ in allgemeiner Lage

$$\mathbb{E} V_k(S(x_0,\ldots,x_{n-k};\tilde{X}\cup\{x_0,\ldots,x_{n-k}\})\cap B^n)$$

$$= \int_{F(x_0,\ldots,x_{n-k})\cap B^n} \mathbb{P}(\tilde{X}\cap B(y,\|y-x_0\|)=\emptyset)\,d\lambda_{F(x_0,\ldots,x_{n-k})}(y)$$

$$= \int_{F(x_0,\ldots,x_{n-k})\cap B^n} e^{-\gamma\kappa_n\|y-x_0\|^n}\,d\lambda_{F(x_0,\ldots,x_{n-k})}(y),$$

also erhalten wir insgesamt

$$d_k^{(k)} = \frac{1}{\kappa_n(n-k+1)!}\gamma^{n-k+1} \int_{\mathbb{R}^n} \cdots \int_{\mathbb{R}^n} \int_{F(x_0,\ldots,x_{n-k})\cap B^n} e^{-\gamma\kappa_n\|y-x_0\|^n}$$

$$d\lambda_{F(x_0,\ldots,x_{n-k})}(y)\,d\lambda(x_0)\cdots d\lambda(x_{n-k}).$$

Das äußere $(n - k + 1)$-fache Integral läßt sich mit der affinen Blaschke-Petkantschin-Formel (Satz 7.2.1) transformieren. Es ergibt sich

$$
d_k^{(k)} = \frac{1}{\kappa_n(n - k + 1)!}\gamma^{n-k+1}[(n - k)!]^k c_{n(n-k)} \int_{\mathcal{E}_{n-k}^n} \int_E \cdots \int_E
$$

$$
\int_{(z(x_0,\dots,x_{n-k})+E^\perp)\cap B^n} e^{-\gamma\kappa_n\|y-x_0\|^n}\Delta_{n-k}(x_0,\dots,x_{n-k})^k
$$

$$
d\lambda_{z(x_0,\dots,x_{n-k})+E^\perp}(y)\, d\lambda_E(x_0)\cdots d\lambda_E(x_{n-k})\, d\mu_{n-k}(E)
$$

mit der in Satz 7.2.1 angegebenen Konstanten $c_{n(n-k)}$.

Sei y_0 die Projektion des Nullpunkts auf E. Wir wenden auf die inneren Integrale den Satz 7.2.2 an, wobei wir dort n durch $n - k$ ersetzen und E als $\mathbb{R}^{n-k}$, bezogen auf den Ursprung y_0, auffassen. Sei S_E^{n-k-1} die Einheitssphäre im linearen Unterraum parallel zu E, und sei ω_E das sphärische Lebesgue-Maß über S_E^{n-k-1}. Damit erhalten wir

$$
\int_E \cdots \int_E \int_{(z(x_0,\dots,x_{n-k})+E^\perp)\cap B^n} e^{-\gamma\kappa_n\|y-x_0\|^n}\Delta_{n-k}(x_0,\dots,x_{n-k})^k
$$

$$
d\lambda_{z(x_0,\dots,x_{n-k})+E^\perp}(y)\, d\lambda_E(x_0)\cdots d\lambda_E(x_{n-k})
$$

$$
= (n - k)! \int_E \int_0^\infty \int_{S_E^{n-k-1}} \cdots \int_{S_E^{n-k-1}} \int_{(z+E^\perp)\cap B^n} e^{-\gamma\kappa_n\|y-(z+ru_0)\|^n}r^{n(n-k)-1}
$$

$$
\Delta_{n-k}(u_0,\dots,u_{n-k})^{k+1}\, d\lambda_{z+E^\perp}(y)\, d\omega_E(u_0)\cdots d\omega_E(u_{n-k})\, dr\, d\lambda_E(z).
$$

Mit den Abkürzungen

$$
A := \frac{[(n - k)!]^{k+1}c_{n(n-k)}}{(n - k + 1)!\kappa_n}\gamma^{n-k+1}
$$

und

$$
J(E, u_0) := \int_E \int_0^\infty \int_{(z+E^\perp)\cap B^n} e^{-\gamma\kappa_n\|y-(z+ru_0)\|^n}r^{n(n-k)-1}
$$

$$
d\lambda_{z+E^\perp}(y)\, dr\, d\lambda_E(z)
$$

für $E \in \mathcal{E}_{n-k}^n$ und $u_0 \in S_E^{n-k-1}$ ist also

$$
d_k^{(k)} = A \int_{\mathcal{E}_{n-k}^n} \int_{S_E^{n-k-1}} \cdots \int_{S_E^{n-k-1}} J(E, u_0)\Delta_{n-k}(u_0,\dots,u_{n-k})^{k+1}
$$

$$
d\omega_E(u_0)\cdots d\omega_E(u_{n-k})\, d\mu_{n-k}(E).
$$

Für jede Drehung $\vartheta \in SO_n$ gilt $J(\vartheta E, \vartheta u_0) = J(E, u_0)$; mit einem festen Vektor $u_E \in E$ ist also

$$d_k^{(k)} = A \int_{\mathcal{E}_{n-k}^n} J(E, u_E) S(n-k, n-k, k+1) \, d\mu_{n-k}(E),$$

wo die Konstante $S(n-k, n-k, k+1)$ durch Satz 7.2.3 gegeben ist. Wegen der Drehinvarianz von $E \mapsto J(E, u_E)$ gilt mit einem festen Unterraum $L \in \mathcal{L}_{n-k}^n$ und $u_0 \in S_L^{n-k-1}$

$$
\begin{aligned}
I &:= \int_{\mathcal{E}_{n-k}^n} J(E, u_E) \, d\mu_{n-k}(E) \\
&= \int_{L^\perp} J(L + y_0, u_0) \, d\lambda_{L^\perp}(y_0) \\
&= \int_{L^\perp} \int_L \int_0^\infty \int_{(z+L^\perp) \cap B^n} e^{-\gamma \kappa_n \|y - (y_0 + z + r u_0)\|^n} r^{n(n-k)-1} \\
&\qquad d\lambda_{z+L^\perp}(y) \, dr \, d\lambda_L(z) \, d\lambda_{L^\perp}(y_0) \\
&= \int_{\mathbb{R}^n} \int_0^\infty \int_{(x+L^\perp) \cap B^n} e^{-\gamma \kappa_n \|y - (x + r u_0)\|^n} r^{n(n-k)-1} d\lambda_{x+L^\perp}(y) \, dr \, d\lambda(x) \\
&= \int_{\mathbb{R}^n} \int_0^\infty \int_{B^n - x} e^{-\gamma \kappa_n \|y - r u_0\|^n} r^{n(n-k)-1} d\lambda_{L^\perp}(y) \, dr \, d\lambda(x).
\end{aligned}
$$

Die Bedingung $y \in B^n - x$ ist äquivalent mit $x \in B^n - y$, also ergibt sich

$$
\begin{aligned}
I &= \kappa_n \int_0^\infty \int_{L^\perp} e^{-\gamma \kappa_n (\|y\|^2 + r^2)^{\frac{n}{2}}} r^{n(n-k)-1} d\lambda_{L^\perp}(y) \, dr \\
&= \kappa_n \omega_k \int_0^\infty \int_0^\infty e^{-\gamma \kappa_n (r^2 + s^2)^{\frac{n}{2}}} r^{n(n-k)-1} s^{k-1} \, ds \, dr.
\end{aligned}
$$

Wir substituieren

$$s = u\sqrt{1-t}, \qquad r = u\sqrt{t}$$

mit $t \in [0,1]$, $u \in [0, \infty)$; die Funktionaldeterminante ist $u/2\sqrt{t(1-t)}$. Damit erhalten wir

$$I = \frac{\kappa_n \omega_k}{2} \left(\int_0^1 t^{\frac{n(n-k)}{2} - 1} (1-t)^{\frac{k}{2} - 1} dt \right) \left(\int_0^\infty e^{-\gamma \kappa_n u^n} u^{n^2 - nk + k - 1} du \right).$$

Beide Integrale sind von bekanntem Typ (Eulersches Betaintegral und, nach einer Substitution, Eulersches Gammaintegral); es ist

$$\int_0^1 t^{\frac{n(n-k)}{2} - 1} (1-t)^{\frac{k}{2} - 1} dt = \frac{\Gamma(\frac{n(n-k)}{2}) \Gamma(\frac{k}{2})}{\Gamma(\frac{n(n-k)+k}{2})}$$

und

$$\int_0^\infty e^{-\gamma\kappa_n u^n} u^{n^2-nk+k-1}\, du = \frac{\Gamma\left(\frac{n^2-nk+k}{n}\right)}{n(\gamma\kappa_n)^{\frac{n^2-nk+k}{n}}}.$$

Fassen wir die Ergebnisse zusammen und setzen die in Abschnitt 7.2 ermittelten Größen $c_{n(n-k)}$ und $S(n-k, n-k, k+1)$ ein, so ergibt sich die Behauptung. ∎

Der Fall $k = 0$ von Satz 6.2.4 liefert

$$\gamma^{(0)} = \frac{2^{n+1}\pi^{\frac{n-1}{2}}}{n^2(n+1)}\frac{\Gamma\left(\frac{n^2+1}{2}\right)}{\Gamma\left(\frac{n^2}{2}\right)}\left[\frac{\Gamma\left(1+\frac{n}{2}\right)}{\Gamma\left(\frac{n+1}{2}\right)}\right]^n \gamma \qquad (6.31)$$

und (was auch aus Korollar 6.1.5 und der Normalität folgt)

$$\gamma^{(j)} n_{j0} = \binom{n+1}{j}\gamma^{(0)} \qquad (6.32)$$

für $j = 1, \ldots, n$, insbesondere also wieder (6.8), das heißt

$$2\gamma^{(1)} = (n+1)\gamma^{(0)}.$$

Ferner ist $\gamma^{(n)} = \gamma$. Für $n = 3$ erhält man dann den Wert von $\gamma^{(2)}$ aus Satz 6.1.8 oder (6.19). Man kann nun alle in den Sätzen 6.1.9 und 6.1.10 vorkommenden Mittelwerte für ebene und räumliche Poisson-Voronoi-Mosaike explizit durch die Intensität γ ausdrücken, indem man Satz 6.2.4 für $k > 0$ und sodann die Sätze 6.1.9 bzw. 6.1.10 anwendet und die Normalität ausnutzt. Wir stellen im folgenden Satz nur eine Auswahl dieser Mittelwerte zusammen.

6.2.5 Korollar. *Sei X ein Poisson-Voronoi-Mosaik im $\mathbb{R}^n$ zur Intensität γ. Dann gilt für $n = 2$*

$$\gamma^{(0)} = 2\gamma, \quad \gamma^{(1)} = 3\gamma, \quad \gamma^{(2)} = \gamma,$$

$$n_{02} = 3, \quad n_{20} = 6,$$

$$l_1 = \frac{2}{3\sqrt{\gamma}}, \quad a = \frac{1}{\gamma}, \quad u = \frac{4}{\sqrt{\gamma}},$$

und für $n = 3$ gilt

$$\gamma^{(0)} = \frac{24\pi^2}{35}\gamma, \quad \gamma^{(1)} = \frac{48\pi^2}{35}\gamma, \quad \gamma^{(2)} = \left(\frac{24\pi^2}{35}+1\right)\gamma, \quad \gamma^{(3)} = \gamma,$$

$$n_{01} = n_{03} = 4, \quad n_{02} = 6, \quad n_{12} = 3,$$

$$n_{21} = \frac{144\pi^2}{24\pi^2 + 35} \simeq 5.23, \quad n_{30} = \frac{96\pi^2}{35} \simeq 27.07,$$

$$n_{31} = \frac{144\pi^2}{35} \simeq 40.61, \quad n_{32} = \frac{48\pi^2}{35} + 2 \simeq 15.54,$$

$$l_1 = \frac{7\Gamma\left(\frac{1}{3}\right)}{9(36\pi\gamma)^{\frac{1}{3}}}, \quad a_2 = \frac{35 \cdot 2^{\frac{8}{3}}\Gamma\left(\frac{2}{3}\right)\pi^{\frac{1}{3}}}{(24\pi^2 + 35)(9\gamma)^{\frac{2}{3}}}, \quad u_2 = \frac{7 \cdot 2^{\frac{10}{3}}\Gamma\left(\frac{1}{3}\right)\pi^{\frac{5}{3}}}{(24\pi^2 + 35)(9\gamma)^{\frac{1}{3}}},$$

$$v = \frac{1}{\gamma}, \quad s = \frac{2^{\frac{11}{3}}\Gamma\left(\frac{2}{3}\right)\pi^{\frac{1}{3}}}{(9\gamma)^{\frac{2}{3}}}, \quad m = \frac{2^3\Gamma\left(\frac{1}{3}\right)\pi^{\frac{8}{3}}}{15(36\gamma)^{\frac{1}{3}}}.$$

Nun wenden wir uns den Delaunay-Mosaiken zu. Sie sind geeigneten Voronoi-Mosaiken dual zugeordnet. Wir setzen eine lokalendliche Menge $A \subset \mathbb{R}^n$ mit conv $A = \mathbb{R}^n$ voraus. Zu ihr gehört ein Voronoi-Mosaik $\mathsf{m} := \{C(x, A) : x \in A\}$. Für $e \in \mathcal{S}_0(\mathsf{m})$ setzen wir dann

$$D(e, A) := \operatorname{conv}\{x \in A : e \in \mathcal{S}_0(C(x, A))\}.$$

6.2.6 Satz. *Sei $A \subset \mathbb{R}^n$ eine lokalendliche Menge mit* conv $A = \mathbb{R}^n$, *und sei* m *das zugehörige Voronoi-Mosaik. Dann ist*

$$\mathsf{d} := \{D(e, A) : e \in \mathcal{S}_0(\mathsf{m})\}$$

ein seitentreues Mosaik.

Beweis. Da $\{x \in A : e \in \mathcal{S}_0(C(x, A))\}$ endlich ist, sind die Mengen $D(e, A)$, $e \in \mathcal{S}_0(\mathsf{m})$, kompakt; ferner haben sie innere Punkte. Da $\mathcal{S}_0(\mathsf{m})$ lokalendlich ist, ist auch d lokalendlich. Die $x \in A$, für die e Ecke von $C(x, A)$ ist, haben alle den gleichen Abstand von e, sie liegen daher auf dem Rand einer $D(e, A)$ umbeschriebenen Kugel $K(e)$, deren Mittelpunkt e ist, und sind sämtlich Ecken von $D(e, A)$. Das Innere von $K(e)$ enthält keine Punkte aus A, und jeder Punkt aus $A \cap \operatorname{bd} K(e)$ ist Ecke von $D(e, A)$.

Für $e, e' \in \mathcal{S}_0(\mathsf{m})$, $e \neq e'$, betrachten wir den Durchschnitt $D(e, A) \cap D(e', A)$ und setzen $D(e, A) \cap D(e', A) \neq \emptyset$ voraus. Dann liegen alle Ecken von $D(e, A)$ in $K(e) \setminus \operatorname{int} K(e')$ und alle Ecken von $D(e', A)$ in $K(e') \setminus \operatorname{int} K(e)$. Sei z der Mittelpunkt von $K(e) \cap K(e')$ und E die Hyperebene durch z senkrecht zu $e - e'$. Jeder Punkt von $D(e, A) \cap D(e', A)$ liegt damit in E, und es folgt

$$D(e, A) \cap D(e', A) = \operatorname{conv}\{x \in A : x \in \operatorname{bd} K(e) \cap \operatorname{bd} K(e')\}.$$

Daraus folgt, daß $D(e, A) \cap D(e', A)$ keine inneren Punkte hat, und es ergibt sich die Seitentreue.

Sei $y \in \mathbb{R}^n$. Wegen $y \in \operatorname{conv} A$ gibt es affin unabhängige Punkte $x_1, \ldots, x_{n+1} \in A$ mit $y \in \operatorname{conv}\{x_1, \ldots, x_{n+1}\}$. Diese Punkte seien so gewählt, daß die Kugel K mit $x_1, \ldots, x_{n+1} \in \operatorname{bd} K$ kleinsten Radius hat. Angenommen, es gäbe einen Punkt $x \in A \cap \operatorname{int} K$. Dann kann man einen der Punkte $x_1, \ldots, x_{n+1}$, etwa x_1, so durch x ersetzen, daß noch $y \in \operatorname{conv}\{x, x_2, \ldots, x_{n+1}\}$ gilt und $x, x_2, \ldots, x_{n+1}$ affin unabhängig sind. Die Kugel mit $x, x_2, \ldots, x_{n+1}$ im Rand hat kleineren Radius als K, ein Widerspruch. Da also K keinen Punkt aus A im Innern enthält, ergibt sich für den Mittelpunkt e von K, daß $e \in C(x_i, A)$, $i = 1, \ldots, n+1$, und daher $e \in \mathcal{S}_0(\mathsf{m})$ und $y \in D(e, A)$ gilt. Damit ist auch

$$\bigcup_{e \in \mathcal{S}_0(\mathsf{m})} D(e, A) = \mathbb{R}^n$$

gezeigt.   ∎

Wir nennen d das *Delaunay-Mosaik* zur Menge A. Sind die Punkte aus A in allgemeiner Lage und liegen je $n + 2$ von ihnen nicht in einer Sphäre, so ist das zugehörige Voronoi-Mosaik m normal. In diesem Fall haben die Zellen von d jeweils $n + 1$ Ecken, sie sind also n-Simplices. Damit sind auch sämtliche Seiten von d Simplices, die 2-Seiten sind also Dreiecke, die 3-Seiten Tetraeder, usw. Wir nennen ein solches Mosaik *simplizial*.

Um die Dualität zwischen m und d deutlich zu machen, beschränken wir uns jetzt auf den Fall, daß m normal, also d simplizial ist. Da wir im weiteren Delaunay-Mosaike zu stationären Poissonprozessen betrachten werden, ist diese Bedingung nach Satz 6.2.3 fast sicher erfüllt.

Sei nun $m \in \{0, \ldots, n\}$ und $F \in \mathcal{S}_m(\mathsf{m})$ eine m-Seite des Voronoi-Mosaiks m. Mit der früher in diesem Abschnitt eingeführten Bezeichnung erhalten wir die Darstellung $F = S(x_0, \ldots, x_{n-m}; A)$ mit geeigneten (bis auf die Reihenfolge eindeutig bestimmten), paarweise verschiedenen Punkten $x_0, \ldots, x_{n-m} \in A$. Wir setzen $\Sigma(F) := \operatorname{conv}\{x_0, \ldots, x_{n-m}\}$.

6.2.7 Lemma. *Ist das Voronoi-Mosaik m zur Menge A normal, so wird durch $F \mapsto \Sigma(F)$ ein antitoner Seitenisomorphismus*

$$\Sigma : \mathcal{S}(\mathsf{m}) \to \mathcal{S}(\mathsf{d})$$

definiert.

Beweis. Sei zunächst $F = \{e\}$ eine Ecke von m. Für $\{e\} = S(x_0, \ldots, x_n; A)$ gilt dann $e \in \mathcal{S}_0(C(x_i, A))$, $i = 0, \ldots n$. Wegen der Normalität von m folgt daraus

$$D(e, A) = \text{conv}\{x \in A : e \in \mathcal{S}_0(C(x, A))\} = \text{conv}\{x_0, \ldots, x_n\},$$

also $\Sigma(\{e\}) \in \mathcal{S}_n(\mathsf{d})$, und die Abbildung $\Sigma : \mathcal{S}_0(\mathsf{m}) \to \mathcal{S}_n(\mathsf{d})$ ist bijektiv.

Nun sei $m > 0$ und $F = S(x_0, \ldots, x_{n-m}; A)$ eine m-Seite von m. Wir wählen eine Ecke e von F. Dann gilt $\{e\} = S(x_0, \ldots, x_n; A)$ mit geeigneten $x_{n-m+1}, \ldots, x_n \in A$. Damit ist $\Sigma(F) = \text{conv}\{x_0, \ldots, x_{n-m}\}$ eine $(n-m)$-Seite von $D(e, A) = \text{conv}\{x_0, \ldots, x_n\}$. Die Bijektivität von $\Sigma : \mathcal{S}_m(\mathsf{m}) \to \mathcal{S}_{n-m}(\mathsf{d})$ ist offensichtlich, so daß wir insgesamt eine bijektive Abbildung $\Sigma : S(\mathsf{m}) \to S(\mathsf{d})$ erhalten.

Die Antitonie ergibt sich ebenfalls sofort. ∎

Nun betrachten wir zufällige Delaunay-Mosaike. Aus Satz 6.2.6 und Satz 6.2.3 erhalten wir sofort die folgende Aussage.

6.2.8 Korollar. *Sei $\tilde{X}$ ein stationärer, gewöhnlicher Punktprozeß im $\mathbb{R}^n$, X das zugehörige Voronoi-Mosaik und*

$$Y := \Sigma(X^{(0)}) = \{D(e, \tilde{X}) : e \in \mathcal{S}_0(X)\}.$$

Dann ist Y ein stationäres (und seitentreues) zufälliges Mosaik. Ist $\tilde{X}$ Poissonprozeß, so ist Y simplizial.

Wir beschränken uns jetzt wieder auf stationäre Poissonprozesse $\tilde{X}$ (der Intensität $\gamma > 0$) im $\mathbb{R}^n$ und nennen das zugehörige Delaunay-Mosaik Y das *Poisson-Delaunay-Mosaik* (zur Intensität γ). Wie vorher seien $X^{(j)}$, $j = 0, \ldots, n$, die Seitenprozesse von X und $\gamma^{(j)}$ die zugehörigen Intensitäten. Die Seitenprozesse von Y und ihre Intensitäten bezeichnen wir entsprechend mit $Y^{(j)}$ und $\beta^{(j)}$.

6.2.9 Satz. *Seien $\gamma^{(j)}$, $j = 0, \ldots, n$, die Seitenintensitäten des Poisson-Voronoi-Mosaiks X zum stationären Poissonprozeß $\tilde{X}$ im $\mathbb{R}^n$ und $\beta^{(j)}$, $j = 0, \ldots, n$, die Seitenintensitäten des zugehörigen Poisson-Delaunay-Mosaiks Y. Dann gilt*

$$\beta^{(j)} = \gamma^{(n-j)}$$

für $j = 0, \ldots, n$.

Beweis. Für $j \in \{0, \ldots, n\}$ betrachten wir den (stationären) markierten Punktprozeß

$$\hat{X}^{(n-j)} := \{(z(x_0, \ldots, x_j), S(x_0, \ldots, x_j; \tilde{X}) - z(x_0, \ldots, x_j)) :$$

$$(x_0, \ldots, x_j) \in \tilde{X}^{j+1}, S(x_0, \ldots, x_j; \tilde{X}) \neq \emptyset\}.$$

Der zugehörige Partikelprozeß ist $X^{(n-j)}$, also hat $\hat{X}^{(n-j)}$ die Intensität $\gamma^{(n-j)}$. Dies ist damit auch die Intensität des unmarkierten, gewöhnlichen Punktprozesses

$$\tilde{Y}^{(j)} := \{z(x_0, \ldots, x_j) : (x_0, \ldots, x_j) \in \tilde{X}^{j+1}, \, S(x_0, \ldots, x_j; \tilde{X}) \neq \emptyset\}.$$

Da $\tilde{Y}^{(j)}$ aus den Umkugelmittelpunkten der Polytope in $Y^{(j)}$ besteht, folgt die Behauptung. ∎

Da der Seitenisomorphismus Σ kombinatorischer Natur ist, lassen sich die Formeln für Quermaßdichten aus Satz 6.2.4 (außer im Fall $k = 0$) nicht direkt auf Poisson-Delaunay-Mosaike übertragen. Wir wollen daher jetzt einen anderen Weg gehen und die Verteilung der typischen Zelle des Poisson-Delaunay-Mosaiks Y bestimmen. Wir verwenden dabei für den Partikelprozeß Y die Zentrumsfunktion $z : K \mapsto z(K)$, die auf der Menge $\Delta^{(n)}$ der n-dimensionalen Simplices im $\mathbb{R}^n$ definiert ist (außerhalb dieser Menge setzen wir $z(K) = 0$), und zwar durch $z(K) := z(x_0, \ldots, x_n)$. Hierbei haben wir die vor Satz 6.2.3 eingeführte Notation verwendet und außerdem mit $x_0 = x_0(K), \ldots, x_n = x_n(K)$ die mit der lexikographischen Ordnung numerierten Ecken von K bezeichnet. Die Abbildung $K \mapsto (x_0(K), \ldots, x_n(K))$ ist stetig auf $\Delta^{(n)}$, also meßbar. Es sei $\mathbb{Q}_0$ die Formverteilung von Y bezüglich z. Dies ist also ein Wahrscheinlichkeitsmaß über $\Delta_0^{(n)} := \{K \in \Delta^{(n)} : z(K) = 0\}$. Der folgende Satz beschreibt $\mathbb{Q}_0$ in Abhängigkeit von der Intensität γ von $\tilde{X}$.

6.2.10 Satz. *Sei Y ein Poisson-Delaunay-Mosaik im $\mathbb{R}^n$ zur Intensität γ, sei $\mathcal{A} \subset \mathcal{K}_0$ eine Borelmenge. Dann gilt*

$$\mathbb{Q}_0(\mathcal{A}) = d_n \gamma^n \int_0^\infty \int_{S^{n-1}} \cdots \int_{S^{n-1}} \mathbf{1}_{\mathcal{A}}(\text{conv}\{ru_0, \ldots, ru_n\}) e^{-\gamma \kappa_n r^n} r^{n^2-1}$$

$$\Delta_n(u_0, \ldots, u_n) \, d\omega(u_0) \cdots d\omega(u_n) \, dr$$

mit

$$d_n := \frac{n^2}{2^{n+1} \pi^{\frac{n-1}{2}}} \frac{\Gamma\left(\frac{n^2}{2}\right)}{\Gamma\left(\frac{n^2+1}{2}\right)} \left[\frac{\Gamma\left(\frac{n+1}{2}\right)}{\Gamma\left(1 + \frac{n}{2}\right)}\right]^n.$$

Beweis. Nach Definition von $\mathbb{Q}_0$ und dem Campbellschen Satz gilt

$$\beta^{(n)} \mathbb{Q}_0(\mathcal{A})$$

$$= \mathbb{E} \sum_{K \in Y} \mathbf{1}_{\mathcal{A}}(K - z(K)) \mathbf{1}_{C^n}(z(K))$$

$$= \frac{1}{(n+1)!} \mathbb{E} \sum_{(x_0, \ldots, x_n) \in \tilde{X}_{\neq}^{n+1}} \mathbf{1}_{\mathcal{A}}(\text{conv}\{x_0, \ldots, x_n\} - z(x_0, \ldots, x_n)) \times$$

$$\times \mathbf{1}_{C^n}(z(x_0,\ldots,x_n))\mathbf{1}\{\tilde{X} \cap \text{int } B^n(x_0,\ldots,x_n) = \emptyset\}.$$

Hier wenden wir wie im Beweis von Satz 6.2.4 den verfeinerten Campbell-schen Satz 3.3.5 und den Satz von Slivnyak auf den Poissonprozeß $\tilde{X}$ an und erhalten analog wie dort mit dem Transformationssatz 7.2.2

$$\beta^{(n)}\mathbb{Q}_0(\mathcal{A})$$

$$= \frac{\gamma^{n+1}}{(n+1)!}\int_{\mathbb{R}^n}\cdots\int_{\mathbb{R}^n}\mathbf{1}_{\mathcal{A}}(\text{conv}\{x_0,\ldots,x_n\} - z(x_0,\ldots,x_n))$$

$$\mathbf{1}_{C^n}(z(x_0,\ldots,x_n))\mathbb{P}(\tilde{X} \cap B^n(x_0,\ldots,x_n) = \emptyset)\,d\lambda(x_0)\cdots d\lambda(x_n)$$

$$= \frac{\gamma^{n+1}}{(n+1)!}n!\int_{\mathbb{R}^n}\int_0^\infty\int_{S^{n-1}}\cdots\int_{S^{n-1}}\mathbf{1}_{\mathcal{A}}(\text{conv}\{ru_0,\ldots,ru_n\})\mathbf{1}_{C^n}(z)$$

$$e^{-\gamma\kappa_n r^n}r^{n^2-1}\Delta_n(u_0,\ldots,u_n)\,d\omega(u_0)\cdots d\omega(u_n)\,dr\,d\lambda(z).$$

Nach Satz 6.2.9 ist $\beta^{(n)} = \gamma^{(0)}$, und dieser Wert ist durch (6.31) gegeben. Damit ergibt sich die Behauptung. ∎

Eine ZAM Z mit Verteilung $\mathbb{Q}_0$ wollen wir *Poisson-Delaunay-Polytop* (zur Intensität γ) nennen. Durch Satz 6.2.10 sind alle Verteilungen der geometrischen Größen von Z festgelegt. Sie lassen sich aber nur in speziellen Fällen explizit bestimmen. Wir betrachten als Beispiel die Verteilung des Volumens $V_d(Z)$. Hier können wir alle Momente angeben.

6.2.11 Korollar. *Sei Z das Poisson-Delaunay-Polytop im $\mathbb{R}^n$ zur Intensität γ. Dann gilt für $k = 1, 2, \ldots$*

$$\mathbb{E}V_n(Z)^k = d_n S(n,n,k+1)\frac{(n+k-1)!}{n\kappa_n^{n+k}}\frac{1}{\gamma^k}$$

mit der in Satz 7.2.3 bestimmten Größe $S(n,n,k+1)$.

Beweis. Nach Satz 6.2.10 ist

$$\mathbb{E}V_n(Z)^k = d_n\gamma^n\int_0^\infty\int_{S^{n-1}}\cdots\int_{S^{n-1}}e^{-\gamma\kappa_n r^n}r^{n^2+nk-1}\Delta_n(u_0,\ldots,u_n)^{k+1}$$

$$d\omega(u_0)\cdots d\omega(u_n)\,dr$$

$$= d_n\gamma^n S(n,n,k+1)\int_0^\infty e^{-\gamma\kappa_n r^n}r^{n^2+nk-1}\,dr.$$

Daraus ergibt sich die Behauptung. ∎

Wir wollen zum Schluß noch die wichtigsten Größen des ebenen Poisson-Delaunay-Mosaiks zusammenstellen.

6.2.12 Satz. *Sei Y ein ebenes Poisson-Delaunay-Mosaik zur Intensität γ, und seien $\beta^{(0)}, \beta^{(1)}, \beta^{(2)}$ die Seitenintensitäten. Dann gilt*

$$\beta^{(0)} = \gamma, \quad \beta^{(1)} = 3\gamma, \quad \beta^{(2)} = 2\gamma,$$

$$n_{02} = 6, \quad n_{20} = 3,$$

$$l_1 = \frac{32}{9\pi\sqrt{\gamma}}, \quad a = \frac{1}{2\gamma}, \quad u = \frac{32}{3\pi\sqrt{\gamma}}.$$

Beweis. Die Gleichungen für die Intensitäten folgen aus Satz 6.2.9 und Korollar 6.2.5. Hieraus und aus der mittleren Kantenlänge ergeben sich die übrigen Werte nach Satz 6.1.9. Die Berechnung der mittleren Kantenlänge l_1 läßt sich wegen

$$l_1 = \frac{1}{3}\mathbb{E}U(Z)$$

auf Satz 6.2.10 zurückführen; es ergibt sich

$$
\begin{aligned}
l_1 &= \frac{d_2}{3}\gamma^2 \int_0^\infty \int_{S^1} \int_{S^1} \int_{S^1} U(\operatorname{conv}\{u_0, u_1, u_2\}) e^{-\gamma\pi r^2} r^4 \Delta_2(u_0, u_1, u_2) \\
&\qquad d\omega(u_0)\, d\omega(u_1)\, d\omega(u_2)\, dr \\
&= \frac{1}{48\pi^2\sqrt{\gamma}} \int_{S^1} \int_{S^1} \int_{S^1} U(\operatorname{conv}\{u_0, u_1, u_2\}) A(\operatorname{conv}\{u_0, u_1, u_2\}) \\
&\qquad d\omega(u_0)\, d\omega(u_1)\, d\omega(u_2).
\end{aligned}
$$

Das Integral

$$I :=$$
$$\int_{S^1} \int_{S^1} \int_{S^1} U(\operatorname{conv}\{u_0, u_1, u_2\}) A(\operatorname{conv}\{u_0, u_1, u_2\})\, d\omega(u_0)\, d\omega(u_1)\, d\omega(u_2)$$

läßt sich aus Symmetriegründen in der Form

$$I = 6\pi \int_{S^1} \int_{S^1} \|u_1 - u_2\| A(\operatorname{conv}\{e_1, u_1, u_2\})\, d\omega(u_1)\, d\omega(u_2)$$

mit einem festen Einheitsvektor e_1 schreiben. Sei (e_1, e_2) eine orthonormierte Basis von $\mathbb{R}^2$. Wir setzen

$$u_i = e_1 \cos\varphi_1 + e_2 \cos\varphi_2, \quad 0 < \varphi_i \leq 2\pi, \quad i = 1, 2.$$

Dann ist

$$\|u_1 - u_2\| = 2 \left| \sin \frac{\varphi_1 - \varphi_2}{2} \right|$$

und

$$A\left(\operatorname{conv}\{e_1, u_1, u_2\}\right) = \frac{1}{2} \left| \det\left(u_1 - e_1, u_2 - e_1\right) \right|$$

mit

$$\det\left(u_1 - e_1, u_2 - e_1\right)$$

$$= \det \begin{pmatrix} \cos\varphi_1 - 1 & \sin\varphi_1 \\ \cos\varphi_2 - 1 & \sin\varphi_2 \end{pmatrix}$$

$$= -\sin(\varphi_1 - \varphi_2) + \sin\varphi_1 - \sin\varphi_2$$

$$= -2\sin\frac{\varphi_1 - \varphi_2}{2}\cos\frac{\varphi_1 - \varphi_2}{2} + 2\sin\frac{\varphi_1 - \varphi_2}{2}\cos\frac{\varphi_1 + \varphi_2}{2}.$$

Wegen

$$\cos\frac{\varphi_1 - \varphi_2}{2} - \cos\frac{\varphi_1 + \varphi_2}{2} = 2\sin\frac{\varphi_1}{2}\sin\frac{\varphi_2}{2} \geq 0$$

folgt

$$A\left(\operatorname{conv}\{e_1, u_1, u_2\}\right) = \left|\sin\frac{\varphi_1 - \varphi_2}{2}\right| \left(\cos\frac{\varphi_1 - \varphi_2}{2} - \cos\frac{\varphi_1 + \varphi_2}{2}\right),$$

also

$$I = 12\pi \int_0^{2\pi} \int_0^{2\pi} \sin^2\frac{\varphi_1 - \varphi_2}{2} \left(\cos\frac{\varphi_1 - \varphi_2}{2} - \cos\frac{\varphi_1 + \varphi_2}{2}\right) d\varphi_1\, d\varphi_2 = \frac{2^9\pi}{3}.$$

Damit ergibt sich der angegebene Wert von l_1. ∎

6.3 Hyperebenenmosaike

Ist $\mathcal{H}$ ein lokalendliches System von Hyperebenen im $\mathbb{R}^n$, so sind die Zusammenhangskomponenten des Komplements der Vereinigung $\bigcup_{H \in \mathcal{H}} H$ offene polyedrische Mengen. Ihre abgeschlossenen Hüllen nennen wir die *von H induzierten Zellen*. Ein Mosaik m (im Sinne von Abschnitt 6.1) im $\mathbb{R}^n$ bezeichnen wir als *Hyperebenenmosaik*, wenn seine Zellen von einem System von Hyperebenen induziert werden. Es heißt *in allgemeiner Lage*, wenn das System $\mathcal{H}$ in allgemeiner Lage ist, und dies bedeutet, daß jede k-dimensionale Ebene des Raumes in höchstens $n-k$ Hyperebenen des Systems liegt, $k = 0, \ldots, n-1$.

In diesem Abschnitt betrachten wir zufällige Hyperebenenmosaike. Darunter verstehen wie zufällige Mosaike, die von Hyperebenenprozessen induziert werden. Wenn das zufällige Mosaik X von dem Hyperebenenprozeß $\hat{X}$ induziert wird, nennen wir $\hat{X}$ den zu X gehörigen Hyperebenenprozeß, und X heißt *in allgemeiner Lage*, wenn $\hat{X}$ f.s. in allgemeiner Lage ist. X ist genau dann stationär, wenn dies für $\hat{X}$ gilt. Bei stationären zufälligen Hyperebenenmosaiken sind für die in Abschnitt 6.1 eingeführten Parameter zusätzliche Aussagen möglich. Nach der Herleitung einiger allgemeiner Relationen wenden wir uns den Mosaiken zu, die von stationären Poissonschen Hyperebenenprozessen induziert werden. Diese Mosaike und insbesondere ihre Nullpunktszellen haben besonders interessante Eigenschaften, und es lassen sich auch einige Extremalprobleme behandeln.

Wir beginnen mit einem Ergebnis, das keine speziellen Verteilungsannahmen erfordert.

6.3.1 Satz. *Sei X ein stationäres zufälliges Hyperebenenmosaik in allgemeiner Lage im $\mathbb{R}^n$. Für $0 \leq j \leq k \leq n$ gilt*

$$d_j^{(k)} = \binom{n-j}{n-k} d_j^{(j)}, \tag{6.33}$$

insbesondere also

$$\gamma^{(k)} = \binom{n}{k} \gamma^{(0)}. \tag{6.34}$$

Ferner gilt

$$n_{kj} = 2^{k-j} \binom{k}{j}. \tag{6.35}$$

Beweis. Zu dem stationären Hyperebenenprozeß $\hat{X}$, der X induziert, sei $\hat{X}_{n-k}$ der Schnittprozeß $(n-k)$-ter Ordnung ($\hat{X}_1 = \hat{X}$); das ist also ein stationärer k-Ebenenprozeß, $k = 0, \ldots, n-1$.

Wir zeigen zunächst, daß der Seitenprozeß $X^{(k)}$ von X lokalendliches Intensitätsmaß hat, $k = 0, \ldots, n$. Für ein gegebenes $r > 0$ sei ν_k die Anzahl der k-dimensionalen Seiten von X, die das Innere von rB^n treffen. Nach (7.52) gilt

$$\nu_k = \sum_{j=n-k}^{n} \binom{j}{n-k} \alpha_j,$$

wo α_j die Anzahl der j-Tupel aus $\hat{X}$ bezeichnet, deren Durchschnitt das Innere von rB^n trifft (mit $\alpha_0 := 0$). Da $\hat{X}$ in allgemeiner Lage ist, ist α_j für $j > 0$ die Anzahl der $(n-j)$-Ebenen aus $\hat{X}_i$, die das Innere von rB^n treffen.

Nach Satz 4.1.9 hat diese Anzahl einen endlichen Erwartungswert. Also ist auch $\mathbb{E}\nu_k < \infty$, daher ist das Intensitätsmaß von $X^{(k)}$ lokalendlich.

Zunächst sei nun $k \in \{1, \ldots, n-1\}$ (der Fall $k = 0$ ist trivial). Sei $j \in \{0, \ldots, k-1\}$ und $r > 0$. In jeder k-Ebene $E \in \hat{X}_{n-k}$ wird durch $\hat{X} \cap E$ ein Mosaik induziert. Aus (6.23), angewandt in E statt $\mathbb{R}^n$, folgt daher f.s.

$$\sum_{E \in \hat{X}_{n-k}} V_j(E \cap rB^n) = \sum_{i=j}^{k} (-1)^{k-i} \sum_{E \in \hat{X}_{n-k}} \sum_{F \in X^{(i)}, F \subset E} V_j(F \cap rB^n)$$

$$= \sum_{i=j}^{k} (-1)^{k-i} \binom{n-i}{n-k} \sum_{F \in X^{(i)}} V_j(F \cap rB^n), \quad (6.36)$$

denn da X in allgemeiner Lage ist, ist f.s. jede i-Seite von X in genau $\binom{n-i}{n-k}$ Ebenen des Schnittprozesses $\hat{X}_{n-k}$ enthalten.

In (6.36) nehmen wir den Erwartungswert und dividieren durch $V_n(rB^n)$. Auf der linken Seite ergibt sich

$$\frac{1}{V_n(rB^n)} \mathbb{E} \sum_{E \in \hat{X}_{n-k}} V_j(E \cap rB^n) \leq \frac{1}{V_n(rB^n)} \mathbb{E} \sum_{E \in \hat{X}_{n-k}} r^j V_j(B^k) \chi(E \cap rB^n)$$

$$\leq \frac{r^j V_j(B^k)}{r^n \kappa_n} \mathbb{E} \hat{X}_{n-k}(\mathcal{F}_{rB^n})$$

$$= \frac{r^j V_j(B^k)}{r^n \kappa_n} \kappa_{n-k} r^{n-k} \hat{\gamma}_{n-k}$$

nach (4.4) (für rB^n statt B^n). Hier ist $\hat{\gamma}_{n-k}$ die Intensität von $\hat{X}_{n-k}$. Wegen $j < k$ konvergiert der letzte Ausdruck für $r \to \infty$ gegen 0. Mit Satz 5.1.4 folgt also aus (6.36)

$$\sum_{i=j}^{k} (-1)^{k-i} \binom{n-i}{n-k} d_j^{(i)} = \sum_{i=j}^{k} (-1)^{k-i} \binom{n-i}{n-k} \overline{V}_j(X^{(i)}) = 0. \quad (6.37)$$

Dies gilt für $0 \leq j < k \leq n$, denn für $k = n$ gilt es nach Satz 6.1.7.

Für $j \in \{0, \ldots, n-1\}$ hat das erhaltene Gleichungssystem

$$\sum_{i=j}^{k} (-1)^i \binom{n-i}{n-k} d_j^{(i)} = 0, \qquad k = j+1, \ldots, n,$$

die Lösung

$$d_j^{(i)} = \binom{n-j}{n-i} d_j^{(j)}, \qquad i = j+1, \ldots, n.$$

Das sind die Relationen (6.33). Für $j = 0$ ergibt sich (6.34).

Nach Korollar 6.1.5 gilt $\gamma^{(k)} n_{kj} = \gamma^{(j)} n_{jk}$. Bei einem Hyperebenenmosaik in allgemeiner Lage liegt für $j \leq k$ jede j-Seite in genau $2^{k-j} \binom{n-j}{n-k}$ k-Seiten. Es folgt

$$\gamma^{(k)} n_{kj} = 2^{k-j} \binom{n-j}{n-k} \gamma^{(j)}.$$

Zusammen mit (6.34) ergibt das (6.35). ∎

Man beachte, daß Satz 6.3.1 keine spezielle Annahme über die Verteilung von X erfordert (außer der Stationarität). Demgegenüber schränken wir im folgenden die Verteilungen sehr stark ein. Wir werden nämlich nur noch Hyperebenenmosaike betrachten, die von stationären Poissonschen Hyperebenenprozessen induziert werden.

Es sei $\hat{X}$ ein stationärer Poissonscher Hyperebenenprozeß im $\mathbb{R}^n$ mit Intensität $\hat{\gamma} > 0$ und sphärischer Richtungsverteilung $\tilde{\mathbb{P}}$. Er sei nicht ausgeartet, das heißt $\tilde{\mathbb{P}}$ sei nicht auf einer Großsphäre konzentriert. Dies ist äquivalent damit, daß nicht f.s. alle Ebenen von $\hat{X}$ parallel zu einer festen Geraden sind. Jede Realisierung von $\hat{X}$ ist f.s. ein lokalendliches System von Hyperebenen, induziert also eine Zerlegung des Raumes in n-dimensionale Zellen, wie am Anfang des Abschnitts erläutert.

6.3.2 Satz. *Ist $\hat{X}$ ein nichtausgearteter stationärer Poissonscher Hyperebenenprozeß im $\mathbb{R}^n$, so ist das System X der induzierten Zellen ein zufälliges Mosaik in allgemeiner Lage.*

Beweis. Ist $\hat{X}$ wie angegeben, so liegt der Nullpunkt 0 f.s. in keiner Hyperebene des Prozesses; er liegt daher in einer eindeutig bestimmten induzierten Zelle Z_0, die wir wieder als Nullpunktszelle bezeichnen. Wir zeigen zunächst, daß sie f.s. beschränkt ist. Sei $U \subset S^{n-1}$ der Träger der sphärischen Richtungsverteilung $\tilde{\mathbb{P}}$ von $\hat{X}$. Da das gerade Maß $\tilde{\mathbb{P}}$ nicht auf einer Großsphäre konzentriert ist, gilt $0 \in \text{int conv} \, U$. Nach einem Satz der Konvexgeometrie (siehe z.B. Schneider [1993], S. 15) gibt es $2n$ (nicht notwendig verschiedene) Punkte $u_1, \ldots, u_{2n} \in U$ mit $0 \in \text{int conv} \, \{u_1, \ldots, u_{2n}\}$. Man kann zu jedem $i \in \{1, \ldots, 2n\}$ eine Umgebung $U_i \subset S^{n-1}$ von u_i wählen, so daß

$$0 \in \text{int conv} \, \{v_1, \ldots, v_{2n}\} \text{ für alle } (v_1, \ldots, v_{2n}) \in U_1 \times \cdots \times U_{2n} \qquad (6.38)$$

gilt. Da U der Träger von $\tilde{\mathbb{P}}$ ist, gilt $\tilde{\mathbb{P}}(U_i) > 0$ für $i = 1, \ldots, 2n$. Sei $\mathcal{A}_i$ die Menge der Hyperebenen $H \in \mathcal{E}^n_{n-1}$ mit $0 \notin H$, deren äußerer (d.h. in den 0 nicht enthaltenen Halbraum weisender) Normaleneinheitsvektor zu

U_i gehört, $i = 1, \ldots, 2n$. Für das Intensitätsmaß $\hat{\Theta}$ von $\hat{X}$ gilt dann nach Korollar 4.1.2

$$\hat{\Theta}(\mathcal{A}_i) = \hat{\gamma} \int_{S^{n-1}} \int_{-\infty}^{\infty} \mathbf{1}_{\mathcal{A}_i}(u^{\perp} + \tau u)\, d\tau\, d\hat{\mathbb{P}}(u) = \infty.$$

Da $\hat{X}$ ein Poissonprozeß ist, folgt $\mathbb{P}(\hat{X}(\mathcal{A}_i) = \infty) = 1$ für $i = 1, \ldots, 2n$ und damit

$$\mathbb{P}(\hat{X}(\mathcal{A}_i) > 0 \text{ für } i = 1, \ldots, 2n) = 1. \tag{6.39}$$

Gilt $(H_1, \ldots, H_{2n}) \in \mathcal{A}_1 \times \cdots \times \mathcal{A}_{2n}$, so ist die von $\{H_1, \ldots, H_{2n}\}$ induzierte Nullpunktszelle wegen (6.38) beschränkt. Wegen (6.39) folgt also, daß die Nullpunktszelle Z_0 von $\hat{X}$ f.s. beschränkt ist. Nach Definition ist sie auch abgeschlossen.

Nun zeigen wir, daß Z_0 eine zufällige abgeschlossene Menge ist. Da $\mathcal{B}(\mathcal{F})$ nach Lemma 1.3.1 von dem System $\{\mathcal{F}_G : G \in \mathcal{G}\}$ erzeugt wird, genügt für die Meßbarkeit der Nachweis, daß $A := \{\omega \in \Omega : Z_0(\omega) \cap G \neq \emptyset\}$ für jede offene Menge G meßbar ist. Sei $G \in \mathcal{G}$, sei $(x_i)_{i \in \mathbb{N}}$ eine dichte Folge in G und

$$A_i := \{\omega \in \Omega : H \cap [0, x_i] = \emptyset \text{ für alle } H \in \hat{X}(\omega)\}.$$

Dann ist $A = \bigcup_{i \in \mathbb{N}} A_i$. Mit $\mathcal{E}_i := \{H \in \mathcal{E}_{n-1}^n : H \cap [0, x_i] \neq \emptyset\}$ ist $\mathcal{E}_i \in \mathcal{B}(\mathcal{E}_{n-1}^n)$ und $A_i = \{\omega \in \Omega : \hat{X}(\omega) \cap \mathcal{E}_i = \emptyset\}$. Also ist A_i meßbar und daher auch A. Somit ist Z_0 meßbar.

Wir wählen im $\mathbb{R}^n$ eine dichte Folge $(z_i)_{i \in \mathbb{N}}$. Nach demselben Argument wie für den Nullpunkt gibt es zu jedem $i \in \mathbb{N}$ f.s. eine eindeutig bestimmte Zelle Z_i, die z_i enthält, und sie ist beschränkt. Also sind f.s. alle Zellen Z_i, $i \in \mathbb{N}$, beschränkt. Jede Abbildung $Z_i : \Omega \to \mathcal{K}'$ ist meßbar.

Die Menge $X(\omega) := \{Z_i(\omega) : i \in \mathbb{N}\}$ gehört zu $\mathcal{F}_{lek}(\mathcal{F}') = \mathcal{F}_{le}(\mathcal{F}') \cap \mathcal{F}(\mathcal{K}')$. Die damit erklärte Abbildung $X : \Omega \to \mathcal{F}_{lek}(\mathcal{F}')$ ist meßbar, denn wegen der Meßbarkeit von Z_i ist für jede kompakte Menge $C \in \mathcal{C}(\mathcal{F})$ die Menge

$$\{\omega \in \Omega : X(\omega) \cap C = \emptyset\} = \bigcap_{i \in \mathbb{N}} \{\omega \in \Omega : Z_i(\omega) \notin C\}$$

meßbar.

Damit ist X ein zufälliges Mosaik im Sinne von Abschnitt 6.1, denn die definierenden Eigenschaften von Mosaiken einschließlich der Seitentreue sind erfüllt. Da $\hat{X}$ ein stationärer Poissonprozeß ist, folgt auch (mit ähnlichen Schlüssen wie im Beweis von Satz 4.1.6), daß X in allgemeiner Lage ist.

Die lokale Endlichkeit der Intensitätsmaße der Seitenprozesse $X^{(k)}$, $k \in \{0, \ldots, n\}$, hat sich bereits im Beweis von Satz 6.3.1 ergeben. ∎

Wir bemerken, daß ohne eine Voraussetzung wie die Poissoneigenschaft in Satz 6.3.2 die Beschränktheit der Zellen natürlich nicht gezeigt werden kann.

Man betrachte etwa einen stationären Geradenprozeß in der Ebene, bei dem jede Realisierung mit Wahrscheinlichkeit 1/2 nur horizontale Geraden und mit Wahrscheinlichkeit 1/2 nur vertikale Geraden enthält. Ein derartiger Prozeß ist nicht ausgeartet, erzeugt aber kein Mosaik.

Ein zufälliges Mosaik X, das wie in Satz 6.3.2 von einem nicht ausgearteten stationären Poissonschen Hyperebenenprozeß erzeugt wird, nennen wir ein (stationäres) *Poissonsches Hyperebenenmosaik*. Die Parameter eines derartigen Mosaiks hängen allein von der Intensität und der sphärischen Richtungsverteilung des zugehörigen Poissonschen Hyperebenenprozesses ab. Wir wollen für die wichtigsten Größen nun entsprechende Darstellungen herleiten. Dazu bedienen wir uns der in Abschnitt 4.5 eingeführten assoziierten Zonoide.

Zu dem nichtausgearteten stationären Poissonschen Hyperebenenprozeß $\hat{X}$ im $\mathbb{R}^n$ mit Intensität $\hat{\gamma}$ und sphärischer Richtungsverteilung $\tilde{\mathbb{P}}$ ist das assoziierte Zonoid $\Pi_{\hat{X}}$ nach (4.60) erklärbar durch seine Stützfunktion

$$h(\Pi_{\hat{X}}, \cdot) = \frac{\hat{\gamma}}{2} \int_{S^{n-1}} |\langle \cdot, v \rangle| \, d\tilde{\mathbb{P}}(v). \tag{6.40}$$

Das durch $\hat{X}$ induzierte zufällige Mosaik X ist ein Prozeß konvexer Partikel und hat daher ebenfalls ein assoziiertes Zonoid; es wird mit Π_X bezeichnet. Seine Stützfunktion ist nach (4.47) gegeben durch

$$h(\Pi_X, \cdot) = \frac{1}{2} \int_{S^{n-1}} |\langle \cdot, v \rangle| \, d\overline{S}_{n-1}(X, v) \tag{6.41}$$

mit

$$\overline{S}_{n-1}(X, \cdot) = \gamma^{(n)} \int_{\mathcal{K}_0} S_{n-1}(K, \cdot) \, d\mathbb{P}_0^{(n)}(K).$$

Wie in Abschnitt 6.1 bezeichnet dabei $\gamma^{(n)}$ die Intensität und $\mathbb{P}_0^{(n)}$ die Formverteilung von $X = X^{(n)}$. Wir wollen einen Zusammenhang zwischen den beiden assoziierten Zonoiden herstellen.

Für eine Hyperebene H seien $\pm u_H$ die beiden Normaleneinheitsvektoren. Sei $A \in \mathcal{B}(S^{n-1})$. Nach dem Campbellschen Satz gilt für $r > 0$

$$\mathbb{E} \sum_{H \in \hat{X}} \lambda_H(rB^n) \frac{1}{2} [\mathbf{1}_A(u_H) + \mathbf{1}_A(-u_H)]$$

$$= \hat{\gamma} \int_{S^{n-1}} \int_{-\infty}^{\infty} \lambda_{u^\perp + \tau u}(rB^n) \frac{1}{2} [\mathbf{1}_A(u) + \mathbf{1}_A(-u)] \, d\tau \, d\tilde{\mathbb{P}}(u)$$

$$= \hat{\gamma} \lambda(rB^n) \tilde{\mathbb{P}}(A). \tag{6.42}$$

Für das mittlere Normalenmaß $\overline{S}_{n-1}(X,\cdot)$ des Partikelprozesses X verwenden wir die Darstellung

$$\overline{S}_{n-1}(X,\cdot) = \lim_{r\to\infty} \frac{1}{\lambda(rB^n)} \mathbb{E} \sum_{K\in X} S_{n-1}(K\cap rB^n,\cdot), \qquad (6.43)$$

die aus Satz 5.1.4 folgt. Damit ergibt sich

$$\overline{S}_{n-1}(X,A)$$

$$= \lim_{r\to\infty} \frac{1}{\lambda(rB^n)} \mathbb{E}\left(\sum_{H\in\hat{X}} \lambda_H(rB^n)[\mathbf{1}_A(u_H) + \mathbf{1}_A(-u_H)] + O(r^{n-1})\right),$$

wo der Term $O(r^{n-1})$ die Beiträge der gekrümmten Randteile der Körper $K\cap rB^n$, $K\in X$, zusammenfaßt. Mit (6.42) folgt

$$\overline{S}_{n-1}(X,\cdot) = 2\hat{\gamma}\tilde{\mathbb{P}},$$

mit (6.40) und (6.41) also

$$\Pi_X = 2\Pi_{\hat{X}}. \qquad (6.44)$$

Nun drücken wir einige Parameter von X durch $\Pi_{\hat{X}}$ aus.

6.3.3 Satz. *Sei X ein stationäres Poissonsches Hyperebenenmosaik im $\mathbb{R}^n$, sei $\hat{\gamma}$ die Intensität des zugehörigen Poissonschen Hyperebenenprozesses $\hat{X}$ und $\Pi_{\hat{X}}$ das assoziierte Zonoid von $\hat{X}$. Für die Intensitäten $\gamma^{(k)}$ und Quermaßdichten $d_j^{(k)}$ der Seitenprozesse $X^{(k)}$ von X gilt*

$$d_j^{(k)} = \binom{n-j}{n-k} V_{n-j}(\Pi_{\hat{X}}), \qquad (6.45)$$

für $0 \le j \le k \le n$, speziell also für $j = 0$

$$\gamma^{(k)} = \binom{n}{k} V_n(\Pi_{\hat{X}}). \qquad (6.46)$$

Ist X isotrop, so gilt

$$d_j^{(k)} = \binom{n-j}{n-k}\binom{n}{j} \frac{\kappa_{n-1}^{n-j}}{n^{n-j}\kappa_n^{n-j-1}\kappa_j} \hat{\gamma}^{n-j} \qquad (6.47)$$

und speziell

$$\gamma^{(k)} = \binom{n}{k} \frac{\kappa_{n-1}^n}{n^n\kappa_n^{n-1}} \hat{\gamma}^n. \qquad (6.48)$$

Beweis. Sei $j \in \{0, \ldots, n-1\}$. Zu dem stationären Poissonschen Hyperebenenprozeß $\hat{X}$ sei $\hat{X}_{n-j}$ der Schnittprozeß $(n-j)$-ter Ordnung. Er ist ein stationärer j-Ebenenprozeß, und seine Intensität $\hat{\gamma}_{n-j}$ ist nach (4.64) gegeben durch

$$\hat{\gamma}_{n-j} = V_{n-j}(\Pi_{\hat{X}}).$$

Nach Satz 4.1.4 gilt

$$\mathbb{E} \sum_{E \in \hat{X}_{n-j}} \lambda_E = \hat{\gamma}_{n-j} \lambda.$$

Andererseits ist

$$\lim_{r \to \infty} \frac{1}{V_n(rB^n)} \mathbb{E} \sum_{E \in \hat{X}_{n-j}} \lambda_E(rB^n) = \lim_{r \to \infty} \frac{1}{V_n(rB^n)} \mathbb{E} \sum_{K \in X^{(j)}} V_j(K \cap rB^n)$$

$$= d_j^{(j)}.$$

Damit ergibt sich $d_j^{(j)} = V_{n-j}(\Pi_{\hat{X}})$ für $j \in \{0, \ldots, n\}$ (für $j = n$ trivialerweise). Aus (6.33) folgt jetzt (6.45).

Ist X isotrop, so ist $\Pi_{\hat{X}}$ eine Kugel, also $\Pi_{\hat{X}} = rB^n$, und der Radius r bestimmt sich aus

$$\hat{\gamma} = \hat{\gamma}_1 = V_1(\Pi_{\hat{X}}) = \frac{n\kappa_n}{\kappa_{n-1}} r$$

nach (7.5). Aus (6.45) und (6.46) ergeben sich also (6.47) und (6.48). ∎

Zum besseren Vergleich mit anderer Literatur nehmen wir für den isotropen Fall noch eine kleine Umrechnung vor. Bezeichnet wieder Z_k die typische k-Seite des stationären und isotropen Poissonschen Hyperebenenprozess X, so gilt nach (6.3), (6.47) und (6.48)

$$\mathbb{E}V_j(Z_k) = \binom{k}{j} \left(\frac{n\kappa_n}{\kappa_{n-1}} \right)^j \frac{1}{\kappa_j \hat{\gamma}^j}. \tag{6.49}$$

Bemerkung. Wir verwenden im folgenden eine Eigenschaft von Poissonprozessen, die sich aus Satz 3.2.3 ergibt. Wie dort sei X ein Poissonprozeß mit Intensitätsmaß Θ in einem Raum E, und sei $A \subset E$ eine Borelmenge mit $0 < \Theta(A) < \infty$. Dann gilt für eine nichtnegative meßbare Funktion f auf $\mathsf{N}(A)$, die auf dem Nullmaß verschwindet,

$$\mathbb{E}(f(X \sqcup A)) = e^{-\Theta(A)} \sum_{m=1}^{\infty} \frac{1}{m!} \int_A \cdots \int_A f\left(\sum_{i=1}^{m} \delta_{\xi_i} \right) d\Theta(\xi_1) \cdots d\Theta(\xi_m). \tag{6.50}$$

Dies folgt aus der Verteilungseigenschaft $\mathbb{P}(X(A) = m) = e^{-\Theta(A)}\Theta(A)^m/m!$ und Satz 3.2.3(b).

Ähnlich wie in Abschnitt 4.5 wollen wir nun ein Hyperebenenmosaik innerhalb eines konvexen Fensters $K \in \mathcal{K}$ (mit inneren Punkten) betrachten. Ist $\mathcal{H}$ ein lokalendliches System von Hyperebenen im $\mathbb{R}^n$, so bezeichnen wir mit $\nu_k(\mathcal{H}, K)$ die Anzahl der davon in K induzierten k-dimensionalen Zellen; genauer ist das die Anzahl der k-Seiten des von $\mathcal{H}$ im $\mathbb{R}^n$ induzierten Mosaiks, die das Innere von K treffen. Für einen stationären Poissonschen Hyperebenenprozeß $\hat{X}$ im $\mathbb{R}^n$ soll der Erwartungswert von $\nu_k(\hat{X}, K)$ bestimmt werden. Dazu sei $\hat{\Theta}$ das Intensitätsmaß von $\hat{X}$, und es sei $k \in \{0, \dots, n\}$. Nach der obigen Bemerkung (mit $A = \mathcal{F}_K \cap \mathcal{E}_{n-1}^n$) gilt

$$\mathbb{E}\nu_k(\hat{X}, K)$$
$$= e^{-\hat{\Theta}(\mathcal{F}_K)} \sum_{m=1}^{\infty} \frac{1}{m!} \int_{\mathcal{F}_K} \cdots \int_{\mathcal{F}_K} \nu_k(\{H_1, \dots, H_m\}, K)\, d\hat{\Theta}(H_1) \cdots d\hat{\Theta}(H_m).$$

Sind $H_1, \dots, H_m$ Hyperebenen in allgemeiner Lage, die K treffen, so gilt nach (7.52)

$$\nu_k(\{H_1, \dots, H_m\}, K) = \sum_{j=n-k}^{n} \binom{j}{n-k} \alpha_j(H_1, \dots, H_m).$$

Dabei ist $\alpha_j(H_1, \dots, H_m)$ die Anzahl der j-Tupel aus $H_1, \dots, H_m$, deren Durchschnitt int K trifft (mit $\alpha_0 := 0$). Bezeichnen wir für $j \in \{1, \dots, n\}$ mit $p_j(K, \hat{\Theta})$ die Wahrscheinlichkeit dafür, daß j unabhängige, identisch verteilte zufällige Hyperebenen mit der Verteilung $\hat{\Theta} \llcorner \mathcal{F}_K/\hat{\Theta}(\mathcal{F}_K)$ einen gemeinsamen Punkt in K haben, also

$$\hat{\Theta}(\mathcal{F}_K)^j p_j(K, \hat{\Theta}) = \int_{\mathcal{F}_K} \cdots \int_{\mathcal{F}_K} \chi(K \cap H_1 \cap \dots \cap H_j)\, d\hat{\Theta}(H_1) \cdots d\hat{\Theta}(H_j),$$

so ist

$$\int_{\mathcal{F}_K} \cdots \int_{\mathcal{F}_K} \alpha_j(H_1, \dots, H_m)\, d\hat{\Theta}(H_1) \cdots d\hat{\Theta}(H_m) = \binom{m}{j} \hat{\Theta}(\mathcal{F}_K)^m p_j(K, \hat{\Theta}).$$

Es folgt

$$\mathbb{E}\nu_k(\hat{X}, K) = \sum_{j=n-k}^{n} \binom{j}{n-k} \frac{1}{j!} \hat{\Theta}(\mathcal{F}_K)^j p_j(K, \hat{\Theta}).$$

Sei $\hat{\gamma}$ die Intensität und $\tilde{\mathbb{P}}$ die sphärische Richtungsverteilung von $\hat{X}$. Wie im Beweis von Satz 4.1.9 ergibt sich

$$\hat{\Theta}(\mathcal{F}_K)^j p_j(K, \hat{\Theta})$$
$$= \hat{\gamma}^j \int_{S^{n-1}} \cdots \int_{S^{n-1}} V_j(K|\text{lin}\,\{u_1, \dots, u_j\}) \nabla_j(u_1, \dots, u_j)\, d\tilde{\mathbb{P}}(u_1) \cdots d\tilde{\mathbb{P}}(u_j)$$

wo $K|\text{lin}\,\{u_1,\dots,u_j\}$ das Bild von K unter der Orthogonalprojektion auf die lineare Hülle von $u_1,\dots,u_j$ bezeichnet. Insbesondere ist

$$\hat{\Theta}(\mathcal{F}_{rB^n})^j p_j(rB^n,\hat{\Theta}) = \kappa_j r^j j! V_j(\Pi_{\hat{X}})$$

nach (7.32), also

$$\mathbb{E}\nu_k(\hat{X},rB^n) = \sum_{j=n-k}^{n} \binom{j}{n-k} \kappa_j r^j V_j(\Pi_{\hat{X}}).$$

Ist $\hat{X}$ isotrop, so erhält man durch iterierte Anwendung der Crofton-Formel (Satz 7.1.2)

$$\hat{\Theta}(\mathcal{F}_K)^j p_j(K,\hat{\Theta}) = \left(\frac{\kappa_{n-1}}{n\kappa_n}\right)^j \kappa_j j! \hat{\gamma}^j V_j(K).$$

Wir fassen die erhaltenen Ergebnisse mit zusätzlichen Extremalaussagen im folgenden Satz zusammen.

6.3.4 Satz. *Sei $\hat{X}$ ein nichtausgearteter stationärer Poissonscher Hyperebenenprozeß im $\mathbb{R}^n$, sei $K \in \mathcal{K}$ ein konvexer Körper mit inneren Punkten, und sei $\nu_k(\hat{X},K)$ die Anzahl der k-dimensionalen Seiten des induzierten Hyperebenenmosaiks X, die das Innere von K treffen. Dann gilt für $k \in \{0,\dots,n\}$ und $r > 0$*

$$\mathbb{E}\nu_k(\hat{X},rB^n) = \sum_{j=n-k}^{n} \binom{j}{n-k} \kappa_j r^j V_j(\Pi_{\hat{X}}).$$

Bei gegebener Intensität von $\hat{X}$ wird dieser Erwartungswert genau dann maximal, wenn $\hat{X}$ isotrop ist.

Ist $\hat{X}$ isotrop, so gilt

$$\mathbb{E}\nu_k(\hat{X},K) = \sum_{j=n-k}^{n} \binom{j}{n-k} \left(\frac{\kappa_{n-1}}{n\kappa_n}\right)^j \kappa_j \hat{\gamma}^j V_j(K).$$

Ist die Intensität von $\hat{X}$ gegeben, so wird dieser Erwartungswert bei gegebener mittlerer Breite von K genau dann maximal, wenn K eine Kugel ist, und für $k > 0$ bei gegebenem Volumen von K genau dann minimal, wenn K eine Kugel ist.

Die Extremalaussagen ergeben sich aus (7.28), wobei im ersten Fall noch $V_1(\Pi_{\hat{X}}) = \hat{\gamma}$ zu beachten ist.

Nun wenden wir uns der Nullpunktszelle Z_0 eines stationären Poissonschen Hyperebenenmosaiks X zu. Die zufällige Menge Z_0 wird auch als *Poissonsches Nullpunktspolytop* bezeichnet. Die typische Zelle von X heißt dagegen

Poisson-Polytop. Wir wollen einige Parameter des Poissonschen Nullpunktspolytops bestimmen. Das Mosaik X werde wieder von dem nichtausgearteten
stationären Poissonschen Hyperebenenprozeß $\hat{X}$ induziert.

Den Erwartungswert des Volumens der Nullpunktszelle können wir analog bestimmen wie vor Satz 4.5.1 das mittlere sichtbare Volumen eines
stationären Booleschen Modells. Für die Radiusfunktion $\rho(Z_0, \cdot)$ von Z_0 gilt
für $u \in S^{n-1}$ und $r > 0$

$$\mathbb{P}(\rho(Z_0, u) \leq r) = \mathbb{P}\left(\hat{X}(\mathcal{F}_{[0,ru]}) > 0\right)$$

$$= 1 - \exp\left(-\mathbb{E}\hat{X}(\mathcal{F}_{[0,ru]})\right)$$

$$= 1 - \exp\left(-2rh(\Pi_{\hat{X}}, u)\right)$$

nach (4.61). Also ist $\rho(Z_0, u)$ exponentialverteilt mit Parameter $2h(\Pi_{\hat{X}}, u)$,
und wie vor Satz 4.5.1 folgt

$$\mathbb{E}V_n(Z_0) = 2^{-n} n! V_n(\Pi_{\hat{X}}^o). \tag{6.51}$$

Weitere Größen, deren Erwartungswerte sich bestimmen lassen, sind die
totalen k-dimensionalen Volumina der k-Seiten der Nullpunktszelle. Für ein
Polytop P und für $k \in \{0, \ldots, n\}$ sei

$$\mathrm{skel}_k P := \bigcup_{F \in \mathcal{S}_k(P)} F$$

das k-*Skelett* von P, und es bezeichne $\mathcal{H}^k$ das k-dimensionale Hausdorff-Maß.
Wir setzen

$$L_k(P) := \mathcal{H}^k(\mathrm{skel}_k P) = \sum_{F \in \mathcal{S}_k(P)} V_k(F).$$

Es soll also der Erwartungswert von $L_k(Z_0)$ bestimmt werden. Für $F \in$
$\mathcal{S}_k(Z_0)$ gilt $V_k(F) = \mathcal{H}^k(\mathrm{relint}\, F)$. Fast sicher gilt für jeden Punkt $x \in \mathbb{R}^n$,
daß genau dann $x \in \mathrm{relint}\, F$ für eine Seite $F \in \mathcal{S}_k(Z_0)$ gilt, wenn x in genau
$n - k$ Hyperebenen von $\hat{X}$ liegt und die übrigen Hyperebenen von $\hat{X}$ nicht
die Strecke $[0, x]$ treffen. Für $m \geq n - k$ sei $S(m, n - k)$ das System aller $(n -
k)$-elementigen Teilmengen von $\{1, \ldots, m\}$. Sind Hyperebenen $H_1, \ldots, H_m$
gegeben, so setzen wir

$$H_v := H_{i_1} \cap \ldots \cap H_{i_j} \qquad \text{für } v = \{i_1, \ldots, i_j\} \subset \{1, \ldots, m\},$$

ferner für $v \in S(m, n - k)$ und $x \in \mathbb{R}^n$

$$\epsilon_v(x, H_1, \ldots, H_m) := \begin{cases} 1, & \text{wenn } [0, x] \cap H_i = \emptyset \text{ für} \\ & \text{alle } i \in \{1, \ldots, m\} \setminus v, \\ 0 & \text{sonst.} \end{cases}$$

Sei K ein konvexer Körper mit $0 \in \operatorname{int} K$. Sind $H_1, \ldots, H_m$ genau die Hyperebenen von $\hat{X}(\omega)$, die K treffen, so gilt

$$\mathcal{H}^k(K \cap \operatorname{skel}_k Z_0(\omega)) = \sum_{v \in S(m, n-k)} \int_{H_v \cap K} \epsilon_v(x, H_1, \ldots, H_m) \, d\mathcal{H}^k(x)$$

($= 0$, falls $m < n - k$). Mit der Bemerkung nach Satz 6.3.3 folgt, wenn wir $w := \{1, \ldots, n - k\}$ setzen,

$$\mathbb{E}\mathcal{H}^k(K \cap \operatorname{skel}_k Z_0)$$

$$= e^{-\hat{\Theta}(\mathcal{F}_K)} \sum_{m=n-k}^{\infty} \frac{1}{m!} \int_{\mathcal{F}_K} \cdots \int_{\mathcal{F}_K}$$

$$\sum_{v \in S(m, n-k)} \int_{H_v \cap K} \epsilon_v(x, H_1, \ldots, H_m) \, d\mathcal{H}^k(x) \, d\hat{\Theta}(H_1) \cdots d\hat{\Theta}(H_m)$$

$$= \frac{1}{(n-k)!} e^{-\hat{\Theta}(\mathcal{F}_K)} \sum_{m=n-k}^{\infty} \frac{1}{(m-n+k)!} \int_{\mathcal{F}_K} \cdots \int_{\mathcal{F}_K}$$

$$\int_{H_w \cap K} \hat{\Theta}(\mathcal{F}_K \setminus \mathcal{F}_{[0,x]})^{m-n+k} \, d\mathcal{H}^k(x) \, d\hat{\Theta}(H_1) \cdots d\hat{\Theta}(H_{n-k})$$

$$= \frac{1}{(n-k)!} \int_{\mathcal{F}_K} \cdots \int_{\mathcal{F}_K} \int_{H_w \cap K} e^{-\hat{\Theta}(\mathcal{F}_{[0,x]})} \, d\mathcal{H}^k(x) \, d\hat{\Theta}(H_1) \cdots d\hat{\Theta}(H_{n-k}).$$

Bezeichnet $\hat{X}_{n-k}$ den Schnittprozeß $(n-k)$-ter Ordnung von $\hat{X}$, so gilt nach Satz 4.1.4 und (4.64) für $B \in \mathcal{B}(\mathbb{R}^n)$

$$\mathbb{E} \sum_{E \in \hat{X}_{n-k}} \mathcal{H}^k(E \cap B \cap K) = \lambda(B \cap K) V_{n-k}(\Pi_{\hat{X}}). \qquad (6.52)$$

Es folgt

$$\frac{1}{(n-k)!} \int_{\mathcal{F}_K} \cdots \int_{\mathcal{F}_K} \int_{H_w \cap K} f(x) \, d\mathcal{H}^k(x) \, d\hat{\Theta}(H_1) \cdots d\hat{\Theta}(H_{n-k})$$

$$= V_{n-k}(\Pi_{\hat{X}}) \int_K f(x) \, d\lambda(x)$$

für jede nichtnegative meßbare Funktion f auf $\mathbb{R}^n$, denn nach (6.52) gilt dies, wie man mit dem Campbellschen Satz und Satz 3.2.3(c) sieht, für Indikatorfunktionen von Borelmengen. Also ist

$$\mathbb{E}\mathcal{H}^k(K \cap \operatorname{skel}_k Z_0) = V_{n-k}(\Pi_{\hat{X}}) \int_{\nu} e^{-\hat{\Theta}(\mathcal{F}_{[0,x]})} \, d\lambda(x).$$

Nun ersetzen wir K durch rK mit $r > 0$ und lassen $r \to \infty$ gehen. Da $\mathcal{H}^k(rK \cap \mathrm{skel}_k Z_0)$ monoton wachsend gegen $\mathcal{H}^k(\mathrm{skel}_k Z_0) = L_k(Z_0)$ konvergiert, folgt

$$\mathbb{E}L_k(Z_0) = V_{n-k}(\Pi_{\hat{X}})\mathbb{E}V_n(Z_0) = 2^{-n}n! V_{n-k}(\Pi_{\hat{X}})V_n(\Pi_{\hat{X}}^o).$$

Dabei haben wir (6.51) benutzt sowie

$$
\begin{aligned}
\mathbb{E}V_n(Z_0) &= \mathbb{E}\int_{\mathbb{R}^n} \mathbf{1}_{Z_0}(x)\, d\lambda(x) \\
&= \int_{\mathbb{R}^n} \mathbb{P}(\hat{X}(\mathcal{F}_{[0,x]}) = 0)\, d\lambda(x) \\
&= \int_{\mathbb{R}^n} e^{-\hat{\Theta}(\mathcal{F}_{[0,x]})}\, d\lambda(x). \quad (6.53)
\end{aligned}
$$

Nach (6.45) ist $V_{n-k}(\Pi_{\hat{X}}) = d_k^{(k)}$.

Wir notieren die erhaltenen Ergebnisse wieder mit entsprechenden Extremalaussagen.

6.3.5 Satz. *Sei $\hat{X}$ ein nichtausgearteter stationärer Poissonscher Hyperebenenprozeß im $\mathbb{R}^n$ mit Intensität $\hat{\gamma}$, und sei Z_0 die Nullpunktszelle des induzierten Hyperebenenmosaiks. Dann gilt*

$$\mathbb{E}V_n(Z_0) = 2^{-n}n! V_n(\Pi_{\hat{X}}^o) \geq n!\kappa_n \left(\frac{2\kappa_{n-1}}{n\kappa_n}\hat{\gamma}\right)^{-n}, \quad (6.54)$$

mit Gleichheit genau dann, wenn $\hat{X}$ isotrop ist.

Für $k = 0, \dots, n-1$ gilt

$$\mathbb{E}L_k(Z_0) = d_k^{(k)}\mathbb{E}V_n(Z_0) = 2^{-n}n! V_{n-k}(\Pi_{\hat{X}})V_n(\Pi_{\hat{X}}^o). \quad (6.55)$$

Insbesondere gilt für die Eckenzahl $N_0(Z_0)$ der Nullpunktszelle

$$2^n \leq \mathbb{E}N_0(Z_0) \leq 2^{-n}n!\kappa_n^2. \quad (6.56)$$

Gleichheit gilt links genau dann, wenn $\Pi_{\hat{X}}$ ein Parallelotop ist, und rechts genau dann, wenn $\Pi_{\hat{X}}$ ein Ellipsoid ist.

Die Ungleichung in (6.54) ist analog zu (4.52) und ergibt sich wie diese aus (7.43). Anders als bei (4.52) können wir hier aber, wenn $\Pi_{\hat{X}}$ eine Kugel ist, auf die Isotropie von $\hat{X}$ schließen, denn $\Pi_{\hat{X}}$ bestimmt die Intensität und die Richtungsverteilung und damit das Intensitätsmaß von $\hat{X}$; dieses legt bei einem Poissonprozeß die Verteilung fest. Die Ungleichung für $\mathbb{E}V_n(Z_0)$ wird in

Satz 6.3.7 verallgemeinert. Die Ungleichungen (6.56) sind analog zu (4.56) und folgen ebenso aus (7.45). Die Gleichheitsbedingungen lassen sich noch umformulieren. Ist $\alpha : \mathbb{R}^n \to \mathbb{R}^n$ eine affine Transformation und wird $\alpha \hat{X}$ erklärt durch $(\alpha \hat{X})(B) := \hat{X}(\alpha^{-1}B)$ für $B \in \mathcal{B}(\mathcal{E}^n_{n-1})$, so folgt aus (4.61) die Gleichung $\Pi_{\alpha \hat{X}} = \alpha \Pi_{\hat{X}}$. In der rechten Ungleichung von (6.56) gilt also Gleichheit genau dann, wenn es eine affine Transformation α gibt, so daß $\alpha \hat{X}$ isotrop ist. Auf der linken Seite von (6.56) gilt Gleichheit genau dann, wenn die Hyperebenen von $\hat{X}$ f.s. parallel zu n festen Hyperebenen sind. Die Zellen des induzierten Mosaiks sind dann Parallelepipede mit denselben Kantenrichtungen. Ein solches Mosaik wollen wir als *Parallelmosaik* bezeichnen. Die erwartete Eckenzahl der Nullpunktszelle nimmt also genau für Parallelmosaike den minimalen Wert 2^n an. Man beachte, daß dagegen für die typische Zelle Z nach Satz 6.3.1 die erwartete Eckenzahl unabhängig von der Verteilung stets gleich 2^n ist.

In Analogie zu Satz 4.5.8 läßt sich ferner die folgende Extremalaussage beweisen.

6.3.6 Satz. *Sei $\hat{X}$ ein nichtausgearteter stationärer Poissonscher Hyperebenenprozeß im $\mathbb{R}^n$ und Z_0 die Nullpunktszelle des induzierten Hyperebenenmosaiks. Unter allen konvexen Körpern $K \in \mathcal{K}$ mit $0 \in K$ und gegebenem Volumen $V_n(K) > 0$ ergeben genau die zum Blaschke-Körper $B(\hat{X})$ von $\hat{X}$ homothetischen Körper den größten Wert der Wahrscheinlichkeit $\mathbb{P}(K \subset Z_0)$.*

Beweis. Wegen $0 \in K$ ist $K \subset Z_0$ genau dann, wenn $H \cap \operatorname{int} K = \emptyset$ für alle $H \in \hat{X}$ gilt. Weil mit Wahrscheinlichkeit 1 jede K treffende Hyperebene aus $\hat{X}$ auch $\operatorname{int} K$ trifft, folgt

$$\mathbb{P}(K \subset Z_0) = \mathbb{P}(\hat{X}(\mathcal{F}_K) = 0) = e^{-\mathbb{E}\hat{X}(\mathcal{F}_K)},$$

und es ist

$$\mathbb{E}\hat{X}(\mathcal{F}_K) = \mathbb{E} \sum_{H \in \hat{X}} V_0(K \cap H) = 2nV(K, B(\hat{X}), \ldots, B(\hat{X}))$$

nach (4.73). Die Behauptung folgt jetzt aus (7.27). ∎

Die durch (6.54) gegebene Ungleichung für den Erwartungswert des Volumens des Poissonschen Nullpunktspolytops läßt sich auf höhere Momente dieses Volumens ausdehnen. Für einen nichtausgearteten Poissonschen Hyperebenenprozeß $\hat{X}$ mit Intensität $\hat{\gamma}$ und sphärischer Richtungsverteilung $\hat{\mathbb{P}}$ sei

$$M_k(\hat{\gamma}, \hat{\mathbb{P}}) := \mathbb{E}V_n^k(Z_0) \qquad \text{für } k \in \mathbb{N}_0.$$

In Verallgemeinerung von (6.53) gilt

$$M_k(\hat{\gamma}, \tilde{\mathbb{P}}) = \int_{\mathbb{R}^n} \cdots \int_{\mathbb{R}^n} \mathbb{E}[1_{Z_0}(x_1) \cdots 1_{Z_0}(x_k)] \, d\lambda(x_1) \cdots d\lambda(x_k)$$

$$= \int_{\mathbb{R}^n} \cdots \int_{\mathbb{R}^n} \exp\left[-\hat{\Theta}\left(\mathcal{F}_{\mathrm{conv}\{0,x_1,\ldots,x_k\}}\right)\right] d\lambda(x_1) \cdots d\lambda(x_k)$$

$$= \int_{\mathbb{R}^n} \cdots \int_{\mathbb{R}^n} \exp\left[-\hat{\gamma} \int_{S^{n-1}} b(K_x, u) \, d\tilde{\mathbb{P}}(u)\right] d\lambda(x_1) \cdots d\lambda(x_k),$$

wo wir $K_x := \mathrm{conv}\{0, x_1, \ldots, x_k\}$ gesetzt haben und $b(K_x, u) = h(K_x, u) + h(K_x, -u)$ die Breite des konvexen Körpers K_x in Richtung u bezeichnet.

Für jede Drehung $\vartheta \in SO_n$ gilt

$$b(\mathrm{conv}\{0, \vartheta^{-1}x_1, \ldots, \vartheta^{-1}x_k\}, u) = b(\mathrm{conv}\{0, x_1, \ldots, x_k\}, \vartheta u).$$

Wegen der Drehinvarianz des Lebesgue-Maßes folgt

$$M_k(\hat{\gamma}, \tilde{\mathbb{P}}) = \int_{\mathbb{R}^n} \cdots \int_{\mathbb{R}^n} \exp\left[-\hat{\gamma} \int_{S^{n-1}} b(K_x, \vartheta u) \, d\tilde{\mathbb{P}}(u)\right] d\lambda(x_1) \cdots d\lambda(x_k).$$

Wir integrieren dies über alle $\vartheta \in SO_n$ mit dem invarianten Wahrscheinlichkeitsmaß ν auf SO_n. Mit dem Satz von Fubini und der Jensenschen Integralungleichung, die wegen der Konvexität der Exponentialfunktion anwendbar ist, ergibt sich

$$M_k(\hat{\gamma}, \tilde{\mathbb{P}})$$

$$= \int_{\mathbb{R}^n} \cdots \int_{\mathbb{R}^n} \int_{SO_n} \exp\left[-\hat{\gamma} \int_{S^{n-1}} b(K_x, \vartheta u) \, d\tilde{\mathbb{P}}(u)\right] d\nu(\vartheta) \, d\lambda(x_1) \cdots d\lambda(x_k)$$

$$\geq \int_{\mathbb{R}^n} \cdots \int_{\mathbb{R}^n} \exp\left[-\hat{\gamma} \int_{SO_n} \int_{S^{n-1}} b(K_x, \vartheta u) \, d\tilde{\mathbb{P}}(u) \, d\nu(\vartheta)\right] d\lambda(x_1) \cdots d\lambda(x_k)$$

Hier gilt das Gleichheitszeichen, wenn $\tilde{\mathbb{P}}$ drehinvariant ist, also mit dem normierten sphärischen Lebesgue-Maß $\sigma := \omega/\omega(S^{n-1})$ übereinstimmt. Damit ist

$$M_k(\hat{\gamma}, \tilde{\mathbb{P}}) \geq M_k(\hat{\gamma}, \sigma) \tag{6.57}$$

gezeigt.

Eine entsprechende Ungleichung gilt auch für das Poisson-Polytop an Stelle des Poissonschen Nullpunktspolytops. Für $k \in \mathbb{N}$ sei

$$m_k(\hat{\gamma}, \tilde{\mathbb{P}}) := \mathbb{E}V_n^k(Z),$$

wo Z die typische Zelle des von $\hat{X}$ induzierten Mosaiks bezeichnet. Nach Satz 6.1.11 gilt dann

$$M_{k-1}(\hat{\gamma}, \tilde{\mathbb{P}}) = \gamma^{(n)} m_k(\hat{\gamma}, \tilde{\mathbb{P}}).$$

Nach (6.33) ist dabei $\gamma^{(n)} = \gamma^{(0)}$, und dies ist die n-te Schnittdichte $\hat{\gamma}_n$ von $\hat{X}$. Nach Satz 4.5.5 wird sie bei gegebener Intensität maximal, wenn $\hat{X}$ isotrop ist. Es folgt also

$$m_k(\hat{\gamma}, \tilde{\mathbb{P}}) \geq m_k(\hat{\gamma}, \sigma). \tag{6.58}$$

Wir fassen zusammen:

6.3.7 Satz. *Sei $\hat{X}$ ein nichtausgearteter stationärer Poissonscher Hyperebenenprozeß im $\mathbb{R}^n$ mit Intensität $\hat{\gamma}$ und sphärischer Richtungsverteilung $\tilde{\mathbb{P}}$. Sei $M_k(\hat{\gamma}, \tilde{\mathbb{P}})$ das k-te Moment des Volumens der Nullpunktszelle und $m_k(\hat{\gamma}, \tilde{\mathbb{P}})$ das k-te Moment des Volumens der typischen Zelle des induzierten Hyperebenenmosaiks. Dann gilt*

$$M_k(\hat{\gamma}, \tilde{\mathbb{P}}) \;\geq\; M_k(\hat{\gamma}, \sigma),$$

$$m_k(\hat{\gamma}, \tilde{\mathbb{P}}) \;\geq\; m_k(\hat{\gamma}, \sigma)$$

für $k \in \mathbb{N}$, das heißt alle Momente des Volumens der Nullpunktszelle sowie der typischen Zelle werden im isotropen Fall minimal.

Bisher haben wir für geometrisch definierte Funktionen zufälliger Mosaike vorwiegend Erwartungswerte betrachtet. In speziellen Fällen lassen sich sogar ganze Verteilungen bestimmen. Wir zeigen das hier für den Inkugelradius der typischen Zelle. Der Inkugelradius $I(K)$ eines konvexen Körpers K ist der größte Radius der in K enthaltenen Kugeln.

6.3.8 Satz. *Sei $\hat{X}$ ein nichtausgearteter Poissonscher Hyperebenenprozeß im $\mathbb{R}^n$ mit Intensität $\hat{\gamma}$, und sei Z die typische Zelle des induzierten Hyperebenenmosaiks X. Dann gilt*

$$\mathbb{P}(I(Z) \leq a) = 1 - e^{-2\hat{\gamma}a} \qquad \text{für } a \geq 0.$$

Beweis. Sei $a \geq 0$. Wir zeigen zunächst eine besondere Reproduktionseigenschaft des Poissonschen Hyperebenenprozesses $\hat{X}$. Wie stets sei $(\Omega, \mathbf{A}, \mathbb{P})$ der zugrundeliegende W-Raum. Setzen wir

$$\Omega_a := \left\{ \omega \in \Omega : \hat{X}(\omega)(\mathcal{F}_{aB^n}) = 0 \right\},$$

so ist $\mathbb{P}(\Omega_a) = e^{-2\hat{\gamma}a}$. Für $\omega \in \Omega_a$ hat jede Hyperebene aus $\hat{X}(\omega)$ vom Nullpunkt 0 einen Abstand, der größer als a ist; sie läßt sich also eindeutig in der Form $H(u, \tau) = \{x \in \mathbb{R}^n : \langle x, u \rangle = \tau\}$ mit $u \in S^{n-1}$ und $\tau > a$ schreiben. Für solche Hyperebenen setzen wir $T_a H(u, \tau) := H(u, \tau - a)$. Auf dem W-Raum

$$(\Omega_a, \mathbf{A} \cap \Omega_a, \mathbb{P}_a) \qquad \text{mit } \mathbb{P}_a := e^{2\hat{\gamma}a} \mathbb{P} \llcorner \Omega_a$$

definieren wir einen einfachen Hyperebenenprozeß $\hat{X}_a$ durch

$$\hat{X}_a(\omega) := \{T_a H : H \in X(\omega)\}$$

(wobei, wie üblich, einfache Zählmaße mit ihrem Träger identifiziert werden). Wir behaupten, daß $\hat{X}_a$ und $\hat{X}$ stochastisch äquivalent sind. Zum Beweis sei $\mathcal{A} \in \mathcal{B}(\mathcal{E}_{n-1}^n)$ und o.B.d.A. $0 \notin H$ für alle $H \in \mathcal{A}$. Für $k \in \mathbb{N}_0$ gilt wegen der Unabhängigkeitseigenschaft von Poissonprozessen (Satz 3.2.3(a))

$$
\begin{aligned}
\mathbb{P}_a(\hat{X}_a(\mathcal{A}) = k) &= e^{2\hat{\gamma}a}\mathbb{P}(\hat{X}(T_a^{-1}(\mathcal{A})) = k, \; \hat{X}(\mathcal{F}_{aB^n}) = 0) \\
&= \mathbb{P}(\hat{X}(T_a^{-1}(\mathcal{A})) = k) \\
&= e^{-\hat{\Theta}(T_a^{-1}(\mathcal{A}))} \frac{\hat{\Theta}(T_a^{-1}(\mathcal{A}))^k}{k!}.
\end{aligned}
$$

Wegen

$$
\begin{aligned}
\hat{\Theta}(T_a^{-1}(\mathcal{A})) \\
&= 2\hat{\gamma} \int_{S^{n-1}} \int_a^\infty \mathbf{1}_{T_a^{-1}(\mathcal{A})}(H(u,\tau))\, d\tau\, d\tilde{\mathbb{P}}(u) \\
&= 2\hat{\gamma} \int_{S^{n-1}} \int_a^\infty \mathbf{1}_{\mathcal{A}}(H(u,\tau - a))\, d\tau\, d\tilde{\mathbb{P}}(u) \\
&= 2\hat{\gamma} \int_{S^{n-1}} \int_0^\infty \mathbf{1}_{\mathcal{A}}(H(u,\tau))\, d\tau\, d\tilde{\mathbb{P}}(u) \\
&= \hat{\Theta}(\mathcal{A})
\end{aligned}
$$

folgt $\mathbb{P}_a(\hat{X}_a(\mathcal{A}) = k) = \mathbb{P}(\hat{X}(\mathcal{A}) = k)$ und damit $\hat{X}_a \sim \hat{X}$, wie behauptet.

Nun ersetzen wir jede Hyperebene $H \in \hat{X}$ durch den Streifen $H_a := H + aB^n$. Die Zusammenhangskomponenten des Komplements von $\bigcup_{H \in \hat{X}} H_a$ sind offene polyedrische Mengen; ihre abgeschlossenen Hüllen heißen die *von $\hat{X}$ und a induzierten Zellen*. Das System X_a der von $\hat{X}$ und a induzierten Zellen ist ein stationärer Partikelprozeß (aber kein Mosaik, falls $a > 0$). Sei $\gamma_a^{(n)}$ die Intensität und $\mathbb{P}_a^{(n)}$ die Formverteilung von X_a. Die *typische Zelle* $Z^{(a)}$ von X_a ist definiert als zufälliges Polytop mit der Verteilung $\mathbb{P}_a^{(n)}$ (es ist also $X_0 = X$, $\gamma_0^{(n)} = \gamma^{(n)}$, $Z^{(0)} = Z$). Unter der Bedingung $0 \notin \bigcup_{H \in \hat{X}(\omega)} H_a$ (die äquivalent ist mit $\omega \in \Omega_a$) ist die *Nullpunktszelle* $Z_0^{(a)}$ von X_a erklärt als das eindeutig bestimmte Polytop $P \in X_a$ mit $0 \in P$.

Sei f eine translationsinvariante, nichtnegative, meßbare Funktion auf $\mathcal{K}$. Nach dem Campbellschen Satz ist

$$\int_{\Omega_a} f(Z_0^{(a)})\, d\mathbb{P} = \mathbb{E} \sum_{K \in X_a} f(K)\mathbf{1}_K(0)$$

$$= \gamma_a^{(n)} \int_{\mathcal{K}_0} \int_{\mathbb{R}^n} f(K+x)\mathbf{1}_{K+x}(0)\, d\lambda(x)\, d\mathbb{P}_a^{(n)}(K)$$

$$= \gamma_a^{(n)} \int_{\mathcal{K}_0} f(K)V_n(K)\, d\mathbb{P}_a^{(n)}(K).$$

Die Wahl $f = 1/V_n$ ergibt

$$\gamma_a^{(n)} = \int_{\Omega_a} V_n^{-1}(Z_0^{(a)})\, d\mathbb{P} = e^{-2\hat{\gamma}a} \int_{\Omega_a} V_n^{-1}(Z_0^{(a)})\, d\mathbb{P}_a.$$

Der Fall $a = 0$ lautet

$$\gamma^{(n)} = \int_{\Omega} V_n^{-1}(Z_0)\, d\mathbb{P}.$$

Wegen der eingangs gezeigten stochastischen Äquivalenz von $\hat{X}_a$ und $\hat{X}$ haben auch die zufälligen Polytope $Z_0^{(a)}$ (definiert auf $(\Omega_a, \mathbf{A} \cap \Omega_a, \mathbb{P}_a)$) und Z_0 die gleiche Verteilung, daher ist

$$\int_{\Omega_a} V_n^{-1}(Z_0^{(a)})\, d\mathbb{P}_a = \int_{\Omega} V_n^{-1}(Z_0)\, d\mathbb{P}.$$

Dies ergibt

$$\gamma_a^{(n)} = e^{-2\hat{\gamma}a}\gamma^{(n)}. \tag{6.59}$$

Nun sei $B \in \mathcal{B}(\mathbb{R}^n)$ und $\lambda(B) = 1$. Es gilt

$$\mathbb{P}(I(Z) > a) = \int_{\mathcal{K}_0} \mathbf{1}_{(a,\infty)}(I(K))\, d\mathbb{P}_0^{(n)}(K)$$

$$= \frac{1}{\gamma^{(n)}}\mathbb{E} \sum_{K \in X, z(K) \in B} \mathbf{1}_{(a,\infty)}(I(K))$$

nach Satz 4.2.6, wobei wir allerdings den Umkugelmittelpunkt c als Zentrumsfunktion ersetzt haben durch den Inkugelmittelpunkt z. (Da der Inkugelmittelpunkt eines konvexen Körpers K nicht eindeutig bestimmt zu sein braucht, erklären wir $z(K)$ als den Umkugelmittelpunkt der Menge der Inkugelmittelpunkte von K, die selbst ein konvexer Körper ist und daher ihren Umkugelmittelpunkt enthält.) Nach Satz 4.3.1 ist diese Ersetzung zulässig, weil der Inkugelradius translationsinvariant ist. Nun entspricht jeder Zelle $K \in X$ mit $I(K) > a$ umkehrbar eindeutig eine Zelle $K_a \in X_a$ mit $z(K_a) = z(K)$ (und $I(K_a) = I(K) - a$). Es folgt

$$\mathbb{P}(I(Z) > a) = \frac{1}{\gamma^{(n)}}\mathbb{E} \sum_{K_a \in X_a, z(K_a) \in B} 1 = \frac{1}{\gamma^{(n)}}\gamma_a^{(n)} = e^{-2\hat{\gamma}a}$$

nach (6.59). ∎

6.4 Mischungseigenschaften

Für die wichtigsten der behandelten speziellen Mosaike, nämlich die von stationären Poissonprozessen induzierten, wollen wir nun noch zeigen, daß sie mischend und damit ergodisch sind. Wir verwenden dazu Satz 5.2.3 und weisen deshalb für die betrachteten stationären Mosaike X die Beziehung (5.15) nach. Im vorliegenden Fall kann sie in der Form

$$\lim_{\|x\|\to\infty} \mathbb{P}(X\cap C_1 = \emptyset, X\cap(C_2+x) = \emptyset) = \mathbb{P}(X\cap C_1 = \emptyset)\mathbb{P}(X\cap C_2 = \emptyset) \quad (6.60)$$

für alle $C_1, C_2 \in \mathcal{C}(\mathcal{F}'(\mathbb{R}^n))$ geschrieben werden. Die Mischungseigenschaft ergibt sich dann jeweils mit analoger Argumentation wie am Anfang von Satz 5.2.7.

6.4.1 Satz. *Stationäre Poisson-Voronoi-Mosaike sind mischend.*

Beweis. Es sei X das Voronoi-Mosaik zum stationären Poissonprozeß $\tilde{X}$ im $\mathbb{R}^n$. Jede Zelle $P \in X$ enthält einen eindeutig bestimmten Punkt aus $\tilde{X}$, den wir jetzt mit $k(P)$ bezeichnen. Sei $K_1,\ldots,K_m$ eine Überdeckung der Kugel $5B^n$ mit Kugeln vom Radius 1.

Für $r > 0$ betrachten wir das Ereignis

$$E_r := \{\text{Es existiert ein } P \in X \text{ mit } P\cap rB^n \neq \emptyset \text{ und } P \not\subset 5rB^n\}.$$

Hat $P \in X$ die in E_r geforderte Eigenschaft, so gibt es Punkte $x \in P\cap rB^n$ und $y \in P\cap \mathrm{bd}\, 5rB^n$. Der Abstand von x und y ist also mindestens $4r$, damit hat wenigstens einer der beiden Punkte mindestens den Abstand $2r$ von $k(P)$. Ist dies für x der Fall, so enthält das Innere von rB^n keinen Punkt von X. Die Wahrscheinlichkeit für dieses Ereignis ist $e^{-\gamma\kappa_n r^n}$. Gilt andererseits $\|y - k(P)\| \geq 2r$, dann liegt y in einer der Kugeln $rK_1,\ldots,rK_m$, und das Innere dieser Kugel enthält keinen Punkt von X. Die Wahrscheinlichkeit dafür kann durch $me^{-\gamma\kappa_n r^n}$ nach oben abgeschätzt werden. Insgesamt erhalten wir

$$\mathbb{P}(E_r) \leq (1 + m)e^{-\gamma\kappa_n r^n}. \tag{6.61}$$

Um nun (6.60) zu zeigen, geben wir $C_1, C_2 \in \mathcal{C}(\mathcal{F}'(\mathbb{R}^n))$ und $\epsilon > 0$ vor und wählen $r > 0$ so groß, daß

$$C_i \subset \mathcal{F}_{rB^n} \quad \text{für } i = 1, 2$$

und

$$\mathbb{P}(E_r) < \epsilon$$

gilt (dies ist möglich wegen (6.61)). Sei $\omega \in \Omega \setminus E_r$ und $P \in X(\omega) \cap C_1$. Dann gilt $P \cap rB^n \neq \emptyset$ und $P \subset 5rB^n$. Die Voronoi-Zelle P ist von der Form

$$P = \bigcap_{y \in \tilde{X}(\omega), \, y \neq x} H_y^+(x)$$

mit $x = k(P) \in P \subset 5rB^n$. Daraus folgt $y \in 15rB^n$ für alle $y \in \tilde{X}(\omega)$, die zur Bestimmung von P benötigt werden, d.h. für die der Rand von $H_y^+(x)$ eine Facette von P enthält. Die Voronoi-Zellen zu den beiden Punktmengen $\tilde{X}(\omega)$ bzw. $\tilde{X}(\omega) \cap 15rB^n$, die rB^n treffen, sind daher identisch. Wir bezeichnen mit V das System der Voronoi-Zellen, die von dem Punktprozeß $\tilde{X} \cap 15rB^n$ induziert werden. Dann gilt also

$$X(\omega) \cap C_1 = V(\omega) \cap C_1 \quad \text{für } \omega \in \Omega \setminus E_r.$$

Nun sei $x \in \mathbb{R}^n$ und $\|x\| > 30r$. Für das Ereignis

$$E_r^x := \{\text{Es existiert ein } P \in X(\omega) \text{ mit } P \cap (rB^n + x) \neq \emptyset \text{ und } P \not\subset 5rB^n + x\}$$

gilt ebenfalls $\mathbb{P}(E_r^x) < \epsilon$. Sei V_x das System der Voronoi-Zellen, die von $\tilde{X} \cap (15rB^n + x)$ induziert werden. Wir erhalten in gleicher Weise

$$X(\omega) \cap (C_2 + x) = V_x(\omega) \cap (C_2 + x) \quad \text{für } \omega \in \Omega \setminus E_r^x.$$

Wegen $15rB^n \cap (15rB^n + x) = \emptyset$ sind die Punktprozesse $\tilde{X} \cap 15rB^n$ und $\tilde{X} \cap (15rB^n + x)$ nach Satz 3.2.3 unabhängig. Es ist also

$$\mathbb{P}(V \cap C_1 = \emptyset, V_x \cap (C_2 + x) = \emptyset) = \mathbb{P}(V_1 \cap C_1 = \emptyset)\mathbb{P}(V_2 \cap (C_2 + x) = \emptyset).$$

Für $A := \{X \cap C_1 = \emptyset\}$, $B := \{X \cap (C_2 + x) = \emptyset\}$, $\overline{A} := \{V_1 \cap C_1 = \emptyset\}$, $\overline{B} := \{V_2 \cap (C_2 + x) = \emptyset\}$, $E := (E_r \cup E_r^x)^c$ gilt nun $A \cap E = \overline{A} \cap E$, $B \cap E = \overline{B} \cap E$ und daher $|\mathbb{P}(A) - \mathbb{P}(\overline{A})| \leq \mathbb{P}(E^c) < 2\epsilon$, $|\mathbb{P}(B) - \mathbb{P}(\overline{B})| < 2\epsilon$, $|\mathbb{P}(A \cap B) - \mathbb{P}(\overline{A} \cap \overline{B})| < 2\epsilon$. Es folgt

$$|\mathbb{P}(A \cap B) - \mathbb{P}(A)\mathbb{P}(B)|$$

$$\leq |\mathbb{P}(A \cap B) - \mathbb{P}(\overline{A} \cap \overline{B})| + |\mathbb{P}(\overline{A})\mathbb{P}(\overline{B}) - \mathbb{P}(A)\mathbb{P}(B)|$$

$$\leq |\mathbb{P}(A \cap B) - \mathbb{P}(\overline{A} \cap \overline{B})| + |\mathbb{P}(A) - \mathbb{P}(\overline{A})| + |\mathbb{P}(B) - \mathbb{P}(\overline{B})|$$

$$< 6\epsilon.$$

Wegen der Stationarität von X ergibt dies die Behauptung (6.60).   ■

6.4.2 Satz. *Stationäre Poisson-Delaunay-Mosaike sind mischend.*

Beweis. Es sei X das Delaunay-Mosaik zum stationären Poissonprozeß $\tilde{X}$. Fast sicher sind seine Zellen Simplices. Für ein n-Simplex P bezeichne $U(P)$ die Kugel, in deren Rand die Ecken von P liegen. Für $P \in X$ gilt dann $\tilde{X} \cap \text{int } U(P) = \emptyset$ (vgl. Beweis von Satz 6.2.6). Sei $K_1, \ldots, K_m$ eine Überdeckung von bd $2B^n$ mit Kugeln vom Radius $\frac{1}{2}$.

Für $r > 0$ betrachten wir das Ereignis

$$E_r := \{\text{Es existiert ein } P \in X \text{ mit } P \cap rB^n \neq \emptyset \text{ und } U(P) \not\subset 3rB^n\}.$$

Sei $P \in X$ ein Simplex mit $P \cap rB^n \neq \emptyset$ und $U(P) \not\subset 3rB^n$. Wegen $U(P) \cap rB^n \neq \emptyset$ und $U(P) \cap (\mathbb{R}^n \setminus 3rB^n) \neq \emptyset$ gibt es ein $z \in \text{bd } 2rB^n$ mit $B(z, r) \subset U(P)$, also mit $\tilde{X}(\omega) \cap \text{int } B(z, r) = \emptyset$. Nun existiert ein $i \in \{1, \ldots, m\}$ mit $rK_i \subset B(z, r)$, also $\tilde{X}(\omega) \cap \text{int } rK_i = \emptyset$. Hieraus folgt

$$\mathbb{P}(E_r) \leq m e^{-\gamma \kappa_n (\frac{r}{2})^n}.$$

Sei nun $\tilde{X}_{3r} := \tilde{X} \cap 3rB^n$. Unter einer Delaunay-Zelle von $\tilde{X}_{3r}$ verstehen wir ein n-Simplex P mit Ecken in $\tilde{X}_{3r}$ und der Eigenschaft $\tilde{X}_{3r} \cap \text{int } U(P) = \emptyset$. Ist $\omega \in \Omega \setminus E_r$ und $P \in X(\omega)$ eine Zelle mit $P \cap rB^n \neq \emptyset$, also mit $P \subset 3rB^n$, so ist P auch Delaunay-Zelle von $\tilde{X}_{3r}(\omega)$. Umgekehrt gehört jede Delaunay-Zelle von $\tilde{X}_{3r}(\omega)$, die rB^n trifft, auch zu $X(\omega)$, denn die Zellen aus $X(\omega)$, die rB^n treffen, überdecken eine offene Umgebung von rB^n.

Nun kann man den Beweis völlig analog zu dem von Satz 6.4.1 zu Ende führen, indem man benutzt, daß die Punktprozesse $\tilde{X}_{3r}$ und $\tilde{X}_{3r} + x$ für $\|x\| > 6r$ stochastisch unabhängig sind. ∎

6.4.3 Satz. *Es sei $\hat{X}$ ein stationärer Poissonscher Hyperebenenprozeß im $\mathbb{R}^n$ mit Intensität $\hat{\gamma} > 0$, dessen sphärische Richtungsverteilung auf jeder Groß-sphäre verschwindet, und sei X das von $\hat{X}$ induzierte Hyperebenenmosaik. Dann ist X mischend.*

Beweis. Es sei U der Träger der sphärischen Richtungsverteilung $\tilde{\mathbb{P}}$ von $\hat{X}$. Wie im Beweis von Satz 6.3.2 wählen wir Punkte $u_1, \ldots, u_{2n} \in U$ mit $0 \in \text{int conv}\{u_1, \ldots, u_{2n}\}$. Wir können dann weiter eine Zahl $s > 0$ und Umgebungen $U_i \subset S^{n-1}$ von u_i, $i = 1, \ldots, 2n$, finden, so daß $s^{-1}B^n \subset \text{conv}\{v_1, \ldots, v_{2n}\}$ für alle $(v_1, \ldots, v_{2n}) \in U_1 \times \cdots \times U_{2n}$ gilt. Für $r > 0$ sei

$$\mathcal{E}_{i,r} := \{H(u, \tau) : u \in U_i, \, r < \tau < 2r\}$$

(mit $H(u, \tau) := \{x \in \mathbb{R}^n : \langle x, u \rangle = \tau\}$). Es gilt

$$\hat{\Theta}(\mathcal{E}_{i,r}) = \hat{\gamma} \int_{S^{n-1}} \int_r^{2r} \mathbf{1}_{\mathcal{E}_{i,r}}(u^\perp + \tau u) \, d\tau \, d\tilde{\mathbb{P}}(u) = \hat{\gamma} r \tilde{\mathbb{P}}(U_i) > 0.$$

Für das Ereignis

$$E_r := \{\hat{X}(\mathcal{E}_{i,r}) = 0 \text{ für ein } i \in \{1, \dots, 2n\}\}$$

gilt also

$$\mathbb{P}(E_r) \leq \sum_{i=1}^{2n} \mathbb{P}(\hat{X}(\mathcal{E}_{i,r}) = 0) = \sum_{i=1}^{2n} e^{-\hat{\gamma}r\tilde{\mathbb{P}}(U_i)}. \qquad (6.62)$$

Zu der Hyperebene $H = H(u, \tau)$ mit $\tau > 0$ sei $H^- = H^-(u, \tau) := \{x \in \mathbb{R}^n : \langle x, u \rangle \leq \tau\}$. Wir setzen

$$Q := \bigcap\{H^- : H \in \hat{X}, \ H \cap rB^n = \emptyset, \ H \cap 2rB^n \neq \emptyset\}.$$

Sei $\omega \in \Omega \setminus E_r$. Dann enthält $\hat{X}(\omega)$ zu jedem $i \in \{1, \dots, 2n\}$ eine Hyperebene $H(v_i, \tau_i)$ mit $v_i \in U_i$ und $r < \tau_i < 2r$. Es folgt

$$Q(\omega) \subset 2r \bigcap_{i=1}^{2n} H^-(v_i, 1).$$

Hierbei ist $\bigcap_{i=1}^{2n} H^-(v_i, 1)$ das zu $\text{conv}\{v_1, \dots, v_{2n}\}$ polare Polytop. Wegen $s^{-1}B^n \subset \text{conv}\{v_1, \dots, v_{2n}\}$ ist es enthalten in sB^n, also gilt $Q(\omega) \subset 2rsB^n$. Jede Zelle $Z \in X(\omega)$ mit $Z \cap rB^n \neq \emptyset$ erfüllt $Z \subset Q(\omega)$ und daher $Z \subset 2rsB^n$.

Für $v \in S^{n-1}$ und $\alpha \geq 0$ sei

$$S(v, \alpha) := \{u \in S^{n-1} : |\langle u, v \rangle| \leq \alpha\}.$$

Von der sphärischen Richtungsverteilung $\tilde{\mathbb{P}}$ des Hyperebenenprozesses $\hat{X}$ haben wir vorausgesetzt, daß $\tilde{\mathbb{P}}(S(v, 0)) = 0$ für jede Großsphäre $S(v, 0)$ gilt. Daraus folgt, daß es zu jedem $\epsilon > 0$ ein $\alpha > 0$ gibt mit $\tilde{\mathbb{P}}(S(v, \alpha)) < \epsilon$ für alle $v \in S^{n-1}$.

Für $r > 0$, $z \in S^{n-1}$ und $a > 2r$ sei

$$\mathcal{B}_{r,z,a} := \{H \in \mathcal{E}_{n-1}^n : H \cap rB^n \neq \emptyset, H \cap (rB^n + az) \neq \emptyset\}.$$

Für $H(u, \tau) \in \mathcal{B}_{r,z,a}$ gilt $|\langle u, z \rangle| \leq 2r/a$, also ist

$$\hat{\Theta}(\mathcal{B}_{r,z,a}) \leq \hat{\gamma} \cdot 2r\tilde{\mathbb{P}}(S(z, 2r/a))$$

und daher

$$\mathbb{P}(\hat{X}(\mathcal{B}_{r,z,a}) > 0) \leq 1 - e^{-2r\hat{\gamma}\tilde{\mathbb{P}}(S(z, 2r/a))}. \qquad (6.63)$$

Um nun (6.60) nachzuweisen, geben wir $C_1, C_2 \in \mathcal{C}(\mathcal{F}'(\mathbb{R}^n))$ und $\epsilon > 0$ vor und wählen $r > 0$ so groß, daß

$$C_i \subset \mathcal{F}_{rB^n}(\mathbb{R}^n) \qquad \text{für } i = 1, 2$$

und

$$\mathbb{P}(E_r) < \epsilon$$

gilt (das ist wegen (6.62) möglich). Danach können wir wegen (6.63) zu den schon gewählten Größen $s > 0$, $\epsilon > 0$ und $r > 0$ die Zahl a so groß wählen, daß $a > 4rs$ ist und

$$\mathbb{P}(\hat{X}(\mathcal{B}_{2rs,z,a}) > 0) < \epsilon$$

für alle $z \in S^{n-1}$ gilt.

Sei $x \in \mathbb{R}^n$ ein Vektor mit $\|x\| > a$, und sei $z := x/\|x\|$. Für das Ereignis

$$E_r^x := \{\hat{X}(\mathcal{E}_{i,r} + x) = 0 \text{ für ein } i \in \{1, \dots, 2n\}\}$$

gilt ebenfalls $\mathbb{P}(E_r^x) < \epsilon$. Für

$$E := E_r \cup E_r^x \cup \{\omega \in \Omega : \hat{X}(\mathcal{B}_{2rs,z,a}) > 0\}$$

erhalten wir daher $\mathbb{P}(E) < 3\epsilon$.

Nun sei $\omega \in \Omega \setminus E$. Jede Zelle aus $X(\omega) \cap C_1$ ist dann enthalten in der Kugel $2rsB^n$. Zu Ihrer Festlegung werden also nur die Hyperebenen aus $\hat{X}(\omega)$ in der Menge

$$\mathcal{E} := \{H \in \mathcal{E}_{n-1}^n : H \cap 2rsB^n \neq \emptyset\}$$

benötigt. Analog werden zur Festlegung einer Zelle aus $X(\omega) \cap (C_2 + x)$ nur die Hyperebenen aus $\hat{X}(\omega)$ in der Menge

$$\mathcal{E}_x := \{H \in \mathcal{E}_{n-1}^n : H \cap (2rsB^n + x) \neq \emptyset\}$$

benötigt. Wegen $\hat{X}(\omega)(\mathcal{B}_{2rs,z,a}) = 0$ gehört keine Hyperebene aus $\hat{X}(\omega)$ zu $\mathcal{E} \cap \mathcal{E}_x$, daher hängt jede Zelle aus $X(\omega) \cap (C_2 + x)$ nur ab von den Hyperebenen aus $\hat{X}(\omega)$ in $\mathcal{E}_x \setminus \mathcal{E}$. Da die Prozesse $\hat{X} \cap \mathcal{E}$ und $\hat{X} \cap (\mathcal{E}_x \setminus \mathcal{E})$ stochastisch unabhängig sind, erhält man analog wie im Beweis von Satz 6.4.1 die Abschätzung

$$|\mathbb{P}(X \cap C_1 = \emptyset, X \cap (C_2 + x) = \emptyset) - \mathbb{P}(X \cap C_1 = \emptyset)\mathbb{P}(X \cap C_2 = \emptyset)| < 9\epsilon.$$

Damit ergibt sich (6.60) und hieraus die Behauptung. ∎

Wir bemerken noch, daß die in Satz 6.4.3 geforderte Eigenschaft der Richtungsverteilung auch notwendig ist für die Mischungseigenschaft. Es sei $\hat{X}$ ein nichtausgearteter stationärer Poissonscher Hyperebenenprozeß im $\mathbb{R}^n$, dessen sphärische Richtungsverteilung die Bedingung $\tilde{\mathbb{P}}(S(z,0)) > 0$ für einen Vektor $z \in S^{n-1}$ erfüllt. X sei das von $\hat{X}$ induzierte Hyperebenenmosaik. Nach

Definition ist X genau dann mischend, wenn das nach Satz 5.2.4 erklärte dynamische System $(\mathsf{N}, \mathcal{N}, \mathbb{P}_X, \mathcal{T})$ mischend ist, also

$$\lim_{\|x\| \to \infty} \mathbb{P}_X(A \cap T_x B) = \mathbb{P}_X(A)\mathbb{P}_X(B)$$

für $A, B \in \mathcal{N}$ erfüllt. Wir betrachten die Menge $A \in \mathcal{N}$ mit $A := \{\eta \in \mathsf{N} :$ supp $\eta \in \mathcal{M}_s$, supp η enthält eine Zelle Z, die eine Facette F mit Normalenvektor aus $S(z, 0)$ und mit $F \cap \operatorname{int} B^n \neq \emptyset$ besitzt$\}$. Setzen wir

$$\mathcal{E}_z := \{H(u, \tau) : u \in S(z, 0), \ |\tau| < 1\},$$

so ist $X \in A$ äquivalent mit $\hat{X}(\mathcal{E}_z) > 0$, also gilt

$$p := \mathbb{P}_X(A) = \mathbb{P}(\hat{X}(\mathcal{E}_z) > 0) = 1 - e^{-2\hat{\gamma}\hat{\mathbb{P}}(S(z,0))}$$

und $0 < p < 1$. Für alle $x \in \mathbb{R}^n$, die Vielfache von z sind, gilt $\mathcal{E}_z + x = \mathcal{E}_z$ und daher

$$\mathbb{P}_X(A \cap T_x A) = \mathbb{P}(X \in A, \ X - x \in A) = \mathbb{P}(\hat{X}(\mathcal{E}_z) > 0, \ \hat{X}(\mathcal{E}_z + x) > 0) = p.$$

Es folgt

$$\lim_{t \to \infty} \mathbb{P}_X(A \cap T_{tz}A) = p \neq \mathbb{P}_X(A)^2.$$

Daher ist X nicht mischend.

Bemerkungen und Literaturhinweise zu Kapitel 6

Am Beginn des systematischen Studiums zufälliger Mosaike standen nach vereinzelten Arbeiten über ebene Mosaike vor allem die wichtigen Untersuchungen von Miles [1961, 1970a, 1973] und Matheron [1972], [1975, Ch. 6] über stationäre Poissonsche Hyperebenenmosaike. Frühe Arbeiten über allgemeinere zufällige Mosaike und speziell Voronoi-Mosaike stammen von Meijering [1953], Ambartzumian [1970, 1974], Miles [1970b, 1972], Cowan [1978, 1980]. Während in diesen Arbeiten ein ergodischer Zugang verfolgt wurde, wurden später, beginnend mit Mecke [1980], vorwiegend Palmsche Methoden eingesetzt. Eine allgemeine, zusammenfassende Darstellung zufälliger Mosaike im n-dimensionalen Raum hat Møller [1989] gegeben; ihm sind wir in diesem Kapitel an einigen Stellen gefolgt. Weitere allgemeine Informationen zu zufälligen Mosaiken und ihren Anwendungen findet man in den Büchern von Ambartzumian, Mecke & Stoyan [1993], Stoyan, Kendall & Mecke [1995],

Mecke, Schneider, Stoyan & Weil [1990]; erste Einblicke vermittelt auch der Enzyklopädie-Artikel von Miles [1986].

6.1 Bei der Einführung der Mosaike haben wir aus Zweckmäßigkeitsgründen gelegentlich Bezeichnungen gewählt, die von den in der Diskreten Geometrie bei der Behandlung von Mosaiken (dort auch „Pflasterungen" genannt) verwendeten abweichen. So wird dort zum Beispiel "face-to-face" statt „seitentreu" gesagt, und die Bedeutung von „normal" ist unterschiedlich (siehe z.B. Schulte [1993]). Die Bezeichnung „regulär", die man in der Literatur über zufällige Mosaike statt „seitentreu" findet, haben wir vermieden, weil sie in der Diskreten Geometrie in einem etablierten anderen Sinn benutzt wird.

Ein zufälliges Mosaik haben wir hier als einen speziellen Punktprozeß konvexer Polytope eingeführt und nicht, wie in der Literatur auch geschehen, als zufällige abgeschlossene Menge. Das erleichtert unseres Erachtens u.a. den Zugang zu einigen Meßbarkeitsaussagen (die in den einschlägigen Arbeiten selten ausgeführt werden), zum Beispiel für die Seitenprozesse.

Daß die lokale Endlichkeit der Intensitätsmaße $\Theta^{(k)}$ der k-Seitenprozesse für $k < n$, wie erwähnt, nicht aus der lokalen Endlichkeit von $\Theta^{(n)}$ gefolgert werden kann, wird durch ein Beispiel belegt, das wir Herrn Ulrich Brehm verdanken. Wir skizzieren kurz die Konstruktion im $\mathbb{R}^3$. Zunächst wird der Einheitswürfel C^3 für genügend großes $k \in \mathbb{N}$ in $2k$ Polytope zerlegt, wobei k der Polytope „horizontale Platten" mit einer k-zähligen Drehsymmetrie um die vertikale Achse des Würfels (und mit zum Mittelpunkt hin kleiner werdenden Durchmessern) sind; die restlichen k Polytope sind „vertikale keilförmige Platten". Dies läßt sich so durchführen, daß alle Teilpolytope konvex sind und daß jede horizontale Platte mit jeder vertikalen eine 2-Seite gemeinsam hat. Durch periodische Fortsetzung erhalten wir ein (bei geeigneter Konstruktion seitentreues) Mosaik m_k. Es enthält innerhalb von C^3 genau $2k$ Zellen und mehr als k^2 zweidimensionale Seiten. Wir können nun ein zufälliges Mosaik X so konstruieren, daß jede Realisierung von X ein Mosaik m_k mit $k \in \mathbb{N}$ ist und daß m_k mit der Wahrscheinlichkeit p_k angenommen wird, wobei $\sum k p_k < \infty$ und $\sum k^2 p_k = \infty$ ist. Durch Verschiebung um einen in C^3 uniform verteilten zufälligen Vektor erhalten wir dann aus X ein stationäres zufälliges Mosaik, für dessen Intensitätsmaße $\Theta^{(k)}$ gilt, daß $\Theta^{(3)}$ lokalendlich ist, $\Theta^{(2)}$ aber nicht.

Die in den Sätzen 6.1.9 und 6.1.10 zusammengestellten Relationen gehen, in unterschiedlicher Allgemeinheit, auf eine Reihe von Autoren zurück, wie Matschinski [1954], Ambartzumian [1974], Cowan [1978, 1980], Mecke [1980, 1984a], Radecke [1980], Møller [1989]. Wir sind hier im wesentlichen Møller [1989] gefolgt. Da dort Palmsche Verteilungen verwendet werden, die wir in diesem Kapitel nicht explizit benutzt haben, soll kurz auf den Zusammenhang mit unserem Zugang über markierte Partikelprozesse eingegangen werden. Sei X ein stationäres zufälliges Mosaik, sei $j \in \{0, \ldots, n\}$, $B \in \mathcal{B}(\mathbb{R}^n)$ und $0 < \lambda(B) < \infty$. Durch

$$Q_j(\mathcal{A}) := \frac{\mathbb{E} \sum_{T \in X^{(j)}} \mathbf{1}_{\mathcal{A}}(X - c(T), T - c(T)) \mathbf{1}_B(c(T))}{\mathbb{E} \sum_{T \in X^{(j)}} \mathbf{1}_B(c(T))}$$

für $\mathcal{A} \in \mathcal{B}(\mathcal{F}_{le}(\mathcal{F}') \times \mathcal{F}')$ wird die *Palmsche Verteilung* von X bezüglich der typischen j-Seite erklärt (Møller [1989]). Sei $\sigma_k : \mathcal{M}_s \times \mathcal{K}' \to \mathcal{K}' \times \mathcal{F}_e(\mathcal{K}')$ für $k \in \{0, \ldots, n\}$ die durch

$$\sigma_k(\mathsf{m}, T) := \begin{cases} (T, \mathcal{S}_k(T, \mathsf{m})), & \text{wenn } T \in \mathcal{S}_j(\mathsf{m}), \\ 0 & \text{sonst} \end{cases}$$

definierte meßbare Abbildung. Dann gilt $\sigma_k(Q_j) = \mathbb{P}_0^{(j,k)}$, das heißt die Form-Markenverteilung $\mathbb{P}_0^{(j,k)}$ des Prozesses $\mathcal{X}^{(j,k)}$ der (j,k)-Seitensterne von X ist das Bildmaß der Palmschen Verteilung Q_j unter σ_k. Insbesondere gilt für eine nichtnegative, meßbare Funktion φ auf der Menge der (j,k)-Seitensterne (mit $\varphi(\emptyset) := 0$), daß der Erwartungswert von φ bezüglich $\mathbb{P}_0^{(j,k)}$ übereinstimmt mit dem Erwartungswert von $\varphi \circ \sigma_k$ bezüglich Q_j. Da die in Abschnitt 6.1 betrachteten Dichten sich nur auf Funktionen von Seiten oder Seitensternen beziehen, benötigen wir also nicht die allgemeine Palmsche Verteilung Q_j und können auch die grundlegende Vertauschungsrelation (5.1) von Møller, die sich auf Erwartungswerte zu verschiedenen Palmschen Maßen bezieht, durch den etwas einfacheren Satz 6.1.4 ersetzen.

Unter stärkeren Voraussetzungen können die verwendeten Dichten auch ergodisch interpretiert werden, wie sich insbesondere aus den Abschnitten 5.2 und 6.4 ergibt. Wir verweisen hierzu auch auf Miles [1961, 1970b, 1971a], Cowan [1978, 1980] und Zähle [1982b].

Daß man, wie in Satz 6.1.9, die behandelten Parameter eines ebenen Mosaiks durch die drei Größen $\gamma^{(0)}, \gamma^{(1)}, l_1$ ausdrücken kann, geht auf Mecke [1984a] zurück. Der exakte Bereich für diese drei Parameter ist durch die Ungleichungen (6.24) zusammen mit den trivialen Ungleichungen $\gamma^{(0)}, \gamma^{(2)}, l_1 > 0$ gegeben. Genauer gilt, daß jedes Parameter-Tripel $(\gamma^{(0)}, \gamma^{(1)}, l_1)$, das diesen Ungleichungen genügt, durch ein isotropes, stationäres, ergodisches zufälliges Mosaik realisiert werden kann. Das ist von Kendall & Mecke [1987] gezeigt worden.

Die Gleichung von Satz 6.1.11 findet sich für Hyperebenenmosaike in Miles [1961, 1970a] und Matheron [1975]. Satz 6.1.12 und Korollar 6.1.13 stammen von Mecke [1999].

Wir haben uns in den Sätzen 6.1.9 und 6.1.10 auf ausgewählte Relationen in zwei und drei Dimensionen beschränkt. Møllers [1989] umfassende Arbeit behandelt zufällige Mosaike im $\mathbb{R}^n$ und enthält weitere Relationen. Ausdehnungen auf Mosaike mit nicht notwendig konvexen Zellen findet man in Weiss & Zähle [1988], Zähle [1988], Leistritz & Zähle [1992].

Die Schnitte eines stationären zufälligen Mosaiks mit einer festen Ebene sind von Miles [1984] und Møller [1989] behandelt worden.

Mecke [1984a] und Santaló [1984] haben Überlagerungen von zufälligen ebenen Mosaiken betrachtet.

Für ebene stationäre Mosaike hat Mecke [1984b, 1987, 1988c] eine Reihe von Ungleichungen isoperimetrischer Art erhalten.

Zu Mosaiken auf der Sphäre sehe man Miles [1971b], Arbeiter & Zähle [1994].

6.2 Für Poisson-Voronoi-Mosaike hat bereits Meijering [1953] einige der in Korollar 6.2.5 angegebenen Mittelwerte berechnet. Mit der Varianz des Zellvolumens und anderen Verteilungsgrößen befaßt sich Gilbert [1962]. Systematischer sind zwei- und dreidimensionale Poisson-Voronoi-Mosaike von Miles [1970b, 1972] und, daran anschließend, höherdimensionale von Møller [1989, 1994] untersucht worden. Auf diese Arbeiten haben wir uns hier gestützt. (In Korollar 6.2.5 sind wir in einigen Fällen zu anderen Werten gekommen.)

Satz 6.2.4 findet sich ohne Beweis bereits in Miles [1970a]; Beweise wurden in Miles [1984] und Møller [1989] gegeben. Satz 6.2.10 mit Korollar 6.2.11 stammt ebenfalls von Miles [1970a]. In beiden hier wiedergegebenen Beweisen wird eine Folgerung aus dem verfeinerten Campbellschen Satz und dem Satz von Slivnyak benutzt, die man allgemeiner folgendermaßen formulieren kann (von Møller [1998] als *Slivnyak-Mecke-Formel* bezeichnet). Für jeden stationären Poissonprozeß $\tilde{X}$ im $\mathbb{R}^n$ mit Intensität γ gilt

$$\mathbb{E} \sum_{(x_1,\ldots,x_m)\in \tilde{X}_{\neq}^m} f(\tilde{X}; x_1,\ldots,x_m)$$

$$= \gamma^m \int_{\mathbb{R}^n} \cdots \int_{\mathbb{R}^n} \mathbb{E}f(\tilde{X}\cup\{x_1,\ldots,x_m\}; x_1,\ldots,x_m)\, d\lambda(x_1)\cdots d\lambda(x_m)$$

für $m \in \mathbb{N}$ und jede nichtnegative meßbare Funktion $f : \mathbb{N} \times (\mathbb{R}^n)^m \to \mathbb{R}$.

Viel Material über Voronoi-Mosaike findet man in dem Buch von Okabe, Boots & Sugihara [1992], das auch ein Kapitel über Poisson-Voronoi-Mosaike enthält. Für zufällige Voronoi-Mosaike verweisen wir auch auf den Übersichtsartikel von Møller [1998].

Ebene Schnitte von Voronoi-Mosaiken sind u.a. von Miles [1972, 1984] und Møller [1989] behandelt worden. Chiu, van de Weygaert & Stoyan [1996] haben gezeigt, daß der Schnitt eines n-dimensionalen stationären Poisson-Voronoi-Mosaiks mit einer festen k-Ebene, $k \in \{2,\ldots,n-1\}$, f.s. kein k-dimensionales Voronoi-Mosaik ist.

Bei stationären Poisson-Voronoi- und Delaunay-Mosaiken lassen sich über eine Reihe von charakteristischen Größen genauere Verteilungsaussagen machen. Ohne im Einzelnen darauf einzugehen, nennen wir hier Arbeiten von Muche & Stoyan [1992], Rathie [1992], Zuyev [1992], Muche [1993a,b, 1996, 1998], Møller [1994], Mecke & Muche [1995], Schlather [1999]. Heinrich [1998] untersucht Kontaktverteilungsfunktionen für allgemeinere stationäre Voronoi-Mosaike.

Die Konstruktion von zufälligen Voronoi-Mosaiken läßt sich in verschiedenen Richtungen verallgemeinern. Das Voronoi-Mosaik k-ter Ordnung, $k = 1, 2, \ldots$, zu der lokalendlichen Menge $A \subset \mathbb{R}^n$ entsteht, wenn man alle Punkte des $\mathbb{R}^n$ zu einer Zelle zusammenfaßt, die dieselben k nächsten Nachbarn in A haben. Derartige Mosaike zu stationären Poisson-Prozessen sind betrachtet worden von Miles [1970b], Miles & Maillardet [1982]. Voronoi-Mosaike mit anisotropem Wachstum hat Scheike [1994] untersucht. Beim *Johnson-Mehl-Modell* geht man davon aus, daß die Kerne, von denen aus die Zellen wachsen, zu unterschiedlichen zufälligen Zeitpunkten entstehen. Eine ausführliche Untersuchung zufälliger Johnson-Mehl-Mosaike (deren Zellen i.a. nicht konvex sind) findet man in Møller [1992]; siehe auch das von Møller verfaßte fünfte Kapitel in dem von Barndorff-Nielsen *et al.* [1999] herausgegebenen Sammelband.

6.3 Die Hauptquellen für Resultate über stationäre Poissonsche Hyperebenenmosaike sind die Arbeiten von Miles [1961, 1970a, 1971a] und das sechste Kapitel des Buches von Matheron [1975]. Poissonsche Geradenmosaike in der Ebene sind untersucht worden von Goudsmit [1945], Miles [1964a,b, 1973, 1995], Richards [1964], Solomon [1978], Ch. 3, Tanner [1983a,b]. In den genannten Arbeiten findet man zahlreiche weitere Resultate, auf die wir hier nicht eingegangen sind.

Die Gleichungen (6.34) und (6.35) stammen von Mecke [1984c]. Die Tatsache, daß hierbei keine speziellen Verteilungsannahmen erforderlich sind, weist auf einen rein geometrischen Kern dieses Sachverhalts hin. In der Tat läßt sich ein Gegenstück für deterministische Hyperebenensysteme aufstellen; siehe Schneider [1987c], wo auch die Voraussetzung der allgemeinen Lage abgeschwächt wird. Die Gleichungen (6.33) sowie Satz 6.1.7 gehen auf Weiss [1986] zurück. Allerdings ist unser Beweis u.a. deshalb einfacher, weil er ohne die Verwendung von Krümmungsmaßen auskommt.

Gleichung (6.43) und ähnliche Darstellungen des Maßes $\overline{S}_{n-1}(X, \cdot)$ finden sich in Weil [1997a].

In Satz 6.3.3 werden die Erwartungswerte $\mathbb{E}V_j(Z_k) = d_j^{(k)}/\gamma^{(k)}$ für die typische k-Seite Z_k eines stationären Poissonschen Hyperebenenprozesses bestimmt. Für die typische Zelle $Z = Z_n$ sind (mit ergodischer Interpretation) eine Reihe von verwandten Erwartungswerten bestimmt worden. Miles [1961] hat für konvexe Polytope P im $\mathbb{R}^n$ und für $0 \leq j \leq k \leq n$ allgemein (mit anderer Normierung) die Größen

$$Y_{j,k}(P) := \sum_{F \in \mathcal{S}_k(P)} V_j(F)$$

betrachtet. Speziell ist also $Y_{j,j}(P) = L_j(P)$ das gesamte j-dimensionale Volumen der j-Seiten, $Y_{j,n}(P) = V_j(P)$ das j-te innere Volumen und $Y_{0,k}(P) = N_k(P)$ die Anzahl der k-Seiten von P. Miles hat (auch im nicht-isotropen) Fall den Erwartungswert $\mathbb{E}Y_{j,k}(Z)$ bestimmt. Spezialfälle sind also die Erwartungswerte $\mathbb{E}V_j(Z)$, die man auch in Matheron [1975] findet, $\mathbb{E}L_j(Z)$ und $\mathbb{E}N_k(Z)$ (für die nach (6.35) keine Poisson-Voraussetzung erforderlich ist). Ferner hat Miles eine zu (6.51) äquivalente Gleichung und damit (wegen Satz 6.1.11) den Erwartungswert $\mathbb{E}V_n^2(Z)$ erhalten. Im isotropen Fall hat er $\mathbb{E}L_r(Z_0)$ (für die Nullpunkts-Zelle Z_0) bestimmt, woraus sich $\mathbb{E}[V_n(Z)L_r(Z)]$ ergibt, und schließlich für $0 \leq j, k \leq n$ den Erwartungswert $\mathbb{E}[L_j(Z)L_k(Z)]$. Zu weiteren Momenten zweiter und höherer Ordnung in den Dimensionen zwei und drei sehe man die Zusammenstellung und die Literaturangaben in Santaló [1976], S. 57 – 58, 297, ferner Favis & Weiss [1998].

In Satz 6.3.4 haben wir ein Ergebnis aus Schneider [1982b] für endlich viele zufällige Hyperebenen übertragen auf Poissonsche Hyperebenenprozesse.

Mit Satz 6.3.5 und insbesondere der Berechnung von $\mathbb{E}L_k(Z_0)$ sind wir hier Wieacker [1986] gefolgt. Eine weitere Herleitung von $\mathbb{E}L_k(Z_0)$ findet man in Favis & Weiss [1998].

Satz 6.3.6 ist Theorem 7.2 in Weil & Wieacker [1993].

Satz 6.3.7 und sein Beweis stammen von Mecke [1995]. Dort wird auch allgemeiner gezeigt, daß die Momente $M_k(\hat{\gamma}, \tilde{\mathbb{P}})$ und $m_k(\hat{\gamma}, \tilde{\mathbb{P}})$ nicht größer werden, wenn man von der (sphärischen) Richtungsverteilung $\tilde{\mathbb{P}}$ übergeht zu einer Richtungsverteilung, die durch Mischung aus Drehbildern von $\tilde{\mathbb{P}}$ entsteht. Eine weitere Verallgemeinerung auf gewisse Cox-Prozesse von Hyperebenen findet man in Mecke [1998]. Es ergibt sich die Frage, ob zu den Aussagen aus Mecke [1995] über die Momente des Volumens auch analoge Resultate gelten für die Verteilungen des Volumens der typischen oder der Nullpunktszelle (bezüglich einer geeigneten Ordnung) oder für die anderen inneren Volumina. Für orthogonale Parallelmosaike sind entsprechende Aussagen von Favis [1995, 1996] bewiesen worden.

Die durch Satz 6.1.12 ausgedrückte Größenbeziehung zwischen der typischen Zelle Z und der Nullpunktszelle Z_0 gilt für Poissonsche Hyperebenenprozesse in wesentlich schärferer Form: Es gilt $Z + \xi \subset Z_0$ f.s. mit einem geeigneten zufälligen Vektor ξ; siehe Mecke [1999] und die dortigen Literaturangaben.

Satz 6.3.8 geht auf Miles [1961] zurück, der das entsprechende Resultat für ergodische Verteilungen gezeigt hat. Der in Abschnitt 6.3 gegebene Beweis läßt sich als Ausarbeitung der Andeutung in Miles [1964b] ansehen. In Miles [1971], Abschnitt 5.3, wird dasselbe Ergebnis als Anwendung eines sehr allgemeinen Satzes über gewisse bedingte Verteilungen im Zusammenhang mit Poissonprozessen ("Complementary Theorem") erhalten; siehe auch Møller & Zuyev [1996] für eine Version dieses Satzes im Rahmen Palmscher Verteilungen. Dieser allgemeine Satz liefert weitere Verteilungen für Poissonsche Hyperebenenmosaike, zum Beispiel im isotropen Fall die bedingte Verteilung von $V_j(Z_0)$ unter der Bedingung, daß die Nullpunktszelle Z_0 eine gegebene Zahl von j-Seiten hat.

Kapitel 7

Anhang

7.1 Konvexe Körper und Integralgeometrie

In diesem Anhang stellen wir ohne Beweis die integralgeometrischen Hilfsmittel und Aussagen über konvexe Körper zusammen, die wir an verschiedenen Stellen benutzt haben. Beweise findet man, soweit nichts anderes gesagt ist, in Schneider [1993] und Schneider & Weil [1992]. Auch für Begriffsbildungen, die ohne Erläuterung benutzt werden, sei auf Schneider [1993] verwiesen.

Zunächst betrachten wir die inneren Volumina, die in den Kapiteln 4 und 5 eine wichtige Rolle spielen. Die Einführung dieser Maßzahlen erfolgt üblicherweise über die *Steiner-Formel*. Sie drückt für einen konvexen Körper $K \in \mathcal{K}$ das Volumen des Parallelkörpers im Abstand $\epsilon > 0$ durch ein Polynom in ϵ aus (hier ist κ_k das Volumen von B^k):

$$V_n(K + \epsilon B^n) = \sum_{j=0}^{n} \epsilon^{n-j} \kappa_{n-j} V_j(K) \qquad (7.1)$$

$$= \sum_{i=0}^{n} \epsilon^i \binom{n}{i} W_i(K). \qquad (7.2)$$

Durch (7.1) werden die *inneren Volumina* $V_0, \ldots, V_{n-1}$ und durch (7.2) die *Quermaßintegrale* $W_0 \ (= V_n), W_1, \ldots, W_n$ definiert. Diese beiden Serien von Funktionalen unterscheiden sich also nur durch die Normierung. In diesem Buch bevorzugen wir die inneren Volumina, sprechen aber trotzdem häufig von Quermaßdichten. Das Funktional $V_j : \mathcal{K} \to \mathbb{R}$ hat die folgenden Eigenschaften. Es ist bewegungsinvariant, additiv, stetig, nichtnegativ, monoton wachsend (bezüglich der Inklusion) und lokal beschränkt. Nach einem Satz von Hadwiger ist jedes additive, bewegungsinvariante, stetige Funktional $\varphi : \mathcal{K} \to \mathbb{R}$ von der Form

$$\varphi = \sum_{j=0}^{n} \alpha_j V_j$$

mit reellen Konstanten $\alpha_0, \ldots, \alpha_n$. (Neben dem Beweis von Hadwiger [1957] gibt es einen neueren kurzen Beweis von Klain [1995].) Die inneren Volumina sind also sicher die wichtigsten geometrischen Funktionale φ für die Anwendung von Satz 5.1.4.

Die Funktionale V_j lassen sich additiv auf den Konvexring $\mathcal{R}$ fortsetzen (siehe z.B. Schneider & Weil [1992]). Die (ebenfalls mit V_j bezeichnete) additive Fortsetzung von V_j ist bewegungsinvariant und meßbar; die Stetigkeit geht jedoch verloren, und $V_0, \ldots, V_{n-2}$ nehmen auf $\mathcal{R}$ auch negative Werte an. Zur geometrischen Bedeutung der Fortsetzungen läßt sich folgendes sagen. V_n ist natürlich auch auf $\mathcal{R}$ das Volumen (das n-dimensionale Lebesgue-Maß). Ist die Menge $K \in \mathcal{R}$ die abgeschlossene Hülle ihres offenen Kerns, so ist

$$V_{n-1}(K) = \frac{1}{2} \mathcal{H}^{n-1}(\operatorname{bd} K), \tag{7.3}$$

wo $\mathcal{H}^{n-1}$ das $(n-1)$-dimensionale Hausdorff-Maß bezeichnet; $2V_{n-1}$ ist also die *Oberfläche*. Ist $K \in \mathcal{R}$ Vereinigung von j-dimensionalen Körpern, so ist $V_j(K)$ gerade das gewöhnliche j-dimensionale Volumen von K. Das Funktional V_1 ist für konvexe Körper proportional zur mittleren Breite b. Für $K \in \mathcal{K}'$ gilt

$$\frac{n\kappa_n}{2} b(K) = \kappa_{n-1} V_1(K) = \int_{S^{n-1}} h(K, u) \, d\omega(u), \tag{7.4}$$

wo $h(K, \cdot) := \max\{\langle x, \cdot \rangle : x \in K\}$ die *Stützfunktion* von K bezeichnet. Dieser Zusammenhang gilt aber nicht mehr auf dem Konvexring. V_0 ist auf $\mathcal{K} \setminus \{\emptyset\}$ konstant gleich Eins. Dieses Funktional heißt *Eulersche Charakteristik*; es stimmt auf $\mathcal{R}$ überein mit der topologischen Invariante gleichen Namens. Haben alle Zusammenhangskomponenten von $K \in \mathcal{R}$ die Eulersche Charakteristik 1 (also etwa, wenn sie konvex sind), so ist $V_0(K)$ die Zahl dieser Zusammenhangskomponenten. V_0 ist daher besonders wichtig für Anzahlbestimmungen, wie sie etwa bei stereologischen Fragen häufig auftreten. In der Ebene kann $V_0(K)$ für eine beliebige zweidimensionale Menge $K \in \mathcal{R}$ als Zahl der Zusammenhangskomponenten minus „Zahl der Löcher" beschrieben werden.

Eine häufig benutzte Konstante ist

$$V_k(B^n) = \binom{n}{k} \frac{\kappa_n}{\kappa_{n-k}}. \tag{7.5}$$

Zur Veranschaulichung wollen wir hier noch einmal die Bedeutung der Funktionale V_j auf dem Konvexring $\mathcal{R}$ für die Dimensionen $n = 2$ und $n = 3$ auflisten und auch die in der stereologischen Literatur häufig benutzten Bezeichnungen angeben:

$n = 2$	V_2	Fläche A
	$2V_1$	Randlänge (Umfang) U
	V_0	Eulersche Charakteristik χ
$n = 3$	V_3	Volumen V
	$2V_2$	Oberfläche S
	$\frac{1}{2}V_1$	mittlere Breite b (nur für konvexe Körper)
	V_0	Eulersche Charakteristik χ

Für $n = 3$ wird $M = \pi V_1$ als Integral der mittleren Krümmung bezeichnet.

Wir gehen nun auf die wichtigsten integralgeometrischen Formeln für die inneren Volumina ein. Sei SO_n die Drehgruppe des $\mathbb{R}^n$; ihre Elemente sind die eigentlichen Drehungen. Die übliche Topologie auf SO_n kann man erhalten, indem man Drehungen nach Wahl einer orthonormierten Basis durch orthogonale Matrizen darstellt, die dann mit Elementen von $\mathbb{R}^{n^2}$ identifiziert werden können. Über der kompakten topologischen Gruppe SO_n gibt es ein eindeutig bestimmtes Wahrscheinlichkeitsmaß ν (auf den Borelmengen), das drehinvariant ist, also $\nu(\vartheta A) = \nu(A)$ für alle Borelmengen $A \subset SO_n$ und alle $\vartheta \in SO_n$ erfüllt. Das Maß ν heißt das (normierte) *Haarsche Maß* über SO_n. Damit läßt sich bereits die erste wichtige integralgeometrische Formel aufstellen.

7.1.1 Satz (Kinematische Hauptformel). *Für* $K, M \in \mathcal{R}$ *und* $j \in \{0, \ldots, n\}$ *gilt*

$$\int_{SO_n} \int_{\mathbb{R}^n} V_j(K \cap (\vartheta M + x)) \, d\lambda(x) \, d\nu(\vartheta) = \sum_{k=j}^{n} \alpha_{njk} V_k(K) V_{n+j-k}(M)$$

mit

$$\alpha_{njk} = \frac{k!\kappa_k(n+j-k)!\kappa_{n+j-k}}{j!\kappa_j n!\kappa_n}. \tag{7.6}$$

Eine weitere Formel bezieht sich auf bewegliche Ebenen. Zur Formulierung wählen wir für $k \in \{1, \ldots, n-1\}$ einen festen linearen Unterraum $L \in \mathcal{L}_k^n$ und bezeichnen mit $L^\perp$ den Orthogonalraum, mit $\lambda_{L^\perp}$ das $(n-k)$-dimensionale Lebesgue-Maß über $L^\perp$.

7.1.2 Satz (Crofton-Formel). *Für $K \in \mathcal{R}$, $k \in \{1,\ldots,n-1\}$ und $j \in \{0,\ldots,k\}$ gilt*

$$\int_{SO_n} \int_{L^\perp} V_j(K \cap \vartheta(L+x)) \, d\lambda_{L^\perp}(x) \, d\nu(\vartheta) = \alpha_{njk} V_{n+j-k}(K).$$

Die Konstante α_{njk} in der Crofton-Formel ist die gleiche wie in der kinematischen Hauptformel. Es gilt $\alpha_{njk} = \alpha_{nj(n+j-k)}$; die kinematische Hauptformel ist also symmetrisch in K und M; ferner ist $\alpha_{njj} = \alpha_{njn} = 1$. Beweise der Formeln findet man zum Beispiel in Schneider & Weil [1992].

Die Integrationen in Satz 7.1.1 lassen sich auch als eine Integration über die Bewegungsgruppe G_n des $\mathbb{R}^n$ auffassen. Bezeichnet $\gamma : \mathbb{R}^n \times SO_n \to G_n$ die Abbildung mit $\gamma(x,\vartheta)(y) = \vartheta y + x$ ($y \in \mathbb{R}^n$) und ist μ das Bildmaß von $\lambda \otimes \nu$ unter γ, so ist μ das (in bestimmter Weise normierte) Haarsche Maß über G_n. Die kinematische Hauptformel schreibt sich damit in der Form

$$\int_{G_n} V_j(K \cap gM) \, d\mu(g) = \sum_{m=j}^{n} \alpha_{njm} V_m(K) V_{n+j-m}(M). \qquad (7.7)$$

In gleicher Weise lassen sich auch die Integrationen in Satz 7.1.2 ersetzen durch ein Integral über den homogenen Raum $\mathcal{E}_k^n$ der k-dimensionalen affinen Unterräume von $\mathbb{R}^n$. Die Crofton-Formel erhält dann die Form

$$\int_{\mathcal{E}_k^n} V_j(K \cap E) \, d\mu_k(E) = \alpha_{njk} V_{n+j-k}(K)$$

mit dem invarianten Maß μ_k über $\mathcal{E}_k^n$. Es ist definiert als das Bildmaß von $\lambda^{(n-k)} \otimes \nu$ unter der Abbildung $(x,\vartheta) \mapsto \vartheta(L_k+x)$ von $L_k^\perp \times SO_n$ auf $\mathcal{E}_k^n$, wo $L_k \in \mathcal{L}_k^n$ ein fester k-dimensionaler Unterraum und $\lambda^{(n-k)}$ das $(n-k)$-dimensionale Lebesgue-Maß auf $L_k^\perp$ ist.

Da auf der rechten Seite von (7.7) wiederum nur innere Volumina auftreten, läßt sich diese Formel iterieren. Durch Induktion erhält man für $k \in \mathbb{N}$ und $K_0, K_1, \ldots, K_k \in \mathcal{R}$

$$\int_{G_n} \cdots \int_{G_n} V_j(K_0 \cap g_1 K_1 \cap \ldots \cap g_k K_k) \, d\mu(g_1) \cdots d\mu(g_k)$$

$$= \sum_{\substack{m_0,\ldots,m_k=j \\ m_0+\ldots+m_k=kn+j}}^{n} c_{m_0,\ldots,m_k}^{(j)} V_{m_0}(K_0) \cdots V_{m_k}(K_k) \qquad (7.8)$$

mit

$$c_{m_0,\ldots,m_k}^{(j)} = \frac{\prod_{i=0}^{k} m_i! \kappa_{m_i}}{j! \kappa_j (n! \kappa_n)^k}.$$

Ersetzt man auf der linken Seite von (7.7) die Bewegungsgruppe durch die Translationsgruppe, so läßt sich das Ergebnis für $j \leq n - 2$ nicht mehr allein durch innere Volumina ausdrücken. Es gilt jedoch noch

$$\int_{\mathbb{R}^n} V_n(K \cap (M + x)) \, d\lambda(x) = V_n(K)V_n(M) \qquad (7.9)$$

und

$$\int_{\mathbb{R}^n} V_{n-1}(K \cap (M + x)) \, d\lambda(x) = V_n(K)V_{n-1}(M) + V_{n-1}(K)V_n(M). \qquad (7.10)$$

Dies ergibt sich leicht mit dem Satz von Fubini. Allgemeiner gilt für ein σ-endliches Maß η auf $\mathcal{B}(\mathbb{R}^n)$ und für Borelmengen $A, B \in \mathcal{B}(\mathbb{R}^n)$

$$\int_{\mathbb{R}^n} \eta(A \cap (B + x)) \, d\lambda(x) = \eta(A)\lambda(B) \qquad (7.11)$$

(siehe Schneider & Weil [1992], S. 25). Spezielle Fälle sind (7.9) und die gelegentlich nützliche Formel

$$\int_{\mathbb{R}^n} \mathcal{H}^{n-1}(\mathrm{bd}\, K \cap (M + x)) \, d\lambda(x) = 2V_{n-1}(K)V_n(M) \qquad (7.12)$$

für konvexe Körper K, M mit inneren Punkten, woraus man (7.10) auf $\mathcal{K}$ (siehe z.B. Schneider [1981]) und dann mit Verwendung der Additivität auf $\mathcal{R}$ erhalten kann.

Die Gleichungen (7.9), (7.10) lassen sich wieder iterieren, und man erhält für $k \in \mathbb{N}$ und $K_0, K_1, \ldots, K_k \in \mathcal{R}$

$$\int_{\mathbb{R}^n} \cdots \int_{\mathbb{R}^n} V_n(K_0 \cap (K_1 + x_1) \cap \ldots \cap (K_k + x_k)) \, d\lambda(x_1) \cdots d\lambda(x_k)$$
$$= V_n(K_0) \cdots V_n(K_k) \qquad (7.13)$$

und

$$\int_{\mathbb{R}^n} \cdots \int_{\mathbb{R}^n} V_{n-1}(K_0 \cap (K_1 + x_1) \cap \ldots \cap (K_k + x_k)) \, d\lambda(x_1) \cdots d\lambda(x_k)$$
$$= \sum_{i=0}^{k} V_n(K_0) \cdots V_n(K_{i-1})V_{n-1}(K_i)V_n(K_{i+1}) \cdots V_n(K_k). \qquad (7.14)$$

Verallgemeinerungen der Steiner-Formel in verschiedenen Richtungen führer zu weiteren wichtigen Begriffsbildungen der Konvexgeometrie. Eine lokale Version der Steiner-Formel erhält man folgendermaßen. Für $K \in \mathcal{K}$, eine Borelmenge $A \in \mathcal{B}(\mathbb{R}^n)$ und für $\epsilon > 0$ bezeichne $\rho_\epsilon(K, A)$ das Lebesgue-Maß der Menge aller Punkte $x \in K + \epsilon B^n$, für die der nächste Punkt in K zu A gehört. Dann gilt

$$\rho_\epsilon(K, A) = \sum_{j=0}^{n} \epsilon^{n-j} \kappa_{n-j} \Phi_j(K, A)$$

mit endlichen Maßen $\Phi_0(K, \cdot), \ldots, \Phi_n(K, \cdot)$ auf $\mathcal{B}(\mathbb{R}^n)$ (siehe z.B. Schneider & Weil [1992], Abschnitt 2.3). Es gilt $\Phi_j(K, \mathbb{R}^n) = V_j(K)$ für $j = 0, \ldots, n$. Diese Maße, die *Krümmungsmaße* von K, lassen sich als Funktionen des ersten Arguments additiv fortsetzen auf den Konvexring. Die Fortsetzungen sind noch meßbar (*loc. cit.*, insbesondere Satz 7.2.1). Zur geometrischen Bedeutung sagen wir hier nur folgendes. Es gilt $\Phi_n(K, A) = \lambda(K \cap A)$, und wenn $K \in \mathcal{R}$ die abgeschlossene Hülle seines Inneren ist, gilt

$$\Phi_{n-1}(K, A) = \frac{1}{2} \mathcal{H}^{n-1}(A \cap \operatorname{bd} K)$$

(Schneider [1993], Theorem 4.4.1). Von den integralgeometrischen Formeln, die für die Krümmungsmaße gelten (siehe Schneider & Weil [1992]) verwenden wir hier nur die translative Formel

$$\int_{\mathbb{R}^n} \Phi_{n-1}(K \cap (M + x), A \cap (B + x)) \, d\lambda(x)$$
$$= \Phi_{n-1}(K, A)\lambda(M \cap B) + \Phi_{n-1}(M, B)\lambda(K \cap A), \qquad (7.15)$$

die (7.12) verallgemeinert.

Eine analoge Formel gilt für das Oberflächenmaß $S_{n-1}(K, \cdot)$. Für $K \in \mathcal{K}$ ist dies ein endliches Borelmaß über der Einheitssphäre S^{n-1}. Es hat die folgende geometrische Bedeutung. Ist $A \subset S^{n-1}$ eine Borelmenge, so ist

$$S_{n-1}(K, A) = \mathcal{H}^{n-1}(\tau(K, A)), \qquad (7.16)$$

wo $\tau(K, A)$ die Menge aller Randpunkte von K bezeichnet, in denen ein äußerer Normalenvektor existiert, der zu A gehört. Aus (7.11) erhält man auch die Integralformel

$$\int_{\mathbb{R}^n} S_{n-1}(K \cap (M + x), \cdot) \, d\lambda(x)$$
$$= S_{n-1}(K, \cdot)V_n(M) + S_{n-1}(M, \cdot)V_n(K). \qquad (7.17)$$

Da S_{n-1} wieder als Funktion des ersten Arguments eine additive Fortsetzung auf den Konvexring gestattet, gilt (7.17) auf $\mathcal{R}$. Diese Fortsetzung ist auch auf dem Konvexring nichtnegativ. In Analogie zu (7.14) gilt ferner die iterierte Version

$$\int_{\mathbb{R}^n} \cdots \int_{\mathbb{R}^n} S_{n-1}(K_0 \cap (K_1 + x_1) \cap \ldots \cap (K_k + x_k), \cdot) \, d\lambda(x_1) \cdots d\lambda(x_k)$$

$$= \sum_{i=0}^{k} V_n(K_0) \cdots V_n(K_{i-1}) S_{n-1}(K_i, \cdot) V_n(K_{i+1}) \cdots V_n(K_k). \tag{7.18}$$

Eine andersartige Verallgemeinerung der Steiner-Formel führt zu den gemischten Volumina, die wir gelegentlich benutzt haben. Für konvexe Körper $K_1, \ldots, K_m \in \mathcal{K}$ und Zahlen $\lambda_1, \ldots, \lambda_m \geq 0$ gibt es eine Darstellung

$$V_n(\lambda_1 K_1 + \ldots + \lambda_m K_m) = \sum_{i_1, \ldots, i_n = 1}^{m} \lambda_{i_1} \cdots \lambda_{i_n} V(K_{i_1}, \ldots, K_{i_n})$$

mit eindeutig bestimmten symmetrischen Koeffizienten $V(K_{i_1}, \ldots, K_{i_n})$. Die Funktion $(K_1, \ldots, K_n) \mapsto V(K_1, \ldots, K_n)$ heißt das *gemischte Volumen*. Wir verwenden die Schreibweise

$$V(K[k], M[n-k]) := V(\underbrace{K, \ldots, K}_{k}, \underbrace{M, \ldots, M}_{n-k}).$$

Insbesondere ergeben sich die inneren Volumina durch Spezialisierung des gemischten Volumens:

$$V_j(K) = \frac{\binom{n}{j}}{\kappa_{n-j}} V(K[j], B^n[n-j]). \tag{7.19}$$

Eine Verallgemeinerung der Steinerformel (7.1) lautet

$$V_n(K + \epsilon M) = \sum_{j=0}^{n} \epsilon^{n-1} \binom{n}{j} V(K[j], M[n-j]). \tag{7.20}$$

Das oben erwähnte Oberflächenmaß kommt auch in der Integraldarstellung eines speziellen gemischten Volumens vor: Für konvexe Körper $K, M \in \mathcal{K}'$ gilt

$$V(M, K, \ldots, K) = \frac{1}{n} \int_{S^{n-1}} h(M, u) \, dS_{n-1}(K, u). \tag{7.21}$$

Allgemeiner gilt für $M \in \mathcal{K}'$

$$V(M, K_1, \ldots, K_{n-1}) = \frac{1}{n} \int_{S^{n-1}} h(M, u) \, dS(K_1, \ldots, K_{n-1}, u) \tag{7.22}$$

mit einem eindeutig bestimmten Maß $S(K_1, \ldots, K_{n-1}, \cdot)$ über S^{n-1}, dem *gemischten Oberflächenmaß* der konvexen Körper $K_1, \ldots, K_{n-1} \in \mathcal{K}$.

Den translativen Integralformeln (7.9) und (7.10) läßt sich eine weitere an die Seite stellen. Für konvexe Körper $K, M \in \mathcal{K}$ gilt $K \cap (M + x) \neq \emptyset$ genau dann, wenn $x \in K + M^*$ (mit $M^* := \{-x : x \in M\}$) ist. Daher gilt

$$\int_{\mathbb{R}^n} V_0(K \cap (M + x)) \, d\lambda(x) = \sum_{j=0}^{n} \binom{n}{j} V(K[j], M^*[n - j]). \qquad (7.23)$$

Eine weitere translative Integralformel, in der gemischte Volumina vorkommen, ist die Gleichung

$$\int_{L^\perp} V_j(K \cap (L + x)) \, d\lambda_{L^\perp}(x) = \frac{\binom{n}{k-j}}{\kappa_{k-j}} V(K[n + j - k], (B^n \cap L)[k - j]) \qquad (7.24)$$

für $K \in \mathcal{K}$, $L \in \mathcal{L}_k^n$, $k \in \{1, \ldots, n - 1\}$ und $j \in \{0, \ldots, k\}$. Man findet sie in Schneider [1993], S. 293.

In der Ebene $\mathbb{R}^2$ hängt das gemischte Volumen nur von zwei Argumenten ab. Es wird häufig mit $A(\cdot, \cdot)$ bezeichnet, und $A(K, L)$ heißt der *gemischte Flächeninhalt* von K und L. Aus (7.21) und (7.17) erhält man insbesondere die translative Integralformel

$$\int_{\mathbb{R}^2} A(K \cap (L + x), M) \, d\lambda(x) = A(K)A(L, M) + A(L)A(K, M). \qquad (7.25)$$

Sie ergibt sich zunächst für konvexe Körper K, L. Da aber $A(K, L)$ in jedem Argument additiv ist, läßt sich A in beiden Argumenten additiv auf den Konvexring fortsetzen, und (7.25) gilt dann wegen der Additivität auch auf $\mathcal{R}$.

Zu den inneren und den gemischten Volumina gibt es auch vektorwertige Gegenstücke. Wir benötigen hier nur den *Steinerpunkt*, der für $K \in \mathcal{K}'$ durch

$$s(K) := \frac{1}{\kappa_n} \int_{S^{n-1}} h(K, u)u \, d\omega(u) \qquad (7.26)$$

erklärt werden kann. Wegen $h(K + x, t) = h(K, x) + \langle x, t \rangle$ gilt

$$s(K + t) = s(K) + t \qquad \text{für } t \in \mathbb{R}^n.$$

Die gemischten Volumina genügen einer Reihe von Ungleichungen, die vielfach verwendbar sind. Für beliebige konvexe Körper $K, M, K_3, \ldots, K_n$ gilt die *Aleksandrov-Fenchelsche Ungleichung*

$$V(K, M, K_3, \ldots, K_n)^2 \geq V(K, K, K_3, \ldots, K_n)V(M, M, K_3, \ldots, K_n),$$

aus der weitere Ungleichungen herleitbar sind. Hierzu gehören die Minkowskische Ungleichung

$$V(M, K, \ldots, K)^n \geq V_n(M) V_n(K)^{n-1}, \tag{7.27}$$

die Ungleichungen

$$\left(\frac{\kappa_{n-j}}{\binom{n}{j}} V_j(K) \right)^k \geq \kappa_n^{k-j} \left(\frac{\kappa_{n-k}}{\binom{n}{k}} V_k(K) \right)^j \tag{7.28}$$

für $0 < j < k \leq n$ (siehe Schneider [1993], S. 334) und, als Spezialfall des allgemeinen Brunn-Minkowskischen Satzes (Schneider [1993], S. 339),

$$V_j(K + M)^{1/j} \geq V_j(K)^{1/j} + V_j(M)^{1/j} \tag{7.29}$$

für $K, M \in \mathcal{K}$ und $j = 1, \ldots, n$. Gleichheit gilt in (7.27) für $V_n(K) > 0$ und $\dim M > 0$ genau dann, wenn K und M homothetisch sind, und in (7.28) im Fall $V_j(K) > 0$ nur dann, wenn K eine Kugel ist. Für $j = n$ und n-dimensionale Körper K, M gilt Gleichheit in (7.29) nur dann, wenn K und M homothetisch sind.

Die vorstehenden Ungleichungen werden in diesem Buch auf spezielle konvexe Körper, nämlich Zonoide, angewendet. Einzelheiten zu den nachfolgenden Erläuterungen findet man in Schneider [1993], Abschnitte 3.5 und 5.3. Der konvexe Körper $Z \in \mathcal{K}'$ heißt (zentriertes) *Zonoid*, wenn seine Stützfunktion in der Form

$$h(Z, u) = \int_{S^{n-1}} |\langle u, v \rangle| \, d\rho(v) \qquad \text{für } u \in \mathbb{R}^n \tag{7.30}$$

mit einem geraden endlichen Borel-Maß ρ über der Sphäre S^{n-1} darstellbar ist. Das Maß ρ heißt dabei *gerade*, wenn $\rho(A) = \rho(A^*)$ für alle $A \in \mathcal{B}(S^{n-1})$ gilt. Jedes Translat eines zentrierten Zonoids wird als Zonoid bezeichnet. Zonoide sind also genau die konvexen Körper, die durch endliche Summen von Strecken approximiert werden können. Wenn (7.30) mit einem geraden Maß ρ gilt, heißt ρ das *erzeugende Maß* von Z. Es ist eindeutig bestimmt wegen des folgenden Satzes.

7.1.3 Satz. *Ist σ ein gerades signiertes Maß über S^{n-1} mit*

$$\int_{S^{n-1}} |\langle u, v \rangle| \, d\sigma(v) = 0 \qquad \text{für alle } u \in S^{n-1},$$

so ist $\sigma = 0$.

Für gemischte Volumina von Zonoiden gibt es spezielle Integraldarstellungen, in die die erzeugenden Maße eingehen. Sei Z_i ein Zonoid mit erzeugendem Maß ρ_i, für $i = 1, \ldots, n$. Für Vektoren $u_1, \ldots, u_j$ bezeichne $\nabla_j(u_1, \ldots, u_j)$ das j-dimensionale Volumen des von diesen Vektoren aufgespannten Parallelepipeds. Das gemischte Volumen von $Z_1, \ldots, Z_n$ ist dann gegeben durch

$$V(Z_1, \ldots, Z_n) = \frac{2^n}{n!} \int_{S^{n-1}} \cdots \int_{S^{n-1}} \nabla_n(u_1, \ldots, u_n) \, d\rho_1(u_1) \cdots d\rho_n(u_n).$$
(7.31)

Für die inneren Volumina des Zonoids Z mit erzeugendem Maß ρ gilt

$$V_j(Z) = \frac{2^j}{j!} \int_{S^{n-1}} \cdots \int_{S^{n-1}} \nabla_j(u_1, \ldots, u_j) \, d\rho(u_1) \cdots d\rho(u_j) \qquad (7.32)$$

für $j = 1, \ldots, n - 1$. Es ist zweckmäßig, hier dem erzeugenden Maß ρ ein Maß $\rho_{(j)}$ über der Grassmann-Mannigfaltigkeit $\mathcal{L}_j^n$ der j-dimensionalen linearen Unterräume zuzuordnen. Dazu sei $L_j : (S^{n-1})_*^j \to \mathcal{L}_j^n$ die Abbildung, die jedem linear unabhängigen j-Tupel $(u_1, \ldots, u_j)$ von Einheitsvektoren ihre lineare Hülle $L(u_1, \ldots, u_j)$ zuordnet; $(S^{n-1})_*^j$ ist also die Menge der linear unabhängigen j-Tupel in $(S^{n-1})^j$. Dann bezeichne $\rho_{(j)}$ das Bildmaß des in (7.32) auftretenden Maßes unter L_j mit geeigneter Normierung:

$$\rho_{(j)} := L_j \left(\frac{2^j}{j! \kappa_j} \int_{(\cdot)} \nabla_j(u_1, \ldots, u_j) \, d\rho^j(u_1, \ldots, u_j) \right). \qquad (7.33)$$

Da die Funktion $(u_1, \ldots, u_j) \mapsto \nabla_j(u_1, \ldots, u_j)$ auf $(S^{n-1})^j \setminus (S^{n-1})_*^j$ verschwindet, kann (7.32) auch in der Form

$$V_j(Z) = \kappa_j \rho_{(j)}(\mathcal{L}_j^n) \qquad (7.34)$$

geschrieben werden. Das Maß $\rho_{(j)}$ über $\mathcal{L}_j^n$ heißt das j-te *projektionserzeugende Maß* von Z, denn es gilt

$$V_j(Z|E) = \kappa_j \int_{\mathcal{L}_j^n} |\langle E, L \rangle| \, d\rho_{(j)}(L) \quad \text{für } E \in \mathcal{L}_j^n. \qquad (7.35)$$

Hier bezeichnet $Z|E$ das Bild von Z unter der Orthogonalprojektion auf E. Die Größe $|\langle E, L \rangle|$ ist in Abschnitt 4.1 erklärt worden. Gleichung (7.35) wird in allgemeinerer Form in Weil [1979], Theorem 2.2, bewiesen.

Zonoide mit inneren Punkten können als Projektionenkörper gedeutet werden. Der *Projektionenkörper* des konvexen Körpers $K \in \mathcal{K}$ ist definiert als der konvexe Körper Π_K mit der Stützfunktion

$$h(\Pi_K, u) = V_{n-1}(K|u^\perp), \qquad u \in S^{n-1}. \qquad (7.36)$$

Es gilt

$$V_{n-1}(K|u^\perp) = \frac{1}{2}\int_{S^{n-1}} |\langle u,v\rangle|\, dS_{n-1}(K,v), \qquad u \in S^{n-1}. \qquad (7.37)$$

Der Projektionenkörper Π_K ist also ein Zonoid mit dem geraden Anteil von $S_{n-1}(K,\cdot)/2$ als erzeugendem Maß.

In diesem Zusammenhang ist es wichtig zu wissen, welche Maße über der Sphäre als Oberflächenmaße von konvexen Körpern auftreten können. Der folgende Existenz- und Eindeutigkeitssatz, der auf Minkowski zurückgeht, gibt die Antwort.

7.1.4 Satz. *Sei φ ein endliches Borelmaß über der Sphäre S^{n-1} mit den Eigenschaften*

$$\int_{S^{n-1}} u\, d\varphi(u) = 0$$

und $\varphi(S) < \varphi(S^{n-1})$ für jede Großsphäre $S \subset S^{n-1}$. Dann gibt es einen konvexen Körper $K \in \mathcal{K}$ mit $S_{n-1}(K,\cdot) = \varphi$. Er ist bis auf Translationen eindeutig bestimmt.

Eine Verallgemeinerung des Projektionenkörpers spielt eine Rolle in der translativen Integralgeometrie. Wir betrachten hier nur den speziellen Fall konvexer Hyperflächen. Darunter verstehen wir jede Menge der Form $F = B \cap \operatorname{bd} K$, wo $K \in \mathcal{K}$ ein konvexer Körper mit inneren Punkten und $B \in \mathcal{B}(\mathbb{R}^n)$ eine Borelmenge ist. Für eine solche konvexe Hyperfläche F setzen wir

$$h(\Pi_F, u) := \frac{1}{2}\int_F |\langle u, n_K(x)\rangle|\, d\mathcal{H}^{n-1}(x), \qquad u \in S^{n-1}. \qquad (7.38)$$

Hier bezeichnet $n_K(x)$ den äußeren Normaleneinheitsvektor von K an der Stelle $x \in \operatorname{bd} K$; er ist $\mathcal{H}^{n-1}$-fast überall auf $\operatorname{bd} K$ eindeutig bestimmt. Das Integral hängt nur von F und nicht von K ab. Durch (7.38) wird ein Zonoid Π_F definiert, das als *Projektionenkörper* von F bezeichnet wird. Insbesondere gilt $\Pi_{\operatorname{bd} K} = \Pi_K$, wie sich aus einer Transformation des Integrals in (7.38) in ein Integral über die Sphäre S^{n-1} und (7.36), (7.37) ergibt. Sind nun $F_1, \ldots, F_n$ konvexe Hyperflächen, so gilt die integralgeometrische Formel

$$\int_{\mathbb{R}^n} \cdots \int_{\mathbb{R}^n} \operatorname{card}(F_1 \cap (F_2 + x_2) \cap \ldots \cap (F_n + x_n))\, d\lambda(x_2)\cdots d\lambda(x_n)$$

$$= n!\, V(\Pi_{F_1}, \ldots, \Pi_{F_n}). \qquad (7.39)$$

Sie ist ein Spezialfall eines wesentlich allgemeineren Resultats von Wieacker [1984].

Wir notieren noch eine gelegentlich zu benutzende Formel der translativen Integralgeometrie. Für $K \in \mathcal{K}$ mit inneren Punkten und beschränkte Borelmengen $B \subset \mathbb{R}^n$ gilt

$$\int_{\mathbb{R}^n} h(\Pi_{B \cap \mathrm{bd}(K+x)}, \cdot) \, d\lambda(x) = h(\Pi_K, \cdot) \lambda(B). \qquad (7.40)$$

Diese Gleichung ergibt sich aus

$$\int_{\mathbb{R}^n} h(\Pi_{B \cap \mathrm{bd}(K+x)}, \cdot) \, d\lambda(x) = \frac{1}{2} \int_{\mathbb{R}^n} \int_{(B-x) \cap \mathrm{bd}\, K} |\langle u, n_K(y) \rangle| \, d\mathcal{H}^{n-1}(y) \, d\lambda(x),$$

indem man ein Maß η definiert durch

$$\eta(A) := \int_{A \cap \mathrm{bd}\, K} |\langle u, n_K(y) \rangle| \, d\mathcal{H}^{n-1}(y), \qquad A \in \mathcal{B}(\mathbb{R}^n),$$

und dann (7.11) anwendet.

Neben den oben angeführten Ungleichungen aus der Theorie der gemischten Volumina sind Volumenabschätzungen von Nutzen, die sich auf Polarkörper beziehen. Ist $K \in \mathcal{K}$ ein konvexer Körper, für den 0 innerer Punkt ist, so ist der *Polarkörper* K° von K erklärt durch

$$K^\circ := \{ x \in \mathbb{R}^n : \langle x, y \rangle \leq 1 \text{ für alle } y \in K \}.$$

Es gilt

$$\rho(K^\circ, u) = \frac{1}{h(K, u)} \qquad \text{für } u \in S^{n-1}, \qquad (7.41)$$

wo ρ die *Radiusfunktion* bezeichnet. Sie ist definiert durch

$$\rho(K, u) := \sup\{ \lambda \geq 0 : \lambda u \in K \} \qquad \text{für } u \in S^{n-1},$$

wobei K allgemeiner ein (bezüglich 0) sternförmiger Bereich sein kann, das heißt eine Menge mit $[0, x] \subset K$ für alle $x \in K$.

Das Volumen des Polarkörpers eines konvexen Körpers K ist wegen (7.41) gegeben durch

$$V_n(K^\circ) = \frac{1}{n} \int_{S^{n-1}} h(K, u)^{-n} \, d\omega(u). \qquad (7.42)$$

Anwendung der Jensenschen Ungleichung ergibt mit (7.4) die Ungleichung

$$V_n(K^\circ) \geq \kappa_n \left(\frac{\kappa_{n-1}}{n \kappa_n} V_1(K) \right)^{-n}. \qquad (7.43)$$

Gleichheit gilt hier genau dann, wenn K eine Kugel mit Mittelpunkt 0 ist.

Für den Polarkörper des Projektionenkörpers eines konvexen Körpers $K \in \mathcal{K}$ mit inneren Punkten gilt die Pettysche Projektions-Ungleichung

$$V_n((\Pi_K)^\circ)V_n(K)^{n-1} \leq \left(\frac{\kappa_n}{\kappa_{n-1}}\right)^n \tag{7.44}$$

(siehe z.B. Schneider [1993], (7.4.5)). Hier gilt Gleichheit genau dann, wenn K ein Ellipsoid ist.

Ist schließlich Z ein Zonoid mit Mittelpunkt 0, so gelten die Ungleichungen

$$\frac{4^n}{n!} \leq V_n(Z)V_n(Z^\circ) \leq \kappa_n^2. \tag{7.45}$$

In der rechten Ungleichung (die nicht nur für Zonoide gilt) steht das Gleichheitszeichen genau dann, wenn Z ein Ellipsoid ist. Für Literaturhinweise sei auf Schneider [1993], S. 421, verwiesen. In der linken Ungleichung gilt Gleichheit genau dann, wenn das Zonoid Z ein Parallelepiped ist. Einen kurzen Beweis findet man in Gordon, Meyer und Reisner [1988].

In Abschnitt 5.5 benötigen wir Abschätzungen für Mengen des Konvexrings. Für $M \in \mathcal{R}$ läßt sich die Eulersche Charakteristik $\chi = V_0$ abschätzen durch

$$|\chi(M)| \leq N(M)^n, \tag{7.46}$$

wo N die vor Lemma 4.4.1 erklärte Größe ist. Dies folgt aus einem Resultat von Eckhoff [1980]. Sei nun $j \in \{1, \ldots, n-1\}$, $L \in \mathcal{L}_{n-j}^n$ und $K \in \mathcal{K}$ ein konvexer Körper mit $M \subset K$. Mit Satz 7.1.2 folgt dann aus (7.46) (angewandt in Räumen der Dimension $n-j$)

$$
\begin{aligned}
\alpha_{n0(n-j)}|V_j(M)| &\leq \int_{SO_n}\int_{L^\perp} |\chi(M \cap \vartheta(L+x)|\, d\lambda_{L^\perp}(x)\, d\nu(\vartheta) \\
&\leq \int_{SO_n}\int_{L^\perp} N(M)^{n-j}\chi(K \cap \vartheta(L+x))\, d\lambda_{L^\perp}(x)\, d\nu(\vartheta) \\
&= \alpha_{n0(n-j)}N(M)^{n-j}V_j(K).
\end{aligned}
$$

Es ist also

$$|V_j(M)| \leq V_j(K)N(M)^{n-j} \quad \text{für } M \in \mathcal{R},\ M \subset K \in \mathcal{K}. \tag{7.47}$$

Dies gilt auch für $j = 0$ und $j = n$.

Wir stellen jetzt einige Aussagen über konvexe Polytope zusammen, die in Kapitel 6 benötigt werden. Ist $P \subset \mathbb{R}^n$ ein Polytop und bezeichnet $N_i(P)$ die Anzahl der i-dimensionalen Seiten von P, so gilt die *Euler-Relation*

$$\sum_{i=0}^n (-1)^i N_i(P) = 1 \tag{7.48}$$

·(siehe z.B. Grünbaum [1967]). Eine verwandte Relation gilt für die in Abschnitt 6.1 betrachteten seitentreuen Mosaike. Ist m ein solches Mosaik im $\mathbb{R}^n$, ist S eine j-dimensionale Seite von m, $j \in \{0, \ldots, n-1\}$, und bezeichnet $N_i(\mathsf{m}, S)$ die Anzahl der i-dimensionalen Seiten von m, die S enthalten, so gilt

$$\sum_{i=j}^{n}(-1)^{n-i}N_i(\mathsf{m}, S) = 1. \tag{7.49}$$

Man kann dies etwa beweisen, indem man benutzt, daß die Eulersche Charakteristik χ eine additive Fortsetzung auf die Menge $U(\mathcal{P}_{ro})$ der endlichen Vereinigungen von relativ offenen Polytopen besitzt; für ein relativ offenes Polytop Q gilt dabei $\chi(Q) = (-1)^{\dim Q}$ (siehe Schneider [1987b]). Sind nun m und S wie angegeben, so wähle man ein n-dimensionales relativ offenes Polytop Q mit $Q \cap S \neq \emptyset$ und $Q \cap F = \emptyset$ für jede Seite F von m mit $S \not\subset F$. Dann ist

$$Q = \bigcup_F (Q \cap \operatorname{relint} F)$$

eine disjunkte Zerlegung, wenn F die Seiten von m durchläuft. Es folgt

$$(-1)^{\dim Q} = \chi(Q) = \sum_F \chi(Q \cap \operatorname{relint} F) = \sum_{F \supset S}(-1)^{\dim F}$$

und damit (7.49).

Wichtige metrische Größen eines Polytops sind die verschiedenen Winkel. Sei P ein konvexes Polytop und F eine k-dimensionale Seite von P, $k \in \{0, \ldots, \dim P\}$. Der Normalenkegel $N(P, F)$ von P bei F ist der Kegel der äußeren Normalenvektoren von P in einem (beliebigen) relativ inneren Punkt von F. Der *äußere Winkel* $\gamma(F, P)$ von P bei F wird erklärt durch

$$\gamma(F, P) := \lambda^{(n-k)}(N(P, F) \cap B^n)/\kappa_{n-k},$$

wo $\lambda^{(n-k)}$ das $(n-k)$-dimensionale Lebesgue-Maß über der linearen Hülle von $N(P, F)$ bezeichnet. Man setzt noch $\gamma(F, P) := 0$, wenn F nicht Seite von P ist. Mit Hilfe der äußeren Winkel läßt sich das i-te innere Volumen eines Polytops P ausdrücken durch

$$V_i(P) = \sum_{F \in \mathcal{S}_i(P)} \gamma(F, P)V_i(F), \tag{7.50}$$

wo $\mathcal{S}_i(P)$ die Menge der i-Seiten von P bezeichnet und wo $V_i(F)$ das i-dimensionale Volumen von F ist.

Der *innere Winkel* $\beta(F, P)$ eines n-dimensionalen Polytops bei der Seite F von P ist erklärt durch

$$\beta(F, P) := \lambda(S(P, F) \cap B^n)/\kappa_n,$$

wo $S(P, F)$ der von P bei einem (beliebigen) relativ inneren Punkt z von F aufgespannte Kegel ist, also $S(P, F) := \{\alpha(x - z) : x \in P, \ \alpha \geq 0\}$. Die *Gramsche Relation* besagt, daß

$$\sum_{i=0}^{n} (-1)^i \sum_{F \in \mathcal{S}_i(P)} \beta(F, P) = 0 \tag{7.51}$$

für jedes n-Polytop P gilt (siehe z.B. Grünbaum [1967]).

Wir benötigen in Abschnitt 6.3 eine kombinatorische Formel über die Zerlegung eines n-dimensionalen konvexen Körpers durch ein endliches System $\mathcal{H}$ von Hyperebenen. Es sei ν_k die Anzahl der k-dimensionalen Seiten der von $\mathcal{H}$ induzierten Zellzerlegung des $\mathbb{R}^n$, die das Innere von K treffen. Ist das System $\mathcal{H}$ in allgemeiner Lage, so gilt für $k \in \{0, \ldots, n\}$

$$\nu_k = \sum_{j=n-k}^{n} \binom{j}{n-k} \alpha_j, \tag{7.52}$$

wo α_j für $j \in \{1, \ldots, n\}$ die Anzahl der j-Tupel aus $\mathcal{H}$ bezeichnet, deren Durchschnitt das Innere von K trifft; ferner ist $\alpha_0 := 0$ gesetzt. Einen Beweis findet man in Miles [1982].

7.2 Integralgeometrische Transformationen

In diesem Abschnitt stellen wir einige Aussagen zusammen, die im Beweis von Satz 6.2.3 benutzt werden. Es handelt sich um integralgeometrische Transformationsformeln, wie sie in Abschnitt 6.1 von Schneider & Weil [1992] behandelt wurden, und um weitere ähnliche Resultate.

Zunächst zitieren wir die affine Blaschke-Petkantschin-Formel (Satz 6.1.5 in Schneider & Weil [1992]). Dazu bezeichnen wir, für $q = 1, \ldots, n$, mit $\Delta_q(y_0, \ldots, y_q)$ das q-dimensionale Volumen der konvexen Hülle von $y_0, \ldots, y_q \in \mathbb{R}^n$.

7.2.1 Satz. *Sei $1 \leq q \leq n$, sei $f : (\mathbb{R}^n)^{q+1} \to \mathbb{R}$ eine nichtnegative meßbare Funktion. Dann gilt*

$$\int_{\mathbb{R}^n} \cdots \int_{\mathbb{R}^n} f(x_0, \ldots, x_q) \, d\lambda(x_0) \cdots d\lambda(x_q)$$

$$= c_{nq}(q!)^{n-q} \int_{\mathcal{E}_q^n} \int_E \cdots \int_E f(x_0, \ldots, x_q) \Delta_q(x_0, \ldots, x_q)^{n-q}$$

$$d\lambda_E(x_0) \cdots d\lambda_E(x_q) \, d\mu_q(E)$$

mit

$$c_{nq} = \frac{\omega_{n-q+1} \cdots \omega_n}{\omega_1 \cdots \omega_q} \qquad (\omega_j := j\kappa_j).$$

Sodann geben wir eine Transformationsformel an, die ausnutzt, daß $n+1$ Punkte $x_0, \ldots, x_n \in \mathbb{R}^n$ in allgemeiner Lage auf einer eindeutig bestimmten Sphäre liegen. Diese Formel findet sich mit einer Beweisskizze bei Miles [1970a] (Gleichung (70)) und wurde auf anderem Wege auch von Affentranger [1990] gezeigt. Wir gehen hier im wesentlichen wie Møller [1994] (für $n = 3$) vor.

7.2.2 Satz. *Sei* $f : (\mathbb{R}^n)^{n+1} \to \mathbb{R}$ *eine nichtnegative meßbare Funktion. Dann gilt*

$$\int_{\mathbb{R}^n} \cdots \int_{\mathbb{R}^n} f(x_0, \ldots, x_n) \, d\lambda(x_0) \cdots d\lambda(x_n)$$

$$= n! \int_{\mathbb{R}^n} \int_0^\infty \int_{S^{n-1}} \cdots \int_{S^{n-1}} f(z + ru_0, \ldots, z + ru_n) r^{n^2-1} \Delta_n(u_0, \ldots, u_n)$$

$$d\omega(u_0) \cdots d\omega(u_n) \, dr \, d\lambda(z).$$

Beweis. Durch $(z, r, u_0, \ldots, u_n) \mapsto (z + ru_0, \ldots, z + ru_n)$ wird eine injektive und stetig differenzierbare Abbildung $T : \mathbb{R}^n \times [0, \infty) \times (S^{n-1})^{n+1} \to (\mathbb{R}^n)^{n+1}$ definiert. Wir müssen zeigen, daß ihre Funktionaldeterminante gegeben ist durch

$$D(z, r, u_0, \ldots, u_n) = n! \, r^{n^2-1} \, \Delta_n(u_0, \ldots, u_n). \qquad (7.53)$$

Beim Beweis benutzen wir die Blockschreibweise von Matrizen, schreiben A^t für die Transponierte einer Matrix A und fassen Vektoren des $\mathbb{R}^n$ auch als einspaltige Matrizen auf. E_k sei die k-fache Einheitsmatrix. Um (7.53) an einer gegebenen Stelle $(z, r, u_0, \ldots, u_n) \in \mathbb{R}^n \times [0, \infty) \times (S^{n-1})^{n+1}$ zu beweisen, können wir in einer Umgebung dieser Stelle spezielle lokale Koordinaten verwenden. Dazu führen wir für $i = 0, \ldots, n$ in einer Umgebung von u_i auf S^{n-1} Parameter derart ein, daß die $n \times n$-Matrix $(u_i \, \dot{u}_i)$, wo $\dot{u}_i$ die $n \times (n-1)$-Matrix der partiellen Ableitungen von u_i nach den jeweiligen Parametern bezeichnet, an der betrachteten Stelle orthogonal ist; das ist leicht erreichbar. Ist für ein $u \in S^{n-1}$ die Matrix $(u \, \dot{u})$ orthogonal, so gilt

$$\dot{u}^t u = 0, \qquad \dot{u}^t \dot{u} = E_{n-1}, \qquad E_n - \dot{u} \dot{u}^t = u u^t.$$

Damit folgt für $D = D(z, r, u_0, \ldots, u_n)$

$$D = \begin{vmatrix} E_n & u_0 & r\dot{u}_0 & 0 & \cdots & 0 \\ \cdot & \cdot & & 0 & \cdots & \cdot \\ \vdots & \vdots & \vdots & \vdots & \ddots & \vdots \\ E_n & u_n & 0 & \cdot & \cdots & r\dot{u}_n \end{vmatrix}.$$

Für $\tilde{D} := r^{1-n^2} D$ erhalten wir somit

$$\tilde{D}^2 = \begin{vmatrix} E_n & \cdot & \cdots & E_n \\ u_0^t & \cdot & \cdots & u_n^t \\ \dot{u}_0^t & 0 & \cdots & 0 \\ 0 & \cdot & & \cdot \\ \vdots & \vdots & \ddots & \vdots \\ 0 & \cdot & \cdots & \dot{u}_n^t \end{vmatrix} \cdot \begin{vmatrix} E_n & u_0 & \dot{u}_0 & 0 & \cdots & 0 \\ \cdot & \cdot & & 0 & \cdots & \cdot \\ \vdots & \vdots & \vdots & \vdots & \ddots & \vdots \\ E_n & u_n & 0 & \cdot & \cdots & \dot{u}_n \end{vmatrix}$$

$$= \begin{vmatrix} (n+1)E_n & \sum u_i & \dot{u}_0 & \cdots & \dot{u}_n \\ \sum u_i^t & n+1 & 0 & \cdots & 0 \\ \dot{u}_0^t & 0 & E_{n-1} & \cdots & 0 \\ \vdots & \vdots & \vdots & \ddots & \vdots \\ \dot{u}_n^t & 0 & 0 & \cdots & E_{n-1} \end{vmatrix}$$

$$= \begin{vmatrix} (n+1)E_n - \sum \dot{u}_i \dot{u}_i^t & \sum u_i \\ \sum u_i^t & n+1 \end{vmatrix} = \begin{vmatrix} \sum u_i u_i^t & \sum u_i \\ \sum u_i^t & n+1 \end{vmatrix}$$

$$= \left| \begin{pmatrix} u_0 & \cdots & u_n \\ 1 & \cdots & 1 \end{pmatrix} \begin{pmatrix} u_0^t & 1 \\ \vdots & \vdots \\ u_n^t & 1 \end{pmatrix} \right|$$

$$= (n!)^2 \Delta_n^2(u_0, \ldots, u_n),$$

wie behauptet. ∎

Schließlich benötigen wir noch eine zu Satz 6.3.1 in Schneider & Weil [1992] analoge Aussage. Sie ist wie der genannte Satz ein Spezialfall einer allgemeineren Aussage von Miles [1971] (Formel (29)) und liefert unter anderem das mittlere Volumen eines zufälligen Simplex mit auf der Einheitssphäre S^{n-1} unabhängig uniform verteilten Ecken.

7.2.3 Satz. *Für natürliche Zahlen $n \geq 1, 1 \leq q \leq n, k \geq 0$ gilt*

$$S(n,q,k) := \int_{S^{n-1}} \cdots \int_{S^{n-1}} \Delta_q(u_0, \ldots, u_q)^k d\omega(u_0) \cdots d\omega(u_q)$$

$$= \frac{1}{(q!)^k} \omega_{n+k}^{q+1} \frac{\kappa_{q(n+k-2)+n-2}}{\kappa_{(q+1)(n+k-2)}} \frac{c_{nq}}{c_{(n+k)q}}$$

(mit c_{nq} wie in Satz 7.2.1).

Beweis. Offenbar gilt $S(1,1,k) = 2^{k+1}$. Wegen

$$\frac{\kappa_{k+1}\kappa_{k-2}}{\kappa_{2k-2}} = \frac{2^k}{k+1}$$

stimmt das mit der Behauptung für $n = 1$, $q = 1$ überein. Sei nun $n \geq 2$. Für $0 < \rho < \sigma$ setzen wir $B(\rho, \sigma) := \{x \in \mathbb{R}^n : \rho \leq \|x\| \leq \sigma\}$. Nach Einführung von Polarkoordinaten und mit dem Mittelwertsatz der Integralrechnung erhalten wir

$$\int_{B(\rho,\sigma)} \cdots \int_{B(\rho,\sigma)} \Delta_q(x_0, \ldots, x_q)^k \, d\lambda(x_0) \cdots d\lambda(x_q) \qquad (7.54)$$

$$= \left(\frac{\sigma^n - \rho^n}{n}\right)^{q+1} \sigma^{kq} \int_{S^{n-1}} \cdots \int_{S^{n-1}} \Delta_q(t_0 u_0, \ldots, t_q u_q)^k \, d\omega(u_0) \cdots d\omega(u_q)$$

mit geeigneten Zahlen $t_i \in [\rho/\sigma, 1]$. Für $\sigma = 1$ ergibt sich daraus mit Verwendung von Satz 7.2.1 mit passenden $t_i \in [\rho, 1]$

$$\int_{S^{n-1}} \cdots \int_{S^{n-1}} \Delta_q(t_0 u_0, \ldots, t_q u_q)^k \, d\omega(u_0) \cdots d\omega(u_q)$$

$$= c_{nq}(q!)^{n-q} \left(\frac{n}{1-\rho^n}\right)^{q+1} \int_{\mathcal{L}_q^n} \int_{L^\perp} \int_{B(\rho,1) \cap (L+y)} \cdots \int_{B(\rho,1) \cap (L+y)}$$

$$\Delta_q(x_0, \ldots, x_q)^{n+k-q} \, d\lambda_{L+y}(x_0) \cdots d\lambda_{L+y}(x_q) \, d\lambda_{L^\perp}(y) \, d\nu_q(L).$$

Nun sei zunächst $q < n$. Für festes $L \in \mathcal{L}_q^n$ und $y \in L^\perp \cap \text{int } B^n$ erhalten wir mit (7.54), angewandt in $B(\rho, 1) \cap (L + y)$,

$$\left(\frac{n}{1-\rho^n}\right)^{q+1} \int_{B(\rho,1)\cap(L+y)} \cdots \int_{B(\rho,1)\cap(L+y)} \Delta_q(x_0, \ldots, x_q)^{n+k-q}$$

$$d\lambda_{L+y}(x_0) \cdots d\lambda_{L+y}(x_q)$$

$$= \left(\frac{n}{q}\right)^{q+1} \left(\frac{(1-\|y\|^2)^{\frac{q}{2}} - (\rho^2 - \|y\|^2)^{\frac{q}{2}}}{1-\rho^n}\right)^{q+1} \left(1 - \|y\|^2\right)^{\frac{q(n+k-q)}{2}}$$

$$\int_{S^{n-1}\cap L} \cdots \int_{S^{n-1}\cap L} \Delta_q(t_{0,y} u_0, \ldots, t_{q,y} u_q)^{n+k-q} \, d\omega_L(u_0) \cdots d\omega_L(u_q)$$

mit passend gewählten Zwischenwerten $t_{i,y}$, die

$$\frac{(\rho^2 - \|y\|^2)^{\frac{1}{2}}}{(1 - \|y\|^2)^{\frac{1}{2}}} \leq t_{i,y} \leq 1$$

erfüllen (und als meßbare Funktionen von y gewählt werden können). Hier ist ω_L das sphärische Lebesgue-Maß über $S^{n-1} \cap L$. Nun läßt sich der Grenzübergang $\rho \to 1$ durchführen, und mit dem Satz von der beschränkten Konvergenz folgt

$$S(n,q,k) = c_{nq}(q!)^{n-q}\omega_{n-q}S(q,q,n+k-q)\int_0^1 (1-t^2)^{\frac{q(n+k-1)}{2}-1}t^{n-q-1}dt$$

$$= \theta(n,q,k)S(q,q,n+k-q)$$

mit

$$\theta(n,q,k) := c_{nq}(q!)^{n-q}\frac{\kappa_{q(n+k-2)+n-2}}{\kappa_{q(n+k-1)-2}}.$$

(In Übereinstimmung mit der Formel $\kappa_p = \pi^{p/2}/\Gamma(1 + (p/2))$ ist hierbei $\kappa_{-1} = 1/\pi$.) Die Wahl $k = 0$ ergibt

$$\omega_n^{q+1} = \theta(n,q,0)S(q,q,n-q),$$

also ist

$$\omega_{n+k}^{q+1} = \theta(n+k,q,0)S(q,q,n+k-q) \qquad (7.55)$$

und daher

$$S(n,q,k) = \omega_{n+k}^{q+1}\frac{\theta(n,q,k)}{\theta(n+k,q,0)}.$$

Das ergibt die Behauptung für $q < n$. Für $k = 0$ ist sie trivialerweise richtig, und für $q = n$ und $k \geq 1$ ergibt sie sich aus (7.55), indem man (n,q,k) durch $(n+k,n,0)$ ersetzt. $\blacksquare$

7.3 Simulationsbeispiele

In diesem letzten Abschnitt zeigen wir einige Beispiele von Simulationen der wichtigsten Zufallsstrukturen, die wir in diesem Buch diskutiert haben. Abgebildet sind jeweils 6 bzw. 2 unabhängige Realisierungen von Punktprozessen oder zufälligen Mengen. Das Bildfenster ist immer ein Quadrat der Kantenlänge 1. Die Simulationen wurden zum Teil in einem größeren Bereich durchgeführt, um Randeffekte auszuschließen.

7.3.1 zeigt Simulationen eines gewöhnlichen stationären (und damit isotropen) Poissonprozesses, die Intensität ist $\gamma = 40$. Die Simulationen der weiteren Strukturen bauen zum Teil auf 7.3.1 auf. So wurden beim Hard-Core-Prozeß in 7.3.2 und beim Clusterprozeß in 7.3.3 die ersten beiden Simulationen aus 7.3.1 verwendet, und auch die Bilder der Voronoi-Mosaike in 7.3.11, 7.3.12 und 7.3.13 benutzten die Simulationen in 7.3.1, 7.3.2 und 7.3.3. Um bei diesen späteren Strukturen Randeffekte zu vermeiden, wurde der Poissonprozeß im Quadrat $[-1.5, 1.5] \times [-1.5, 1.5]$ erzeugt und das mittlere Einheitsquadrat $[-0.5, 0.5] \times [-0.5, 0.5]$ wurde in 7.3.1 abgebildet.

Beim Hard-Core-Prozeß in 7.3.2 wurde der Hard-Core-Abstand 0.125 gewählt. Zur Ausdünnung wurde jedem Punkt x des Poissonprozesses X aus 7.3.1 unabhängig ein Gewicht (uniform verteilt in $[0,1]$) zugewiesen. Dann wurde bei jedem Punktepaar (x, y) mit Abstand < 0.125 der Punkt mit dem niedrigeren Gewicht markiert, und am Ende wurden alle markierten Punkte gelöscht.

Für den Clusterprozeß in 7.3.3 wurden jedem der Punkte x des Poissonprozesses X aus 7.3.1 unabhängig die Punkte eines stationären Poissonprozesses Z mit Intensität 400 hinzugefügt, jeweils eingeschränkt auf den Kreis um x vom Radius 0.05. Die Anzahl der zu x hinzugekommenen Punkte ist also poissonverteilt zum Parameter π.

Die Intensität des Geradenprozesses in 7.3.4 ist 40. Zur Erzeugung wurde auf dem Parameterbereich $[0, 2\pi] \times [0, \sqrt{2}]$ ein Poissonprozeß der Intensität $40/\pi$ simuliert. Die Bilder zeigen das Quadrat $[0, 1] \times [0, 1]$.

Der Streckenprozeß in 7.3.5 besteht aus Strecken der festen Länge 0.1, die Intensität ist 100. Zur Erzeugung wurde zunächst ein Poissonprozeß X mit Intensität 100 im Kreis mit Radius $\sqrt{2}+0.1$ um den Ursprung simuliert. Dann wurde für jeden Punkt $x \in X$ unabhängig ein zufälliger, in $[0, \pi]$ uniform verteilter Winkel gewählt und eine Strecke der Länge 0.1 in dieser Richtung mit Mittelpunkt x konstruiert. Die Ausschnitte zeigen das Quadrat $[0, 1] \times [0, 1]$.

Bei dem nichtisotropen Geradenprozeß in 7.3.6 ist die Intensität 40 (wie in 7.3.4), die Winkel sind uniform verteilt in $[0.4, 0.85] \cup [1.9, 2.1]$. Ähnlich wie in 7.3.4 wurde zunächst ein Poissonprozeß X im Bereich $([0.4, 0.85] \cup [1.9, 2.1]) \times [-\sqrt{2}, \sqrt{2}]$ so erzeugt, daß die Anzahl der entstehenden Geraden poissonverteilt ist zum Parameter $40/\pi$ (dazu muß die Intensität γ von X zu $\gamma = 40/1.3$ gewählt werden).

Der Streckenprozeß in 7.3.7 wurde zunächst wie in 7.3.5 erzeugt, allerdings mit doppelter Intensität 200. Danach wurde der Streckenprozeß mit einer ähnlichen Methode wie in 7.3.2 ausgedünnt.

Den Booleschen Modellen in 7.3.8 und 7.3.9 liegt jeweils ein gewöhnlicher stationärer Poissonprozeß X im Quadrat $[-1.5, 1.5] \times [-1.5, 1.5]$ zugrunde, dessen Punkte dann durch unabhängig erzeugte Realisierungen einer zufälligen Menge Z ersetzt wurden. Im Fall von 7.3.8 hat X die Intensität

400, und die Menge Z ist eine Kreisscheibe (um den Nullpunkt) mit uniform verteiltem Radius $r \in [0.02, 0.05]$. Im Fall von 7.3.9 ist die Intensität 40, und Z ist ein achsenparalleles zentriertes Rechteck mit unabhängigen uniform verteilten Kantenlängen $a, b \in [0.1, 0.18]$. Abgebildet ist jeweils das mittlere Einheitsquadrat $[-0.5, 0.5] \times [-0.5, 0.5]$.

Beim nichtstationären Booleschen Modell in 7.3.10 liegt ebenfalls ein gewöhnlicher Punktprozeß vor (in diesem Fall aber ein nichtstationärer), dessen Punkte dann durch unabhängige zufällige Kreisscheiben mit in $[0.015, 0.05]$ uniform verteilten Radien ersetzt wurden. Zur Vereinfachung wurden die Realisierungen von X mit einer festen Punktanzahl (in diesem Fall 1000 Punkte im Quadrat $[-0.05, 1.05] \times [-0.05, 1.05]$) erzeugt. Die Punkte $x = (x^{(1)}, x^{(2)})$ von X in diesem Quadrat wurden unabhängig und identisch verteilt erzeugt, wobei die $x^{(1)}$-Koordinaten in $[-0.05, 1.05]$ uniform verteilt sind und die $x^{(2)}$-Koordinaten in $[-0.05, 1.05]$ die Dichte $\min(1, e^{-3.8y})$ besitzen (beide Koordinaten sind unabhängig). Der Bildausschnitt ist das Quadrat $[0, 1] \times [0, 1]$.

Die Voronoi-Mosaike in 7.3.11, 7.3.12 und 7.3.13 wurden mit einem Algorithmus erhalten, der in Aumann & Spitzmüller [1993], S. 140 – 150, beschrieben ist (siehe auch Preparata & Shamos [1985], Abschnitt 5.5.2, sowie Okabe, Boots & Sugihara [1992], Ch. 4). Zur Vermeidung von Randeffekten wurden die zugrundeliegenden Punktprozesse in einem Quadrat der Seitenlänge 3 erzeugt.

7.3.1   Stationärer Poissonprozeß

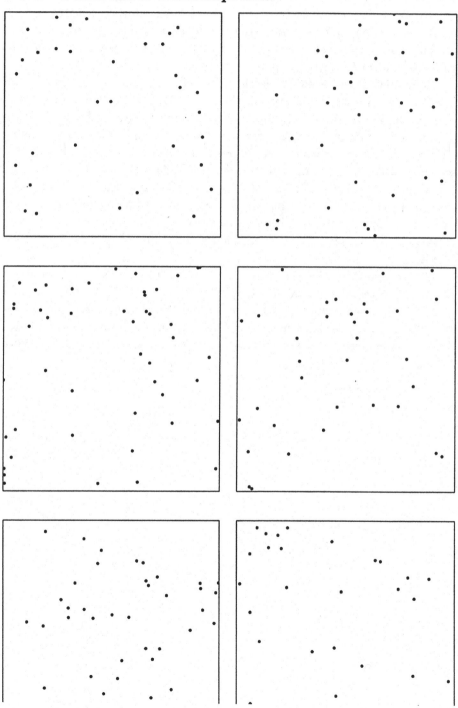

7.3.2   Hard-Core-Prozeß

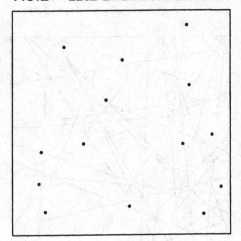 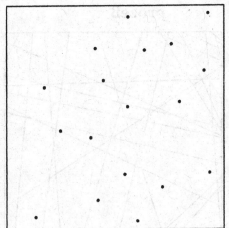

7.3.3   Clusterprozeß

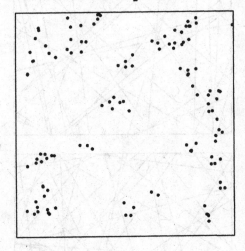 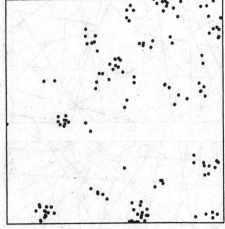

7.3.4   Stationärer   isotroper   Poissonscher   Geraden-prozeß

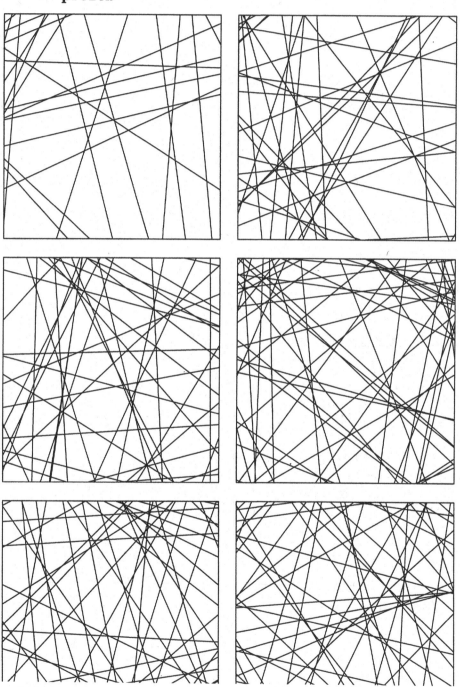

7.3.5 Stationärer isotroper Poissonscher Streckenprozeß

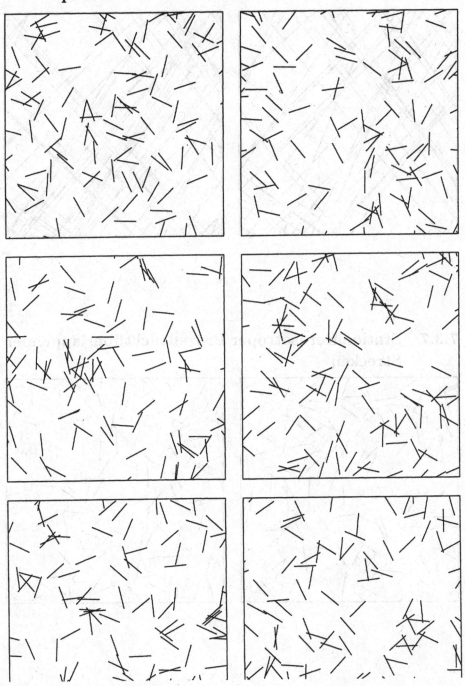

7.3.6 Stationärer nichtisotroper Poissonscher Geraden-prozeß

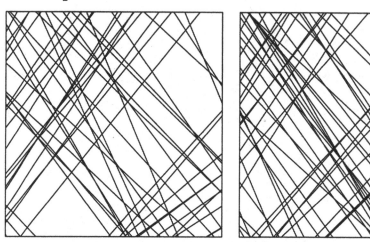

7.3.7 Stationärer isotroper Prozeß nichtüberlappender Strecken

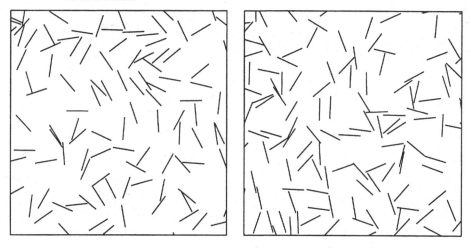

7.3.8 Stationäres isotropes Boolesches Modell

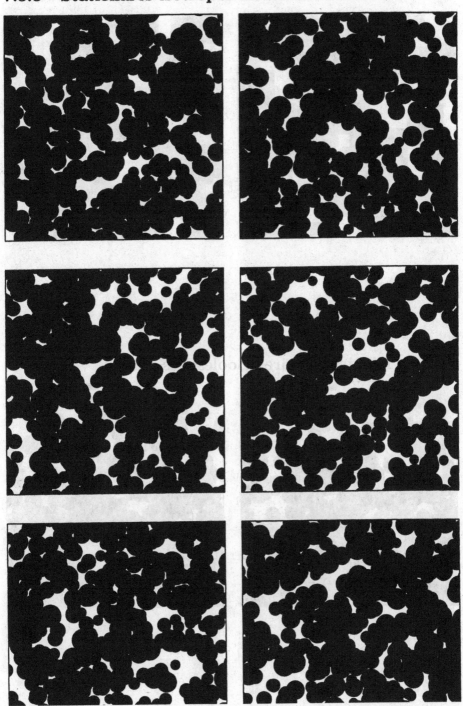

7.3.9   Stationäres nichtisotropes Boolesches Modell

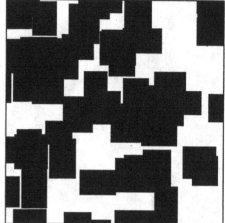

7.3.10   Nichtstationäres Boolesches Modell

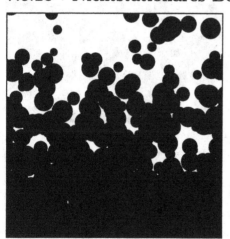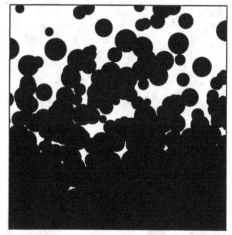

7.3.11 Poisson-Voronoi-Mosaik

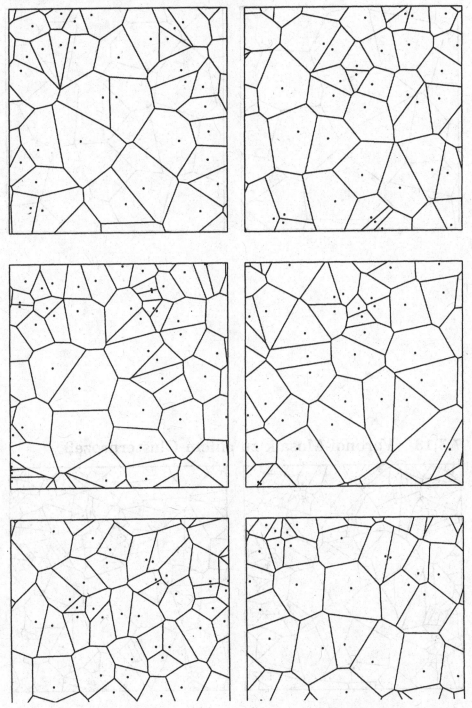

7.3.12 Voronoi-Mosaik zu einem Hard-Core-Prozeß

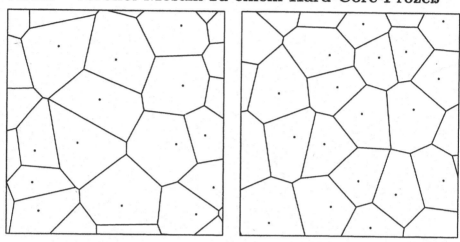

7.3.13 Voronoi-Mosaik zu einem Clusterprozeß

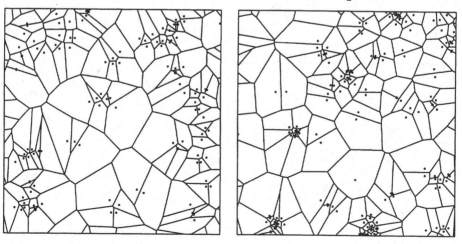

Literaturverzeichnis

Adler, R.J. (1981) *The Geometry of Random Fields.* Wiley, New York.

Affentranger, F. (1990) Random spheres in a convex body. *Arch. Math.* **55**, 74 – 81.

Ambartzumian, R.V. (1971) On random plane mosaics. *Soviet Math. Dokl.* **12**, 1349 – 1353.

— (1974) Convex polygons and random tessellations. In *Stochastic Geometry*, eds. E.F. Harding and D.G. Kendall. Wiley, New York.

— (1990) *Factorization Calculus and Geometric Probability.* Cambridge Univ. Press, Cambridge.

Ambartzumian, R.V., Mecke, J., Stoyan, D. (1993) *Geometrische Wahrscheinlichkeiten und Stochastische Geometrie.* Akademie Verlag, Berlin.

Araujo, A., Giné, E., (1980) *The Central Limit Theorem for Real and Banach Valued Random Variables.* Wiley, New York.

Arbeiter, E., Zähle, M. (1994) Geometric measures for random mosaics in spherical spaces. *Stochastics Stochastics Rep.* **46**, 63 – 77.

Aumann, G., Spitzmüller, K. (1993) *Computerorientierte Geometrie.* B.I. Wissenschaftsverlag, Mannheim.

Baddeley, A.J. (1982) Stochastic geometry: An introduction and reading list. *Int. Stat. Rev.* **50**, 179 – 193.

Barndorff-Nielsen, O.E., Kendall, W.S., van Lieshout, M.N.M. (eds.) (1999) *Stochastic Geometry: Likelihood and Computation.* Monographs on Statistics and Applied Probability 80, Chapman & Hall/CRC, Boca Raton.

Berg, C., Christensen, J.P.R., Ressel, P. (1984) *Harmonic Analysis on Semigroups.* Springer, New York.

Betke, U., Weil, W. (1991) Isoperimetric inequalities for the mixed area of plane convex sets. *Arch. Math.* **57**, 501 – 507.

Chiu, S.N., van de Weygaert, R., Stoyan, D., The sectional Poisson Voronoi tessellation is not a Voronoi tessellation. *Adv. Appl. Probab.* (SGSA) **28**, 356 – 376.

330

Choquet, G. (1955) Theory of capacities. *Ann. Inst. Fourier* V (1953 – 54), 131 – 295.

— (1969) *Lectures on Analysis*, vol. 1. W.A. Benjamin, Reading, Mass.

Cohn, D.L. (1980), *Measure Theory.* Birkhäuser, Boston.

Cowan, R. (1978) The use of the ergodic theorems in random geometry. *Adv. Appl. Probab., Suppl.,* **10**, 47 – 57.

— (1980), Properties of ergodic random mosaic processes. *Math. Nachr.* **97**, 89 – 102.

Cressie, N.A. (1993) *Statistics for Spatial Data.* Wiley, New York.

Daley, D., Vere-Jones, D. (1988) *An Introduction to the Theory of Point Processes.* Springer, New York.

Davy, P. (1976) Projected thick sections through multi-dimensional particle aggregates. *J. Appl. Probab.* **13**, 714 – 722. Correction: *J. Appl. Probab.* **15** (1978), 456.

— (1978) *Stereology – A Statistical Viewpoint.* Thesis, Australian National University, Canberra.

Diggle, P.J. (1983) Statistical Analysis of Spatial Point Patterns. Academic Press, London.

Eckhoff, J. (1980) Die Euler-Charakteristik von Vereinigungen konvexer Mengen im $\mathbf{R}^d$. *Abh. Math. Semin. Univ. Hamb.* **50**, 135 – 146.

Fallert, H. (1992) Intensitätsmaße und Quermaßdichten für (nichtstationäre) zufällige Mengen und geometrische Punktprozesse. Dissertation, Universität Karlsruhe.

— (1996) Quermaßdichten für Punktprozesse konvexer Körper und Boolesche Modelle. *Math. Nachr.* **181**, 165 – 184.

Favis, W. (1995) Extremaleigenschaften und Momente für stationäre Poissonsche Hyperebenenmosaike. Dissertation, Friedrich-Schiller-Universität Jena

— (1996) Inequalities for stationary Poisson cuboid processes. *Math. Nachr.* **178**, 117 – 127.

Favis, W., Weiss, V. (1998) Mean values of weighted cells of stationary Poisson hyperplane tessellations of R^d. *Math. Nachr.* **193**, 37 – 48.

Führer, L. (1977) *Allgemeine Topologie mit Anwendungen.* Vieweg, Braunschweig.

Gardner, R.J. (1995) *Geometric Tomography.* Cambridge University Press, Cambridge.

Gardner, R.J., Pfeffer, W.F. (1984) Borel measures. In: *Handbook of Set-theoretic Topology* (K. Kunen, J.E. Vaughan, eds.), North-Holland, Amsterdam, pp. 961 – 1043.

Gänssler, P., Stute, W. (1977) *Wahrscheinlichkeitstheorie.* Springer, Berlin.

Geman, D. (1990) Random fields and inverse problems in imaging. In: *Ecole d'Eté de Probabilités de Saint-Flour VIII-1988* (A. Ancona, D. Geman, N. Ikeda, eds.) Lect. Notes Math. **1427**, Springer, Berlin, pp. 117 – 193.

Gilbert, E.N. (1962) Random subdivisions of space into crystals. *Ann. Math. Statist.* **33**, 958 - 972.

Giné, E., Hahn, M.G. (1985) The Lévy-Hinčin representation for random compact convex subsets which are infinitely divisible under Minkowski addition. *Z. Wahrscheinlichkeitsth. verw. Geb.* **70**, 271 – 287.

Giné, E., Hahn, M.G., Zinn, J. (1983) Limit theorems for random sets: an application of probability in Banach space results. In: *Lect. Notes Math.* **990**, Springer, Berlin, pp. 112 – 135.

Goodey, P., Howard, R. (1990a) Processes of flats induced by higher-dimensional processes. *Adv. Math.* **80**, 92 – 109.

— (1990b) Processes of flats induced by higher-dimensional processes II. *Contemp. Math.* **113**, 111 – 119.

Goodey, P., Howard, R., Reeder, M. (1996) Processes of flats induced by higher-dimensional processes III. *Geom. Dedicata* **61**, 257 – 269.

Gordon, Y., Meyer, M., Reisner, S. (1988) Zonoids with minimal volume product – a new proof. *Proc. Amer. Math. Soc.* **104**, 273 – 276.

Goudsmit, S. (1945) Random distributions of lines in a plane. *Rev. Modern Phys.* **17**, 321 – 322.

Goutsias, J., Mahler, R.P.S., Nguyen, H.T. (1997) *Random Sets: Theory and Applications.* Springer, New York.

Grünbaum, B. (1967) *Convex Polytopes.* Interscience, London etc.

Hadwiger, H. (1957) *Vorlesungen über Inhalt, Oberfläche und Isoperimetrie.* Springer, Berlin.

Hall, P. (1985) Counting methods for inference in binary mosaics. *Biometrics* **41**, 1049 – 1052.

— (1988) *Introduction to the Theory of Coverage Processes.* Wiley, New York.

Halmos, P.R. (1950) *Measure Theory.* Van Nostrand, Princeton, N. J.

Hanisch, K.-H. (1981) On classes of random sets and point processes. *Serdica* **7**, 160 – 166.

Harding, E.F., Kendall, D.G. (1974) *Stochastic Geometry.* Wiley, London.

Hausdorff, F. (1914) *Grundzüge der Mengenlehre.* Verlag von Veit, Leipzig.

Heinrich, L. (1992) On existence and mixing properties of germ-grain models. *Statistics* **23**, 271 – 286.

— (1998) Contact and chord length distribution of a stationary Voronoi tessellation. *Adv. Appl. Probab.* **30**, 603 – 618.

Janson, S., Kallenberg, O. (1981) Maximizing the intersection density of fibre processes. *J. Appl. Probab.* **18**, 820 – 828.

Jensen, E.B.V. (1998) *Local Stereology.* World Scientific, Singapore.

Kallenberg, O. (1983) *Random Measures.* 3. Aufl., Akademie Verlag, Berlin und Academic Press, London.

Karr, A.F. (1986) *Point Processes and their Statistical Inference.* Marcel Dekker, New York.

Kellerer, A.M. (1983) On the number of clumps resulting from the overlap of randomly placed figures in the plane. *J. Appl. Probab.* **20**, 126 – 135.

— (1985) Counting figures in planar random configurations. *J. Appl. Probab.* **22**, 68 – 81.

Kellerer, H.G. (1984) Minkowski functionals of Poisson processes. *Z. Wahrscheinlichkeitsth. verw. Geb.* **67**, 63 – 84.

Kendall. D.G. (1974) Foundations of a theory of random sets. In: *Stochastic Geometry* (E. F. Harding and D. G. Kendall, eds.) Wiley, New York, pp. 322 – 376.

Kendall, W.S., Mecke, J. (1987) The range of the mean-value quantities of planar tessellations. *J. Appl. Probab.* **24**, 411 – 421.

Kerstan, J., Matthes, K., Mecke, J. (1974) *Unbegrenzt teilbare Punktprozesse.* Akademie-Verlag, Berlin.

Keutel, J. (1991) Ein Extremalproblem für zufällige Ebenen und für Ebenenprozesse in höherdimensionalen Räumen. Dissertation, Universität Jena.

Kingman, J.F.C. (1993) *Poisson Processes.* Clarendon Press, Oxford.

Klain D. (1995) A short proof of Hadwiger's characterization theorem. *Mathematika* **42**, 329 - 339.

Klein, E., Thompson, A.C. (1984) *Theory of Correspondences.* Wiley, New York.

König, D., Schmidt, V. (1992) *Zufällige Punktprozesse.* Teubner, Stuttgart.

Krengel, U. (1985) *Ergodic Theorems.* W. de Gruyter, Berlin.

Leistritz, L., Zähle, M. (1992) Topological mean value relations for random cell complexes. *Math. Nachr.* **155**, 57 – 72.

Mase, S. (1979) Random compact convex sets which are infinitely divisible with respect to Minkowski addition. *Adv. Appl. Probab.* **11**, 834 – 850.

Matheron, G. (1969) *Théorie des ensembles aléatoires.* In: *Cahiers du Centre de Morph. Math.*, Fasc. **4**, Fontainebleau.

— (1972) Ensembles aléatoires, ensembles semi-markoviens et polyèdres poissoniens. *Adv. Appl. Probab.* **4**, 508 – 541.

— (1974) Hyperplans Poissoniens et compact de Steiner. *Adv. Appl. Probab.* **6**, 563 – 579.

— (1975) *Random Sets and Integral Geometry.* Wiley, New York.

Matschinski, M. (1954) Considérations statistiques sur les polygones et les polyèdres. *Publ. Inst. Stat. Univ. Paris* **3**, 179 – 201.

Matthes, K., Kerstan, J., Mecke, J. (1978) *Infinitely Divisible Point Processes.* Wiley, Chichester.

Mecke, J. (1980) Palm methods for stationary random mosaics. In: *Combinatorial Principles in Stochastic Geometry* (R.V. Ambartzumian, ed.), Armenian Acad. Sci. Publ., Erevan, 124 – 132.

— (1983) Inequalities for intersection densities of superpositions of stationary Poisson hyperplane processes. In: *Proc. Second Int. Workshop Stereology, Stochastic Geometry* (E. B. Jensen, H. J. G. Gundersen, eds.), Aarhus, pp. 115 – 124.

— (1984a) Parametric representation of mean values for stationary random mosaics. *Math. Operationsforsch. Statist., Ser. Statist.* **15**, 437 – 442.

— (1984b) Isoperimetric properties of stationary random mosaics. *Math. Nachr.* **117**, 75 – 82.

— (1984c) Random tessellations generated by hyperplanes. In: *Stochastic Geometry, Geometric Statistics, Stereology.* Proc. Conf. Oberwolfach, 1983 (R.V. Ambartzumian, W. Weil, eds.), Teubner, Leipzig, pp. 104 – 109.

— (1986) On some inequalities for Poisson networks. *Math. Nachr.* **128**, 81 – 86.

— (1987) Extremal properties of some geometric processes. *Acta Appl. Math.* **9**, 61 – 69.

— (1988a) An extremal property of random flats. *J. Microscopy* **151**, 205 – 209.

— (1988b) Random r-flats meeting a ball. *Arch. Math.* **51**, 378 – 384.

— (1988c) An isoperimetric inequality for random quadrangle tessellations. *Statistics* **19**, 57 – 65.

— (1991) On the intersection density of flat processes. *Math. Nachr.* **151**, 69 – 74.

— (1995) Inequalities for the anisotropic Poisson polytope. *Adv. Appl. Probab.* **27**, 56 – 62.

— (1998) Inequalities for mixed stationary Poisson hyperplane tessellations. *Adv. Appl. Probab. (SGSA)* **30**, 921 – 928.

— (1999) On the relationship between the 0-cell and the typical cell of a stationary random tessellation. *Pattern Recognition* **32**, 1645 – 1648.

Mecke, J., Muche, L. (1995) The Poisson Voronoi tessellation I. A basic identity. *Math. Nachr.* **176**, 199 – 208.

Mecke, J., Schneider, R., Stoyan, D., Weil, W. (1990) *Stochastische Geometrie.* Birkhäuser, Basel.

Mecke, J. Stoyan, D. (1980a) Formulas for stationary planar fibre processes I – General theory. *Math. Operationsforsch. Statist., Ser. Statistics* **11**, 267 – 279.

— (1980b) Stereological problems for spherical particles. *Math. Nachr.* **96**, 311 – 317.

Mecke, J., Thomas, C. (1986) On an extreme value problem for flat processes. *Commun. Stat., Stochastic Models* (2) **2**, 273 – 280.

Mecke, K. (1994) *Integralgeometrie in der Statistischen Physik.* Verlag Harri Deutsch, Thun.

— (1998) Integral geometry in statistical physics. *Int. J. Mod. Phys.* B **12**, 861 – 899.

Meesters, R., Roy, R. (1996) *Continuum Percolation.* Cambridge University Press, New York.

Meijering, J.L. (1953) Interface area, edge length, and number of vertices in crystal aggregates with random nucleation. *Philips Res. Rep.* **8**, 270 – 290.

Michael, E. (1951) Topologies on Spaces of Subsets. *Trans. Amer. Math. Soc.* **71**, 152 – 182.

Miles, R. E. (1961) Random polytopes: the generalisation to n dimensions of the intervals of a Poisson process. Thesis, Cambridge University.

— (1964a) Random polygons determined by random lines in a plane. *Proc. Nat. Acad. Sci.* **52**, 902 – 907.

— (1964b) Random polygons determined by random lines in a plane II. *Proc. Nat. Acad. Sci.* **52**, 1157 – 1160.

336

— (1969) Poisson flats in Euclidean spaces. I: A finite number of random uniform flats. *Adv. Appl. Probab.* **1**, 211 – 237.

— (1970a) A synopsis of 'Poisson flats in Euclidean spaces'. Izv. Akad. Nauk Arm. SSR, Mat. **5** (1970), 263 – 285. Reprinted in: *Stochastic Geometry* (E.F. Harding, D.G. Kendall, eds.) Wiley, New York, 1974, pp. 202 – 227.

— (1970b) On the homogeneous planar Poisson point process. *Math. Biosci.* **6**, 85 – 127.

— (1971a) Poisson flats in Euclidean spaces. II: Homogeneous Poisson flats and the complementary theorem. *Adv. Appl. Probab.* **3**, 1 – 43.

— (1971b) Random points, sets and tessellations on the surface of a sphere. *Sankhyā, Ser. A* **33**, 145 – 174.

— (1971c) Isotropic random simplices. *Adv. Appl. Probab.* **3**, 353 – 382.

— (1972) The random division of space. *Adv. Appl. Probab., Suppl.*, 243 – 266.

— (1973) The various aggregates of random polygons determined by random lines in a plane. *Adv. Math.* **10**, 256 – 290.

— (1976) Estimating aggregate and overall characteristics from thick sections by transmission microscopy. *J. Microscopy* **107**, 227 – 233.

— (1982) A generalization of a formula of Steiner. *Z. Wahrscheinlichkeitsth. verw. Gebiete* **61**, 375 – 378.

— (1984) Sectional Voronoi tessellations. Rev. Unión Mat. Argentina **29**, 310 – 327.

— (1986) Random tessellations. In *Encyclopedia of Statistical Sciences*, vol. 7, ed. S. Kotz and N.L. Johnson, Wiley, New York, 567 – 572.

— (1995) A heuristic proof of a long-standing conjecture of D.G. Kendall concerning the shapes of certain large random polygons. *Adv. Appl. Probab. (SGSA)* **27**, 397 – 417.

Miles, R.E., Davy, P. (1976) Precise and general conditions for the validity of a comprehensive set of stereological fundamental formulae. *J. Microscopy* **107**, 211 – 226.

Miles, R.E., Maillardet, R.J. (1982) The basic structures of Voronoi and generalized Voronoi polygons. *J. Appl. Probab.* **19 A**, 97 – 112.

Molchanov, I.S. (1991) Random sets. A survey of results and applications. (Russian) *Ukr. Mat. Zh.* **43**, 1587 – 1599. Engl. transl.: *Ukr. Math. J.* **43**, 1477 – 1487 (1992).

— (1993) *Limit Theorems for Unions of Random Closed Sets.* Lect. Notes Math. **1561**, Springer, Berlin.

— (1995) Statistics of the Boolean model: from the estimation of means to the estimation of distributions. *Adv. Appl. Probab.* **27**, 63 – 86.

— (1996) Set-valued estimators for mean bodies related to Boolean models. *Statistics* **28**, 43 – 56.

— (1997) *Statistics of the Boolean Model for Practitioners and Mathematicians.* Wiley, Chichester.

Molchanov, I., Stoyan, D. (1994) Asymptotic properties of estimators for parameters of the Boolean model. *Adv. Appl. Probab.* **26**, 301 – 323.

Møller, J. (1989) Random tessellations in $\mathbb{R}^d$. *Adv. Appl. Probab.* **21**, 37 – 73.

— (1992) Random Johnson-Mehl tessellations. *Adv. Appl. Probab.* **24**, 814 – 844.

— (1994) *Lectures on Random Voronoi Tessellations.* Lect. Notes Statist. **87**, Springer, New York.

— (1998) A review on probabilistic models and results for Voronoi tessellations. In *Voronoi's Impact on Modern Science*, eds. P. Engel and H. Syta, vol. I, *Inst. Math. Nat. Acad. Sci. Ukraine, Kyev*, 254 – 265.

Møller, J., Zuyev, S. (1996) Gamma-type results and other related properties of Poisson processes. *Adv. Appl. Probab.* **28**, 662 – 673.

Moran, P.A.P. (1975) Another quasi-Poisson plane point process. *Z. Wahrscheinlichkeitsth. verw. Geb.* **33**, 269 – 272.

Muche, L. (1993a) Untersuchung von Verteilungseigenschaften des Poisson-Voronoi-Mosaiks. Dissertation, Bergakademie Freiberg.

— (1993b) Distributional properties of the Poisson-Voronoi tessellation. *Acta Stereol.* **12**, 125 – 130.

338

— (1996) The Poisson Voronoi tessellation II. Edge length distribution functions. *Math. Nachr.* **178**, 271 – 283.

— (1998) The Poisson Voronoi tessellation III. Miles' formula. *Math. Nachr.* **191**, 247 – 267.

Muche, L., Stoyan, D. (1992) Contact and chord length distributions of the Poisson Voronoi tessellation. *J. Appl. Probab.* **29**, 467 – 471.

Neveu, J. (1969) *Mathematische Grundlagen der Wahrscheinlichkeitstheorie.* R. Oldenburg, München.

— (1977) Processus ponctuels. In: *Ecole d'Eté de Probabilités de Saint-Flour VI-1976* (P.-L. Hennequin, ed.) Lect. Notes Math. **598**, Springer, Berlin, pp. 249 – 447.

Nguyen, X.X., Zessin, H. (1979) Ergodic theorems for spatial processes. *Z. Wahrscheinlichkeitsth. verw. Geb.* **48**, 133 – 158.

Norberg, T. (1984) Convergence and existence of random set distributions. *Ann. Probab.* **12**, 726 – 732.

— (1989) Existence theorems for measures on continuous posets, with applications to random set theory. *Math. Scand.* **64**, 15 – 51.

Okabe, A., Boots, B., Sugihara, K. (1992) *Spatial Tessellations; Concepts and Applications of Voronoi Diagrams.* Wiley, Chichester.

Preparata, F.P., Shamos, M.I. (1985) *Computational Geometry: An Introduction.* Springer, New York.

Querenburg, B. v. (1979) *Mengentheoretische Topologie.* 2. Aufl., Springer, Berlin.

Radecke, W. (1980) Some mean value relations on stationary random mosaics in the space. *Math. Nachr.* **97**, 203 – 210.

Rataj, J. (1996) Estimation of oriented direction distribution of a planar body. *Adv. Appl. Probab. (SGSA)* **28**, 394 – 404.

Rathie, P.N. (1992) On the volume distribution of the typical Poisson-Delaunay cell. *J. Appl. Probab.* **29**, 740 – 744.

Reiss, R.-D. (1993) *A Course on Point Processes.* Springer, New York.

Rényi, A. (1967) Remarks on the Poisson process. *Stud. Sci. Math. Hung.* **2**, 119 – 123.

Richards, P.I. (1964) Averages for polygons formed by random lines. *Proc. Nat. Acad. Sci.* **52**, 1160 – 1164.

Ripley, B.D. (1981) *Spatial Statistics.* Wiley, New York.

— (1988) *Statistical Inference for Spatial Processes.* Cambridge University Press, Cambridge.

Rockafellar, R.T., Wets, R.J.-B. (1998) *Variational Analysis.* Springer, Berlin.

Ross, D. (1986) Random sets without separability. *Ann. Probab.* **14**, 1064 – 1069.

Santaló, L.A. (1976) *Integral Geometry and Geometric Probability.* Addison-Wesley, Reading, Mass.

— (1984) Mixed random mosaics. *Math. Nachr.* **117**, 129 – 133.

Scheike, Th.H. (1994) Anisotropic growth of Voronoi cells. *Adv. Appl. Probab.* **26**, 43 – 53.

Schlather, M. (1999) A formula for the edge length distribution function of the Poisson Voronoi tessellation. *Math. Nachr.* (erscheint).

Schmitt, M. (1991) Estimation of the density in a stationary Boolean model. *J. Appl. Probab.* **28** (1991), 702 – 708.

— (1997) Estimation of intensity and shape in a non-stationary Boolean model. In: *Advances in Theory and Applications of Random Sets.* Proc. Int. Symp. Fontainebleau, 1996, (D. Jeulin, ed.) World Scientific, Singapore, pp. 251 – 267.

Schneider, R. (1981) A local formula of translative integral geometry. *Arch. Math.* **36**, 466 – 469.

— (1982a) Random polytopes generated by anisotropic hyperplanes. *Bull. London Math. Soc.* **14**, 549 – 553.

— (1982b) Random hyperplanes meeting a convex body. *Z. Wahrscheinlichkeitstheorie verw. Geb.* **61**, 379 – 387.

— (1987a) Geometric inequalities for Poisson processes of convex bodies and cylinders. *Result. Math.* **11**, 165 – 185.

— (1987b) Equidecomposable polyhedra. In: *Intuitive Geometry*, Siófok 1985, *Colloquia Math. Soc. János Bolyai* **48**, North-Holland, Amsterdam, pp. 481 – 501.

— (1987c) Tessellations generated by hyperplanes. *Discrete Comput. Geom.* **2**, 223 – 232.

— (1993) *Convex Bodies: the Brunn-Minkowski Theory*. Cambridge University Press, Cambridge.

— (1995) Isoperimetric inequalities for infinite hyperplane systems. *Discrete Comput. Geom.* **13** , 609 – 627.

— (1999) A duality for Poisson flats. *Adv. Appl. Probab.* **31**, 63 – 68.

Schneider, R., Weil, W. (1992) *Integralgeometrie*. Teubner, Stuttgart.

Schneider, R., Wieacker, J.A. (1993) Integral geometry. In: *Handbook of Convex Geometry*, vol B (P.M. Gruber, J.M. Wills, eds.), Elsevier, Amsterdam, pp. 1349 – 1390.

Schulte, E. (1993) Tilings. In: *Handbook of Convex Geometry*, vol B (P.M. Gruber, J.M. Wills, eds.), Elsevier, Amsterdam, pp. 899 – 932.

Serra, J.A. (1982) *Image Analysis and Mathematical Morphology*. Academic Press, London.

Solomon, H. (1978) *Geometric Probability*. Soc. Industr. Appl. Math., Philadelphia.

Stoyan, D. (1979) Proofs of some fundamental formulas of stereology for non-Poisson grain models. *Math. Operationsforsch. Statist., Ser. Optimization* **10**, 575 – 583.

— (1982) Stereological formulae for size distributions via marked point processes. *Probab. Math. Stat.* **2**, 161 – 166.

— (1990) Stereology and stochastic geometry. *Int. Stat. Rev.* **58**, 227 – 242.

— (1998) Random sets: Models and statistics. *Int. Stat. Rev.* **66**, 1 – 27.

Stoyan, D., Kendall, W.S., Mecke, J. (1995) *Stochastic Geometry and Its Applications*. 2. Aufl., Wiley, Chichester.

Stoyan, D., Mecke, J. (1983) *Stochastische Geometrie: Eine Einführung.* Akademie-Verlag, Berlin.

Stoyan, D., Molchanov, I. (1997) Set-valued means of random particles. *Math. Imaging and Vision* **7**, 111 – 121.

Stoyan, D., Stoyan, H. (1992) *Fraktale, Formen, Punktfelder.* Akademie-Verlag, Berlin.

— (1994) *Fractals, Random Shapes and Point Fields.* Wiley, Chichester.

Streit, F. (1970) On multiple integral geometric integrals and their applications to probability theory. *Can. J. Math.* **22**, 151 – 163.

Tanner, J.C. (1983a) The proportion of quadrilaterals formed by random lines in a plane. *J. Appl. Probab.* **20**, 400 – 404.

— (1983b) Polygons formed by random lines in a plane: Some further results. *J. Appl. Probab.* **20**, 778 – 787.

Tempel'man, A.A. (1972) Ergodic theorems for general dynamical systems (in Russian). *Trudy Moskov. Mat. Obsc.* **26**, 1972. Engl. transl.: *Trans. Moscow Math. Soc.* **26**, 94 – 132.

Thomas, C. (1984) Extremum properties of the intersection densities of stationary Poisson hyperplane processes. *Math. Operationsforsch. Statist., Ser. Statist.* **15**, 443 – 449.

Vitale, R. (1988) An alternate formulation of mean value for random geometric figures. *J. Microscopy* **151**, 197 – 204.

Weibel, E.R. (1980) *Stereological Methods,* I, II. Academic Press, London.

Weil, W. (1979) Centrally symmetric convex bodies and distributions. II. *Israel J. Math.* **32** , 173 – 182.

— (1983a) Stereology: A survey for geometers. In: *Convexity and Its Applications* (P.M. Gruber, J.M. Wills, eds.), Birkhäuser Verlag, Basel, pp. 360 – 412.

— (1984) Densities of quermassintegrals for stationary random sets. In: *Stochastic Geometry, Geometric Statistics, Stereology.* Proc. Conf. Oberwolfach, 1983, (R.V. Ambartzumian, W. Weil, eds.) Teubner, Leipzig, pp. 233 – 247.

— (1987) Point processes of cylinders, particles and flats. *Acta Appl. Math.* **9**, 103 – 136.

— (1988) Expectation formulas and isoperimetric properties for non-isotropic Boolean models. *J. Microscopy* **151**, 235 – 245.

— (1989) Translative integral geometry. In: *Geobild 89* (A. Hübler *et al.*, eds.), Math. Research, vol. 51. Akademie-Verlag, Berlin, pp. 75 – 86.

— (1990a) Iterations of translative integral formulae and non-isotropic Poisson processes of particles. *Math. Z.* **205**, 531 – 549.

— (1990b) Lectures on translative integral geometry and stochastic geometry of anisotropic random geometric structures. In: Atti del Primo Convegno Italiano di Geometria Integrale. *Rend. Sem. Mat. Messina* (2) **13**, 79 – 97.

— (1994) Support functions in the plane and densities of random sets and point processes. *Suppl. Rend. Circ. Mat. Palermo* (2) **35**, 323 – 344.

— (1995) The estimation of mean shape and mean particle number in overlapping particle systems in the plane. *Adv. Appl. Probab.* **27**, 102 – 119.

— (1997a) On the mean shape of particle processes. *Adv. Appl. Probab.* **29**, 890 – 908.

— (1997b) Mean bodies associated with random closed sets. *Suppl. Rend. Circ. Mat. Palermo* (2) **50**, 387 – 412.

— (1999a) Intensity analysis of Boolean models. *Pattern Recognition* **32**, 1675 – 1684.

— (1999b) Mixed measures and functionals of translative integral geometry. *Math. Nachr.* (to appear)

Weil, W., Wieacker, J.A. (1984) Densities for stationary random sets and point processes. *Adv. Appl. Probab.* **16**, 324 – 346.

— (1988) A representation theorem for random sets. *Probab. Math. Stat.* **9**, 147 – 151.

— (1993) Stochastic geometry. In: *Handbook of Convex Geometry* , vol. B (P.M. Gruber, J.M. Wills, eds.), Elsevier, Amsterdam, pp. 1391 – 1438.

Weiss, V. (1986) Relations between mean values for stationary random hyperplane mosaics of R^d. *Forschungsergeb. Friedrich-Schiller-Univ. Jena* N/86/33, 12p.

Weiss, V., Zähle, M. (1988) Geometric measures for random curved mosaics of R^d. *Math. Nachr.* **138**, 313 – 326.

Wieacker, J.A. (1982) Translative stochastische Geometrie der konvexen Körper. Dissertation, Universität Freiburg.

— (1984) Translative Poincaré formulae for Hausdorff rectifiable sets. *Geom. Dedicata* **16**, 231 – 248.

— (1986) Intersections of random hypersurfaces and visibility. *Probab. Theory Relat. Fields* **71**, 405 – 433.

— (1989) Geometric inequalities for random surfaces. *Math. Nachr.* **142**, 73 – 106.

Winkler, G. (1995) *Image Analysis, Random Fields and Dynamic Monte Carlo Methods: a Mathematical Introduction.* Springer, Berlin.

Wschebor, M. (1985) Surfaces aléatoires. *Lect. Notes Math.* **1147**, Springer, Berlin.

Zähle, M. (1982a) Random processes of Hausdorff rectifiable closed sets. *Math. Nachr.* **108**, 49 – 72.

— (1982b) Ergodic properties of random fields and images with point imbedded processes. *Theory Prob. Appl.* **27**, 536 – 550.

— (1986) Curvature measures and random sets, II. *Probab. Theory Relat. Fields* **71**, 37 – 58.

— (1988) Random cell complexes and generalised sets. *Ann. Probab.* **16**, 1742 – 1766.

Zuyev, S.A. (1992) Estimates for distributions of the Voronoi polygon's geometric characteristics. *Random Structures and Algorithms* **3**, 149 – 162.

Symbolverzeichnis

$\mathbb{R}^n$	n-dimensionaler euklidischer Raum (S. 5)
$\mathbf{P}(\mathbb{R}^n)$	Potenzmenge von $\mathbb{R}^n$ (S. 5)
$\mathbb{R}$	Menge der reellen Zahlen (S. 6)
$\mathbb{R}^+$	Menge der positiven reellen Zahlen (S. 6)
$\mathbf{N}_0$	Menge der nichtnegativen ganzen Zahlen (S. 6)
$\mathbf{N}$	Menge der positiven ganzen Zahlen (S. 6)
cl A	abgeschlossene Hülle von A (S. 6)
bd A	Rand von A (S. 6)
int A	Inneres von A (S. 6)
A^c	Komplement von A (S. 6)
$\mathcal{F}$	System der abgeschlossenen Teilmengen von $\mathbb{R}^n$ (S. 6)
$\mathcal{C}$	System der kompakten Teilmengen von $\mathbb{R}^n$ (S. 6)
$\mathcal{G}$	System der offenen Teilmengen von $\mathbb{R}^n$ (S. 6)
$\mathcal{F}^A$	(S. 6)
$\mathcal{F}_A$	(S. 6)
$\mathcal{F}^A_{A_1,\dots,A_k}$	(S. 6)
$\mathcal{F}'$	System der nichtleeren abgeschlossenen Teilmengen von $\mathbb{R}^n$ (S. 8)
A^*	Spiegelbild von A bez. 0 (S. 10)
∂A	Rand von A (S. 11)
conv A	konvexe Hülle von A (S. 11)
$\limsup F_i$	topologischer Limes superior einer Mengenfolge (S. 11)
$\liminf F_i$	topologischer Limes inferior eine Mengenfolge (S. 11)
$\mathbf{1}_A$	Indikatorfunktion der Menge A (S. 14)
$\mathcal{C}'$	System der nichtleeren kompakten Teilmengen von $\mathbb{R}^n$ (S. 15)
B^n	Einheitskugel im $\mathbb{R}^n$ (S. 15)
$d(C, C')$	Hausdorff-Abstand (S. 15, 36)
G_n	Bewegungsgruppe des $\mathbb{R}^n$ (S. 18, 302)
SO_n	Drehgruppe des $\mathbb{R}^n$ (S. 18, 25, 301)
$\mathcal{E}^n_k$	Raum der k-Ebenen im $\mathbb{R}^n$ (S. 18)
$\mathcal{L}^n_k$	Raum der k-dimensionalen linearen Unterräume des $\mathbb{R}^n$ (S. 18)
V_n	n-dimensionales Volumen (S. 19)
λ	Lebesgue-Maß über $\mathbb{R}^n$ (S. 19)
$\mathcal{B}(\mathcal{F})$	Borelsche σ-Algebra von $\mathcal{F}$ (S. 20)
$\mathcal{K}$	Raum der konvexen Körper des $\mathbb{R}^n$ (S. 21)
$\mathcal{R}$	Konvexring (S. 21)
$\mathcal{S}$	erweiterter Konvexring (S. 21)

$(\Omega, \mathbf{A}, \mathbb{P})$	Wahrscheinlichkeitsraum (S. 22)
$\mathbb{P}_Z$	Verteilung von Z (S. 22, 38)
$Z \sim Z'$	Gleichheit in Verteilung, stochastische Äquivalenz (S. 2
$\mathbb{P}_{Z_1,\ldots,Z_k}$	gemeinsame Verteilung von $Z_1,\ldots,Z_k$ (S. 23)
ν	Haarsches Maß über SO_n (S. 25, 301)
C^n	Einheitswürfel im $\mathbb{R}^n$ (S. 25, 122)
T_Z	Kapazitätsfunktional von Z (S. 26, 38)
$A_i \downarrow A$	absteigende Mengenkonvergenz (S. 26)
$S_0(C)$	(S. 26)
$S_k(C_0; C_1, \ldots, C_k)$	(S. 26)
$[x, x']$	Verbindungsstrecke von x und x' (S. 29)
$m(\cdot)$	Mittelwertfunktion (S. 30)
$B(y, \epsilon)$	Kugel mit Mittelpunkt y und Radius ϵ (S. 30)
$k(\cdot, \cdot)$	Kovarianzfunktion (S. 31)
p	Volumenanteil (S. 31)
$\overline{V}_n(Z)$	Volumendichte von Z (S. 31)
$C(\cdot)$	Kovarianz (S. 31)
$d_K(x, F)$	K-Abstand (S. 32)
$H^{(K)}(\cdot)$	Kontaktverteilungsfunktion (S. 32)
$H_s(\cdot)$	sphärische Kontaktverteilungsfunktion (S. 32)
$H_l^{(u)}(\cdot)$	lineare Kontaktverteilungsfunktion (S. 32)
$\mathcal{F}(E)$	System der abgeschlossenen Teilmengen von E (S. 34)
$\mathcal{C}(E)$	System der kompakten Teilmengen von E (S. 34)
$\mathcal{G}(E)$	System der offenen Teilmengen von E (S. 34)
$\mathcal{B}(\mathcal{F}(E))$	Borelsche σ-Algebra von $\mathcal{F}(E)$ (S. 36)
$\mathbf{P}(E)$	Potenzmenge von E (S. 39)
$S_0(V)$	(S. 39)
$S_k(V_0; V_1, \ldots, V_k)$	(S. 39)
$\mu \llcorner A$	Einschränkung des Maßes μ auf die Menge A (S. 54)
$\mathcal{B}$	Borelsche σ-Algebra von E (S. 62) bzw. von $\mathbb{R}^n$ (S. 80)
δ_x	Punktmaß (Dirac-Maß) in x (S. 62)
$\mathsf{N}(E), \mathsf{N}$	Menge der lokalendlichen Zählmaße über E (S. 62)
N_e	Menge der einfachen Zählmaße in N (S. 62)
$\mathcal{N}$	σ-Algebra auf N (S. 62)
supp η	Träger des Maßes μ (S. 63)
i	Abbildung $\eta \mapsto \operatorname{supp}\eta$ (S. 63)
i_e	Einschränkung von i auf N_e (S. 63)
$\mathcal{F}_{le}$	System der lokalendlichen Mengen in $\mathcal{F}$ (S. 63)
$\mathcal{N}_e$	Spur-σ-Algebra von $\mathcal{N}$ auf N_e (S. 63)
$\mathcal{B}(\mathcal{F})_{le}$	Spur-σ-Algebra von $\mathcal{B}(\mathcal{F})$ auf $\mathcal{F}_{le}$ (S. 63)

347

α_{njk}	(S. 301)
μ	Haarsches Maß über G_n (S. 302)
μ_k	invariantes Maß über $\mathcal{E}_k^n$ (S. 302)
$c_{m_0,\dots,m_k}^{(j)}$	(S. 302)
$\Phi_j(K,\cdot)$	j-tes Krümmungsmaß von K (S. 304)
$V(K_1,\dots,K_n)$	gemischtes Volumen von $K_1,\dots,K_n$ (S. 305)
$S(K_1,\dots,K_{n-1},\cdot)$	gemischtes Oberflächenmaß von $K_1,\dots,K_{n-1}$ (S. 306)
$A(K,L)$	gemischter Flächeninhalt von K,L (S. 306)
$s(K)$	Steinerpunkt von K (S. 306)
$\rho_{(j)}$	j-tes projektionserzeugendes Maß (S. 308)
$n_K(x)$	äußerer Normalenvektor von K in x (S. 309)
Π_F	Projektionenkörper der Hyperfläche F (S. 309)
K°	Polarkörper von K (S. 310)
$\rho(K,\cdot)$	Radiusfunktion von K (S. 310)
$N_i(\mathsf{m},S)$	Anzahl der S enthaltenden i-Seiten von m (S. 312)
$\gamma(F,P)$	äußerer Winkel von P bei F (S. 312)
$\beta(F,P)$	innerer Winkel von P bei F (S. 312)
$\Delta_q(y_0,\dots,y_q)$	q-Volumen der konvexen Hülle von $y_0,\dots,y_q$ (S. 313)
c_{nq}	(S. 314)
$S(n,q,k)$	(S. 316)
ω_L	sphärisches Lebesgue-Maß über $S^{n-1}\cap L$ (S. 317)

Sachverzeichnis

Teubner Skripten zur Mathematischen Stochastik

Herausgeber **Ursula Gather** **Jürgen Lehn**
Norbert Schmitz **Wolfgang Weil**

Printed in the United States
by Baker & Taylor Publisher Services

Printed in the United States
by Baker & Taylor Publisher Services